普通高等教育"十三五"规划教材

大 学 物 理

主 编 陈 晨 邵雅斌

U0290954

北京邮电大学出版社
www.buptpress.com

内容简介

本教材是根据教育部《高等教育面向21世纪教学内容和课程体系改革计划》的精神，结合高等应用科技型院校的特点而编写的。本教材作为高等院校少学时大学物理教材的改革尝试，采取了“高、宽、新、活、宜”的原则，即高视点选择经典内容，努力拓展知识面，尽力反映新科技发展概况，注意各部分知识之间的活化联系，同时内容的难度较适宜。

本教材共11章，涉及力学、热学、电磁学、振动和波、波动光学。对原有的大学物理教材的内容做了一定程度的变动。

全书采用SI单位制，所用名词以全国自然科学名词审定委员会公布的基础物理学名词为准。

本教材可作为高等学校理工科类学生的大学物理课程教材，也可供社会读者阅读。

图书在版编目(CIP)数据

大学物理 / 陈晨，邵雅斌主编. -- 北京 : 北京邮电大学出版社，2017.9（2024.7 重印）
ISBN 978-7-5635-5179-8

Ⅰ.①大… Ⅱ.①陈… ②邵… Ⅲ.①物理学－高等学校－教材 Ⅳ.①O4

中国版本图书馆 CIP 数据核字(2017)第 191375 号

书　　名：大学物理
著作责任者：陈　晨　邵雅斌　主编
责 任 编 辑：满志文
出 版 发 行：北京邮电大学出版社
社　　址：北京市海淀区西土城路 10 号(邮编：100876)
发 行 部：电话：010-62282185　传真：010-62283578
E-mail：publish@bupt.edu.cn
经　　销：各地新华书店
印　　刷：河北虎彩印刷有限公司
开　　本：787 mm×1 092 mm　1/16
印　　张：16.5
字　　数：405 千字
版　　次：2017 年 9 月第 1 版　2024 年 7 月第 8 次印刷

ISBN 978-7-5635-5179-8　　定　价：39.60 元

· 如有印装质量问题，请与北京邮电大学出版社发行部联系 ·

编审人员

主　编　陈　晨　邵雅斌

编　者　高　辉　曲　阳　孟　利　陈　晨

　　　　邵雅斌　魏洪玲　李　强

主　审　李军卫

前　言

物理学简称物理。它研究宇宙中物质存在的基本形式、基本性质、内部结构组成及物质世界相互作用、相互运动和相互转化的基本规律的学科。同时,它也是关于客观物质世界的最一般的运动规律、实验手段和思维方法的自然科学。千百年来物理学都被人们公认为是一门最为重要的自然科学,它不仅对客观物质世界及其规律做出了深刻的揭示,还在不断地发展和成长过程中形成了一整套独特而卓有成效的思想方法体系,成为人们认识客观物质世界的基础和工具。正因如此,物理学当之无愧是人类科学的瑰宝。近几十年来,物理学经历了时代的变迁,教育的改革,社会的进步,科技的飞速发展,它作为经典的科学理论、作为各学科的基础及人类分析问题、解决问题的重要方法,在现代高等教育中占有举足轻重的地位。

作为长期从事大学物理课程教育的教师,我们深深体会到了大学物理课程在整个高等教育中的基础地位和重要作用。基于近些年高校的扩招和应用科技型民办院校现阶段学时的减少等问题。我们想努力编写一本适应个各层次、各专业学生的需求、简单易懂、适应当前工科专业少学时教学特点的教材。

本次编写的《大学物理》考虑到当前国内物理教材改革的动态,本着适应当前应用科技型民办高校学时少的特点,由黑龙江东方学院物理教研室牵头,联合其他省内民办高校物理教研室共同完成。整本教材对原有大学物理的内容做了一些变动,删除了一些烦冗的内容,细化了各工科专业物理教学的内容。本教材在编写中力求简单精确地介绍物理学中的基本原理、基本方法,降低理论深度,降低例题难度,减少习题数量;不求整个物理体系的完整,力求教学相关内容的完整和前后贯通。这样不管学生自己阅读,还是教师课堂讲解,都层次清晰,条理分明,易学易用,是一本精简优质的少学时教材。

本教材共 11 章,每章后面都有适量习题,知识点清晰,符合标准,讲授全书约需要 60 学时。本教材的附录、第 1 章、第 2 章、第 3 章由黑龙江东方学院邵雅斌编写;第 4 章由哈尔滨石油学院高辉编写;第 5 章由哈尔滨石油学院曲阳编写;第 6 章由黑龙江东方学院魏洪玲编写;第 7 章由黑龙江东方学院李强编写;第 8 章由黑龙江东方学院孟利编写;第 9 章、第 10 章、第 11 章及前言由黑龙江东方学院陈晨编写,并负责全书的编稿工作。全书由黑龙江东方学院李军卫主审。

由于编者水平有限,书中难免有疏漏和错误之处,请读者不吝指正。

编　者

2017. 4

目　　录

第 1 章　质点运动学

质点运动学的任务是描述质点的运动，即从几何学的观点出发描述质点机械运动的状态随时间变化的关系，而不追究引起质点运动及运动状态变化的原因。本章主要介绍位置矢量、位移、速度、加速度等描述质点运动的物理量以及它们之间的关系，介绍反映质点运动情况的运动方程、反映质点运动轨迹的轨迹方程，并在此基础上研究几种特殊的机械运动形式。

1.1　参考系　坐标系　质点模型

1.1.1　参考系

自然界中的物质都处于永不停息的运动状态之中，运动是物质的存在形式，是物质的固有属性，运动和物质是不可分割的，这就是运动的绝对性，绝对静止的物体是不存在的。例如，列车的茶几上看似静止的茶杯其实在随列车一起向前运动，地面上看似静止的物体其实是以 $3.0\times10^{4}\ \mathrm{m\cdot s^{-1}}$ 的速度随地球一起绕太阳运动，研究行星运动时认为静止的太阳其实也是以 $2.5\times10^{5}\ \mathrm{m\cdot s^{-1}}$ 的速度在银河系中运动。

物体的运动是绝对的，但对于运动的描述却是相对的。描述同一个物体的运动，不同的人往往得出不同的结论。例如，研究列车的茶几上茶杯的运动，列车上的乘客认为茶杯是静止的，但站在站台上的人则认为茶杯是运动的。为什么同一个物体的运动，不同的人会得出不同的观察结果呢？原因就是这两个人在描述茶杯运动情况时选择了不同的参考物体，列车上的乘客以茶几为参考物体，得出茶杯静止的结论；而站台上的人以地面为参考物体，则得出茶杯运动的结论。再比如，从匀速上升电梯的顶棚落下一枚钉子，在电梯中的人看来，这枚钉子作的是自由落体运动，钉子直接下落到电梯的地面；而在地面上的人看来，这枚钉子则在作有一定初速度的竖直上抛运动，钉子是先上升一段高度，然后再下落。这两个人描述同一枚钉子的运动却得出不同结论，仍然是因为他们选择了不同的物体作为参考，电梯中的人是以电梯的地面为参考物体，而地面的人则是以电梯外的地面作为参考物体的。

可见，描述物体运动时，必须选择另一个物体作为参考物，离开所选择的参考物去描述某一个运动是没有意义的，这个运动也是无法描述的。在描述物体运动时，选作参考的物体称为参考系。在以后描述物体运动时，必须事先指出选择什么物体作为参考系。参考系的选择可以是任意的，可视问题的性质和研究问题的方便而定。例如，研究地面附近物体的运动时，我们一般选择地球或相对于地球静止的物体为参考系(如不加特殊说明，在本书中都是以地球或相对于地球静止的物体为参考系讨论问题)，而如果研究天体的运动，则一般选择太阳为参考系。

1.1.2 坐标系

在选择合适的参考系之后，要定量地描述物体相对于参考系的运动情况，还需要在选定的参考系中建立适当的坐标系，坐标系是参考系的数学表示。坐标系有许多种，如直角坐标系、极坐标系、自然坐标系等。坐标系的选择也是任意的，一般视问题的性质和方便而定，无论选取哪类坐标系，物体运动性质都不会改变。当然，如果选取的坐标系恰当，可以使问题的研究得以简化。

最常用的坐标系是直角坐标系(也称笛卡儿坐标系)。坐标系的原点 O 与参考系固定在一起，沿相互垂直的方向选取三个坐标轴，分别记为 x、y、z 轴，这样的坐标系称为空间直角坐标系，记为 $Oxyz$ 坐标系；如果所研究的物体做平面运动，也可以在平面内沿相互垂直方向建立两个坐标轴，分别记为 x、y 轴，这样的坐标系称为平面直角坐标系，记为 Oxy 坐标系；如果所研究的物体做直线运动，则只需建立一个坐标轴，记为 Ox 坐标轴。在具体问题中，需要建立几个坐标轴，坐标轴的正向指向哪里同样以问题的方便而定。

1.1.3 质点模型

实际问题中的物理过程往往都是比较复杂的，在讨论问题过程中，经常把实际的问题进行适当的简化，抓住问题的主要矛盾，从实际的问题中抽象出可以进行数学描述的理想物理模型，从而找出问题中最基本、最本质的规律。

质点即是力学中常用的一种理想物理模型。如果在某些运动中，有大小和形状的物体的各个组成部分具有相同的运动规律，或者物体的大小和形状对于所研究的问题没有影响，或者即使有影响，其影响也可以忽略不计，这时，我们就可以把物体视为一个没有大小和形状而有质量的点，这个点即为质点。一般地，在以下两种情形中可以把物体视为质点。

(1) 物体运动时，其上所有点的运动情况相同，物体的大小和形状对于所研究的问题没有影响。例如，在桌面上平移一个杯子，组成杯子的各点运动情况相同，此时如果了解了杯子上任意一个点的运动情况，那么杯子上其他点的运动情况我们也就清楚了，因此，我们可以用这一个点来代替其他所有的点，通过研究这个点的运动来了解整个杯子的运动，也就是说，此时，在研究杯子的运动时把整个杯子视为一个有质量的点——质点，而没有必要去考虑杯子的大小和形状。

(2) 物体的大小和形状对所讨论问题的影响可以忽略不计。例如，在研究地球绕太阳的公转时，虽然地球自身尺度和形状会使地球上各点的运动情况不尽相同，但相比较地球到太阳的距离(约 1.5×10^8 km)而言，地球的尺度(约 6 370 km)太小了，地球尺度造成的各点运动情况的差异也太小了，这个差异不会影响对公转运动的研究，因此此时也可以把地球视为一个质点来研究其绕太阳的公转问题。

需要指出的是：一个物体是否可以视为质点还要视具体问题性质而定。例如，同是一个地球，在研究地球绕太阳的公转时可以把它视为质点，但如果要研究地球自转问题，地球则不可以视为质点，因为这时地球自身的大小和形状所引起的各点运动情况的差异是不可以忽略的，正是这种差异才使地球能够自转，如果忽略了这种差异，那么地球的自转是无法解释的。

建立理想物理模型是物理学中常用的研究方法之一。在以后的学习中，还会接触到质点系、刚体、弹簧振子、理想气体等理想物理模型。

练习题

雨点自空中相对于地面匀速竖直下落，试讨论在下述参考系中观察时，雨点的运动情况：(1)地面上静止的人群；(2)地面上匀速行驶的车中；(3)与雨点速度相同竖直下落的升降机中。

1.2　质点运动的描述

选择合适的参考系，建立合适的坐标系之后，就可以对质点的运动进行描述了。本节首先研究质点位置的描述，介绍描述位置的位置矢量，以及描述位置变化情况的运动方程、轨迹方程；然后，介绍描述运动的其他几个物理量，并讨论它们之间的关系。

1.2.1　质点位置的描述

1. 位置矢量

我们知道，当质点处于空间某一位置时，这个位置与所建立的坐标系中的一组坐标值是一一对应的，如图 1-1 所示，因而可以用这一组坐标值(x,y,z)来描述质点的位置。

我们还可以用一个矢量来描述这个点的位置。如图 1-1 所示，对于坐标系中的一个点 P，我们可以从原点 O 引一个指向该点的有向线段$\overrightarrow{OP}$，有向线段可以用来表示矢量，$\overrightarrow{OP}$所表示的矢量可以记为 $\boldsymbol{r}$。在坐标系中，点的位置与有向线段是一一对应的，而有向线段与矢量也是一一对应的，因此，可以说，点的位置与矢量是一一对应的，所以可以用矢量 $\boldsymbol{r}$ 来描述质点的位置，这个用来描述质点位置的矢量称为位置矢量（简称位矢，又称径矢）。相应地，质点在坐标系中的坐标 x、y、z 称为位置矢量在对应坐标轴上的分量。

如图 1-2 所示，在直角坐标系中，位置矢量 $\boldsymbol{r}$ 可以表示成

$$\boldsymbol{r}=x\boldsymbol{i}+y\boldsymbol{j}+z\boldsymbol{k} \tag{1-1}$$

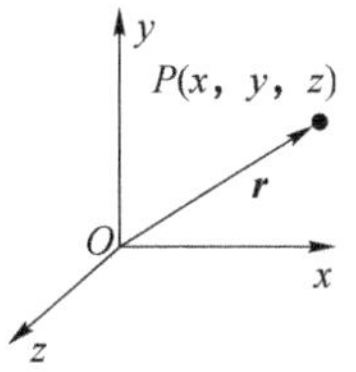

图 1-1　位置矢量

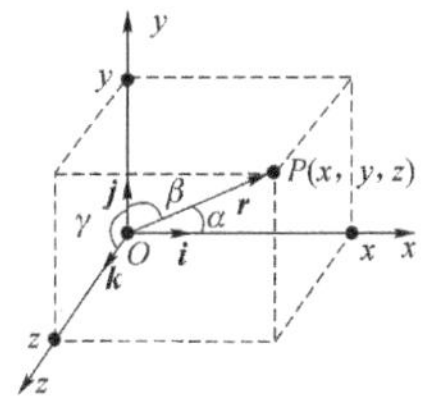

图 1-2　位置矢量的坐标表示

式(1-1)称为位置矢量在坐标系中的分量形式。式中：$\boldsymbol{i}$、$\boldsymbol{j}$、$\boldsymbol{k}$ 分别表示沿 x、y、z 三个坐标轴方向的单位矢量，它们的方向分别与三个坐标轴的正向一致，大小都为 1。

位置矢量的大小为

$$|\boldsymbol{r}|=r=\sqrt{x^2+y^2+z^2} \tag{1-2}$$

位置矢量的大小反映出质点到原点的距离。

位置矢量的方向可以用矢量与坐标轴的夹角余弦表示，分别为

$$\cos\alpha=\frac{x}{r},\cos\beta=\frac{y}{r} \tag{1-3}$$

位置矢量的方向反映出质点在坐标系中的方位。

例题 1-1 如图 1-3 所示，试写出 A 点对应位置矢量的分量形式，并求出其大小和方向。

解 在平面直角坐标系中，A 点对应位置矢量的分量形式可写为

$$\boldsymbol{r}_A=\boldsymbol{i}+2\boldsymbol{j}\ \text{m}$$

位置矢量的大小为

$$|\boldsymbol{r}_A|=\sqrt{1^2+2^2}=\sqrt{5}\ \text{m}$$

与坐标轴正向的夹角余弦为

$$\cos\alpha=\frac{x}{r}=\frac{1}{\sqrt{5}}=\frac{\sqrt{5}}{5},\cos\beta=\frac{2}{\sqrt{5}}=\frac{2\sqrt{5}}{5}$$

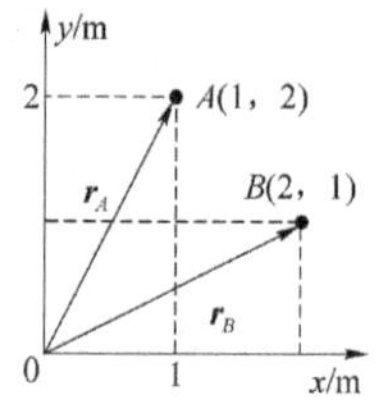

图 1-3 例题 1-1 用图

2. 运动方程

质点作机械运动时，其位置随时间是变化的，质点在坐标系中对应的坐标 x、y、z 也是随时间变化的，相应地，描述质点位置的位置矢量也是随时间变化的，这时位置矢量可以写为时间 t 的函数，即

$$\boldsymbol{r}=\boldsymbol{r}(t)=x(t)\boldsymbol{i}+y(t)\boldsymbol{j}+z(t)\boldsymbol{k} \tag{1-4}$$

对于具体的机械运动，如果知道了式(1-4)的具体形式，则代入相关的时间值，即可得到该时刻质点的位置矢量，可见此式能够反映出质点的位置随时间的变化情况，因而称此式为质点的运动方程。

例题 1-2 已知一质点的运动方程为 $\boldsymbol{r}=t^2\boldsymbol{i}+2t\boldsymbol{j}$，式中 $\boldsymbol{r}$ 的单位是 m，t 的单位是 s。试求：$t=2$ s 时质点的位置矢量。

解 把 $t=2$ s 代入运动方程可得

$$\boldsymbol{r}_2=t^2\boldsymbol{i}+2t\boldsymbol{j}=2^2\boldsymbol{i}+2\times2\boldsymbol{j}=4\boldsymbol{i}+4\boldsymbol{j}\ \text{m}$$

3. 轨迹方程

运动方程中各坐标轴上分量如果分别表示出来，可写为

$$\begin{cases}x=x(t)\\y=y(t)\\z=z(t)\end{cases} \tag{1-5}$$

式(1-5)是运动方程的参数形式。由运动方程的参数形式，消去时间参数 t，可得到反映质点运动时对应坐标之间关系的方程 $f(x,y,z)=0$，根据这个方程，可以描绘出质点运动时所经历的轨迹的形状，因而，这个消去时间 t 而得到的方程称为轨迹方程。

例题 1-3 已知如例题 1-2，试求：质点运动的轨迹方程，并描绘出质点运动的轨迹。

解　根据运动方程可写出对应的参数形式为

$$\begin{cases} x=t^2 \\ y=2t \end{cases}$$

消去参数形式中的时间参数 t，可得质点的轨迹方程为

$$x=\frac{1}{4}y^2$$

根据轨迹方程可知，此质点的运动轨迹是一条关于 x 轴对称、开口向 x 轴正向的抛物线，如图 1-4 所示。

按照运动轨迹的形状不同，可以把质点的运动进行分类：运动轨迹为直线的运动，称为直线运动；运动轨迹为曲线的运动称为曲线运动。对于曲线运动，当轨迹为抛物线时称为抛体运动，轨迹为圆时称为圆周运动，轨迹形状不规则的则称为一般曲线运动。

4. 位移

研究质点的运动，不仅要知道质点在任意一时刻位置情况，还要知道一段时间内质点位置的变化情况。描述质点位置变化情况的物理量称为位移，用 $\Delta\boldsymbol{r}$ 表示。如图 1-5 所示，质点在 Oxy 平面内运动，t 时刻位于 A 点，$t+\Delta t$ 时刻位于 B 点，则 Δt 时间内质点的位移 $\Delta\boldsymbol{r}$ 为由 A 点指向 B 点的有向线段。若 A 点对应的位置矢量为 $\boldsymbol{r}_A=x_A\boldsymbol{i}+y_A\boldsymbol{j}$，$B$ 点对应的位置矢量为 $\boldsymbol{r}_B=x_B\boldsymbol{i}+y_B\boldsymbol{j}$，根据矢量减法运算三角形法则可知

$$\Delta\boldsymbol{r}=\boldsymbol{r}_B-\boldsymbol{r}_A=\Delta x\,\boldsymbol{i}+\Delta y\boldsymbol{j} \tag{1-6}$$

式中，$\Delta x=x_B-x_A$，$\Delta y=y_B-y_A$。

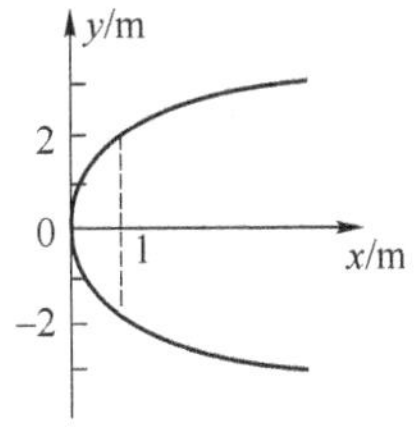

图 1-4　例题 1-3 用图

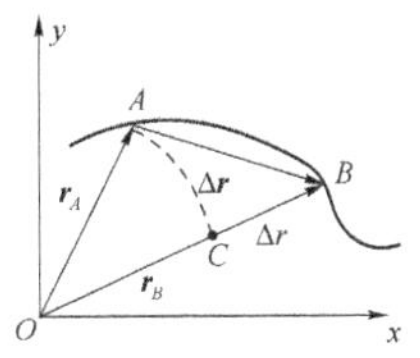

图 1-5　位移

位移是矢量，其大小为

$$|\Delta\boldsymbol{r}|=\sqrt{(\Delta x)^2+(\Delta y)^2}$$

方向同样可用矢量与坐标轴的夹角余弦表示

$$\cos\alpha=\frac{\Delta x}{|\Delta\boldsymbol{r}|}$$

对于位移的理解，需要注意以下几点：

(1) 位移不同于路程。位移表示的是质点始末位置的变化情况，而路程反映质点在这两个位置之间所经历的实际行程，用 ΔS 表示；位移是矢量，既有大小，又有方向，路程是标量，只有大小，没有方向；位移的大小也不同于路程，如图 1-5 所示，位移的大小对应于图中 A、B 两点间的直线段长，而路程对应于 A、B 两点间的弧线长，只有当 $\Delta t\to0$ 时，方可认为两者大小相同。另外，即使在直线运动中，位移和路程也是两个截然不同的物理量。例如，以初速度 $v_0=9.8\ \text{m}\cdot\text{s}^{-1}$ 竖直向上抛出物体，在抛出后的 2s 内此物体的位移为零（因物体又落回抛出点），但路程却不为零，路程的大小为 9.8m。

(2) $\Delta \boldsymbol{r}$ 不同于 Δr。$\Delta \boldsymbol{r}$ 表示两点间的位移,是矢量。在图 1-5 中,$\Delta \boldsymbol{r}$ 大小对应于 A、B 两点间的直线段长;Δr 表示位置矢量大小的变化,是质点到坐标原点距离的变化,是标量。在图 1-5 中,Δr 大小对应于 B、C 两点间的直线段长。

在国际单位制,即 SI 制中,位置矢量和位移的单位都为米(m)。常用的单位还有千米(km)和厘米(cm)。

1.2.2 速度和速率

1. 平均速度和瞬时速度

速度是描述物体运动快慢的物理量。一段时间内物体的位移 $\Delta \boldsymbol{r}$ 与发生这段位移所经历的时间 Δt 的比值称为这段时间内物体的平均速度,用 $\bar{\boldsymbol{v}}$ 表示,即

$$\bar{\boldsymbol{v}} = \frac{\Delta \boldsymbol{r}}{\Delta t} \tag{1-7}$$

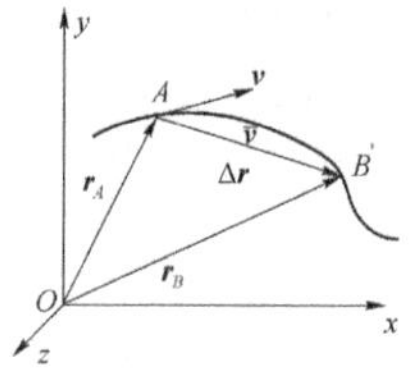

图 1-6　平均速度和瞬时速度

式中,$\Delta \boldsymbol{r}$ 是矢量,Δt 是标量,因而平均速度 $\bar{\boldsymbol{v}}$ 是矢量,其方向与 $\Delta \boldsymbol{r}$ 方向相同,如图 1-6 所示。平均速度只能是这段时间内物体运动快慢及运动方向的一个粗略的描述,如果想知道某一时刻质点运动的快慢和运动的方向如何,则需要把考虑的时间间隔 Δt 尽可能的取小,时间间隔越小,描述将是越细致的。当 $\Delta t \to 0$ 时,平均速度的极限值称为瞬时速度(简称速度),用 $\boldsymbol{v}$ 表示,即

$$\boldsymbol{v} = \lim_{\Delta t \to 0} \frac{\Delta \boldsymbol{r}}{\Delta t}$$

根据微积分知识可知,这个极限应等于位置矢量 $\boldsymbol{r}$ 对时间的一阶导数,即

$$\boldsymbol{v} = \frac{\mathrm{d}\boldsymbol{r}}{\mathrm{d}t} = \frac{\mathrm{d}x}{\mathrm{d}t}\boldsymbol{i} + \frac{\mathrm{d}y}{\mathrm{d}t}\boldsymbol{j} + \frac{\mathrm{d}z}{\mathrm{d}t}\boldsymbol{k} = v_x\boldsymbol{i} + v_y\boldsymbol{j} + v_z\boldsymbol{k} \tag{1-8}$$

式中,$v_x = \frac{\mathrm{d}x}{\mathrm{d}t}$、$v_y = \frac{\mathrm{d}y}{\mathrm{d}t}$、$v_z = \frac{\mathrm{d}z}{\mathrm{d}t}$ 分别称为速度沿三个坐标轴的分量。根据各分量可计算速度大小为

$$v = \sqrt{v_x^2 + v_y^2 + v_z^2}$$

速度的方向可表示为

$$\cos\alpha = \frac{v_x}{v}, \cos\beta = \frac{v_y}{v}$$

速度是矢量,速度的方向为 $\Delta t \to 0$ 时 $\Delta \boldsymbol{r}$ 方向。由图 1-6 可知,$\Delta t \to 0$ 时 $\Delta \boldsymbol{r}$ 方向为轨迹的切线方向,所以速度的方向应沿该时刻质点所在位置轨迹切线且指向运动的前方。

2. 平均速率和瞬时速率

一段时间内物体运动的路程 ΔS 与发生这段路程所经历的时间 Δt 的比值称为这段时间内物体的平均速率,用 $\bar{v}$ 表示,即

$$\bar{v} = \frac{\Delta S}{\Delta t} \tag{1-9}$$

式中,ΔS 是标量,Δt 是标量,因而平均速率 $\bar{v}$ 是标量。

与平均速度相似,平均速率也只能是这段时间内物体运动快慢的一个粗略的描述,如果

想知道某一时刻质点运动的快慢如何，则需要把考虑的时间间隔 Δt 尽可能的取小，当 $\Delta t \to 0$ 时，平均速率的极限值称为瞬时速率(简称速率)，用 v 表示，即

$$v=\lim_{\Delta t \to 0}\frac{\Delta S}{\Delta t}=\frac{\mathrm{d}S}{\mathrm{d}t} \tag{1-10}$$

瞬时速率也是标量。

对于以上四个物理量理解时，需要注意以下几点：

(1) 在国际单位制(SI)中，它们的单位都是米每秒($\mathrm{m \cdot s^{-1}}$)，生活中常用的单位还有千米每秒($\mathrm{km \cdot s^{-1}}$)和千米每小时($\mathrm{km \cdot h^{-1}}$)。

(2) 平均速度和瞬时速度都是矢量，既有大小又有方向；平均速率和瞬时速率都是标量，只有大小，没有方向。

(3) 平均速率和平均速度的大小并不相等。平均速率的大小是路程除以时间，而平均速度的大小是位移的大小除以时间，路程与位移的大小不相等，因而平均速率与平均速度的大小不相等。

(4) 瞬时速率和瞬时速度的大小相等。由前面分析可知，当 $\Delta t \to 0$ 时，路程与位移的大小相等，因而有

$$v=\lim_{\Delta t \to 0}\frac{\Delta S}{\Delta t}=\lim_{\Delta t \to 0}\frac{|\Delta \boldsymbol{r}|}{\Delta t}=|\boldsymbol{v}| \tag{1-11}$$

例题 1-4　已知如例题 1-2。试求：(1)质点在 $t=1\mathrm{s}$ 至 $t=3\mathrm{s}$ 时间内的位移；(2)$t=1\mathrm{s}$ 时质点速度的大小和方向。

解　(1) 根据 $\boldsymbol{r}=t^2\boldsymbol{i}+2t\boldsymbol{j}$，把时间 $t=1\mathrm{s}$ 和 $t=3\mathrm{s}$ 分别代入运动方程，可得两时刻质点的位置矢量分别为

$$\boldsymbol{r}_1=1^2\boldsymbol{i}+2\times1\boldsymbol{j}=\boldsymbol{i}+2\boldsymbol{j}$$

$$\boldsymbol{r}_3=3^2\boldsymbol{i}+2\times3\boldsymbol{j}=9\boldsymbol{i}+6\boldsymbol{j}$$

质点的位移为

$$\Delta\boldsymbol{r}=\boldsymbol{r}_3-\boldsymbol{r}_1=9\boldsymbol{i}+6\boldsymbol{j}-(\boldsymbol{i}+2\boldsymbol{j})=8\boldsymbol{i}+4\boldsymbol{j}\ \mathrm{m}$$

(2) 根据运动方程，可得速度表达式为

$$\boldsymbol{v}=\frac{\mathrm{d}\boldsymbol{r}}{\mathrm{d}t}=\frac{\mathrm{d}(t^2)}{\mathrm{d}t}\boldsymbol{i}+\frac{\mathrm{d}(2t)}{\mathrm{d}t}\boldsymbol{j}=2t\,\boldsymbol{i}+2\boldsymbol{j}$$

代入时间值，得 $t=1\mathrm{s}$ 时质点的速度为

$$\boldsymbol{v}_1=2\times1\boldsymbol{i}+2\boldsymbol{j}=2\boldsymbol{i}+2\boldsymbol{j}$$

速度的大小为

$$v_1=\sqrt{2^2+2^2}=2\sqrt{2}\ \mathrm{m \cdot s^{-1}}$$

方向与 x 轴正向夹角

$$\alpha=\arccos\frac{v_{1x}}{v_1}=\arccos\frac{2}{2\sqrt{2}}=\arccos\frac{\sqrt{2}}{2}=45^\circ$$

1.2.3　加速度

质点运动时，速度也不总是恒定不变的，为了描述运动速度的变化情况，下面引入加速度的概念。相应的，加速度也分为平均加速度和瞬时加速度。

质点运动速度的变化 $\Delta\boldsymbol{v}$ 与产生这个变化所经历的时间 Δt 的比值，称为这段时间内质点的平均加速度，用 $\overline{\boldsymbol{a}}$ 表示，即

$$\overline{\boldsymbol{a}}=\frac{\Delta\boldsymbol{v}}{\Delta t}=\frac{\boldsymbol{v}_2-\boldsymbol{v}_1}{\Delta t} \tag{1-12}$$

式中，$\Delta\boldsymbol{v}$ 是矢量，Δt 是标量，因而平均加速度 $\overline{\boldsymbol{a}}$ 是矢量，其方向与速度的变化量 $\Delta\boldsymbol{v}$ 的方向一致。

平均加速度只能粗略地描述一段时间内质点运动速度变化快慢以及速度方向变化的情况，如果要细致地了解某一时刻质点速度变化的快慢及方向，则需要把平均加速度公式中的时间长度 Δt 尽可能地取得小一些，当 $\Delta t\to 0$ 时，平均加速度的极限值称为瞬时加速度（简称加速度），用 $\boldsymbol{a}$ 表示，即

$$\boldsymbol{a}=\lim_{\Delta t\to 0}\frac{\Delta\boldsymbol{v}}{\Delta t}=\frac{\mathrm{d}\,\boldsymbol{v}}{\mathrm{d}t}=\frac{\mathrm{d}^2\boldsymbol{r}}{\mathrm{d}t^2} \tag{1-13}$$

加速度是速度对时间的一阶导数，是位置矢量对时间的二阶导数。

在直角坐标系中，加速度可以写为

$$\boldsymbol{a}=\frac{\mathrm{d}\boldsymbol{v}}{\mathrm{d}t}=\frac{\mathrm{d}v_x}{\mathrm{d}t}\boldsymbol{i}+\frac{\mathrm{d}v_y}{\mathrm{d}t}\boldsymbol{j}+\frac{\mathrm{d}v_z}{\mathrm{d}t}\boldsymbol{k}=a_x\boldsymbol{i}+a_y\boldsymbol{j}+a_z\boldsymbol{k} \tag{1-14}$$

式中，$a_x=\frac{\mathrm{d}v_x}{\mathrm{d}t}=\frac{\mathrm{d}^2x}{\mathrm{d}t^2}$，$a_y=\frac{\mathrm{d}v_y}{\mathrm{d}t}=\frac{\mathrm{d}^2y}{\mathrm{d}t^2}$，$a_z=\frac{\mathrm{d}v_z}{\mathrm{d}t}=\frac{\mathrm{d}^2z}{\mathrm{d}t^2}$分别表示加速度沿三个坐标轴的分量。

加速度是矢量，大小为

$$a=\sqrt{a_x^2+a_y^2+a_z^2}$$

加速度的方向可表示为

$$\cos\alpha=\frac{a_x}{a}\quad \cos\beta=\frac{a_y}{a}$$

对于曲线运动，加速度的方向总是指向曲线的凹侧（此点将在圆周运动中给予说明）。

在国际单位制中，平均加速度和瞬时加速度的单位都是米每二次方秒（$\mathrm{m\cdot s^{-2}}$）。

例题 1-5 已知如例题 1-2，试求：$t=1\mathrm{s}$ 时质点加速度的大小和方向。

解 根据 $\boldsymbol{r}=t^2\boldsymbol{i}+2t\boldsymbol{j}$，可得质点加速度的表达式为

$$\boldsymbol{a}=\frac{\mathrm{d}^2\boldsymbol{r}}{\mathrm{d}t^2}=\frac{\mathrm{d}^2(t^2)}{\mathrm{d}t^2}\boldsymbol{i}+\frac{\mathrm{d}^2(2t)}{\mathrm{d}t^2}\boldsymbol{j}=2\boldsymbol{i}\quad \mathrm{m/s^2}$$

由结果可知，质点运动的加速度是恒定不变的，任意时刻，加速度的大小都为$2\ \mathrm{m\cdot s^{-2}}$，方向沿 x 轴正向。加速度保持不变的运动称为匀变速运动。

练习题

1. 如图 1-3 所示，试写出 B 点对应位置矢量的分量形式，并求出其大小和方向。

2. 已知一质点的运动方程为 $\boldsymbol{r}=5\cos\pi t\boldsymbol{i}+5\sin\pi t\boldsymbol{j}$，式中 $\boldsymbol{r}$ 的单位是 m，t 的单位是 s。试求：(1)$t=2\mathrm{s}$ 时质点的位置矢量；(2)质点运动的轨迹方程，并描绘轨迹的形状。

3. 已知如练习题 2。试求：(1)质点在 $t=1\mathrm{s}$ 至 $t=3\mathrm{s}$ 时间内的位移；(2)$t=1\mathrm{s}$ 至$t=3\mathrm{s}$时间内质点的平均速度；(3)$t=3\mathrm{s}$ 时质点速度的大小和方向；(4)$t=1\mathrm{s}$ 至$t=3\mathrm{s}$时间内质点的平均加速度；(5)$t=3\mathrm{s}$ 时质点加速度的大小和方向。

1.3　直线运动　运动学的两类问题

直线运动是质点运动中最简单、最基本的运动。本节主要介绍描述直线运动各物理量在坐标系中的表示方案。然后，以直线运动为例，讨论运动学中的两类基本问题及其解决方法。

1.3.1　直线运动

如果质点相对于参考系作直线运动，则质点的位移、速度和加速度等各矢量全都在同一直线上，因此，我们只需取一条与直线轨迹相重合的坐标轴，并选一适当的原点 O 和规定一个坐标轴的正方向，建立 Ox 轴。

在这样的坐标系中，由于描述运动各矢量的方向仅有两种可能性——与轴的正方向相同或与轴的正方向相反，这时我们可以用各矢量的正负来反映其方向（量值为正时说明矢量的方向与坐标轴正向相同，量值为负时说明矢量的方向与坐标轴正向相反），因而，在直线运动中可以把各矢量当标量来处理，运动方程、速度和加速度可以分别写为

$$\begin{cases} x=x(t) \\ v=\dfrac{\mathrm{d}x}{\mathrm{d}t} \\ a=\dfrac{\mathrm{d}v}{\mathrm{d}t}=\dfrac{\mathrm{d}^2x}{\mathrm{d}t^2} \end{cases} \tag{1-15}$$

例题 1-6　已知一质点作直线运动，运动方程为 $x=8t-3t^2$。式中 x 的单位是 m，t 的单位是 s。试求：(1) $t=2$ s 时质点的位置；(2) $t=1$ s 至 $t=2$ s 时间内质点的位移；(3) $t=1$ s 时质点的速度和加速度。

解　(1)根据 $x=8t-3t^2$，可得 $t=2$ s 时质点的位置为

$$x_2=8t-3t^2=8\times2-3\times2^2=4\ \mathrm{m}$$

结果为正值，说明此时质点在坐标轴的正向，如图 1-7 所示。

(2)质点在 $t=1$ s 时的位置为

$$x_1=8t-3t^2=8\times1-3\times1^2=5\ \mathrm{m}$$

$t=1$ s 至 $t=2$ s 时间内质点的位移为

$$\Delta x=x_2-x_1=4-5=-1\ \mathrm{m}$$

结果为负值，说明这段时间内质点总体在向 Ox 轴负向运动，如图 1-7 所示。

(3)根据运动方程 $x=8t-3t^2$，可得质点的速度表达式为

$$v=\frac{\mathrm{d}x}{\mathrm{d}t}=8-6t$$

代入时间值，可得 $t=1$ s 时质点的速度为

$$v_1=8-6\times1=2\ \mathrm{m\cdot s^{-1}}$$

结果为正值，说明此时质点速度方向沿 Ox 轴正向，如图 1-7 所示。

根据速度表达式 $v=8-6t$，可得加速度的表达式为

$$a=\frac{dv}{dt}=-6\ \mathrm{m\cdot s^{-2}}$$

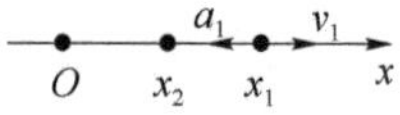

图 1-7　例题 1-6 用图

加速度为常量，则质点在任意时刻的加速度都是 $a=-6\ \mathrm{m\cdot s^{-2}}$；值为负，说明质点加速度方向沿 Ox 轴负向。

速度恒定的直线运动称为匀速直线运动，匀速直线运动的运动方程可写为

$$x=x_0+vt \tag{1-16}$$

式中，x_0 是 $t=0$ 时质点所在位置的坐标。

加速度恒定的直线运动称为匀变速直线运动，在中学，我们学习过一组关于匀变速直线运动的方程，具体如下：

$$\begin{cases} x=x_0+v_0t+\frac{1}{2}at^2 \\ v=v_0+at \\ v^2-v_0^2=2a\Delta x \end{cases} \tag{1-17}$$

式中，x_0 是 $t=0$ 时质点所在位置的坐标；v_0 是 $t=0$ 时质点的速度；Δx 是该段时间内质点的位移。

例题 1-7　在距离地面 20m 高的平台上以初速度 $v_0=19.6\ \mathrm{m\cdot s^{-1}}$ 竖直向上抛出一石子。试求：抛出 2s 后石子距离地面的高度和速度。

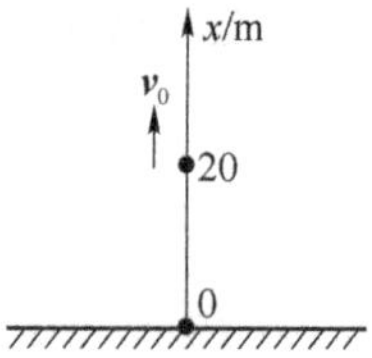

图 1-7　例题 1-7 用图

解　以地面为原点、竖直向上为正向建立坐标轴 Ox，如图 1-7 所示。石子抛出后，仅受重力作用，重力加速度的大小为 $g=9.8\ \mathrm{m\cdot s^{-2}}$，方向竖直向下，与坐标轴的正向相反，因此，石子的运动方程可以写为

$$x=x_0+v_0t+\frac{1}{2}at^2=20+19.6t-4.9t^2$$

石子距离地面的高度可用石子在坐标系中的坐标表示，把时间代入，可得 $t=2\mathrm{s}$ 时石子距离地面的高度为

$$x=20+19.6t-4.9t^2=20+19.6\times2-4.9\times2^2=39.6\mathrm{m}$$

根据速度表达式，并代入时间值，可得 $t=2\mathrm{s}$ 时石子的速度为

$$v=v_0-gt=19.6-9.8\times2=0$$

速度为零，说明此时石子到达最高点。

1.3.2　运动学的两类问题

质点运动学的问题一般分为两类：

(1) 已知运动方程，求质点的速度和加速度。这类问题的求解方案是：首先逐步求运动方程对时间的导数，然后代入相应的时间值。本章前面的几个例题都属于这类问题。

(2) 已知加速度及初始条件，求质点的速度表达式和运动方程。这类问题的求解方案是：首先对加速度积分得速度表达式，对速度积分得运动方程，然后再带入相应的时间值，求具体的问题。下面以匀变速直线运动为例说明这类问题如何求解。掌握了基本方法之后，读者可以自己思考对于一般的直线运动，以及曲线运动如何求解。

例题 1-8　质点在 Ox 轴作加速度为 a 的匀变速直线运动，且 $t=0$ 时刻，质点的速度和位置分别

为 v_0、x_0。试求：(1)质点的速度表达式；(2)质点的运动方程。

解　(1) 根据加速度和速度之间的关系 $a=\frac{\mathrm{d}v}{\mathrm{d}t}$，变形可得

$$\mathrm{d}v=a\mathrm{d}t$$

两边积分，并代入积分上下限，得

$$\int_{v_0}^{v}\mathrm{d}v=\int_0^t a\mathrm{d}t$$

速度表达式为

$$v=v_0+at$$

(2) 根据速度与位置之间的关系 $v=\frac{\mathrm{d}x}{\mathrm{d}t}$，把速度表达式代入，变形得

$$\mathrm{d}x=(v_0+at)\mathrm{d}t$$

两边积分，并代入积分上下限，得

$$\int_{x_0}^{x}\mathrm{d}x=\int_0^t(v_0+at)\mathrm{d}t$$

质点的运动方程为　　$x=x_0+v_0t+\frac{1}{2}at^2$

以上所得匀变速直线运动的速度表达式和运动方程式与式(1-17)是一致的。

练习题

1. 已知一质点沿 Ox 轴运动，其运动方程为 $x=0.4\cos\left(2\pi t+\frac{\pi}{2}\right)$，式中 x 的单位是 m，t 的单位是 s。试求：$t=0$ 时质点的位置、速度和加速度。

2. 质点在 Oy 作加速度为 $a=-9.8\ \mathrm{m\cdot s^{-2}}$ 的直线运动，且 $t=0$ 时刻质点位于原点，速度为 $v_0=9.8\ \mathrm{m\cdot s^{-1}}$。试求：质点的速度表达式和运动方程。

1.4　圆周运动

圆周运动也是一种比较常见的、特殊的平面曲线运动，当物体绕固定轴转动时，其上的每个点所作的都是圆周运动。对于圆周运动，同样把它分解为相互垂直两个方向的直线运动，通过研究两个分运动进而得出圆周运动的规律。与前面研究抛体运动所不同的是：圆周运动沿圆周轨迹的切向和法向进行分解。本节主要介绍圆周运动的速度、加速度特点，以及圆周运动的角量描述方案。

1.4.1　圆周运动的速度

由本章 1.2 节的内容可知，质点作曲线运动时，速度的方向总是沿着轨迹的切线并指向前进方向，因而质点作圆周运动时，速度方向始终为该处圆弧的切线方向。圆周运动的速度可表示为

$$\boldsymbol{v}=v\,\boldsymbol{e}_{\mathrm{t}} \tag{1-18}$$

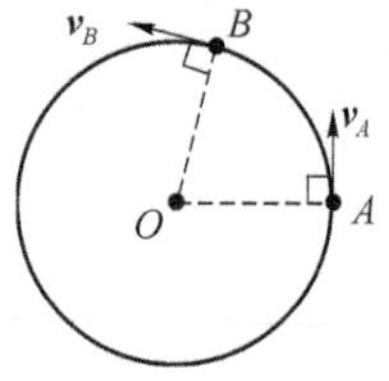

图 1-8 圆周运动的速度

式中，$v=\frac{ds}{dt}$，表示速度的大小，即速率；e_t表示圆弧切向的单位矢量。

由于圆弧切向方向处处不同，所以，圆周运动的速度方向是时时变化的，因而速度也是时时变化的，如图 1-8 所示。如果圆周运动的速度大小随时间变化，则称为变速率圆周运动，通常称之为变速圆周运动；如果圆周运动的速度大小不随时间变化，则称为匀速率圆周运动，我们通常称之为匀速圆周运动。可见，即使是匀速圆周运动，其速度也不是恒定的。

1.4.2 圆周运动的加速度

如图 1-8 所示，t 时刻质点位于 A 点，速度为$\boldsymbol{v}_A$，$t+\Delta t$ 时刻质点运动到 B 点，速度为$\boldsymbol{v}_B$。在 $t\sim t+\Delta t$ 时间内，质点速度的变化为 $\Delta\boldsymbol{v}=\boldsymbol{v}_B-\boldsymbol{v}_A$。

在图 1-9 中，在由矢量$\boldsymbol{v}_B$、$\boldsymbol{v}_A$和 $\Delta\boldsymbol{v}$ 构成的矢量△CDE 中，取$\overline{CF}=\overline{CD}$，则 A、B 两点的速度差 $\Delta\boldsymbol{v}$ 可以写成

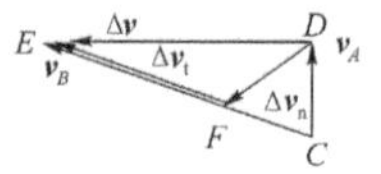

图 1-9 圆周运动的加速度

$$\Delta\boldsymbol{v}=\Delta\boldsymbol{v}_n+\Delta\boldsymbol{v}_t$$

式中，$|\Delta\boldsymbol{v}_t|=\overline{EF}$，它反映了 A、B 两点速度大小的变化；$|\Delta\boldsymbol{v}_n|=\overline{DF}$，它反映了 A、B 两点速度方向的变化。

根据加速度的定义，有

$$\boldsymbol{a}=\lim_{\Delta t\to 0}\frac{\Delta\boldsymbol{v}}{\Delta t}=\lim_{\Delta t\to 0}\frac{\Delta\boldsymbol{v}_n}{\Delta t}+\lim_{\Delta t\to 0}\frac{\Delta\boldsymbol{v}_t}{\Delta t}=\boldsymbol{a}_n+\boldsymbol{a}_t \tag{1-19}$$

1. 法向加速度

在式(1-19)中，$\boldsymbol{a}_n=\lim_{\Delta t\to 0}\frac{\Delta\boldsymbol{v}_n}{\Delta t}$。当 $\Delta t\to 0$ 时，B 点无限地接近 A 点，$\boldsymbol{v}_B$、$\boldsymbol{v}_A$的方向无限的靠近，此时，$\Delta\boldsymbol{v}_n$的极限方向将垂直于$\boldsymbol{v}_A$，即 $\Delta\boldsymbol{v}_n$的极限方向沿圆周半径指向圆心。沿圆周半径指向圆心的方向称为轨道的法向，因而，加速度的这个分量称为法向加速度(中学时称其为向心加速度)。法向的单位矢量用 $\boldsymbol{e}_n$ 表示，因而法向加速度可以写为

$$\boldsymbol{a}_n=a_n\boldsymbol{e}_n$$

式中，a_n 称为法向加速度的大小。下面利用相似三角形知识，讨论法向加速度大小的表达式。

在图 1-8 和图 1-9 中，由于对应边相互垂直，有△AOB∽△DCF，因而有

$$\frac{\overline{AB}}{|\Delta\boldsymbol{v}_n|}=\frac{R}{v_A}$$

即$|\Delta\boldsymbol{v}_n|=\frac{v_A}{R}\overline{AB}$，则 A 点法向加速度的大小为

$$a_n=|\boldsymbol{a}_n|=\lim_{\Delta t\to 0}\frac{|\Delta\boldsymbol{v}_n|}{\Delta t}=\frac{v_A}{R}\lim_{\Delta t\to 0}\frac{\overline{AB}}{\Delta t}=\frac{v_A^2}{R}$$

由于 A 点是任取的，所以对于圆周轨迹上的任意一点，法向加速度的大小为

$$a_n=|\boldsymbol{a}_n|=\frac{v^2}{R}$$

2. 切向加速度

在式(1-28)中，$\boldsymbol{a}_{\mathrm{t}}=\lim\limits_{\Delta t\to 0}\dfrac{\Delta\boldsymbol{v}_{\mathrm{t}}}{\Delta t}$。当 $\Delta t\to 0$ 时，B 点无限地接近 A 点，$\boldsymbol{v}_B$、$\boldsymbol{v}_A$ 的方向无限的靠近，此时，$\Delta\boldsymbol{v}_{\mathrm{t}}$ 的极限方向将与 $\boldsymbol{v}_A$ 方向一致，即 $\Delta\boldsymbol{v}_{\mathrm{t}}$ 的极限方向沿圆周的切向，因而，加速度的这个分量称为切向加速度，即

$$\boldsymbol{a}_{\mathrm{t}}=a_{\mathrm{t}}\boldsymbol{e}_{\mathrm{t}}$$

式中，a_{t} 称为切向加速度的大小，其值

$$a_{\mathrm{t}}=|\boldsymbol{a}_{\mathrm{t}}|=\lim_{\Delta t\to 0}\frac{|\Delta\boldsymbol{v}_{\mathrm{t}}|}{\Delta t}=\lim_{\Delta t\to 0}\frac{\Delta v}{\Delta t}=\frac{\mathrm{d}v}{\mathrm{d}t}$$

3. 加速度

通过上面的讨论可以看出：法向加速度与质点运动速度方向的改变相关，它是描述质点速度方向变化快慢的物理量；切向加速度与质点运动速度大小的改变相关，它是描述质点速度大小变化快慢的物理量。综合以上，圆周运动的加速度为

$$\begin{cases}\boldsymbol{a}=\boldsymbol{a}_{\mathrm{n}}+\boldsymbol{a}_{\mathrm{t}}=a_{\mathrm{n}}\boldsymbol{e}_{\mathrm{n}}+a_{\mathrm{t}}\boldsymbol{e}_{\mathrm{t}}\\ a_{\mathrm{n}}=\dfrac{v^2}{R},\ a_{\mathrm{t}}=\dfrac{\mathrm{d}v}{\mathrm{d}t}\end{cases}\tag{1-20}$$

如图 1-10 所示，加速度的大小为

$$a=\sqrt{a_{\mathrm{n}}^2+a_{\mathrm{t}}^2}$$

加速度的方向用加速度与半径的夹角正切值表示，即

$$\tan\theta=\frac{a_{\mathrm{t}}}{a_{\mathrm{n}}}$$

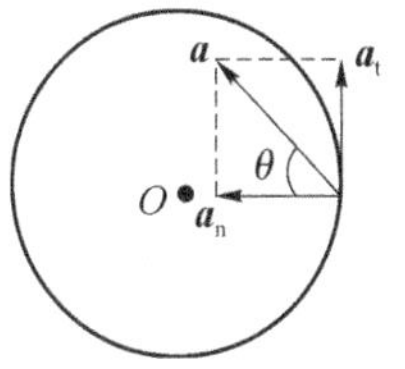

图 1-10　加速度的大小和方向

质点作匀速圆周运动时，由于速度的大小不变，仅速度的方向改变，因而加速度只有法向加速度分量，而没有切向加速度分量；质点作变速圆周运动时，由于速度的大小和方向都变化，因而加速度既有切向分量，又有法向分量。

例题 1-9　一质点在平面内作半径为 $R=0.1$ m 圆周运动，已知质点所经历的路程随时间变化的关系为 $S=2+3t-4t^2$，式中 S 以 m 为单位，t 以 s 为单位。试求：(1) $t=2$ s 时质点的速度；(2) $t=2$ s 时质点的加速度。

解　(1) 根据路程随时间的变化关系，可得质点运动的速率为

$$v=\frac{\mathrm{d}S}{\mathrm{d}t}=3-8t$$

把 $t=2$ s 代入上式，可得 $v_2=3-8\times 2=-13\ \mathrm{m\cdot s^{-1}}$

速度为

$$\boldsymbol{v}_2=-13\boldsymbol{e}_{\mathrm{t}}\ \mathrm{m\cdot s^{-1}}$$

(2) 根据速率表达式，可得法向加速度和切向加速度大小分别为

$$a_{2\mathrm{n}}=\frac{v_2^2}{R}=\frac{(-13)^2}{0.1}=1\ 690$$

$$a_{\mathrm{t}}=\frac{\mathrm{d}v}{\mathrm{d}t}=\frac{\mathrm{d}(3-8t)}{\mathrm{d}t}=-8$$

切向加速度的大小恒定，所以 $a_{2\mathrm{t}}=-8\ \mathrm{m\cdot s^{-2}}$

$t=2$ s 时，质点的加速度为

$$\boldsymbol{a}=a_{2\mathrm{n}}\boldsymbol{e}_{\mathrm{n}}+a_{2\mathrm{t}}\boldsymbol{e}_{\mathrm{t}}=1\ 690\boldsymbol{e}_{\mathrm{n}}-8\boldsymbol{e}_{\mathrm{t}}\ \mathrm{m\cdot s^{-2}}$$

4. 一般曲线运动加速度

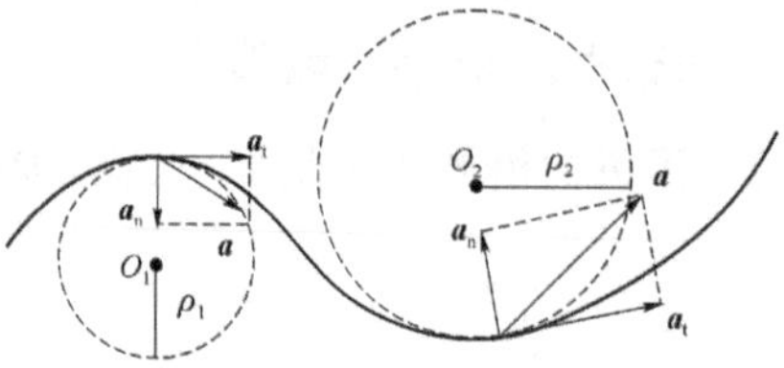

图 1-11 一般曲线运动

质点作一般曲线运动时，加速度同样可以沿切向和法向进行分解。切向加速度沿着质点所在位置轨道曲线的切线并指向前进方向，法向加速度垂直于切向加速度，指向质点所在位置轨道对应圆的圆心，总加速度始终指向曲线的凹侧，如图 1-11 所示。

一般曲线运动中，曲线各处对应的圆周的圆心和半径都不相同，我们称这些圆的圆心为该处的曲率中心，对应圆周的半径称为曲率半径，用 ρ 表示，如图 1-11 所示。质点在各处切向加速度和法向加速度的大小分别为

$$a_t=\frac{dv}{dt},a_n=\frac{v^2}{\rho} \tag{1-21}$$

一般曲线运动中，质点既有切向加速度，又有法向加速度，因而质点运动速度的大小和方向均发生变化；如果质点只有切向加速度，而没有法向加速度，则质点只有速度大小的变化，而没有速度方向的变化，那么质点所作的是直线运动；如果质点只有法向加速度而没有切向加速度，则质点只有速度方向的变化，而没有速度大小的变化，那么质点所作的是匀速率的曲线运动；如果质点的法向加速度始终指向一个固定点，那么质点所作的是匀速圆周运动。

1.4.3 圆周运动的角量描述

1. 圆周运动的角量描述

圆周运动除了可以用位移、速度、加速度这些线量描述之外，还通常用角位置、角位移、角速度、角加速度等角量来描述。

(1) 角位置

如图 1-12 所示，质点在平面内绕 O 点作半径为 R 的圆周运动。t 时刻质点位于 A 点，则 A 点的位置可以用该点对应的位矢 $\overrightarrow{OA}$ 与 Ox 轴正向的夹角 θ 来描述，这个用来描述质点位置的角量称为角位置。

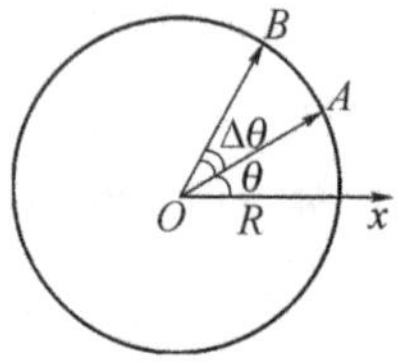

图 1-12 角位置和角位移

(2) 角量描述的运动方程

如果质点运动，则其对应的角位置是一个随时间变化的函数，可写为

$$\theta=\theta(t) \tag{1-22}$$

此式称为用角量描述的圆周运动运动方程。

(3) 角位移

若质点在 $t+\Delta t$ 时刻运动到 B 点，A 点和 B 点对应位矢之间的夹角 $\Delta\theta$ 则反映了 Δt 时间内质点位置的变化情况，这个用角量描述的位移称为角位移。角位移也可以说成是该段时间内质点转过的角度。质点沿圆周绕行的方向不同，角位移的转向不同，一般地，规定质点沿逆时针绕行时角位移为正，即 $\Delta\theta>0$，质点沿顺时针方向绕行时角位移为负，即 $\Delta\theta<0$。

在国际单位制中，角位置和角位移的单位都是弧度(rad)。

(4) 角速度

角位移 $\Delta\theta$ 与产生这段角位移所经历时间 Δt 的比值称为这段时间内质点的平均角速

度，用$\bar{\omega}$表示，即

$$\bar{\omega}=\frac{\Delta\theta}{\Delta t} \tag{1-23}$$

平均角速度只能粗略地描述质点转动的快慢，若想精确地知道质点在某一时刻的转动快慢，则需要把所讨论的时间段尽可能取小一点。当 $\Delta t\to 0$ 时，平均角速度的极限值称为质点 t 时刻的瞬时角速度（简称角速度），用 ω 表示，即

$$\omega=\lim_{\Delta t\to 0}\frac{\Delta\theta}{\Delta t}=\frac{\mathrm{d}\theta}{\mathrm{d}t} \tag{1-24}$$

在国际单位制中，平均角速度和角速度的单位都是弧度每秒（$\mathrm{rad\cdot s^{-1}}$），常用的单位还有转每分钟（$\mathrm{r\cdot min^{-1}}$）、转每小时（$\mathrm{r\cdot h^{-1}}$）。

(5) 角加速度

与定义角速度类似，定义角加速度为

$$\beta=\lim_{\Delta t\to 0}\frac{\Delta\omega}{\Delta t}=\frac{\mathrm{d}\omega}{\mathrm{d}t} \tag{1-25}$$

角加速度的单位是弧度每二次方秒（$\mathrm{rad\cdot s^{-2}}$）。

圆周运动中，角速度和角加速度的方向也用其值的正负反映。若角加速度与角速度符号相同，则为加速圆周运动；若角加速度与角速度符号相反，则为减速圆周运动；若角加速度 $\beta=0$，角速度不变，则为匀速圆周运动，此时，角位移 $\Delta\theta=\omega t$；若角加速度恒定不变，则为匀变速圆周运动。与匀变速直线运动相比照，很容易得出匀变速圆周运动的一组关系：

$$\begin{cases}\omega=\omega_0+\beta t\\ \theta=\theta_0+\omega_0 t+\dfrac{1}{2}\beta t^2\\ \omega^2-\omega_0^2=2\beta(\theta-\theta_0)\end{cases} \tag{1-26}$$

例题 1-10 一飞轮以转速 $n=900\ \mathrm{r\cdot min^{-1}}$ 转动，受到制动后均匀地减速，经 $t=50\ \mathrm{s}$ 静止。试求：(1) 飞轮的角加速度 β；(2) 从制动开始至静止，飞轮转过的转数；(3) $t=25\ \mathrm{s}$ 时，飞轮的角速度。

解 (1) 由题意可知

$$\omega_0=\frac{2\pi\times 900}{60}=30\ \pi\ \mathrm{rad\cdot s^{-1}}$$

根据匀变速圆周运动的角速度公式 $\omega=\omega_0+\beta t$，得角加速度为

$$\beta=\frac{\omega-\omega_0}{t}=\frac{0-30\ \pi}{50}=-0.6\ \pi\ \mathrm{rad\cdot s^{-2}}$$

(2) 根据角位置公式 $\theta=\theta_0+\omega_0 t+\frac{1}{2}\beta t^2$，得这段时间内飞轮的角位移为

$$\Delta\theta=\theta-\theta_0=\omega_0 t+\frac{1}{2}\beta t^2=30\ \pi\times 50-\frac{1}{2}\times 0.6\ \pi\times 50^2=750\ \pi\ \mathrm{rad}$$

飞轮转数为

$$N=\frac{\Delta\theta}{2\ \pi}=\frac{750\ \pi}{2\ \pi}=375\ 转$$

(3) 根据 $\omega=\omega_0+\beta t$，得 $t=25\ \mathrm{s}$ 时角速度为

$$\omega=\omega_0+\beta t=30\ \pi-0.6\ \pi\times 25=15\ \pi\ \mathrm{rad\cdot s^{-1}}$$

2. 角量和线量的关系

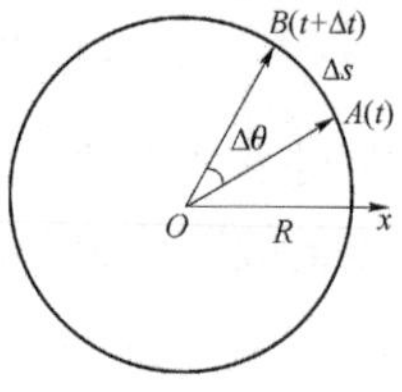

图 1-13 角量和线量关系

在圆周运动中，线量和角量都是描述同一对象的，因而两者之间必然有着联系。如图 1-13 所示，设圆周半径为 R，则 Δt 时间内质点经过的弧长 Δs 与角位移之间存在如下关系：

$$\Delta S=R\Delta\theta$$

质点运动的速率

$$v=\lim_{\Delta t\to 0}\frac{\Delta S}{\Delta t}=\lim_{\Delta t\to 0}\frac{R\Delta\theta}{\Delta t}=R\lim_{\Delta t\to 0}\frac{\Delta\theta}{\Delta t}=R\omega$$

进而有

$$a_{\mathrm{n}}=\frac{v^2}{R}=\frac{(R\omega)^2}{R}=R\omega^2$$

$$a_{\mathrm{t}}=\frac{\mathrm{d}v}{\mathrm{d}t}=\frac{\mathrm{d}(R\omega)}{\mathrm{d}t}=R\frac{\mathrm{d}\omega}{\mathrm{d}t}=R\beta$$

整理以上结论，得圆周运动的角量和线量关系为

$$\Delta S=R\Delta\theta, v=R\omega, a_{\mathrm{n}}=R\omega^2, a_{\mathrm{t}}=R\beta \tag{1-27}$$

例题 1-11 一质点沿半径为 $R=0.1\text{m}$ 的圆周运动，运动方程为 $\theta=2-4t^3$，式中，θ 以 rad 计，t 以 s 计。试求：(1) $t=2\text{s}$ 时，质点的切向加速度和法向加速度的大小；(2) θ 为多大时，切向加速度和法向加速度的大小相等。

解 (1) 根据 $\theta=2-4t^3$，可得

$$\omega=\frac{\mathrm{d}\theta}{\mathrm{d}t}=-12t^2, \beta=\frac{\mathrm{d}\omega}{\mathrm{d}t}=-24t$$

把 $t=2$ s 代入，得

$$\omega_2=-12\times 2^2=-48, \beta_2=-24\times 2=-48$$

根据角量和线量关系，有

$$a_{2\mathrm{n}}=R\omega_2^2=0.1\times(-48)^2=230.4\ \mathrm{m\cdot s^{-2}}$$

$$a_{2\mathrm{t}}=R\beta_2=0.1\times(-48)=-4.8\ \mathrm{m\cdot s^{-2}}$$

大小分别为

$$|a_{2\mathrm{n}}|=230.4\ \mathrm{m\cdot s^{-2}},\quad |a_{2\mathrm{t}}|=4.8\ \mathrm{m\cdot s^{-2}}$$

(2) 若 $|a_{\mathrm{n}}|=|a_{\mathrm{t}}|$，应有

$$|R\omega^2|=|R\beta|$$

把 $\omega=-12t^2$，$\beta=-24t$ 代入，并整理得

$$144t^4=24t$$

解方程得 $t^3=\frac{1}{6}$，带回运动方程，得此时

$$\theta=2-4t^3=2-4\times\frac{1}{6}=1.33\ \text{rad}$$

练习题

1. 在例题 1-9 中，试求：$t=2$ s 时质点的角速度和角加速度。

2. 在例题 1-11 中，若 $R=0.1$ m。试求：$t=25$ s 时飞轮边缘上一点的速度、切向加速度和法向加速度的大小。

第 2 章　质点动力学

质点动力学的任务是解释质点的运动，即研究质点受力与质点运动状态变化之间的关系。本章主要从两个方面讨论力对质点运动状态的影响：一、力的瞬时作用效果。牛顿运动定律反映了这方面的规律；二、力的持续作用效果。力的持续作用效果又分两个侧面：一是力在时间上的累积作用效果，动量定理反映了这方面的规律；二是力在空间上的累积作用效果，动能定理反映了这方面的规律。

2.1　质点的动量定理

由前面的学习可知，物体在外力作用下将产生加速度。如果力持续作用一段时间，则根据速度和加速度的关系可知，物体的速度必然随之变化。本节主要介绍力在时间上的累积——冲量，以及冲量和物体动量变化之间的关系——动量定理的内容及应用。

根据牛顿运动第二定律 $\boldsymbol{F}=\frac{\mathrm{d}}{\mathrm{d}t}(m\boldsymbol{v})$，可得

$$\boldsymbol{F}\mathrm{d}t=\mathrm{d}(m\boldsymbol{v})$$

考虑力在时间上的累积，上式两侧对时间积分，可得

$$\int_{t_0}^{t}\boldsymbol{F}\mathrm{d}t=\int_{t_0}^{t}\mathrm{d}(m\boldsymbol{v})=m\boldsymbol{v}-m\boldsymbol{v}_0 \tag{2-1}$$

2.1.1　力的冲量

式(2-1)中，等式的左侧 $\int_{t_0}^{t}\boldsymbol{F}\mathrm{d}t$ 为力在一段时间内的积分，称为力的冲量，用 $\boldsymbol{I}$ 表示，即

$$\boldsymbol{I}=\int_{t_0}^{t}\boldsymbol{F}\mathrm{d}t \tag{2-2}$$

冲量 $\boldsymbol{I}$ 为矢量。在国际单位制中，冲量的单位为牛・秒(N・s)。

1. 恒力的冲量

式(2-2)中，如果力为恒力，即力不随时间变化，则积分表达式可以变为

$$\boldsymbol{I}=\int_{t_0}^{t}\boldsymbol{F}\mathrm{d}t=\boldsymbol{F}(t-t_0)=\boldsymbol{F}\Delta t \tag{2-3}$$

式(2-3)表明,恒力的冲量等于力与作用时间的乘积,恒力冲量的方向与力的方向一致。

例题 2-1 一质量为 2 kg 的物体由高处自由下落。试求:物体由开始下落19.6 m过程中重力的冲量。

解 根据自由落体规律,物体由开始下落19.6 m过程中所需的时间为

$$\Delta t=\sqrt{\frac{2h}{g}}=\sqrt{\frac{2\times 19.6}{9.8}}=2\ \mathrm{s}$$

重力是恒力,根据恒力的冲量计算式,有

$$I=F\Delta t=mg\Delta t=2\times 9.8\times 2=39.2\ \mathrm{N\cdot s}$$

冲量方向与重力方向一致,竖直向下。

2. 变力的冲量

力的变化分三种情况:

(1) 仅力的大小随时间变化。例如,弹簧拉伸过程中弹性力即是一个方向不变,但大小随时间变化的力;弹簧压缩过程中,力同样有这一特点。由于此力的方向不变,所以计算力的冲量时,可以把式(2-2)改为标量积分式

$$I=\int_{t_0}^{t}F\mathrm{d}t$$

冲量的方向仍与力的方向一致。有的情况下,力的方向虽然也随时间变化,但方向始终在同一直线上,可以选择一个正方向,然后应用此式计算力的冲量,如果结果为正,说明冲量方向与所选择的正方向相同,否则说明相反。

例题 2-2 一静止物体受一方向始终沿 Ox 轴力的作用,力的大小随时间变化关系为 $F=10-3t^2$。时间以 s 为单位,力以 N 为单位。试求:(1)0～3 s 内力的冲量;(2)0～4 s 内力的冲量。

解 根据力随时间变化的关系式可以看出,此问题中力的大小和方向都是变化的。但由于力的方向始终在一条直线上,所以可以用标量形式的积分计算冲量,根据结果的正负来判断冲量的方向。

(1) 根据公式计算,并代入数据有

$$I=\int_{t_0}^{t}F\mathrm{d}t=\int_{0}^{3}(10-3t^2)\mathrm{d}t=(10t-t^3)\Big|_0^3=3\ \mathrm{N\cdot s}$$

结果为正,说明冲量方向沿 Ox 轴正向;

(2) 根据公式计算,并代入数据有

$$I=\int_{t_0}^{t}F\mathrm{d}t=\int_{0}^{4}(10-3t^2)\mathrm{d}t=(10t-t^3)\Big|_0^4=-24\ \mathrm{N\cdot s}$$

结果为负,说明冲量的方向沿 Ox 轴负向。

(备注:如果以时间为横轴、力为纵轴建立直角坐标系,在此坐标系中作出力随时间变化的关系曲线,根据数学积分规律可知,此时力的冲量在数值上应等于曲线下对应的面积。)

(3) 仅力的方向随时间变化。例如,物体作匀速圆周运动时向心力即是一个大小不变,但方向随时间变化的力。此时,需建立直角坐标系,计算力沿坐标轴的分量,然后对分量积分得出冲量在该方向的分量,最后根据矢量合成法则得出变力的冲量,即

$$I_x=\int_{t_0}^{t}F_x\mathrm{d}t,\ I_y=\int_{t_0}^{t}F_y\mathrm{d}t,\ I_z=\int_{t_0}^{t}F_z\mathrm{d}t$$

$$\boldsymbol{I}=I_x\boldsymbol{i}+I_y\boldsymbol{j}+I_z\boldsymbol{k} \tag{2-4}$$

冲量的方向是各分量的矢量和方向,是力的积分方向,而不是某时刻力的方向。

(4) 力的大小和方向都随时间变化。这是计算力的冲量问题中最复杂的情况,计算此时的冲量,可以依照情况(2)的办法进行。

例题 2-3 已知一力随时间变化关系为 $\boldsymbol{F}=2t\,\boldsymbol{i}+3t^2\boldsymbol{j}$,时间以 s 为单位,力以 N 为单位。试求:1～3 s 内力的冲量。

解 根据力随时间变化关系可知,此问题中力的大小和方向都随时间变化。把力沿坐标轴方向分解,得力的分量为

$$F_x=2t,F_y=3t^2$$

分量对时间积分,得冲量沿坐标轴方向的分量为

$$I_x=\int_{t_0}^{t}F_x\mathrm{d}t=\int_1^3 2t\mathrm{d}t=8$$

$$I_y=\int_{t_0}^{t}F_y\mathrm{d}t=\int_1^3 3t^2\mathrm{d}t=26$$

根据矢量和,得冲量为

$$\boldsymbol{I}=I_x\boldsymbol{i}+I_x\boldsymbol{j}+I_x\boldsymbol{k}=8\boldsymbol{i}+26\boldsymbol{j}\ \mathrm{N}\cdot\mathrm{s}$$

冲量的大小为 $I=\sqrt{8^2+26^2}=2\sqrt{185}$,冲量方向与 Ox 轴正向夹角为 $\theta=\arctan\dfrac{13}{4}$。

2.1.2 质点的动量

式(2-1)中,等式右侧的物理量——质量与速度的乘积 $m\boldsymbol{v}$,称为物体的动量,用 $\boldsymbol{p}$ 表示,即

$$\boldsymbol{p}=m\boldsymbol{v} \tag{2-5}$$

动量 $\boldsymbol{p}$ 为矢量,动量的方向与质点的速度方向一致。在国际单位制中,动量的单位为千克·米·秒$^{-1}$($\mathrm{kg}\cdot\mathrm{m}\cdot\mathrm{s}^{-1}$)。

2.1.3 动量定理及应用

引入冲量和动量的概念,则式(2-1)所反映的内容可叙述为:物体所受合外力的冲量等于物体动量的增量(即物体末动量与初动量的矢量差),这称为质点的动量定理。其数学表达式为

$$\boldsymbol{I}=\boldsymbol{p}-\boldsymbol{p}_0$$

$$\text{或}\int_{t_0}^{t}\boldsymbol{F}\mathrm{d}t=m\boldsymbol{v}-m\boldsymbol{v}_0 \tag{2-6}$$

动量定理是从牛顿运动第二定律出发推导得来的,它同样反映了力与质点运动状态变化之间的关系。力作用一段时间,力的冲量改变物体的动量,因而我们说,动量定理反映了力在时间上的累积作用效果。

动量定理表明,物体动量的改变是由合外力和作用时间这两个因素决定的。一方面,力越大,作用时间越长,物体动量的变化越大;另一方面,如果物体动量的改变相同,那么力作用的时间越短,力将越大,力作用的时间越长,力将越小。生活中,时常需要利用力,这时希望力大些;有时又要避免力,这时希望力小些。根据动量定理可知,可以通过调整力作用的

时间长短来实现力大小的调节。例如，打桩时，希望力大些以便快些钉入物体。这时需要快速打桩，以减小力的作用时间，从而增大力；再如，跳远时，会在落地处挖一沙坑，其目的是延长落地时人与地的作用时间，从而减小作用力，保护人不致挫伤；再如，运送贵重或易碎物品时，外面总是要加一些柔软的外包装，其目的同样是为了延长作用时间，以减小作用力，从而保护物体不被损坏。

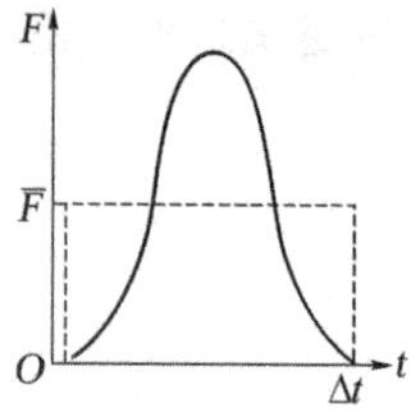

图 2-1　冲力

动量定理在碰撞和冲击类问题中也有着重要的意义，给问题的处理带来很多的方便。在这类问题中，作用于物体上的力是时间极短、数值很大，且变化很快的力，这种力称为冲力。冲力随时间变化的情况大致可以用如图 2-1 所示的一条曲线表示出来。

冲力大小随时间变化很复杂，很难把冲力随时间变化的具体关系确定出来，也就无法用牛顿运动第二定律判断物体的状态。但如果能够知道物体在碰撞前后的动量，便可以根据动量定理，计算出物体所受冲力的冲量，如果再能测出物体的碰撞时间，则可以计算出在碰撞过程中平均冲力 $\overline{\boldsymbol{F}}$ 的大小，进而根据平均冲力来估算冲力的最大值。

例题 2-4　一质量为 $m=2$ kg 的小球静止于地面，现用一棒重击小球，使小球具有 $v=2\ \mathrm{m\cdot s^{-1}}$ 的速度沿水平方向飞出。试求下列情况中棒对小球平均冲力的大小：(1) 棒与球作用时间为0.1 s；(2) 棒与球的作用时间为 0.05 s。

解　以小球为研究对象，对小球进行受力分析，小球的重力与地面的支持力相互抵消，使小球运动状态变化的力应为棒的击打力。以球水平飞出的方向为正方向，则小球动量的增量为

$$\Delta p=mv-mv_0=2\times2=4$$

根据动量定理 $I=\Delta p$，以及恒力的冲量 $I=\overline{F}\Delta t$，可得棒对球的平均冲力大小为

$$\overline{F}=\frac{\Delta p}{\Delta t}=\frac{4}{\Delta t}$$

(1) $\Delta t=0.1$ s，则 $\overline{F}=40$ N；

(2) $\Delta t=0.05$ s，则 $\overline{F}=80$ N。

动量定理是矢量表达式，但在此例中，所列的表达式都为标量式。这是因为在此例中，无论是力还是物体的运动速度，都在同一条直线上，因而可以采用与处理直线运动相类似的方法：确定一个正方向，写标量式，然后根据结果的正负判定物理量的方向，结果为正，说明该量方向与正方向一致，否则相反。在此例中，结果的正号说明，力的方向与小球飞出的方向一致。

如果所研究的问题中，力及物体的运动方向不在同一直线上，则需建立直角坐标系，求出各物理量在坐标轴上的分量，然后写出动量定理在各坐标轴上的分量形式，再求解问题。动量定理在直角坐标系中的分量形式为

$$\begin{aligned}
I_x&=\int_{t_0}^{t}F_x\,\mathrm{d}t=p_x-p_{0x}=mv_x-mv_{0x}\\
I_y&=\int_{t_0}^{t}F_y\,\mathrm{d}t=p_y-p_{0y}=mv_y-mv_{0y}\\
I_z&=\int_{t_0}^{t}F_z\,\mathrm{d}t=p_z-p_{0z}=mv_z-mv_{0z}
\end{aligned}\tag{2-7}$$

例题 2-5　一质量为 $m=0.2\ \mathrm{kg}$ 的小球以 $v_0=8\ \mathrm{m\cdot s^{-1}}$ 速率沿与地面法向成 60° 角的方向射向光滑水平地面，与地面碰撞后，以同样大小速率沿与地面法向成 60° 角的方向飞出，如图 2-2(a)所示。设球与地面的碰撞时间为 $\Delta t=0.01\ \mathrm{s}$，试求小球给地面的平均冲力。

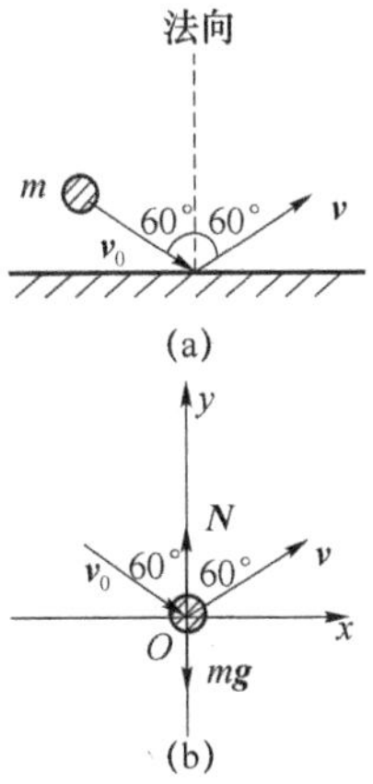

图 2-2　例题 2-5 用图

解　以小球为研究对象，对小球进行受力分析，小球受力与运动方向不在同一直线上，建立直角坐标系，如图 2-2(b)所示。

在两坐标轴方向分别列动量定理分量式，有

x 方向：$F_x\Delta t=mv_x-mv_{0x}=mv\sin60^\circ-mv_0\sin60^\circ$

把 $v=v_0$ 代入，解此方程可得，小球在水平方向动量变化为零，因而小球在水平方向受力 $F_x=0$。

y 方向：　$(N-mg)\Delta t=mv_y-mv_{0y}=2mv_0\cos60^\circ$

由此方程可得，小球受地面给的支持力大小为

$$N=\frac{2mv_0\cos60^\circ}{\Delta t}+mg=161.96\ \mathrm{N}$$

小球给地面的平均冲力与地面给小球的支持力是作用力和反作用力，因而小球给地面的平均冲力大小为 161.96 N，方向竖直向下。

比较平均冲力与小球的重力 $mg=1.96\ \mathrm{N}$ 大小可知，重力占冲力的很小一部分，可以忽略不计。在许多实际问题中，有限大小的力(如重力)和冲力同时存在时，有限大小的力都可以忽略不计。

例题 2-6　一列装矿砂的车厢以 $v=2\ \mathrm{m\cdot s^{-1}}$ 的速率从卸砂漏斗下方通过，设每秒落入车厢的矿砂为 200kg。如果要保持车厢的速率不变，试求：需要对车厢施加多大的牵引力。

解　设 t 时刻车厢内矿砂质量为 m，经过一段时间 Δt，车厢内矿砂增加 Δm，即 $\Delta m=200\Delta t$。以车厢内的矿砂为研究对象，Δt 时间内矿砂的动量增量为

$$\Delta p=(m+\Delta m)v-mv=\Delta m\cdot v$$

根据动量定理，有

$$F\Delta t=\Delta p=\Delta m\cdot v$$

代入 $\Delta m=200\Delta t$，车厢所需的牵引力大小为

$$F=\frac{200\Delta t\cdot v}{\Delta t}=200v=400\ \mathrm{N}$$

我们不仅可以根据动量定理来调节作用力的大小，还可以应用动量定理来调节作用力的方向。逆风行船便是其中典型的一例，使帆船顺风行驶是容易理解，也容易做到的。那么，如何使帆船逆风而行呢？这关键在于风力方向的运用。如图 2-3(a)所示，图中 $\boldsymbol{v}_1$ 方向表示船的行使方向，$\boldsymbol{v}_0$ 表示风吹向帆面的速度(注意：α 为锐角，所以可以说船是逆风的)，$\boldsymbol{v}$ 表示风被船帆阻挡之后离开帆面的速度。由于帆面比较光滑，可以近似地认为风速的大小基本不变，即 $v=v_0$。设一段时间内吹到帆上风的质量为 Δm，则根据风速度的变化，可以做出反映风动量变化的矢量三角形，如图 2-3(b)所示，图中 $\Delta\boldsymbol{p}$ 表示风动量的增量，根据 $v=v_0$ 可知，图中 β 应为锐角。根据风动量增量的方向，结合动量

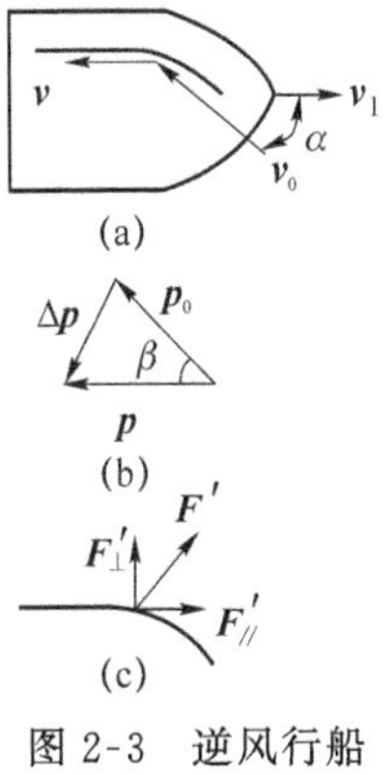

图 2-3　逆风行船

定理可以判断，风受船帆阻力的方向与 $\Delta \boldsymbol{p}$ 方向相同，此力指向船的后侧。根据作用力和反作用力关系，可知，风对帆的力应是图中 $\boldsymbol{F}'$ 方向，$\boldsymbol{F}'$ 与 $\boldsymbol{F}$ 方向相反，如图 2-3(c)所示。$\boldsymbol{F}'$ 可分解为两个方向的力，其中垂直船身的力 $\boldsymbol{F}_{\perp}{}'$ 将被船底龙骨所受水的阻力抵消，而平行船身的力 $\boldsymbol{F}_{//}{}'$ 即为使船逆风前进的动力。

练习题

1. 氢分子的质量为 3.3×10^{-27} kg，它与容器壁碰撞前、后的速度大小为 1.6×10^{3} m · s^{-1}。设碰撞前后分子速度与器壁法向的夹角都为 45°，碰撞时间为 10^{-13} s。试求：氢分子与器壁的平均作用力。

2. 传送带沿水平方向以速度 2.0m · s^{-1} 匀速传送煤炭，设每小时从漏斗中垂直落到传送带上的煤炭质量为 7.2×10^{4} kg。试求：若保持传送带的速度不变，则应对传送带施加多大的牵引力。

2.2 质点系动量定理及其守恒定律

由几个有相互作用的物体组成的总体或物体组称为系统，如果组成系统的物体都可以视为质点，则称系统为质点系。本节将在质点动量定理的基础上，推导质点系动量定理，并进一步研究动量守恒定律及其应用。

2.2.1 质点系动量定理

质点系受力可以分为两类：一类是系统内部各质点间的相互作用力，称为内力；另一类是系统外其他物体对系统内质点的作用力，称为外力。质点系的动量等于质点系内各质点的动量之和。

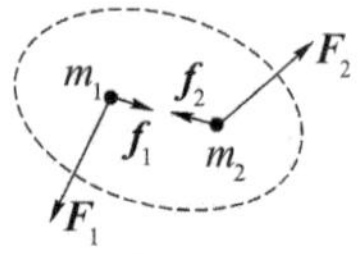

图 2-4 质点系动量定理

下面以最简单的两个质点构成的质点系为例，推导质点系动量定理。如图2-4所示，两质点的质量分别为 m_1、m_2，质点受的内力分别用 $\boldsymbol{f}_1$、$\boldsymbol{f}_2$ 表示，质点受的外力分别用 $\boldsymbol{F}_1$、$\boldsymbol{F}_2$ 表示。设初始 t_0 时刻质点的速度分别为 $\boldsymbol{v}_1$、$\boldsymbol{v}_2$，各力持续作用到 t 时刻，质点的速度分别为 $\boldsymbol{v}_1$、$\boldsymbol{v}_2$。对每个质点分别应用动量定理，有

对 m_1：
$$\int_{t_0}^{t}(\boldsymbol{F}_1+\boldsymbol{f}_1)\mathrm{d}t=m_1\boldsymbol{v}_1-m_1\boldsymbol{v}_1$$

对 m_2：
$$\int_{t_0}^{t}(\boldsymbol{F}_2+\boldsymbol{f}_2)\mathrm{d}t=m_2\boldsymbol{v}_2-m_2\boldsymbol{v}_2$$

两式相加，同时考虑质点受的内力为一对作用力和反作用力，$\boldsymbol{f}_1=-\boldsymbol{f}_2$，有

$$\int_{t_0}^{t}(\boldsymbol{F}_1+\boldsymbol{F}_2)\mathrm{d}t=(m_1\boldsymbol{v}_1+m_2\boldsymbol{v}_2)-(m_1\boldsymbol{v}_1+m_2\boldsymbol{v}_2)$$

等式左侧为质点系所受合外力的冲量，可用 $\int_{t_0}^{t}\boldsymbol{F}_{合外}\mathrm{d}t$ 表示；等式右侧第一项为质点系末态动量，可用 $\boldsymbol{p}$ 表示；等式右侧第二项为质点系初态动量，可用 $\boldsymbol{p}_0$ 表示，则上式可写为

$$\int_{t_0}^{t} \boldsymbol{F}_{合外} \mathrm{d}t = \boldsymbol{p} - \boldsymbol{p}_0 \tag{2-8}$$

此式虽然是以两个质点组成的质点系为例推导得出的，但可以证明，它对于多个质点组成的质点系仍然适用。式(2-8)表明：在一段时间内，质点系动量的增量等于这段时间内质点系所受合外力的冲量，这称为质点系动量定理。

由质点系动量定理可知，质点系动量的变化仅与外力有关，内力只能改变某个质点的动量，但不能改变质点系的动量。这是容易理解的，因为内力总是成对出现的，内力的作用时间相同，方向相反，因而内力的冲量和必然为零，内力无法改变质点系的动量。

2.2.2　动量守恒定律及其应用

在式(2-8)中，若质点系所受的合外力为零，即 $\boldsymbol{F}_{合外}=0$，则有

$$\boldsymbol{p}-\boldsymbol{p}_0=0 \quad 或\ \boldsymbol{p}=\boldsymbol{p}_0=常矢量 \tag{2-9}$$

式(2-9)所表明的内容即为动量守恒定律：如果质点系所受合外力为零，则质点系的总动量保持不变。

对于动量守恒定律的理解需要注意以下几点：

(1) 动量守恒定律是指在合外力为零时，系统的总动量保持不变，而不是指组成系统的每个质点动量都不变。在总动量不变的情况下，系统内部质点间可以通过内力的作用实现动量的相互转移。

(2) 动量守恒的条件是系统所受合外力为零，即 $\boldsymbol{F}_{合外}=0$。但是在某些实际过程中，如爆炸、碰撞、冲击等，系统受的合外力虽然不为零，但外力远小于系统内部质点间相互作用的内力，这时可以忽略外力的作用，进而认为系统仍是动量守恒的。

(3) 应用动量守恒定律求解问题时，常使用其在直角坐标系中的分量形式，即

$$\begin{cases} 若\ F_{合外x}=0, & 则\ p_x=p_{0x}=常量 \\ 若\ F_{合外y}=0, & 则\ p_y=p_{0y}=常量 \\ 若\ F_{合外z}=0, & 则\ p_z=p_{0z}=常量 \end{cases} \tag{2-10}$$

由此式可以看出，即使系统所受合外力不为零，系统总动量不守恒，但只要合外力在某个方向的分力为零，或者说，外力在某个方向的代数和为零，则系统在该方向上也是动量守恒的，可以列出该方向上的动量守恒表达式。

(4) 应用动量守恒定律时，还需要注意的是，表达式中的各物理量是相对于同一参考系的。

(5) 动量守恒定律是自然界中最重要的基本规律之一。无论是宏观系统还是微观系统，无论是低速领域还是高速领域，只要没有外力作用，系统的总动量一定保持不变。

例题 2-7　在光滑的水平面上停放一辆质量为 M 的小车，小车上站着两个质量都为 m 的人。现让人相对于小车以水平速度 u 沿同一方向同时跳离小车。试求：小车获得的水平速度。

解　以人和车为系统，进行受力分析。水平面光滑，因而在人跳离车的过程中，系统水平方向合外力为零，系统在水平方向动量守恒。选择地面为参考系，设两人跳离后，车的速

度为 v，以车的速度方向为正方向，则人相对于地面的速度为$v-u$。初始系统静止，则在水平方向，根据动量守恒定律，有

$$0=Mv+2m(v-u)$$

解方程得

$$v=\frac{2mu}{M+2m}$$

根据此例，下面总结应用动量守恒定理解题的基本步骤为：

(1) 选择系统，进行受力分析，确定符合动量守恒定律的情况。选择系统时，要适当确定范围，不能范围过大，也不能遗漏系统中的质点。例如，此题中如果把地面包括在系统之内，则动量守恒表达式不好确定；而如果把人选在系统之外，则不符合动量守恒条件。选择好系统后，要根据受力分析情况，确定系统是总动量守恒，还是某个方向的动量守恒。

(2) 选择合适的参考系，并根据系统内质点的运动情况，确定正方向，或建立坐标系。动量守恒定律中各量都是相对于同一参考系的，因而要先选定参考系，以方便下一步确定各物理量的值。例如，在此例中，速度 u 是人相对于车的，而如果选择地面为参考系，则写方程时，人的速度应为人相对于地面的，即应为$(v-u)$；如果问题中各量方向在同一直线上，则确定正方向即可，此例即属于这种情况，而如果问题中各量方向不在同一直线上，则需建立直角坐标系。

(3) 写出动量守恒定律的表达式。表达式中各量的正负要参照所选取的正方向或坐标系，与正方向一致者为正，否则为负。

(4) 解方程，代入已知数据并讨论。

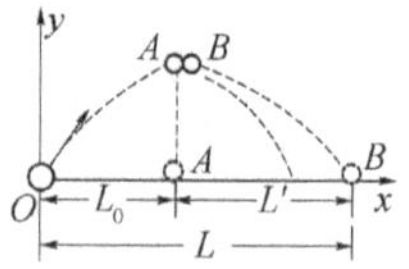

图 2-5　例题 2-8 用图

例题 2-8　如图 2-5 所示，一炮弹在轨道的最高点突然炸裂成质量相等的 A、B 两部分，A 块自由落下，落地点距发射点水平距离为 $L_0=500$ m。试求：B 块的落地点距离发射点的水平距离 L。

解　以 A、B 两部分为系统，爆炸过程中，内力远大于外力，系统动量守恒。建立直角坐标系如图 2-5 所示。炮弹在最高点爆炸，故爆炸前炮弹没有竖直速度分量，只有水平速度分量 v_{0x}。爆炸后，A 部分自由下落，则有 $v_A=0$。设爆炸后 B 部分的速度为 v_B，在水平、竖直方向列动量守恒定律分量式，有

Ox 方向：　　$2mv_{0x}=m\times0+mv_{Bx}$

Oy 方向：　　$0=m\times0+mv_{By}$

解方程可得

$$v_{Bx}=2v_{0x},v_{By}=0$$

由结果可知，爆炸后 B 块在竖直方向的速度也为零，根据抛体运动规律可得，爆炸后 B 块在空中运动的时间应与 A 块相同，也应与炮弹爆炸前的飞行时间相同。而爆炸后 B 块的水平速度是爆炸前炮弹水平速度的 2 倍，因而可得，爆炸后 B 块的水平飞行距离应是爆炸前炮弹水平飞行距离的两倍，即 $L'=2L_0$。因而可得

$$L=L_0+L'=3L_0=1.5\times10^3\ \text{m}$$

例题 2-9　在花样滑冰表演中，男运动员质量为 $m_1=60$ kg，以速率 $v_1=0.5\ \text{m}\cdot\text{s}^{-1}$ 由南向北滑行，女运动员质量为 $m_2=40$ kg，以速率 $v_2=1.0\ \text{m}\cdot\text{s}^{-1}$ 由西向东滑行。设冰面光

滑，试求男、女运动员相遇并一起运动的速度。

解　以男、女运动员为系统，受力分析，系统受合外力为零，动量守恒。建立直角坐标系，如图 2-6 所示。在这样的坐标系中，两运动员的速度可以分别表示为

$$\boldsymbol{v}_1=0.5\boldsymbol{j},\boldsymbol{v}_2=1.0\boldsymbol{i}$$

设两人一起运动的速度为$\boldsymbol{v}$，根据动量守恒定律，有

$$m_1\boldsymbol{v}_1+m_2\boldsymbol{v}_2=(m_1+m_2)\boldsymbol{v}$$

解矢量方程，可得

$$\boldsymbol{v}=\frac{m_1}{m_1+m_2}\boldsymbol{v}_1+\frac{m_2}{m_1+m_2}\boldsymbol{v}_2=0.4\boldsymbol{i}+0.3\boldsymbol{j}\ \mathrm{m\cdot s^{-1}}$$

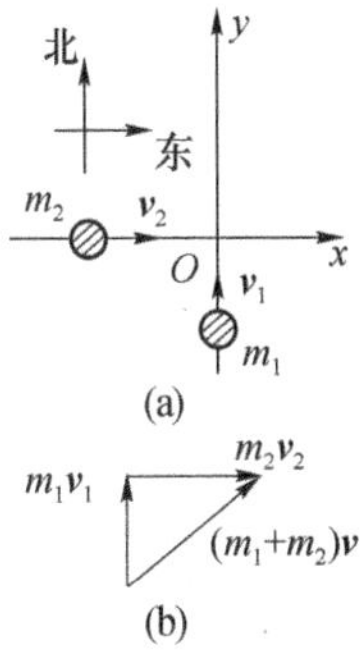

图 2-6　例题 2-9 用图

比较例题 2-8 和例题 2-9 可以看出，对于系统总动量守恒的问题，既可以根据动量守恒定律在坐标系中坐标轴上的分量形式求解（如例题2-15），也可以根据动量守恒定律在坐标系中的矢量式求解（如例题2-16）。在具体问题中，使用哪种形式，要视情况而定，灵活选择。

2.2.3　火箭飞行原理

火箭最早是我国发明的。早在南宋时期便有了作为烟火玩物的“起火”，后来又出现了利用起火推动的翎箭。在现代，火箭技术可以说是空间技术的基础，各种各样的人造卫星、宇宙飞船和空间探测器等都是靠火箭运送至太空的。我国的火箭技术已经达到了世界的先进水平，其中“长征”系列运载火箭以其良好的性能而深受各国人士的青睐。

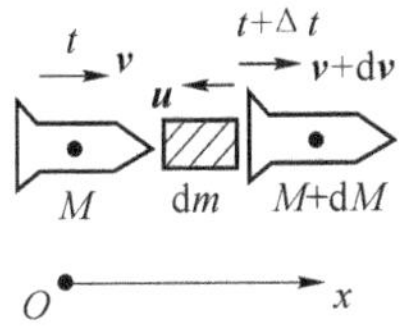

图 2-7　火箭飞行原理

作为航天技术重要组成部分的火箭技术，其飞行原理并不复杂，它是根据动量守恒定律，利用燃料爆炸时向后喷出气体，从而使火箭获得向前飞行的反冲力量。如图 2-7 所示，选火箭及其携带的燃料为系统，燃料爆炸燃烧时，内力远大于外力，系统动量守恒。以地面为参考系，设 t 时刻火箭及燃料的总质量为 M，飞行速度为 v；$t+\Delta t$ 时刻火箭及剩余燃料的总质量为 $M+\mathrm{d}M$，速度为 $v+\mathrm{d}v$；这段时间内火箭喷出气体质量为 $\mathrm{d}m$，则有 $\mathrm{d}M=-\mathrm{d}m$。以火箭飞行方向为正方向，设气体相对于火箭的喷射速度大小为 u。对于这段时间的始末列动量守恒定律，有

$$Mv=(M+\mathrm{d}M)(v+\mathrm{d}v)+\mathrm{d}m(v+\mathrm{d}v-u)$$

代入 $\mathrm{d}M=-\mathrm{d}m$，对上式整理，有

$$M\mathrm{d}v+u\mathrm{d}M=0$$

变形为

$$\mathrm{d}v=-u\frac{\mathrm{d}M}{M}$$

设点火时火箭及燃料的总质量为 M_0，燃料全部喷射完火箭的质量为 M，火箭最终速度为 v，对上式两侧积分

$$\int_0^v\mathrm{d}v=-u\int_{M_0}^{M}\frac{\mathrm{d}M}{M}$$

计算积分，得火箭可达到的速度为

$$v=u\ln\frac{M_0}{M}\tag{2-11}$$

可见,火箭的速度与火箭喷气的速度大小成正比,与火箭开始和后来的质量比成正比。目前最好的燃料如液氧和液氢混合气的喷气速度可达4.1 km·s^{-1},单级火箭的质量比最大可做到 15,代入式(2-11)可得单级火箭由静止开始能获得最大的速度约为 11.1 km·s^{-1}。但实际发射时,火箭要受地球引力和空气阻力的作用,因而只能获得约为 7 km·s^{-1}的速度,此值小于第一宇宙速度(7.9 km·s^{-1}),所以要把人造卫星、宇宙飞船等运送至轨道,需要多级火箭。每级火箭燃料喷出后,就将该级火箭的外壳卸掉,尽量提高质量比,然后再让下一级火箭点火开始工作,从而获得满足要求的火箭速度。

练习题

1. 在例题 2-7 中,若两人先后以相对于小车水平速度 u 沿同一方向跳离小车。试求:小车最后获得的水平速度,并比较此结果与例题中结果的大小。

2. 试用动量守恒定律在直角坐标系中的矢量形式,求解例题 2-8。

3. 试用动量守恒定律在直角坐标系中坐标轴上的分量形式,求解例题2-9。

2.3 功 动能定理

前面我们介绍的动量定理,是从力在时间上累积的角度研究力作用的效果。本节将从力在空间累积作用的角度,研究力与质点运动状态变化的关系。首先,介绍两个物理量——力的功和物体的动能,然后,在此基础上讨论动能定理的内容及应用。

2.3.1 功

1. 恒力对直线运动物体所做的功

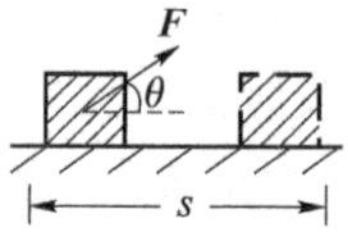

图 2-8 恒力的功

功的概念中学就接触过。设质点在恒力 $\boldsymbol{F}$ 作用下,沿直线运动,运动的距离为 $\boldsymbol{S}$,力与位移的夹角为 θ,如图 2-8 所示,则力 $\boldsymbol{F}$ 在这段位移上对物体所做的功为

$$A = FS\cos\theta \tag{2-12}$$

力对物体所做的功,等于力的大小、力作用点位移的大小以及力与位移之间夹角余弦的乘积。

考虑到力 $\boldsymbol{F}$、位移 $\boldsymbol{S}$ 都为矢量,则根据矢量标积的定义,式(2-12)可写为

$$A = \boldsymbol{F} \cdot \boldsymbol{S} \tag{2-13}$$

由式(2-13)可知,功是标量,只有大小和正负,没有方向。当力 $\boldsymbol{F}$ 与位移$\boldsymbol{S}$ 的夹角 $0 \leqslant \theta < \frac{\pi}{2}$时,$A>0$,称力对物体做正功;当 $\theta=\frac{\pi}{2}$时,$A=0$,称力对物体不做功;当$\frac{\pi}{2}<\theta\leqslant\pi$ 时,$A<0$,称力对物体做负功,或者说物体反抗外力做功。

在国际单位制中,功的单位为焦耳,符号为 J(1 J=1 N·m)。

2. 变力对曲线运动物体所做的功

如图 2-9 所示,设一质点在变力 $\boldsymbol{F}$ 的作用下,沿曲线路径由 a 点运动至b 点。为计算力 $\boldsymbol{F}$ 在此段上的功,按以下步骤进行:首先,把物体所经历的这段路程分割成许多个无限小段。

对于任一小段，由于其无限小，因而可以认为物体在其上的路径为直线，则对应的路径可取为位移元 $\mathrm{d}\boldsymbol{r}$，如图 2-9 所示；其次，计算变力在位移元 $\mathrm{d}\boldsymbol{r}$ 上做的功，称为元功。由于 $\mathrm{d}\boldsymbol{r}$ 无限小，因而可以认为在其上力的变化很小，力是恒力，则元功为 $\mathrm{d}A=\boldsymbol{F}\cdot\mathrm{d}\boldsymbol{r}=F\cos\theta\mathrm{d}r$；最后，计算整段路径上力的功。从 a 点至 b 点力 $\boldsymbol{F}$ 所做的功应为每段位移元上力所做元功的总和，则有

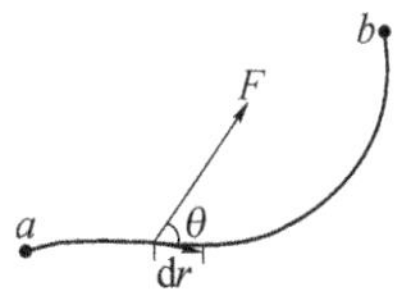

图 2-9　变力的功

$$A=\int_a^b \mathrm{d}A=\int_a^b \boldsymbol{F}\cdot\mathrm{d}\boldsymbol{r}=\int_a^b F\cos\theta\mathrm{d}r \tag{2-14}$$

3. 合力的功

如果物体同时受到 n 个力 $\boldsymbol{F}_1$、$\boldsymbol{F}_2$、…、$\boldsymbol{F}_n$ 作用，物体移动一段路程，此段路程上合力 $\boldsymbol{F}=\boldsymbol{F}_1+\boldsymbol{F}_2+\cdots+\boldsymbol{F}_n$ 所做的功为

$$\begin{aligned}A&=\int_a^b\boldsymbol{F}\cdot\mathrm{d}\boldsymbol{r}=\int_a^b(\boldsymbol{F}_1+\boldsymbol{F}_2+\cdots+\boldsymbol{F}_n)\cdot\mathrm{d}\boldsymbol{r}\\&=\int_a^b\boldsymbol{F}_1\cdot\mathrm{d}\boldsymbol{r}+\int_a^b\boldsymbol{F}_2\cdot\mathrm{d}\boldsymbol{r}+\cdots+\int_a^b\boldsymbol{F}_n\cdot\mathrm{d}\boldsymbol{r}\\&=A_1+A_2+\cdots+A_n\end{aligned} \tag{2-15}$$

可见，求合力的功有两种方法：一是先求出合力，再求合力的功；二是先求各分力的功，然后再求各功的代数和，从而得出合力的功。

4. 功率

在实际工作中，不仅要考虑力做功的多少，往往还考虑力做功的快慢，为此需要引入功率的概念。

单位时间内力所做的功，称为功率，用字母 P 表示。

设 Δt 时间内，力所做的功为 ΔA，则这段时间内力的平均功率为

$$\overline{P}=\frac{\Delta A}{\Delta t}$$

当 $\Delta t\to 0$ 时，平均功率的极限值称为 t 时刻的瞬时功率，简称功率，即

$$P=\lim_{\Delta t\to 0}\frac{\Delta A}{\Delta t}=\frac{\mathrm{d}A}{\mathrm{d}t}=\frac{\boldsymbol{F}\cdot\mathrm{d}\boldsymbol{r}}{\mathrm{d}t}=\boldsymbol{F}\cdot\boldsymbol{v} \tag{2-16}$$

功率等于力与速度的标积，是标量。在国际单位制中，功率的单位为瓦特，符号 W。

例题 2-10　如图 2-10 所示，劲度系数为 k 的轻弹簧一端固定，另一端连接一质量为 m 的物体，物体与水平面间的摩擦系数为 μ。以弹簧原长时物体所在处为坐标原点，水平向右为 Ox 轴正向，初始用外力使弹簧伸长至 x_2。试求：(1)撤去外力后，物体由 x_2 运动到 x_1 过程中所受各力做的功；(2)合力的功。

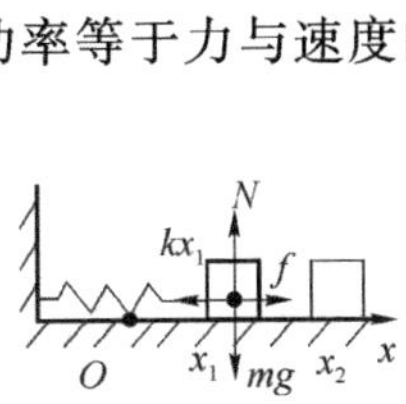

图 2-10　例题 2-17 用图

解　选物体为研究对象，受力分析，作示力图，如图 2-10 所示。运动过程中，物体共受四个力：重力 mg、支持力 N、弹簧的弹性力 F、平面的摩擦力 f。

(1) 重力是恒力，方向竖直向下，与物体运动方向垂直，故重力做功为

$$A_G=mg(x_2-x_1)\cos 90^\circ=0$$

与重力情况相同，支持力做功为

$$A_N=N(x_2-x_1)\cos 90^\circ=0$$

摩擦力大小 $f=\mu mg$，方向水平向右，是恒力，力与运动方向相反，做功为

$$A_f=\mu mg(x_2-x_1)\cos180°=-\mu mg(x_2-x_1)$$

弹簧的弹性力大小 $F=kx$，是变力，依据变力做功方法计算此功：首先取位移元。因物体作水平方向直线运动，故位移元可取为 $\mathrm{d}x$（由于物体向坐标轴负向运动，位移元大小为 $-\mathrm{d}x$）；然后计算元功。位移元上，弹性力方向水平向左，与位移元方向相同。故元功为

$$\mathrm{d}A=kx\cos0°(-\mathrm{d}x)=-kx\mathrm{d}x$$

最后，对元功积分，得在整个过程中弹力的功为

$$A_F=\int_{x_2}^{x_1}\mathrm{d}A=\int_{x_2}^{x_1}(-kx)\mathrm{d}x=\frac{1}{2}kx_2^2-\frac{1}{2}kx_1^2$$

(2) 合力的功为

$$\begin{aligned}A&=A_G+A_N+A_f+A_F\\&=-\mu mg(x_2-x_1)+\left(\frac{1}{2}kx_2^2-\frac{1}{2}kx_1^2\right)\end{aligned}$$

2.3.2 质点动能定理

力做功，将对质点的运动状态产生怎样的影响，即力在空间上的累积作用效果如何，质点动能定理反映了这方面的规律。

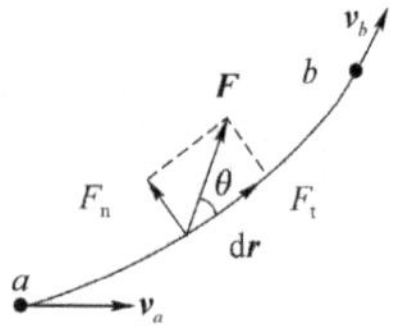

图 2-11 质点动能定理

如图 2-11 所示，设质量为 m 的物体在合外力 $\boldsymbol{F}$ 的作用下，从 a 点沿曲线路径到达 b 点，速度由 $\boldsymbol{v}_a$ 变为 $\boldsymbol{v}_b$。在位移元 $\mathrm{d}\boldsymbol{r}$ 上力的元功为

$$\mathrm{d}A=\boldsymbol{F}\cdot\mathrm{d}\boldsymbol{r}=F\cos\theta\mathrm{d}r$$

式中，$F\cos\theta$ 为力在位移元方向的分量，即曲线切向的分量 F_t，根据牛顿运动第二定律 $F_t=ma_t$，以及切向加速度与速率的关系 $a_t=\frac{\mathrm{d}v}{\mathrm{d}t}$，则上式可改写为

$$\mathrm{d}A=F_t\mathrm{d}r=m\frac{\mathrm{d}v}{\mathrm{d}t}\mathrm{d}r=mv\mathrm{d}v$$

整个过程中，物体所受合外力做的功

$$A=\int_a^b\mathrm{d}A=\int_{v_a}^{v_b}mv\mathrm{d}v=\frac{1}{2}mv_b^2-\frac{1}{2}mv_a^2 \tag{2-17}$$

等式的右侧是速率函数 $E_k=\frac{1}{2}mv^2$ 在末态与初态值的差额，这个速率函数也是描述质点运动状态的物理量，称为动能。动能是标量，只有大小，没有方向。在国际单位制中，动能的单位与功的单位相同，都为焦耳。

式(2-17)表明，合外力对物体做的功等于物体动能的增量，这称为质点的动能定理。用 E_k 表示动能，则动能定理的数学表达式可以写为

$$A=E_k-E_{k0} \tag{2-18}$$

对于动能定理的理解需要注意以下几点：

(1) 由式(2-17)可知，当合外力的功 $A>0$ 时，$E_k>E_{k0}$，质点动能增加，外力做功转化为质点的动能；当 $A<0$ 时，$E_k<E_{k0}$，质点动能减少，质点牺牲自己的动能用来转化为对外界做的功。可见，功是能量变化的量度。

(2) 质点的动能是与物体某时刻的运动速率相关,与状态相对应的物理量,这类的物理量称为状态量。前面我们接触的物理量,如速度、加速度、动量等都是状态量;功则对应于一段路程,一段时间,即对应于一个过程,这类的物理量称为过程量。前面接触的路程、冲量等都为过程量。动能定理实际上是把描述一个过程的过程量与该过程始末状态量的变化联系在一起。前面学习的动量定理也属于这类的关系,这点有时会给我们带来许多的方便,比如,可以利用状态量的变化求解对应的过程量,也可以利用过程量去求解某个状态量。

例题 2-11　一质量为 4kg 的物体可沿 Ox 轴无摩擦地滑动,$t=0$ 时物体静止于原点。试求下列情况中物体的速度大小:(1) 物体在力 $F=3+2t$ N 的作用下运动了 3s;(2)物体在力 $F=3+2x$ N 的作用下运动了 3m。

解　(1)根据动量定理 $\int_{t_0}^{t} F\mathrm{d}t = mv - mv_0$,及 $v_0=0$ 可得

$$v=\frac{1}{m}\int_{t_0}^{t} F\mathrm{d}t=\frac{1}{4}\int_{0}^{3}(3+2t)\mathrm{d}t=4.5\ \mathrm{m\cdot s^{-1}}$$

此问还有一种求解方法:

根据牛顿运动第二定律 $F=ma$,可得物体获得的加速度随时间变化的关系为

$$a=\frac{F}{m}=\frac{1}{m}(3+2t)$$

根据加速度与速度的关系 $a=\frac{\mathrm{d}v}{\mathrm{d}t}$,有 $\mathrm{d}v=a\mathrm{d}t$,结合上式得

$$\mathrm{d}v=\frac{1}{m}(3+2t)\mathrm{d}t$$

两侧积分,得

$$v=\int_{v_0}^{v}\mathrm{d}v=\int_{0}^{3}\frac{1}{m}(3+2t)\mathrm{d}t=4.5\ \mathrm{m\cdot s^{-1}}$$

两种解法,结果相同,但显然后一种解法相对烦琐。

(2) 根据动能定理 $\int_{x_0}^{x} F\mathrm{d}x=\frac{1}{2}mv^2-\frac{1}{2}mv_0^2$,及 $v_0=0$ 可得

$$v=\sqrt{\frac{2}{m}\int_{x_0}^{x}F\mathrm{d}x}=\sqrt{\frac{2}{4}\int_{0}^{3}(3+2x)\mathrm{d}x}=3\ \mathrm{m\cdot s^{-1}}$$

例题 2-12　如图 2-12 所示,一链条总长为 L,质量为 m,放在光滑水平桌面上,并使其下垂,下垂一段的长度为 a,令链条由静止开始运动。试求:链条离开桌面时的速率。

解　建立如图 2-12 所示坐标系。选链条为研究对象,对其受力做功情况进行分析。桌面光滑,没有摩擦力,桌面上链条的重力、支持力方向与运动方向垂直,都不做功。因而,链条下落过程中,只有下垂部分的重力做功。

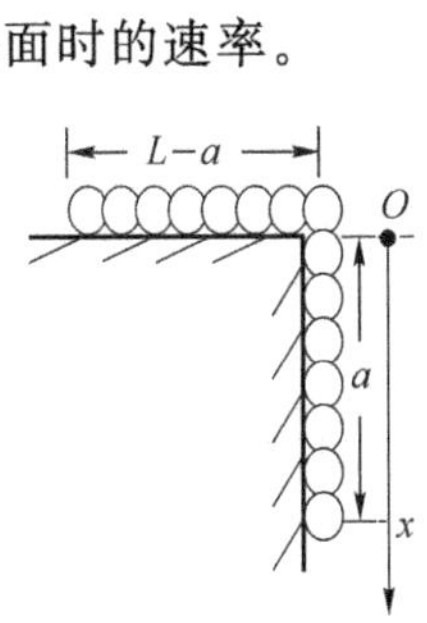

图 2-12　例题 2-19 用图

设链条下垂的顶端所在位置为 x,下垂部分的重力大小为 mgx/L,重力的大小随下落的长度变化,重力方向与运动方向一致,当链条下落一微小位移 $\mathrm{d}x$ 时,重力作的元功可写为

$$\mathrm{d}A=mg\frac{x}{L}\mathrm{d}x$$

链条由静止至离开桌面，重力的功为

$$A=\int \mathrm{d}A=\int_{a}^{L} mg\ \frac{x}{L}\mathrm{d}x=\frac{1}{2L}mg(L^{2}-a^{2})$$

根据动能定理，$A=\frac{1}{2}mv^{2}-\frac{1}{2}mv_{0}^{2}$，及初始链条静止，$v_0=0$，可得

$$v=\sqrt{\frac{2A}{m}}=\sqrt{\frac{g}{L}(L^{2}-a^{2})}$$

2.3.3 质点系动能定理

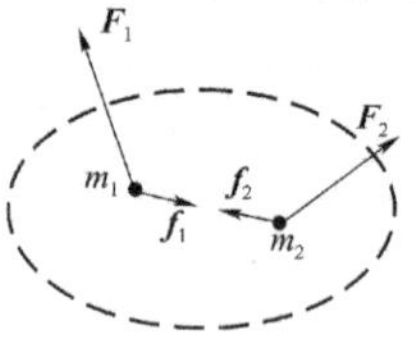

图 2-13 质点系动能定理

下面仍以两个质点构成的最简单的质点系为例，研究系统功与动能变化之间的关系。如图 2-13 所示，设 m_1、m_2 组成的质点系所受外力分别为 $\boldsymbol{F}_1$、$\boldsymbol{F}_2$，内力分别为 $\boldsymbol{f}_1$、$\boldsymbol{f}_2$，m_1 始末速率分别为 v_{10}、v_1，m_2 始末速率分别为 v_{20}、v_2。对两质点分别列动能定理，有

$$\int \boldsymbol{F}_1\cdot \mathrm{d}\boldsymbol{r}_1+\int \boldsymbol{f}_1\cdot \mathrm{d}\boldsymbol{r}_1=\frac{1}{2}m_1v_1^2-\frac{1}{2}m_1v_{10}^2$$

$$\int \boldsymbol{F}_2\cdot \mathrm{d}\boldsymbol{r}_2+\int \boldsymbol{f}_2\cdot \mathrm{d}\boldsymbol{r}_2=\frac{1}{2}m_2v_2^2-\frac{1}{2}m_2v_{20}^2$$

两式相加，有

$$\int \boldsymbol{F}_1\cdot \mathrm{d}\boldsymbol{r}_1+\int \boldsymbol{F}_2\cdot \mathrm{d}\boldsymbol{r}_2+\int \boldsymbol{f}_1\cdot \mathrm{d}\boldsymbol{r}_1+\int \boldsymbol{f}_2\cdot d\boldsymbol{r}_2$$

$$=(\frac{1}{2}m_1v_1^2+\frac{1}{2}m_2v_2^2)-(\frac{1}{2}m_1v_{10}^2+\frac{1}{2}m_2v_{20}^2)$$

此式左侧的前两项，为系统所受外力做功的和，即合外力的功，可用 $A_{外}$ 表示；左侧后两项，为系统内力做功的和，即内力的功，可用 $A_{内}$ 表示；右侧第一项为末态各质点动能之和，即系统的末态动能，用 E_k 表示；右侧第二项为初态各质点动能之和，即系统的初态动能，用 E_{k0} 表示。上式可整理为

$$A_{外}+A_{内}=E_k-E_{k0} \tag{2-19}$$

可以证明，此式可以推广到多个质点组成的质点系情况。式(2-18)表明，一切外力所做功与一切内力所做功的代数和等于质点系动能的增量。这称为质点系动能定理。

前面学习了质点系的动量定理，在动量定理中，只考虑外力的冲量，因为内力的冲量为零。那么，在质点系动能定理中，是否也可以仅考虑外力的功呢？这取决于质点系内力的功是否也为零。下面以图2-14所示情况为例，讨论内力的功。设两物体的质量分别为 m_1、m_2，两者间摩擦力大小分别为 f_1、f_2，对于 m_1、m_2 所构成的系统来说，这对摩擦力为内力。现用外力 $\boldsymbol{F}$ 作用于 m_1，使 m_1 向右运动。由于摩擦力作用，m_2 也将向右运动，运动过程中，摩擦内力的功的代数和为

$$A_{内}=A_1+A_2=-f_1\Delta r_1+f_2\Delta r_2$$

根据作用力与反作用力大小相等，$f_1=f_2$，则有

$$A_{内}=f_1(-\Delta r_1+\Delta r_2)$$

显然内力的功是否为零，取决于两质点运动位移是否相同。如果两质点位移相同(即两者间无相对位移)，如图 2-14(a)所示，$\Delta r_1=\Delta r_2$，则有 $A_{内}=0$；如果两质点位移不同(即两者间有相对位移)，如图 2-14(b)所示，$\Delta r_1\neq\Delta r_2$，则有 $A_{内}\neq0$。

显然，内力的功与内力的冲量不同，内力的冲量不能改变系统的总动量，但内力的功却可以改变系统的总动能。内力做功的例子很多，如地雷爆炸时，弹片四处飞溅，有很大的动能，这动能即来自于火药爆炸力这一内力所做的功。

练习题

1. 狗拉质量为 150 kg 的雪橇在水平雪地上沿一弯曲的道路匀速奔跑 1 km，雪橇与地面间的摩擦系数为 0.12。试求：狗对雪橇做的功。

2. 如图 2-15 所示，劲度系数为 $k=20\ \mathrm{N\cdot cm^{-1}}$ 的弹簧一端固定，另一端连接质量为 2 kg的物体，初始用外力使弹簧伸长 10 cm，然后使物体由静止释放。设平面光滑。试求：物体运动到弹簧原长处时的速率。

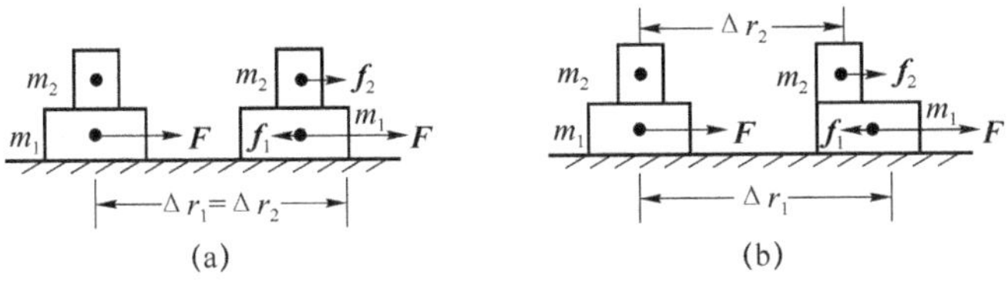

图 2-14　内力的功

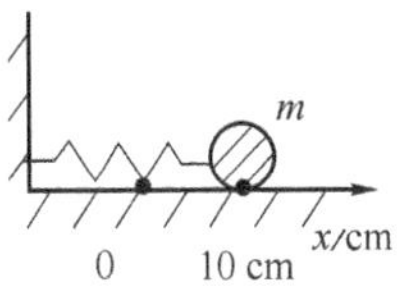

图 2-15　练习 2 用图

2.4　功能原理　机械能守恒定律

在机械运动的范围内，不仅有动能，还有势能。本节将在讨论保守力做功的基础上，引入势能的概念，进而研究质点系的功能原理和机械能守恒定律。

2.4.1　保守力的功　势能

在深入研究力做功的时候，我们发现有一类力做功具有鲜明的特色，这类力称为保守力。下面我们从研究弹簧的弹性力做功、重力做功出发，总结这类力做功的特点。

1. 弹簧弹性力的功

在 2.6 节例题 2-10 中，得出弹簧由 x_2 伸长至 x_1 过程中，弹性力做功为

$$A_F=\int_{x_2}^{x_1}\mathrm{d}A=\int_{x_2}^{x_1}(-kx)\mathrm{d}x=\frac{1}{2}kx_2^2-\frac{1}{2}kx_1^2$$

分析结果可以看出，弹性力做功只与始末位置有关，而与物体具体经过怎样的路径无关。

下面再研究使弹簧由 x_1 经过任一路径伸长至 x_2 过程中弹力的功。采取与例题 2-10 相同的方法，取位移元 $\mathrm{d}x$，因力与 $\mathrm{d}x$ 方向相反，则位移元上弹力的元功仍可写为 $\mathrm{d}A'=-kx\mathrm{d}x$，弹性力做功为

$$A'_F=\int_{x_1}^{x_2}\mathrm{d}A'=\int_{x_1}^{x_2}(-kx)\mathrm{d}x=\frac{1}{2}kx_1^2-\frac{1}{2}kx_2^2$$

可见，功仍只与物体运动的始末位置有关，而与路径无关。

如果使弹簧由 x_2 沿任意路径至 x_1，然后再由 x_1 经任一路径返回至 x_2，即经过一个闭合路

径，则弹性力做功为

$$A=A_F+A'_F=0$$

可见，沿闭合路径弹性力做功为零。

2. 重力的功

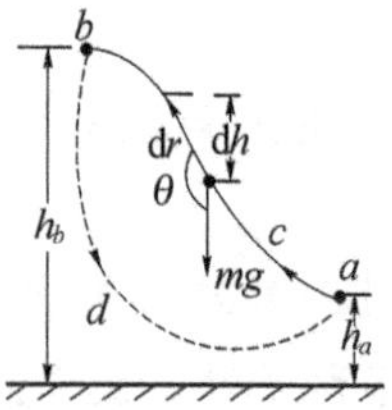

图 2-16　重力的功

如图 2-16 所示，质量为 m 的物体从位置 a 沿任一路径 acb 运动到位置 b，在此过程中，重力的大小 mg 及重力方向保持不变，但物体运动路径为曲线，重力与物体运动方向之间的夹角 θ 不断改变。在路径上取位移元 $\mathrm{d}\boldsymbol{r}$，重力的元功为

$$\mathrm{d}A=\boldsymbol{mg}\cdot\mathrm{d}\boldsymbol{r}=mg\cos\theta\mathrm{d}r=-mg\mathrm{d}h$$

设 a 点离地面的高度为 h_a，b 点离地面的高度为 h_b，从 a 到 b 重力做功为

$$A=\int_a^b \mathrm{d}A=\int_{h_a}^{h_b}(-mg)\mathrm{d}h$$
$$=mgh_a-mgh_b$$

由结果可以看出，重力做功也仅与物体的始末位置有关，而与具体的路径无关。如果物体从位置 b 沿任一路径 bda 运动到位置 a，重力做功为

$$A'=\int_b^a \mathrm{d}A'=\int_{h_b}^{h_a}(-mg)\mathrm{d}h=mgh_b-mgh_a$$

结果仍仅与始末位置有关，而与具体是经过怎样的路径无关。

如果物体从位置 a 沿任一路径 acb 运动到位置 b，再从位置 b 沿任一路径 bda 运动到位置 a，重力做功为

$$A_{总}=A+A'=0$$

即重力沿任意闭合路径做功也为零。

总结以上，弹性力和重力做功的特点为：仅与物体的始末位置有关，而与路径无关，沿闭合路径做功为零。做功具有这样特点的力称为保守力。除了重力和弹簧的弹力之外，万有引力以及以后要接触的静电场力也都是保守力。做功不具有上述特点的力称为非保守力。由例题 2-10 可以看出，摩擦力做功与路径有关，不具有保守力做功的特点，因而摩擦力是非保守力。

3. 势能

进一步研究重力做功和弹性力做功的结果，我们发现，它们都是一个与位置相关的函数在始末位置取值的差值，功是能量变化的量度，因此定义这两个与位置相关的函数为势能，用 E_p 表示。重力势能的表达式为 mgh，弹性势能的表达式为 $\frac{1}{2}kx^2$。

对于势能的理解需要注意以下几个方面：

(1) 势能是相对量。重力势能 mgh 中的 h 与高度零点定在哪里有关，弹性势能 $\frac{1}{2}kx^2$ 中的 x 值与坐标原点选在哪里有关，零点选择不同，则势能具有不同的值。因而在以后应用势能时，一定要先指明势能零点选择在何处，否则说某一物体的势能值是没有意义的。一般地，重力势能零点选择在地面处，当然也可以根据具体情况选择其他位置；但弹性势能零点要选择在弹簧原长时自由端所在处，否则弹性势能的表达式不再是 $\frac{1}{2}kx^2$（这点读者可自行证明）。

(2) 势能差值是绝对的。虽然选择不同的势能零点，系统中某处对应的势能值不同，但两点间的势能差值是绝对的，不随势能零点选择的不同而变化。例如，在图 2-16 中，无论是选择地面为势能零点，还是选择 a 点为势能零点，a、b 两点的重力势能差都为 $\Delta E_p = E_{pb} - E_{pa} = mgh_b - mgh_a$。

(3) 保守力做功等于势能增量的负值。观察前面得出的弹力做功和重力做功的结果，可以看出，由 a 到 b 过程中，保守力做的功等于 a 点对应的势能减 b 点对应势能，即等于势能增量的负值，数学表达式为

$$A_{ab} = -(E_{pb} - E_{pa}) = -\Delta E_p \tag{2-20}$$

(4) 势能属于相互作用的系统。物体之所以具有重力势能，是因为地球对物体有重力作用。弹簧之所以具有弹性势能，是因为外界对弹簧有力的作用，可见势能的存在依赖于物体间的相互作用，势能并不属于某个物体，而是属于相互作用的系统。

2.4.2　质点系功能原理

在 2.6 节中，学习了质点系动能定理 $A_{外} + A_{内} = \Delta E_k$。由于质点系的内力可以分为保守内力和非保守内力，则上式可以改写为

$$A_{外} + A_{保内} + A_{非保内} = \Delta E_k$$

由前面分析可知，保守力做功等于势能增量的负值 $A_{保内} = -\Delta E_p$，代入上式，有

$$A_{外} + A_{非保内} - \Delta E_p = \Delta E_k$$

考虑动能、势能之和为机械能，动能增量与势能增量之和为机械能增量，则上式可改写为

$$A_{外} + A_{非保内} = \Delta E_k + \Delta E_p = \Delta E \tag{2-21}$$

式(2-21)表明：外力与非保守内力对系统所做功之和，等于系统机械能的增量，这称为系统功能原理。

质点系动能定理与功能原理在本质上是相同的，都是研究力做功与能量变化之间的关系；但两者之间又存在着区别，动能定理考虑动能的变化，而功能原理考虑机械能的变化；动能定理考虑所有力做的功，而功能原理不考虑保守内力做的功。产生这样区别的原因，是从不同的角度考虑保守内力的作用，动能定理考虑力所做的功，而功能原理考虑保守内力做功所对应的势能。

例题 2-13　试用功能原理求解 2.6 节练习题 2。

解　选择弹簧、物体、地球为系统，进行受力分析。物体受的重力、弹簧的弹力都为保守力，系统不受外力和非保守内力作用。如图 2-17 所示，以地面为重力势能零点，弹簧原长时自由端所在处为弹性势能零点。设弹簧原长时物体的速率为 v，根据功能原理，有

$$0 = E - E_0 = \left(\frac{1}{2}mv^2 + 0\right) - \left(0 + \frac{1}{2}kx^2\right)$$

解方程得，$v = \sqrt{\dfrac{kx^2}{m}} = \sqrt{\dfrac{2\ 000 \times 0.1^2}{2}} = 3.16\ \text{m} \cdot \text{s}^{-1}$

例题 2-14　如图 2-18 所示，质量为 $m = 2$ kg 的物体由静止开始，沿半径 $R = 2$ m 的四分之一圆弧轨道从 A 滑到 B 点。物体到达 B 点时速率为 $4\ \text{m} \cdot \text{s}^{-1}$。试求：物体下滑过程中，轨道摩擦力所做的功。

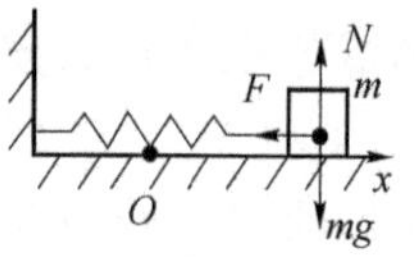

图 2-17　例题 2-13 用图

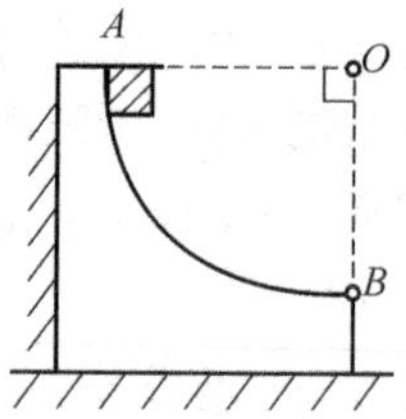

图 2-18　例题 2-14 用图

解　选择物体、地球为系统，进行受力分析。物体受重力、轨道支持力、摩擦力的作用，其中重力为保守内力，做功不改变系统机械能，支持力指向圆弧的圆心，与运动方向垂直，不做功。选 B 点为重力势能零点，根据功能原理，有

$$A_f=E_B-E_A=\left(0+\frac{1}{2}mv^2\right)-(mgR+0)=\frac{1}{2}mv^2-mgR$$

$$=\frac{1}{2}\times2\times4^2-2\times9.8\times2=-23.2\ \mathrm{J}$$

2.4.3　机械能守恒定律

在式(2-21)中，如果 $A_{外}+A_{非保内}=0$，则有

$$\Delta E=0\ 或者说\ E=E_0=常量 \tag{2-22}$$

式(2-22)表明，如果系统所受合外力及非保守内力做功之和为零，或者说，只有保守内力做功，则系统内各质点的动能和势能可以相互转换，但总机械能保持不变。这称为机械能守恒定律。

例题 2-15　试用机械能守恒定律求解例题 2-12。

解　选择地面、链条为系统，受力分析。链条受重力和桌面的支持力作用，支持力与链条运动方向垂直，不做功；重力为保守内力。系统机械能守恒，选图 2-12 中 O 点为重力势能零点，初始系统机械能为

$$E_0=0-\frac{mga}{L}\cdot\frac{a}{2}$$

设链条离开桌面时速率为 v，此时机械能为

$$E=\frac{1}{2}mv^2-mg\frac{L}{2}$$

根据机械能守恒定律，$E=E_0$，有

$$\frac{1}{2}mv^2-mg\frac{L}{2}=0-\frac{mga}{L}\cdot\frac{a}{2}$$

解方程，得

$$v=\sqrt{gL-\frac{ga^2}{L}}=\sqrt{\frac{g}{L}(L^2-a^2)}$$

结果与应用动能定理求解结果相同。

应用功能原理和机械能守恒定律求解问题的步骤基本相同，大致如下：

(1) 选择系统，受力分析，判断题目所符合的规律。功能原理可以用来求解任何问题，

但机械能守恒定律有严格的适用条件，即外力和非保守内力做功为零，或者只有保守内力做功。注意，有的题目应用两个规律求解都可以，这时要指明所使用的是哪个规律。

(2) 选择零势能点，并写出初始和末态对应的机械能。

(3) 根据规律，写出对应的关系式。如果应用功能原理，等式左侧为外力和非保守内力做功之和，等式右侧为末态机械能减去初态机械能；如果应用机械能守恒定律，等式的左侧为末态机械能，等式的右侧为初态机械能。

(4) 解方程，代入数据，写出结果。

例题 2-16　如图 2-19 所示，一劲度系数为 k 的轻弹簧上端固定，下端悬挂一质量为 m 的物体。先用手将物体托住，使弹簧保持原长。试求下列情况中弹簧的最大伸长量：(1)将物体托住慢慢放下；(2)突然撒手，使物体落下。

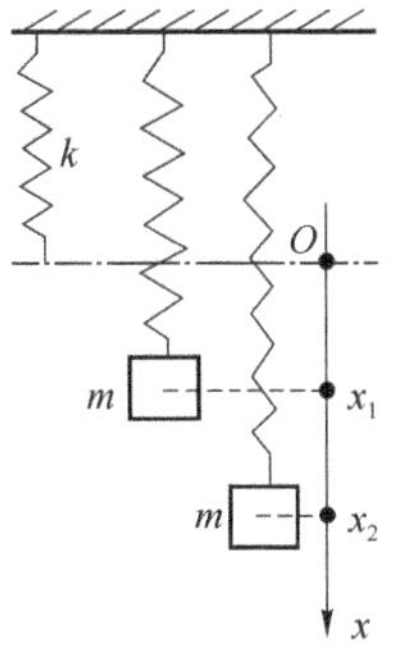

图 2-19　例题 2-16 用图

解　(1) 选物体为研究对象，受力分析。将物体慢慢放下，则可以认为在整个过程中物体受力平衡。在弹簧最大伸长时，作用在物体上的重力应与弹力相平衡，故此位置称为平衡位置。若以弹簧原长时下端所在处为坐标原点，向下为正向，建立坐标轴，则弹簧伸长可用其下端坐标值 x_1 表示。根据受力平衡，有

$$mg-kx_1=0$$

解方程得 $x_1=\dfrac{mg}{k}$

(2) 选择物体、弹簧、地面为系统，受力分析。若突然撒手，物体落下过程中，外力和非保守内力不做功，只有重力和弹性力这两个保守内力做功，系统机械能守恒。选图中 O 点为重力势能和弹性势能零点，则刚撒手时系统机械能为 $E_0=0$。设弹簧最大伸长为 x_2，则最大伸长时系统的机械能为

$$E=0+\frac{1}{2}kx_2^2-mgx_2$$

根据机械能守恒，$E=E_0$，有

$$0=0+\frac{1}{2}kx_2^2-mgx_2$$

解方程得 $x_2=\dfrac{2mg}{k}$。

系统机械能守恒的条件是外力和非保守内力做功为零。如果外力和非保守内力做功不为零时，则系统的机械能将发生变化。这说明，自然界中除了机械能之外，还存在着其他形式的能量。热能、电能、化学能、核能等都是能量存在的形式。各种形式能量之间是可以相互转换的，如水力发电是机械能向电能的转换、燃烧煤炭发电是化学能向电能的转换、蒸汽机实现的是热能向机械能的转换、电动机实现的则是电能向机械能的转换等。实验表明，对于一个孤立系统，各种形式能量之间可以相互转换，但在转换的过程中，各种形式能量的总和始终保持不变，这称为能量转换和守恒定律。能量转换和守恒定律是自然界中又一个最普遍的规律。

练习题

1. 试用动能定理求解例题 2-14。

2. 试用功能原理求解例题 2-16(2)。

3. 试用机械能守恒定律求解练习 1。

4. 在例题 2-12 中，若链条与水平桌面间的摩擦系数为 μ。试求链条离开桌面时的速率。

第 3 章　刚体的定轴转动

刚体是固体物件的理想化模型。本章主要研究刚体定轴转动的描述、力矩对刚体的作用效果等问题。力矩对刚体的作用效果可以分为两个方面：一是力矩的瞬时作用效果。刚体定轴转动定律反映了这方面的规律；二是力矩的持续作用效果。刚体的转动动能定理和角动量定理分别从两个角度反映了这方面的规律。

本章的学习方法是：把刚体知识与质点力学相关知识进行类比。通过类比来理解刚体知识，并通过类比来寻求解决刚体转动问题的方法。

3.1　刚体定轴转动的描述

在第 1 章中，采用位移、速度、加速度等线量描述质点的运动状态。那么，下面将采用哪些量、什么来描述刚体的运动状态？如何描述刚体的运动状态呢？这就是本节我们主要研究的内容。

3.1.1　刚体

通过前面的学习，我们知道，如果研究物体运动时，可以忽略物体的大小和形状，则可把物体视为质点。但是，在许多实际问题中，物体的大小和形状往往不能忽略。例如，行进中的车轮，轮上各点的运动情况不尽相同，离轴越远的点运动速率越大，这时不能忽略车轮的大小和形状，不能再把车轮视为质点；再比如，许多物体在外力的作用下会发生形变，而且有的物体形变明显(如海绵)，其上各点的运动情况相差也很大，这时也不能把物体视为质点。显然，只有质点这个物理模型是不够的，有时需要考虑物体的大小和形状。

但是，考虑物体大小和形状时，物体的运动往往是比较复杂的。本书仅考虑其中较为简单的情况，即物体在力作用下所产生的形变很小，对所研究的问题没有影响，这时，可以只考虑物体的大小和形状，而忽略物体的形变，这样的物体称为刚体。刚体是引入的又一个理想物理模型。

由于刚体是有大小和形状的，所以研究刚体运动时，应把刚体视为许多质点组成的质点系；又由于刚体是没有形变的物体，所以可以将刚体视为一个特殊的质点系——系统内部各质点间没有相对运动。刚体的这一特点是以后研究刚体运动所必须随时考虑的,也是研究刚体运动的基本方法。

3.1.2 刚体的运动形式

刚体的运动形式有平动、转动以及两者的结合。

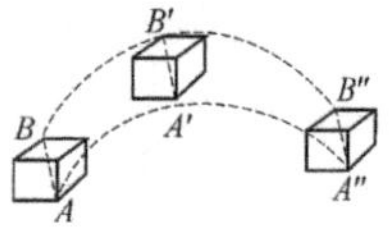

图 3-1 刚体的平动

如果刚体运动时,其上任意两点连成的直线始终与其初始位置平行,这种运动称为平动,如图 3-1 所示。根据平动的定义可以看出,刚体平动时,刚体上各点的运动情况都相同,因此,可以用其上任意一点代表整个刚体的运动,此时刚体可视为质点。可以用描述质点运动的物理量描述刚体的平动,用解释质点运动的相关规律解释刚体的平动。相关的知识在前两章中已经进行了充分的讨论,本章不再赘述。

如果刚体运动时,其上点的运动不符合上面的特征,则称为转动。刚体的转动又可以分为两种形式:定轴转动和非定轴转动。转轴固定不动的转动,称为定轴转动。如机床上齿轮、飞轮的转动,门窗的开关等都是定轴转动;转轴运动的转动称为非定轴转动。如行驶中车轮的转动即为非定轴转动。两种转动中,定轴转动是最简单的,也是最基本的。本章主要研究定轴转动的情况。

3.1.3 刚体定轴转动的描述

刚体作定轴转动时,其上各点的运动有如下特点:一是到轴距离不同的点在相同时间内的位移不同,速度、加速度也不同,如图 3-2 所示。因而,刚体定轴转动无法用位移、速度、加速度等线量描述;二是轴上各点都不动,其他点都绕轴作圆周运动。圆周运动所在的平面都与轴垂直,这样的平面称为转动平面;三是相同的时间内各点转过的角位移相同。如果选择角量描述刚体的转动,则可以用任意一点代替整个刚体,从而使描述得以简化。因而,对于刚体的定轴转动,选择角量描述。把刚体上任一点的角位移、角速度、角加速度作为定轴转动刚体角位移、角速度和角加速度。这样,便可以用第 1 章中圆周运动的有关公式描述刚体的定轴转动。

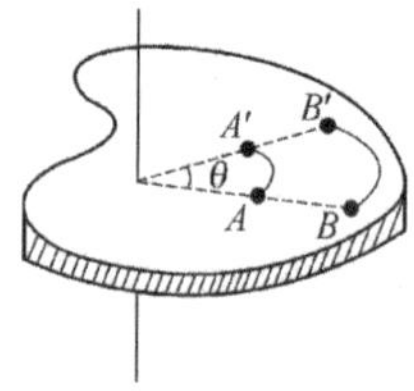

图 3-2 刚体的转动

如果刚体匀速转动,则有

$$\theta=\theta_0+\omega t$$

式中,θ_0 为刚体初始的角位置;ω 为刚体转动的角速度。

如果刚体作匀加速转动,则有

$$\theta=\theta_0+\omega_0 t+\frac{1}{2}\beta t^2,\omega=\omega_0+\beta t,\omega^2-\omega_0^2=2\beta\Delta\theta$$

式中,ω_0 为刚体初始的角速度;β 为刚体转动的角加速度;$\Delta\theta$ 为该段时间内刚体的角位移。

例题 3-1 一飞轮在制动力的作用下均匀减速,在 50 s 内角速度由 30 πrad·s^{-1}降低为零。试求:(1)飞轮转动的角加速度;(2)制动开始后 25 s 时飞轮的角速度;(3)从开始制动至停止,飞轮转过的转数。

解　(1) 飞轮作匀减速转动，则角加速度为

$$\beta=\frac{\omega-\omega_0}{\Delta t}=\frac{0-30\pi}{50}=-0.6\ \pi\text{rad}\cdot\text{s}^{-2}$$

(2) $\omega=\omega_0+\beta t=30\pi-0.6\pi\times25=15\pi\text{rad}\cdot\text{s}^{-1}$

(3) 从开始制动至停止，飞轮转过的角度为

$$\theta=\theta_0+\omega_0 t+\frac{1}{2}\beta t^2=0+30\pi\times50-\frac{1}{2}\times0.6\pi\times50^2=750\ \pi\text{rad}$$

转数为
$$N=\frac{\theta}{2\pi}=\frac{750\pi}{2\pi}=375\ 转$$

例题 3-2　一定滑轮在绳线的拉动下由静止开始均匀加速转动，经10 s转速达 20 r·s^{-1}，如图 3-3 所示。设滑轮半径为 $R=10$ cm，绳线与滑轮间无相对滑动。试求：绳线运动的加速度。

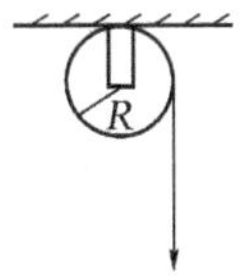

图 3-3　例题 3-2 用图

解　滑轮转动角加速度为

$$\beta=\frac{\omega-\omega_0}{\Delta t}=\frac{40\pi}{10}=4\ \pi\text{rad}\cdot\text{s}^{-2}$$

滑轮与绳线间无相对滑动，则在滑轮转动过程中，其边缘一点转过的弧长与绳线前进的距离相等，因而，绳线的加速度等于滑轮边缘一点的切向加速度。即

$$a=R\beta=0.1\times4\pi=1.26\ \text{m}\cdot\text{s}^{-2}$$

练习题

1. 在例题 3-1 中，若设飞轮半径为 $R=40$ cm。试求：$t=25$ s 时飞轮边缘一点的线速度以及切向加速度的大小。

2. 已知如例题 3-2。试求：(1)拉动开始后 2 s 时滑轮的角速度；(2)从开始拉动至 $t=2$ s，滑轮转过的转数。

3.2　刚体定轴转动定律　转动惯量

力是改变质点运动状态的原因，力的瞬时作用效果可以通过牛顿运动第二定律加以反映。本节将研究引起刚体转动状态变化的原因——力矩，以及反映力矩瞬时作用效果的刚体定轴转动定律。另外，还将介绍一个与质点质量相对应的物理量——转动惯量。

3.2.1　力矩

由日常生活经验可知，要把门窗开启或关上，力作用在离轴远的地方比作用在离轴近的地方要容易得多；用扳手拧紧螺钉，力作用在离螺钉远的扳尾要比力作用在离螺钉近的扳手前部要容易得多。大量类似的事例说明，要使物体的转动状态发生变化，不仅要考虑力的大小，还有考虑转轴到力的作用线的距离。转轴到力的作用线的距离称为力臂，力与力臂的乘积称为力矩，用 $\boldsymbol{M}$ 表示。

1. 转动平面内力的力矩

如图 3-4 所示，O 点为转轴与转动平面的交点，$\boldsymbol{F}$ 为转动平面内的作用力，$\boldsymbol{r}$ 为由 O 点

指向力作用点的矢量，φ 为 $\boldsymbol{F}$ 与 $\boldsymbol{r}$ 正向的夹角，则力矩大小为

$$M=rF\sin\varphi \tag{3-1}$$

考虑 $\boldsymbol{F}$、$\boldsymbol{r}$ 都为矢量，以及物体转动有方向性，下面写出式(3-1)对应的矢量形式

$$\boldsymbol{M}=\boldsymbol{r}\times\boldsymbol{F} \tag{3-2}$$

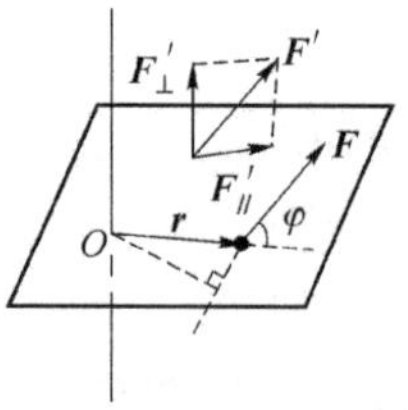

图 3-4　力矩

即力矩是矢量。根据式(3-2)可知，力矩方向依据右手定则确定。刚体作定轴转动时，由图 3-4 可知，力矩的方向只有两种可能性：沿轴向上或沿轴向下，因此，在定轴转动的情况下，可以用标量 M 表示力矩，用标量的正负反映力矩的方向。通常，力矩为正表明力矩方向沿轴向上，力矩为负表明力矩方向沿轴向下。

在国际单位制中，力矩的单位是牛顿·米(N·m)。

2. 不在转动平面内力的力矩

如果刚体所受的力不在转动平面内，如图 3-4 中所示力 $\boldsymbol{F}'$。可以把力沿平行转动平面、垂直转动平面两个方向分解。其中力的垂直分量 $F_\perp'$将被转轴支撑力平衡，对刚体的转动状态不会产生影响，因而它对应的力矩为零。所以，力的平行分量 $F_{//}'$对应的力矩即是力 $\boldsymbol{F}'$的力矩。

3. 合力矩

如果刚体同时受到几个力的作用，计算合力矩的步骤为：首先求出各力对应的力矩，然后再求各力矩的代数和，从而得合力矩。即

$$M_{合}=M_1+M_2+\cdots+M_n \tag{3-3}$$

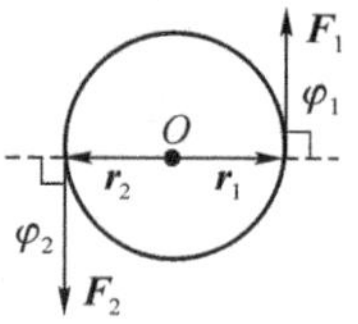

图 3-5　合力矩

需要注意的是，求合力矩切不可先求各力的合力，然后再求合力的力矩。例如，在图 3-5 中，若 $r_1=r_2$，$F_1=F_2$，$\varphi_1=\varphi_2$，如果用第一种方法，得合力矩为 $M=2M_1$；而如果用第二种方法，则根据 $\boldsymbol{F}=\boldsymbol{F}_1+\boldsymbol{F}_2=0$，得合力矩为零。两种方法所得结果完全不同。由图可以看出，这两个力的作用应该会使刚体的转动状态发生变化，而如果刚体转动状态发生变化，则说明力矩不应为零。显然，采用第二种方法计算合力矩是错误的。

3.2.2　转动定律

力作用于质点，它的瞬时作用效果是使质点产生加速度，力与加速度之间的关系为 $\boldsymbol{F}=m\boldsymbol{a}$。式中 m 是质点的质量，m 越大，相同力作用于质点产生的加速度越小，这说明质点的运动状态越不容易被改变，即质点的惯性越大。因而，我们说质量是质点惯性大小的量度。

与此相类似，力矩作用于刚体，它的瞬时作用效果是使刚体产生角加速度，可以证明(证明从略)，力矩 $\boldsymbol{M}$ 与角加速度 $\boldsymbol{\beta}$ 的关系为

$$\boldsymbol{M}=J\boldsymbol{\beta} \tag{3-4}$$

此式称为刚体定轴转动的转动定律(对于此式的理解及应用将在下一节中详细介绍)。

3.2.3　转动惯量

式(3-4)中，字母 J 所代表的物理量对应于牛顿第二定律中的 m。而且由式(3-4)可以看出，相同的力矩作用于刚体，J 大的刚体获得的角加速度小，刚体转动状态不容易被改变，

刚体转动的惯性大。可见，字母 J 所代表的物理量是描述刚体转动惯性大小的物理量，它能反映刚体保持原来转动状态的能力，因而我们称其为转动惯量。它的定义式为

$$J=\int_V r^2\,\mathrm{d}m \tag{3-5}$$

式中，$\mathrm{d}m$ 表示刚体上任意一个质元的质量；r 表示该质元到转轴的垂直距离。若刚体质量离散分布，则转动惯量可以写为

$$J=\sum_i \Delta m_i r_i^2 \tag{3-6}$$

式中，Δm_i 表示刚体各部分的质量；r_i 表示刚体各部分到转轴的垂直距离。

由定义式可以看出，转动惯量与质量一样，都是标量。在国际单位制中，转动惯量的单位为千克·米^2（$\mathrm{kg\cdot m^2}$）。

例题 3-3　刚性双原子气体分子的结构是哑铃状，如图 3-6 所示。设每个原子的质量为 m，两原子间距离为 l，若相对原子间距离而言，原子自身尺度可以忽略。试求：(1)分子对于通过原子连线中心并与其垂直轴的转动惯量；(2)分子对于通过其中一个原子并与连线垂直轴的转动惯量。

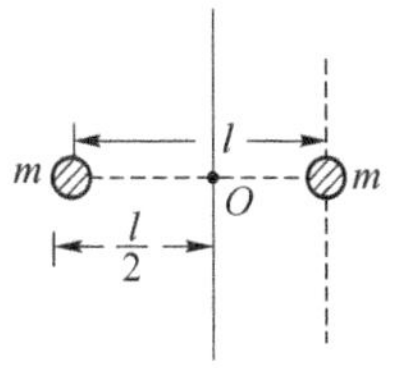

图 3-6　例题 3-3 用图

解　此刚体属于质量离散分布情况。

(1) $J=\sum_i \Delta m_i r_i^2=m\left(\frac{l}{2}\right)^2+m\left(\frac{l}{2}\right)^2=\frac{1}{2}ml^2$

(2) $J=\sum_i \Delta m_i r_i^2=ml^2+0=ml^2$

由结果可以看出，转动惯量的大小与刚体的质量、转轴位置有关。

例题 3-4　如图 3-7 所示，试求质量为 m，半径为 R 的均质圆环对于通过圆心且与环面垂直轴的转动惯量。

解　此刚体属于质量连续分布的情况。在环上取质量元 $\mathrm{d}m$，每个质元到转轴的垂直距离都等于圆环的半径 R。根据转动惯量的定义，有

$$J=\int_V r^2\,\mathrm{d}m=\int_V R^2\,\mathrm{d}m=R^2\int_V \mathrm{d}m=mR^2$$

例题 3-5　如图 3-8 所示，试求质量为 m，半径为 R 的均质圆盘对于通过圆心且与盘面垂直轴的转动惯量。

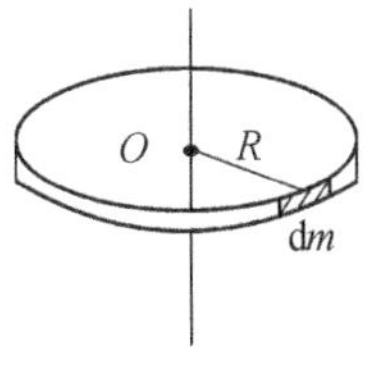

图 3-7　均质圆环的转动惯量

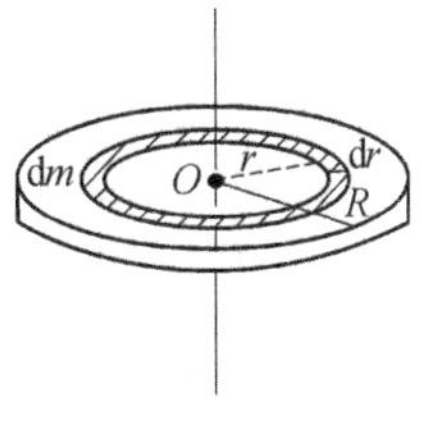

图 3-8　均质圆盘的转动惯量

解　圆盘可以认为是由许多半径不同的均质圆环套叠组成。在圆盘上任取一半径为 r、宽度为 $\mathrm{d}r$ 的圆环为质元，如图 3-8 所示。圆盘上质量分布的面密度为$\sigma=\frac{m}{\pi R^2}$，则所取质元的质量为

$$dm=\sigma dS=\sigma \cdot 2\pi r \cdot dr=\frac{2m}{R^2}r dr$$

质元至转轴的距离为 r，则均质圆盘的转动惯量为

$$J=\int_V r^2 dm=\int_V \frac{2m}{R^2}r^3 dr=\frac{2m}{R^2}\int_0^R r^3 dr=\frac{2m}{R^2}\cdot\frac{R^4}{4}=\frac{1}{2}mR^2$$

此题还有另一种方法求解：

取与上面相同的质元，根据所取圆环质量、半径，以及均质圆环转动惯量公式，可得所取质元对轴的转动惯量为

$$dJ=dm\cdot r^2=\left(\frac{m}{\pi R^2}\cdot 2\pi r\cdot dr\right)\cdot r^2=\frac{2m}{R^2}r^3 dr$$

整个刚体的转动惯量应为各组成部分转动惯量的和，因而均质圆盘的转动惯量为

$$J=\int dJ=\int_V \frac{2m}{R^2}r^3 dr=\frac{1}{2}mR^2$$

两种方法所得结果一致。由第二种方法可得：如果刚体由几部分组成，则刚体对轴的转动惯量等于组成刚体各部分对该轴转动惯量的和。

比较例题 3-4 和例题 3-5 结果可知，刚体的转动惯量大小还与刚体的质量分布有关。质量、半径、轴的位置都相同的均质圆环和均质圆盘，均质圆环的转动惯量大。可见，其他条件相同时，刚体质量分布离轴越远，转动惯量越大。这一点在生活中有许多应用。例如，制造飞轮时，常做成大而厚的边缘，从而使飞轮的转动惯量大；再如，我们常用的锤子，也是头部质量大，这同样是为了增大转动惯量，使转动状态不易被改变，从而增大对外界的作用力矩。

总结以上，刚体转动惯量的大小与下列因素有关：(1)刚体的质量；(2)刚体质量的分布情况；(3)转轴的位置。

表 3-1 给出了几种常见的几何形状简单的均质刚体对特定轴的转动惯量。

表 3-1　转动惯量

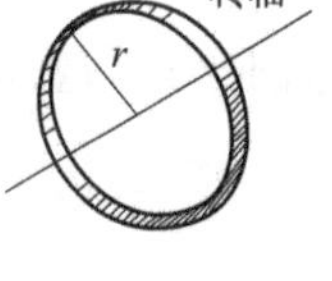	圆环 转轴通过中心 且与环面垂直 $J=mr^2$	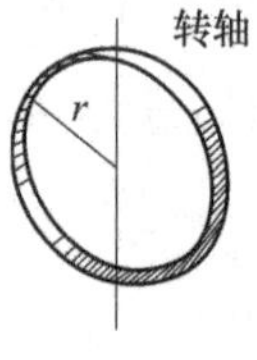	圆环 转轴沿直径 $J=\frac{1}{2}mr^2$
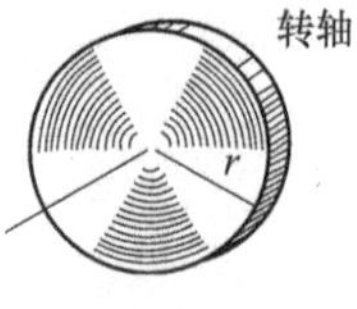	薄圆盘 转轴通过中心 且与盘面垂直 $J=\frac{1}{2}mr^2$	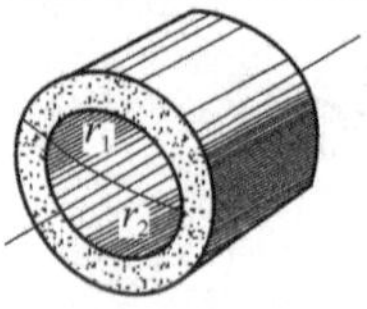	圆筒 转轴沿几何轴 $J=\frac{1}{2}(mr_2^2-mr_1^2)$
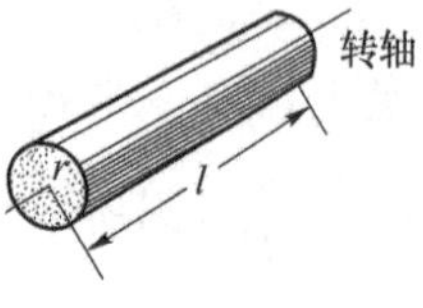	圆柱体 转轴沿几何轴 $J=\frac{1}{2}mr^2$	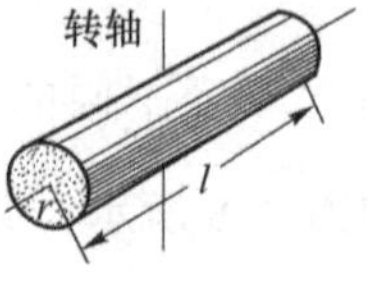	圆柱体 转轴通过中心 且与几何轴垂直 $J=\frac{1}{4}mr^2+\frac{1}{12}ml^2$

续表

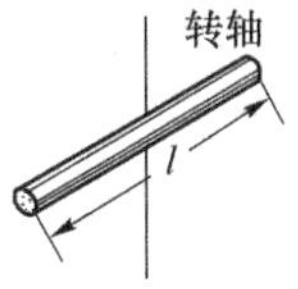	细棒 转轴通过中心 且与棒垂直 $J=\frac{1}{12}ml^2$		细棒 转轴通过一端 且与棒垂直 $J=\frac{1}{3}ml^2$
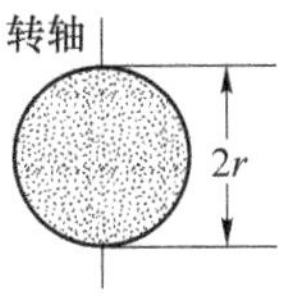	球体 转轴沿直径 $J=\frac{2}{5}mr^2$	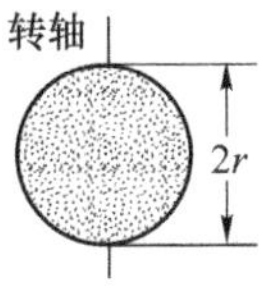	薄球壳 转轴沿直径 $J=\frac{2}{3}mr^2$

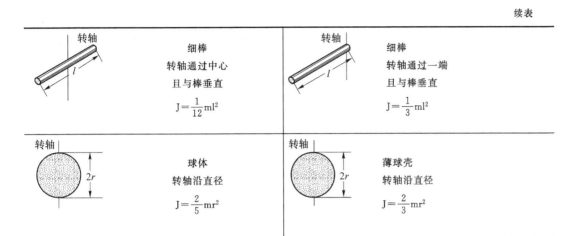

练习题

1. 试求质量为 m、长度为 l 的均质细棒对通过中心且与棒垂直的转轴的转动惯量。
2. 试求质量为 m、长度为 l 的均质细棒对通过端点且与棒垂直的转轴的转动惯量。

3.3　转动定律的应用

在 3.2 节中，介绍了转动定律，其数学表达式为

$$\boldsymbol{M}=J\boldsymbol{\beta}$$

此时表明：绕定轴转动刚体的角加速度与作用于刚体上的合外力矩成正比，与刚体的转动惯量成反比。这就是刚体定轴转动定律的内容。

转动定律表明，刚体受合外力矩作用，则产生角加速度；合外力矩变化，则角加速度变化；合外力矩消失，则角加速度消失。可见，转动定律反映了力矩的瞬时作用效果。

转动定律在刚体定轴转动中的地位与牛顿运动第二定律在质点运动中的地位是相当的。两者所包含的物理量及物理量之间的关系都是一一对应的，对应关系可以通过表 3-2 清晰地反映出来。

表 3-2　转动定律与牛顿第二定律的对应关系

	状态变化原因	描述状态物理量	描述惯性的物理量	三者关系
牛顿第二定律	力 $\boldsymbol{F}$	加速度 $\boldsymbol{a}$	质量 m	$\boldsymbol{F}=m\boldsymbol{a}$
转动定律	力矩 $\boldsymbol{M}$	角加速度 $\boldsymbol{\beta}$	转动惯量 J	$\boldsymbol{M}=J\boldsymbol{\beta}$

刚体转动定律的应用与质点动力学中牛顿定律的应用也完全相似。解决问题的基本类型为：(1)已知受力矩情况，求解刚体转动状态；(2)已知转动状态变化情况，求解所受力矩。应用转动定律求解问题的基本思路、基本步骤，以及需要注意的问题也与牛顿定律基本相似，在此不再重复。另外，对于定轴转动的刚体，由于描述其转动状态的各物理量方向仅有

两种可能，在计算过程中一般都写其标量形式，而用值的正负反映该量的方向。因而，转动定律在具体使用时，也一般写其标量形式 $M=J\beta$，式中各量方向与正方向相同则为正，否则为负。

例题 3-6 电风扇正常工作时额定角速度为 ω_0，关闭电源后经历 t_1 时间风扇停止转动。设风扇的转动惯量为 J，摩擦力矩为恒量。试求：(1)摩擦力矩的大小；(2)如果开启电源后，风扇需经历时间 t_2 才能达到额定角速度。设电源电磁力矩为恒量，则电磁力矩为多大。

解 此问题属于已知转动情况，求解力矩。

(1) 摩擦力矩为恒力矩，关闭电源后，风扇均匀减速，角加速度为

$$\beta_1=\frac{\omega-\omega_0}{t_1}=-\frac{\omega_0}{t_1}$$

根据转动定律，$M=J\beta$，可得风扇所受摩擦力矩为

$$M_1=J\beta_1=J\cdot -\frac{\omega_0}{t_1}=-\frac{J\omega_0}{t_1}$$

摩擦力矩为负，说明摩擦力矩方向与风扇转动方向相反。

(2) 开启电源后，风扇均匀加速，角加速度为

$$\beta_2=\frac{\omega_0-0}{t_2}=\frac{\omega_0}{t_2}$$

根据转动定律，$M=J\beta$，可得风扇所受合外力矩为

$$M_{合}=J\beta_2=J\cdot\frac{\omega_0}{t_2}=\frac{J\omega_0}{t_2}$$

风扇加速过程同时受电磁力矩和摩擦力矩作用，$M_{合}=M_2+M_1$，则电磁力矩为

$$M_2=M_{合}-M_1=\frac{J\omega_0}{t_2}-\left(-\frac{J\omega_0}{t_1}\right)=J\omega_0\left(\frac{1}{t_2}+\frac{1}{t_1}\right)$$

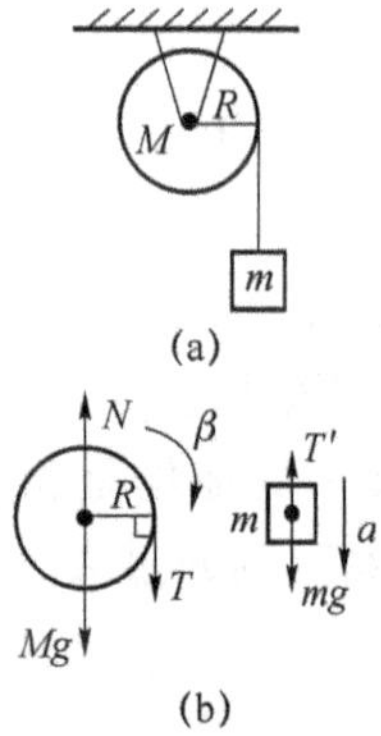

图 3-9 例题 3-7 用图

例题 3-7 质量为 $m=5$ kg 的一桶水系于绕在辘轳上的绳子下端，图 3-9(a)为其截面图，辘轳可视为质量为 $M=10$ kg、截面半径为 $R=50$ cm 的圆柱体。桶从静止开始释放。设轴承光滑，绳子和辘轳无相对滑动。试求：桶下落过程中，辘轳的角加速度、水桶的加速度以及绳中张力大小。

解 此题属于已知力矩，求解转动状态问题。选水桶、辘轳为研究对象，进行受力分析，如图 3-9(b)所示。轴承光滑，辘轳受三个力的作用，其中重力 Mg 和轴承的支持力 N 都通过转轴，力矩为零。辘轳在拉力 T 的作用下作顺时针的加速转动，设角加速度为 β；水桶在重力 mg 和拉力 T' 作用下作向下加速直线运动，设加速度大小为 a。对于两者分别列转动定律和牛顿第二定律方程，有

对 m：$mg-T'=ma$

对 M：$TR=J\beta$

T 与 T' 是作用力与反作用力，大小相等，即 $T=T'$；绳与辘轳间无相对滑动，则有 $a=R\beta$；圆柱体的转动惯量 $J=\frac{1}{2}MR^2$，代入上面两式，联立求解得

$$T=24.5\ \text{N},\beta=9.8\ \text{rad}\cdot\text{s}^{-2},a=4.9\ \text{m}\cdot\text{s}^{-2}$$

例题 3-8 如图 3-10 所示，一轻绳跨过一轴承光滑的定滑轮，绳的两端分别悬有质量为

m_1、m_2 的物体，$m_1<m_2$。滑轮可视为质量为 m、半径为 r 的均质圆盘。绳不能伸长且与滑轮间无相对滑动。试求：物体的加速度、滑轮的角加速度、绳中的张力。

解　选滑轮、物体为研究对象，进行受力分析，如图 3-10 所示。滑轮受四个力作用：重力、轴承的支持力、左侧绳线的拉力 T_1、右侧绳线的拉力 T_2（这里有一点需注意，由于滑轮质量不能忽略，因而必须考虑其转动问题，所以滑轮两侧的拉力不能相等，即 $T_1\neq T_2$）。重力和支持力的力矩为零，则滑轮在两侧拉力的作用下加速转动，根据 $m_1<m_2$，可知，滑轮角加速度的方向为顺时针。相应的，m_1 加速上升，m_2 加速下降，且有 $a_1=a_2=a$（绳线不能伸长）。

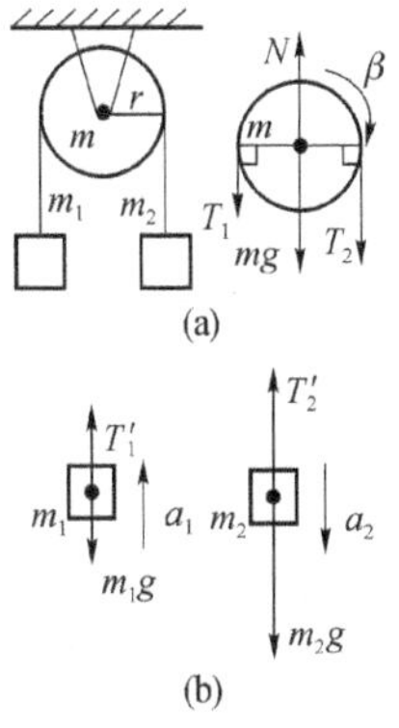

图 3-10　例题 3-8 用图

对滑轮及物体分别列转动定律和牛顿运动第二定律，有

对 m_1：　$T'_1-m_1g=m_1a$

对 m_2：　$m_2g-T'_2=m_2a$

对 m：　$T_2r-T_1r=J\beta$

根据作用力反作用力关系，有 $T_1=T'_1$、$T_2=T'_2$；根据角、线量关系，有$a=r\beta$；均质圆盘的转动惯量 $J=\dfrac{1}{2}mr^2$。代入方程，联立求解，得

$$a=\frac{(m_2-m_1)g}{m_2+m_1+\frac{1}{2}m},\beta=\frac{(m_2-m_1)g}{\left(m_2+m_1+\frac{1}{2}m\right)r}$$

$$T_1=\frac{m_1\left(2m_2+\frac{1}{2}mg\right)}{m_2+m_1+\frac{1}{2}m},T_2=\frac{m_2\left(2m_2+\frac{1}{2}m\right)g}{m_2+m_1+\frac{1}{2}m}$$

练习题

1. 在例题 3-7 中，如果把水桶改为竖直向下 49N 恒力的作用。试求辘轳的角加速度。

2. 在例题 3-8 中，若把 m_1 放置于与滑轮平行的光滑水平面上，且设 $m=2$ kg、$m_1=3$ kg、$m_2=4$ kg、$r=20$ cm。试求例题中各问。

3.4　转动动能定理

与力的持续作用效果相对应，力矩也存在持续作用效果。类似地，力矩的持续作用效果也分为两个方面：力矩在空间上的累积作用效果和力矩在时间上的累积作用效果。本节主要介绍与力矩空间累积作用效果相关的物理量——力矩的功、刚体的转动动能，以及反映两者之间关系的转动动能定理。

3.4.1　力矩的功

力作用于物体，物体在力的作用下发生一段位移，就说力对物体做了功。同样的，力矩作用于刚体，刚体在力矩的作用下转过一段角位移，我们说力矩对刚体做了功。力矩做功的定义式可以由力做功推倒得出。

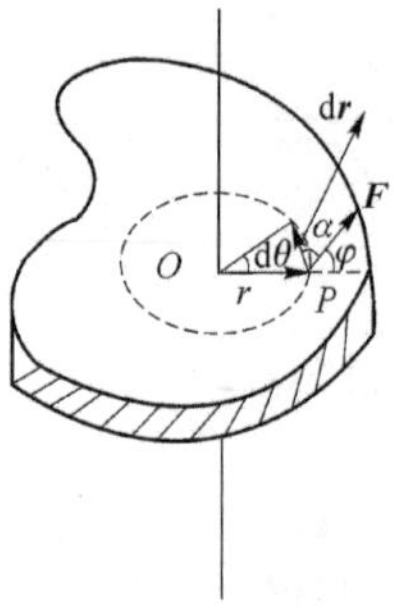

图 3-11　力矩的功

如图 3-11 所示,刚体在力 $\boldsymbol{F}$ 作用下作定轴转动,力作用点 P 到轴的距离为 $\boldsymbol{r}$。设刚体在 $\boldsymbol{F}$ 作用下转过一微小角位移 $d\theta$,P 点对应的位移为 $d\boldsymbol{r}$。力做功为

$$dA=\boldsymbol{F}\cdot d\boldsymbol{r}=F\cos\alpha dr$$

图中,$\alpha+\varphi=90°$,$dr=rd\theta$,代入上式,有

$$dA=Fr\sin\varphi d\theta=Md\theta \tag{3-7}$$

式中,M 为力 $\boldsymbol{F}$ 对应力矩的大小。此式表明,刚体转动过程中,外力所作的元功可以用力矩大小 M 与对应的角位移元的乘积表示,称为力矩的元功。当刚体在力矩 M 作用下,从初始角位置 θ_0 转动到末角位置 θ 过程中,力矩的功为

$$A=\int dA=\int_{\theta_0}^{\theta}Md\theta \tag{3-8}$$

对于力矩功的理解注意以下几个方面:

(1) 力矩的功本质上与力的功相同,在国际单位制中,单位都为焦耳。力矩的功是在力的功基础上变形得出的,因而力矩的功与力的功是同一个量。在以后我们处理问题时,如果已经计算了力的功,则不必再计算该力对应力矩的功。在具体问题中,以哪种形式计算功要视情况而定。一般地,对于平动物体,我们计算力的功相对方便;对于转动物体则计算力矩的功相对方便。

(2) 恒力矩的功。如果力矩在刚体转动过程中保持不变,则力矩功可简化为

$$A=\int dA=M\int_{\theta_0}^{\theta}d\theta=M\Delta\theta \tag{3-9}$$

(3) 合力矩的功。如果刚体同时受到几个力矩的作用,则可以先求合力矩,再计算合力矩的功;也可以先计算每个力矩的功,然后再求功的代数和。

例题 3-9　一转动惯量为 $J=30\ \text{kg}\cdot\text{m}^2$ 的刚体在恒力矩的作用下,由静止开始经历 50 s角速度达到 $\omega=10\ \text{rad}\cdot\text{s}^{-1}$。试求:力矩的功。

解　力矩是恒量,根据转动定律可知,刚体作匀加速转动。角加速度为

$$\beta=\frac{\omega-0}{t}=\frac{10}{50}=0.2\ \text{rad}\cdot\text{s}^{-2}$$

根据转动定律,力矩大小为

$$M=J\beta=30\times0.2=6\ \text{N}\cdot\text{m}$$

50 s 内刚体转过的角位移为

$$\Delta\theta=0+\frac{1}{2}\beta t^2=\frac{1}{2}\times0.2\times50^2=250\ \text{rad}$$

根据恒力矩做功 $A=M\Delta\theta$,可得功为

$$A=M\Delta\theta=6\times250=1.5\times10^3\ \text{J}$$

3.4.2　转动动能

刚体作定轴转动时,其上所有质元动能之和称为刚体的转动动能。设刚体定轴转动的角速度为 ω,其上第 i 个质元到转轴的距离为 r_i、质量为 Δm_i,则该质元的动能为

$$\Delta E_{ki}=\frac{1}{2}\Delta m_i v_i^2=\frac{1}{2}\Delta m_i r_i^2\omega^2$$

对每个质元的动能求和，得刚体的转动动能为

$$E_k=\sum_i \Delta E_{ki}=\frac{1}{2}(\sum_i \Delta m_i r_i^2)\omega^2$$

式中，$\sum_i \Delta m_i r_i^2=J$，则转动动能可表示为

$$E_k=\frac{1}{2}J\omega^2 \tag{3-10}$$

把式(3-10)与质点平动动能 $E_k=\frac{1}{2}mv^2$ 相类比，可以看出，两者在形式上是完全一致的，而且相关物理量也有很强的对应关系：转动惯量对应于质量，角速度对应于速度。另外，由前面的推导过程可知，转动动能与质点的平动动能在本质上也是一致的，因而，对于定轴转动的刚体，我们计算其转动动能，而不必再计算其平动动能。

3.4.3　转动动能定理

在质点力学中，外力对质点做功将改变质点的动能。相应的，在刚体转动中，外力矩对刚体做功与刚体转动动能之间也有着密切的关系。前面提到，可以把刚体视为一个质点系，因而对于刚体可以应用质点系动能定理

$$A_{外}+A_{内}=E_k-E_{k0}$$

前面还提到，刚体是一个特殊的质点系，即系统内部各质点间无相对位移。对于这样的系统，内力不做功，即 $A_{内}=0$，则上式可变成

$$A_{外}=E_k-E_{k0} \tag{3-11}$$

根据本节前面的讨论可知，刚体定轴转动时，外力的功即是外力矩的功，质点系的动能即是刚体的转动动能，因而，对于刚体，式(3-11)的内容可以叙述为：刚体在绕定轴转动的过程中，外力矩所做的功等于刚体转动动能的增量。这称为刚体定轴转动的动能定理。转动动能定理的数学表达式除了式(3-11)所示的形式外，还可以表示为

$$\int M\mathrm{d}\theta=\frac{1}{2}J\omega^2-\frac{1}{2}J\omega_0^2 \tag{3-12}$$

转动动能定理在刚体定轴转动中的地位与动能定理在质点运动中的地位是相当的。两者所包含的物理量及物理量之间的关系都是一一对应的，对应关系可以通过表 3-3 清晰地反映出来。

表 3-3　转动动能定理与动能定理的对应关系

	状态变化原因	描述状态的物理量	两者关系
动能定理	力的功 $\int \boldsymbol{F}\cdot\mathrm{d}\boldsymbol{r}$	平动动能 $\frac{1}{2}mv^2$	$\int \boldsymbol{F}\cdot\mathrm{d}\boldsymbol{r}=\frac{1}{2}mv^2-\frac{1}{2}mv_0^2$
转动动能定理	力矩的功 $\int M\mathrm{d}\theta$	转动动能 $\frac{1}{2}J\omega^2$	$\int M\mathrm{d}\theta=\frac{1}{2}J\omega^2-\frac{1}{2}J\omega_0^2$

例题 3-10　应用转动动能定理求解例题 3-9 中力矩的功，以及该段时间内力矩的平均功率。

解　根据题意可求得刚体始末状态的转动动能分别为

$$E_{k0}=\frac{1}{2}J\omega_0^2=0$$

$$E_k=\frac{1}{2}J\omega^2=\frac{1}{2}\times 30\times 10^2=1.5\times 10^3$$

根据转动动能定理 $A_{外}=E_k-E_{k0}$，可得力矩的功为

$$A_{外}=1.5\times 10^3-0=1.5\times 10^3\ \text{J}$$

50 s 内的平均功率为$\overline{P}=\frac{A}{\Delta t}=\frac{1.5\times 10^3}{50}=30\text{W}$

例题 3-11 如图 3-12 所示，一长度为 l、质量为 m 的均质细棒可绕过 O 点的水平轴在竖直平面内转动。设轴承光滑，现使棒由水平位置自由下摆。试求：棒摆至竖直位置时，其端点 A 和质点 C 的速率。

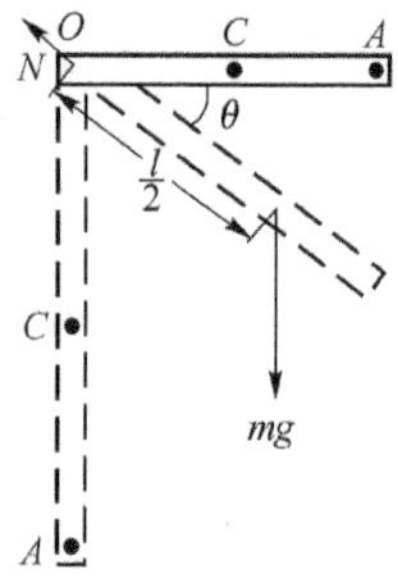

图 3-12 例题 3-11 用图

解 选择棒为研究对象，受力分析，如图 3-12 所示。棒受重力和轴承的支持力作用，其中支持力 N 作用于转轴，对应力矩为零。重力大小 mg，方向竖直向下，作用在重心上，重力对应的力臂随棒所处位置不同而不同，因而重力矩是变化的。设某时刻棒与水平方向夹角 θ，取角位移元 $\mathrm{d}\theta$，重力矩的元功为

$$\mathrm{d}A=M\mathrm{d}\theta=\frac{l}{2}mg\cos\theta\mathrm{d}\theta$$

整个过程重力矩的功为

$$A=\int\mathrm{d}A=\int_0^{\frac{\pi}{2}}\frac{l}{2}mg\cos\theta\mathrm{d}\theta=\frac{1}{2}mgl$$

初始棒的角速度为零，转动动能为零。设转至竖直位置时棒的角速度为 ω，根据刚体定轴转动动能定理，有

$$\frac{1}{2}mgl=\frac{1}{2}J\omega^2-0$$

棒对过端点转轴的转动惯量为 $J=\frac{1}{3}ml^2$，代入上式，得

$$\omega=\sqrt{\frac{3g}{l}}$$

根据角线量关系，质点速率 $v=r\omega$，可得 A、C 点速率分别为

$$v_A=l\omega=\sqrt{3gl}\quad v_C=l\omega/2=\sqrt{3gl}/2$$

解题方法二：

由前面学习可知，力矩做功与力做功本质上是一回事，因而，此题仅有重力矩做功即是仅有重力做功。选棒、地面为系统，系统机械能守恒。确定初始棒位于水平位置所在处为势能零点，并用转动动能表示动能，则有

$$0=\frac{1}{2}J\omega^2+\left(-\frac{1}{2}mgl\right)$$

解方程得

$$\omega=\sqrt{\frac{3g}{l}}$$

结果与前一种方法相同。比较两种方法，显然后者简捷，因为后者仅考虑始末状态，而不必细讨论中间的细节。另外，此题告诉我们，机械能守恒定律在刚体转动问题中，仍然是适用的。

例题 3-12　如图 3-13 所示，绳的一端与质量为 M 的滑轮连接，绳子在滑轮上绕过几圈后，另一端系一质量为 m 的物体。开始时，物体距地面高度为 h。设滑轮可视为均质圆盘，半径为 R，滑轮轴承光滑，绳不能伸长，绳与滑轮间无相对滑动。试求：物体由静止释放后到达地面时的速率以及滑轮转动的角速度。

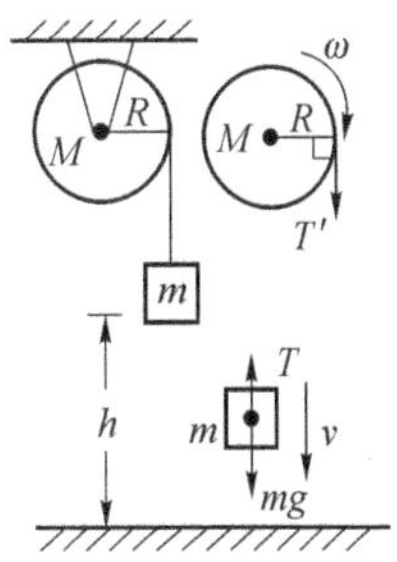

图 3-13　例题 3-12 用图

解　选择滑轮、物体、地面为系统，受力分析，如图 3-13 所示。T 和 T' 这对内力做功之和为零（力大小相同，位移大小相同，但一个力与位移夹角为零，另一个力与位移反向）。外力矩——轴承的支持力矩为零。系统机械能守恒。以地面为重力势能零点，则有

$$mgh=\frac{1}{2}mv^2+\frac{1}{2}J\omega^2$$

根据角、线量关系 $v=R\omega$，滑轮的转动惯量 $J=\frac{1}{2}MR^2$，代入上式，可得

$$v=2\sqrt{\frac{mgh}{2m+M}}$$

$$\omega=\frac{2}{R}\sqrt{\frac{mgh}{2m+M}}$$

练习题

1. 试用转动动能定理求解例题 3-6。
2. 试用转动动能定理求解例题 3-12。

3.5　角动量定理　角动量守恒定律

本节主要研究力矩在时间上的累积作用效果。这部分内容对应于质点运动中的动量定理和动量守恒定律。将由刚体定轴转动定律出发，讨论力矩作用一段时间所引起的效果，定义两个新的物理量——冲量矩、角动量，并讨论两者之间的关系，从而得出角动量定理以及角动量守恒定律。

根据角加速度与角速度的关系，对刚体定轴转动定律可以作如下变形

$$M=J\beta=J\frac{\mathrm{d}\omega}{\mathrm{d}t}$$

即

$$M\mathrm{d}t=J\mathrm{d}\omega$$

刚体作定轴转动时，转动惯量 J 是常量。设力矩作用时间为 $t_0\sim t$，作用的始末时刻刚体角速度为 ω_0、ω。为讨论力矩在时间上的累积作用效果，对上式两侧积分，得

$$\int_{t_0}^{t}M\mathrm{d}t=\int_{\omega_0}^{\omega}J\mathrm{d}\omega=J\omega-J\omega_0 \tag{3-13}$$

3.5.1 力矩的冲量矩

式(3-13)的左侧$\int_{t_0}^{t} M\mathrm{d}t$,为力矩在时间上的积分,它反映了力矩在时间上的累积情况。力在时间上的积分是冲量,力矩在时间上的积分称为冲量矩。

对于冲量矩的理解需要注意以下两点:

1. 冲量矩不同于冲量

力矩的功是在力的功基础上变形而来的,两者外形虽然不同,但本质相同;而冲量矩是单独定义的物理量,它与力的冲量从外形到本质都是截然不同的,彼此不能替代。

2. 冲量矩是矢量

力矩是矢量,时间是标量,矢量与标量的乘积为矢量,因而冲量矩是矢量。前面之所以把它写成标量形式,理由与多次提到的一样——定轴转动刚体的相关矢量方向只有两种可能性,因而可以写成标量形式。

3.5.2 角动量

式(3-3)的右侧为物理量 $J\omega$ 在始末时刻对应值的增量。质点运动中,质量与速度的乘积是动量。相应地,在刚体定轴转动中,定义转动惯量与角速度的乘积为刚体的角动量(也称动量矩)。用字母 L 表示,即

$$L=J\omega \tag{3-14}$$

对于角动量的理解需注意以下几点:

1. 角动量不同于动量

与冲量矩相同,角动量也是我们单独定义的物理量。在国际单位制中,角动量的单位是千克·米^2·弧度·秒$^{-1}$($\mathrm{kg}\cdot\mathrm{m}^2\cdot\mathrm{rad}\cdot\mathrm{s}^{-1}$)。

2. 角动量是矢量

角动量是矢量,可写为$\boldsymbol{L}=J\boldsymbol{\omega}$。角动量的方向与角速度方向一致,与刚体的旋转方向成右手螺旋关系,即右手四指依刚体旋转方向摆放,拇指指向即为角动量方向。与前面相同,在刚体定轴转动时我们常写角动量的标量形式,$L=J\omega$。

3. 点对轴的角动量

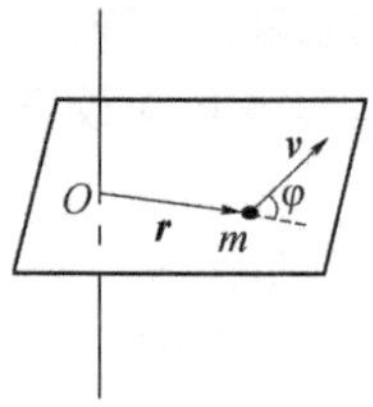

图 3-14 点对轴的角动量

一般的,对于质点我们常讨论其质量、速度,因而有必要写出用这两个物理量表示的质点的角动量。如图 3-14 所示,一个质点质量为 m,转轴到质点的距离为 r,质点在转动平面内的运动速率为 v。则质点对轴的转动惯量 $J=mr^2$,质点绕轴的角速度

$$\omega=\frac{v_t}{r}=\frac{v\sin\varphi}{r}$$

则角动量大小为

$$L=J\omega=mr^2\cdot\frac{v\sin\varphi}{r}=mrv\sin\varphi \tag{3-15}$$

如果考虑到速度$\boldsymbol{v}$是矢量、轴到质点 $\boldsymbol{r}$ 的方向,则上式对应的矢量式为

$$\boldsymbol{L}=\boldsymbol{r}\times m\boldsymbol{v}=\boldsymbol{r}\times\boldsymbol{p} \tag{3-16}$$

式中,$\boldsymbol{p}$ 为质点的动量。式(3-16)清晰地表明,角动量与动量是截然不同的两个物理量。

3.5.3 角动量定理

定义了冲量矩和角动量之后,式(3-13)所表达的内容可叙述为:作用在刚体上的冲量矩等于刚体角动量的增量,这称为角动量定理(也称动量矩定理)。其矢量形式的数学表达式为

$$\int_{t_0}^{t} \boldsymbol{M} \mathrm{d}t = \boldsymbol{L} - \boldsymbol{L}_0 \tag{3-17}$$

式(3-17)虽然是由一个绕定轴转动的刚体推导得来的,但可以证明(证明从略)它对于多个刚体组成的系统绕定轴转动的情况仍适用。只是这时的冲量矩为系统所受合外力矩的冲量矩,角动量为各刚体角动量的矢量和。

角动量定理是从时间累积的角度反应力矩的作用效果,它与质点力学中反映力在时间上累积作用效果的动量定理是相对应的,具体的对应关系如表 3-4 所示。

表 3-4　角动量定理与动量定理的对应关系

	状态变化原因	描述状态的物理量	两者关系
动量定理	冲量 $\int \boldsymbol{F} \cdot \mathrm{d}t$	动量 $m\boldsymbol{v}$	$\int \boldsymbol{F} \cdot \mathrm{d}t = m\boldsymbol{v} - m\boldsymbol{v}_0$
角动量定理	冲量矩 $\int M\mathrm{d}t$	角动量 $J\omega$	$\int M\mathrm{d}t = J\omega - J\omega_0$

3.5.4 角动量守恒定律

在式(3-17)中,若刚体所受合外力矩 $\boldsymbol{M}_{合外}=0$,则有

$$\boldsymbol{L} = \boldsymbol{L}_0 = 常矢量 \tag{3-18}$$

即刚体的角动量保持不变,这称为角动量守恒定律。角动量守恒分以下几种情况:

(1) 对于绕定轴转动的单个刚体,由于其转动惯量保持不变,刚体受合外力矩为零时,根据角动量守恒定律,则有刚体绕轴转动的角速度也将保持不变;

(2) 对于绕定轴转动的刚体组合,若所受的合外力矩为零,则系统的总角动量守恒。此时,若系统的转动惯量不变,则角速度不变;若系统的转动惯量变化,则角速度变化。转动惯量变大,角速度变小;转动惯量变小,角速度变大。这一规律在生活中有许多的应用。如图 3-15 所示,花样滑冰运动员在开始旋转时总是伸开双臂,然后快速收拢双臂和腿,以获得较大的旋转角速度,而要结束旋转时,必然再度伸展四肢,以便降低旋转角速度。这是因为,运动员可以视为刚体系统,在冰面上系统受合外力矩为零,角动量守恒。四肢伸展时,质量到转轴的距离大,因而系统转动惯量大,从而旋转的角速度小,旋转平稳;而四肢收拢时,系统转动惯量小,因而角速度大。再如,跳水运动员在起跳时,总是向上伸展手臂,跳到空中做翻滚动作时,又快速收拢手臂和腿,这样做同样是为了减小转动惯量,以便增加翻滚的角速度。而在入水前,运动员一定会再度伸展身体,增大转动惯量,从而减小翻滚速度,竖直平稳落水。

图 3-15 花样滑冰的旋转

图 3-16 跳水的翻滚

角动量守恒定律也是自然界中的一条普遍规律。宏观的天体演化、微观的电子绕核运动等都遵守角动量守恒定律。角动量守恒定律在刚体转动中的地位与动量守恒定律在质点运动中的地位是相当的,两者的对应关系如表 3-5 所示。

表 3-5 角动量守恒定律与动量守恒定律的对应关系

	适用条件	守恒关系
动量守恒定律	系统所受合外力为零,即 $\boldsymbol{F}_{合外}=0$	$\boldsymbol{p}=\boldsymbol{p}_0=$常矢量
角动量守恒定律	系统所受合外力矩为零,即 $\boldsymbol{M}_{合外}=0$	$\boldsymbol{L}=\boldsymbol{L}_0=$常矢量

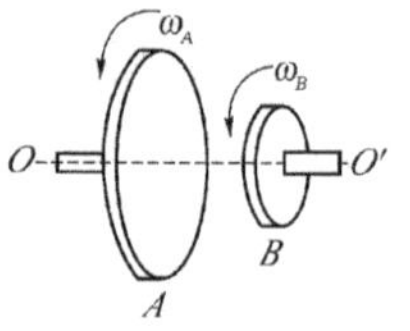

图 3-17 例题 3-13 用图

例题 3-13 如图 3-17 所示,轴承光滑的两个齿轮可绕通过中心的轴 OO'转动。初始两轮的角速度方向相同,大小为 $\omega_A=50\text{rad}\cdot\text{s}^{-1}$、$\omega_B=200\text{rad}\cdot\text{s}^{-1}$。设两轮的转动惯量分别为 $J_A=0.4\ \text{kg}\cdot\text{m}^2$、$J_B=0.2\ \text{kg}\cdot\text{m}^2$。试求:两齿轮啮合后一起转动的角速度。

解 选两齿轮组成的系统为研究对象,受力分析。系统只受重力及轴承的支持力作用,这两个力都通过转轴,力矩都为零,系统角动量守恒。以地面为参考系,初始齿轮转动方向为正方向,则有

$$J_A\omega_A+J_B\omega_B=(J_A+J_B)\omega$$

解方程,得系统一起转动的角速度为

$$\omega=\frac{J_A\omega_A+J_B\omega_B}{J_A+J_B}=\frac{0.4\times50+0.2\times200}{0.4+0.2}=100\ \text{rad}\cdot\text{s}^{-1}$$

根据此题总结应用角动量守恒定律求解问题的基本步骤如下:

(1) 选择系统,受力分析,判断守恒条件。角动量守恒的条件是系统受合外力矩为零,这与动量守恒条件有所区别。

(2) 根据题意选择转动的正方向。角动量守恒虽然是矢量表达式,但一般情况下,只涉及刚体定轴转动问题,矢量的方向仅有两种可能性,所以确定矢量的正方向即可,而不必建立坐标系。

(3) 依据题意写角动量守恒的方程。方程中各矢量方向与正方向相同者为正值,否则为负值。另外,方程中各量应是相对于同一参考系的,这点与动量守恒定律相同。

(4) 解方程,讨论。

例题 3-14　如图 3-18 所示，质量为 M、半径为 R 的转台，可绕通过中心的光滑竖直轴转动。质量为 m 的人站在转台的边缘。初始台和人都静止。试求：如果人沿台的边缘匀角速度跑一圈，人和转台相对于地面各转动多大的角度？

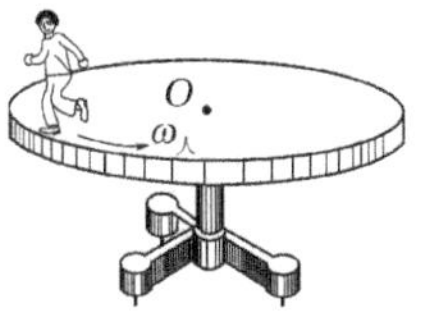

图 3-18　例题 3-14 用图

解　选择人和转台为系统，受力分析。转台受重力、支持力都通过转轴，力矩为零。人受重力平行转轴，力矩为零。系统角动量守恒。以地面为参考系，人转动的方向为正方向，设人和转台的角速度大小分别为 $\omega_人$、$\omega_台$，则有

$$J_人\omega_人-J_台\omega_台=0$$

人和台的转动惯量分别为 $J_人=mR^2$、$J_台=\frac{1}{2}MR^2$，代入上式，解方程有

$$\omega_台:\omega_人=2m:M$$

匀速转动，则根据角速度之比，可得两者相对于地面转动角度之比为

$$\theta_台:\theta_人=2m:M$$

人绕台跑一圈，则有 $\theta_台+\theta_人=2\pi$，结合两者比例关系，可得

$$\theta_人=\frac{2\pi M}{2m+M}\quad \theta_台=\frac{4\pi m}{2m+M}$$

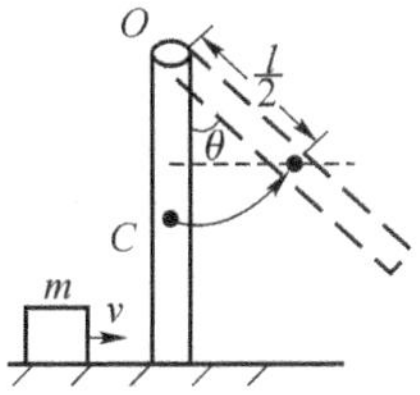

图 3-19　例题 3-15 用图

例题 3-15　如图 3-19 所示，一均质细棒质量为 M，长度为 l，可绕过端点 O 的轴在竖直平面内自由摆动，初始棒静止于竖直位置。现有一质量为 m、速率为 v 的物体沿光滑水平面运动，物体运动至棒处时与棒发生碰撞，设碰撞后物体静止。试求：棒摆动到最高位置时与竖直方向的夹角 θ。

解　这个问题分两个阶段分析：物体与棒碰撞、棒自由上摆。

第一阶段：物体与棒碰撞。

选择物体与棒为系统，受力分析。物体受重力和平面支持力，二力方向通过转轴，力矩为零；棒受重力和支持力，对应力矩也为零。系统角动量守恒。以地面为参考系，物体运动方向为正方向，设碰撞后棒的角速度为 ω，则有

$$mvl=\left(\frac{1}{3}Ml^2\right)\omega$$

解方程得

$$\omega=\frac{3mv}{Ml}$$

第二阶段：棒自由上摆。

选择棒和地面为系统，受力分析。只有重力矩做功，系统机械能守恒。以棒竖直摆放时质心 C 所在处为重力势能零点。棒摆至最高位置时动能为零，则有

$$\frac{1}{2}\left(\frac{1}{3}Ml^2\right)\omega^2=Mg\cdot\frac{l}{2}(1-\cos\theta)$$

解方程，并代入 ω 值，可得

$$\cos\theta=1-\frac{3m^2v^2}{glM^2}$$

练习题

1. 在例题 3-13 中，若初始时齿轮 B 的转动方向与 A 相反，大小不变。试求：齿合后一起转动的角速度大小和方向。

2. 在例题 3-15 中，若物体改换为子弹，而且子弹射入棒后与棒一起转动。试求：棒摆至最高位置时与竖直方向的夹角余弦值。

第 4 章　振动与波动

机械振动是指物体在平衡位置附近所做的往复运动。机械振动中最简单、最基本的形式是简谐振动。本章主要研究简谐振动的特征、描述方法、能量及合成等内容，并在简谐振动知识基础之上，讨论一般振动的基本性质和规律。

4.1　简谐振动的特征

机械振动中最简单的形式是简谐振动。可以证明，自然界中各种复杂的振动都可以表示为简谐振动的合成，所以研究简谐振动是分析和理解一切复杂振动的基础。本节以弹簧振子为例，研究简谐振动的动力学特征、运动学特征和能量特征。

4.1.1　简谐振动的定义

大多数动力学系统中的质点都有各自的平衡位置。在这种系统中，当其中的一个质点受到外界扰动，离开自己的平衡位置后，它就会受到系统中其他质点对它的作用，使它回到自身的平衡位置，这种作用力的特点是：力的方向始终指向平衡位置，一般称这种力为回复力；如果回复力的大小又与位移成正比，那么这种力就称为线性回复力。物体在线性回复力的作用下产生的运动形式称为简谐振动。研究表明，作简谐振动的物体在运动时，物体相对平衡位置的位移随时间按余弦（或正弦）规律变化。

下面以最基本的简谐振动系统——弹簧振子（又称谐振子）为例，分析简谐振动的特征。一轻质弹簧一端固定，另一端连接一个可自由运动的物体，就构成一个弹簧振子，如图 4-1 所示。设置于光滑水平面上的轻弹簧其劲度系数为 k，物体的质量为 m（可视为质点），以平衡位置（平衡位置为物体受力平衡处）为原点建立坐标，弹簧伸长方向为 x 轴正方向。移动物体使弹簧拉长或压缩，然后释放，由于水平面光滑，物体在弹簧弹性力作用下，将沿着 x 轴在 O 点附近做往复运动，可以证明物体所作的运动是简谐振动。

4.1.2　简谐振动的动力学特征

如图 4-1 所示，当物体 m 运动到任一位移 x 处时，根据胡克定律，在弹簧的弹性限度

内，物体所受的弹性力大小与位移成正比，方向与位移相反，所以物体受力为

$$f=-kx$$

式中负号表示力的方向与位移的方向相反。由此式可知，物体在运动过程中受力满足线性回复力的条件，物体做简谐振动。

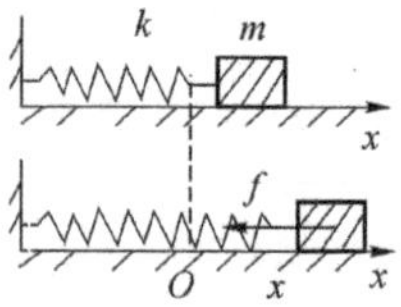

图 4-1 弹簧振子

根据牛顿运动第二定律，对物体 m 有

$$f=ma=m\frac{d^2x}{dt^2}=-kx \tag{4-1}$$

经整理得

$$\frac{d^2x}{dt^2}+\frac{k}{m}x=0$$

在式(4-1)中，令 $\omega^2=\frac{k}{m}$（ω 有其特殊的物理意义，在后面的学习中会介绍），则有

$$\frac{d^2x}{dt^2}+\omega^2x=0 \tag{4-2}$$

式(4-2)称为简谐振动的动力学特征方程。若某系统的运动规律满足此方程，便说该系统作简谐振动。

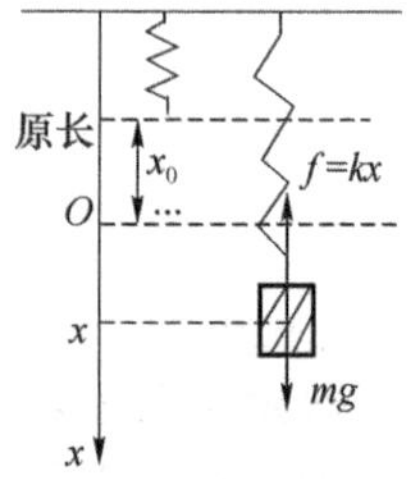

图 4-2 例题 4-1 用图

例题 4-1 一根劲度系数为 k 的轻质弹簧一端固定，另一端悬挂一质量为 m 的物体，如图 4-2 所示，开始时用手将物体托住，使弹簧处于原长状态。然后突然把手撤去，物体将运动起来。试判断：此物体的运动是否是简谐振动。

分析 当突然撤去手时物体将向下运动，物体受力如图 4-2 所示。开始阶段重力大于弹簧的弹力，物体加速向下运动，弹簧伸长；随着弹簧逐渐伸长，弹力逐渐增大，当重力和弹力相等时物体运动的速度达到最大，弹簧与物体相连的一端所处的位置即为平衡位置；在平衡位置物体受力平衡，但由于惯性，物体将继续向下运动，弹簧进一步伸长，此时弹力大于物体的重力，物体的速度逐渐减小，当物体速度为零时弹簧达到最大伸量。在此之后，由于弹力大于重力，物体会加速上升至平衡位置，在减速到达最高点，之后再加速下降到平衡位置……如此往复。运动过程中，物体是否做简谐振动，关键看物体受力是否满足线性回复力的特征，能否建立简谐振动的动力学特征方程。

解 以平衡位置为坐标原点，以向下为 x 轴的正方向，建立坐标如图 4-2 所示。在任意一位置 x 处，物体所受的合外力为

$$F_{合}=mg-k(x+x_0)$$

式中，x_0 为物体在平衡位置时弹簧的伸长量，应有 $mg=kx_0$，带入上式，可得

$$F_{合}=-kx$$

可见，物体受力满足线性回复力的特征。

又根据牛顿运动第二定律 $F_{合}=ma$ 及 $a=\frac{d^2x}{dt^2}$，则对物体 m 有

$$-kx=ma=m\frac{d^2x}{dt^2}$$

代入上式并整理得

$$\frac{d^2x}{dt^2}+\frac{k}{m}x=0$$

此方程与简谐振动的动力学特征方程一致，所以此物体在平衡位置上下作简谐振动。

4.1.3　简谐振动的运动学特征

式(4-2)是一个二阶线性微分方程，求解此方程(求解过程从略)，可得到简谐振动的运动学特征方程

$$x=A\cos(\omega t+\varphi_0) \tag{4-3}$$

此式简称简谐振动方程，或称其为简谐振动表达式(除特别说明外，本书均采用余弦形式)。式中的 φ_0 一般取值在 $-\pi\sim+\pi$。

将式(4-3)对时间 t 求一阶、二阶导数，可分别得出简谐振动物体速度表达式和加速度表达式，即

$$v=-A\omega\sin(\omega t+\varphi_0)=-v_m\sin(\omega t+\varphi_0) \tag{4-4}$$

$$a=-A\omega^2\cos(\omega t+\varphi_0)=-a_m\cos(\omega t+\varphi_0) \tag{4-5}$$

式中，$v_m=A\omega$ 为速度最大值，称为速度振幅；$a_m=A\omega^2$ 为加速度最大值，称为加速度振幅。

由以上三个表达式可知，做简谐振动的物体的位置、加速度和速度都随时间作周期性变化。比较三个表达式可知，作简谐振动的物体其位置达最大位移处时，速度最小，加速度最大；而速度最大时，物体处于平衡位置，加速度为零。比较式(4-3)和式(4-5)可知，作简谐振动物体的加速度 a 和位置 x 之间有如下关系：

$$a=-\omega^2 x \tag{4-6}$$

例题 4-2　已知一简谐振动的振动表达式为 $x=0.4\cos\left(2\pi t+\dfrac{\pi}{3}\right)\text{m}$。试求：(1)位移随时间变化的关系曲线($x-t$ 曲线)；(2)速度表达式、速度最大值、并画出 $v-t$ 曲线；(3)加速度表达式、加速度最大值、并画出 $a-t$ 曲线。

解　(1) 由振动表式 $x=0.4\cos\left(2\pi t+\dfrac{\pi}{3}\right)\text{m}$ 可知，振幅为 $A=0.4$ m、周期为 $T=1$ s；当 $t=0$ 时，$x=0.2$ m，则曲线与 x 轴交点为 $x=0.2$ m；随着时间的增加 $\varphi=\left(2\pi t+\dfrac{\pi}{3}\right)$ 也在增加，余弦函数在第一象限随角度的增加而减小，因而，x 的值随 t 的增加而减小，$x-t$ 曲线如图 4-3(a)所示。

(2) 速度表达式为

$$v=\frac{dx}{dt}=-0.4\times2\pi\sin\left(2\pi t+\frac{\pi}{3}\right)=-0.8\pi\sin\left(2\pi t+\frac{\pi}{3}\right)\text{m}\cdot\text{s}^{-1}$$

速度最大值为 $v_m=0.8\ \pi\text{m}\cdot\text{s}^{-1}$

按照上述步骤可画出 $v-t$ 曲线如图 4-3(b)所示。

(3) 加速度表达式为

$$a=\frac{dv}{dt}=-0.4\times(2\pi)^2\cos\left(2\pi t+\frac{\pi}{3}\right)=-1.6\pi^2\cos\left(2\pi t+\frac{\pi}{3}\right)\ \text{m}\cdot\text{s}^{-2}$$

加速度最大值为 $a_m=1.6\ \pi^2\text{m}\cdot\text{s}^{-2}$

按照上述步骤可画出 $a-t$ 曲线如图 4-3(c)所示。

备注：根据表达式做曲线的步骤分为三步。

①建立坐标系，标出振幅和周期；

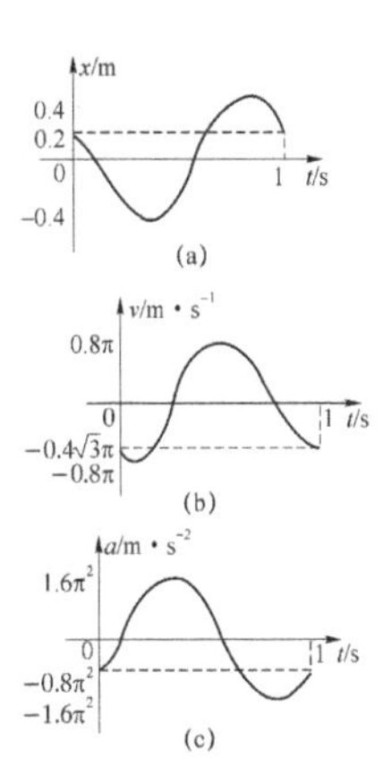

图 4-3　例题 4-2 用图

②求 $t=0$ 时的 x(或 v、a)值,作出曲线与纵轴交点;

③根据时间的增加及余弦函数特点,判断 x(或 v、a)值随时间增加而变化的情况,进而确定曲线的弯曲方向。做出一个完整周期的函数曲线,标好周期值即可。

4.1.4 简谐振动的能量特征

做简谐振动的系统,由于物体运动而具有动能,由于弹簧形变而具有弹性势能,下面仍以水平放置的弹簧振子为例,讨论简谐振动系统的能量特征。

1. 简谐振动系统的动能 E_k

设物体的质量为 m,根据物体的速度表达式

$$v=-A\omega\sin(\omega t+\varphi_0)$$

可知,物体的动能为

$$E_k=\frac{1}{2}mv^2=\frac{1}{2}mA^2\omega^2\sin^2(\omega t+\varphi_0)$$

考虑到 $\omega^2=\frac{k}{m}$(由弹簧振子系统的固有条件决定),上式可改写为

$$E_k=\frac{1}{2}mv^2=\frac{1}{2}kA^2\sin^2(\omega t+\varphi_0) \tag{4-7}$$

可见物体的动能是随时间周期性变化的。动能的最大值为 $E_{kmax}=\frac{1}{2}kA^2$,当动能取得最大值时,物体处于平衡位置;动能的最小值 $E_{kmin}=0$,当动能取得最小值时,物体处于两侧的最大位移处。此规律虽然由弹簧振子系统得来,可以证明,其他简谐振动系统的动能也有此特点。

2. 简谐振动系统的势能 E_p

取平衡位置(也是弹簧原长时自由端所在处)为势能零点,则简谐振动系统的势能为

$$E_p=\frac{1}{2}kx^2=\frac{1}{2}kA^2\cos^2(\omega t+\varphi_0) \tag{4-8}$$

可见,系统的势能也是随时间周期性变化的。势能的最大值为 $E_{pmax}=\frac{1}{2}kA^2$,当势能取得最大值时,弹簧的形变最大,物体处于两侧的最大位移处;势能的最小值为 $E_{pmin}=0$,当势能取得最小值时,弹簧的形变为零,物体处于平衡位置处。同样此势能特征也可以推广至其他任意简谐振动系统。

3. 简谐振动系统的总能量 E

任意一时刻,简谐振动系统总的机械能为

$$E=E_k+E_p=\frac{1}{2}kA^2\cos^2(\omega t+\varphi_0)+\frac{1}{2}kA^2\sin^2(\omega t+\varphi_0)$$

整理有

$$E=\frac{1}{2}kA^2[\sin^2(\omega t+\varphi_0)+\cos^2(\omega t+\varphi_0)]=\frac{1}{2}kA^2 \tag{4-9}$$

由此可见,在简谐振动过程中物体的动能和系统的弹性势能随时改变,但系统的总机械能恒定不变。

系统的机械能守恒也可以从另一个角度给予说明:弹簧振子系统在物体往返运动过程

中，弹簧与物体组成的系统仅有弹力做功，弹力是保守内力，因而系统机械能是守恒的。当物体由平衡位置向两侧运动时，物体的速度逐渐减小，相应的动能逐渐减小，而随着位移的增加，弹簧的势能逐渐增加，即由平衡位置向两侧运动的过程是动能逐渐向势能转化的过程。当物体运动到最大位移处时，系统势能最大，物体的速度为零，动能为零；当物体由两侧向平衡位置运动时，物体的速度逐渐增大，相应的动能逐渐增大，而随着位移的减小，弹簧的弹性势能逐渐减小，即由两侧向平衡位置运动的过程是势能逐渐向动能转化的过程。当物体运动到平衡位置时，物体速度最大，动能最大，弹簧处于原长状态，则系统势能为零。

由于简谐振动的总机械能恒定，所以在振动过程中，一个主要外在体现就是振幅保持不变。以上结论虽然是由水平放置的弹簧振子的振动系统中得出的，但可以证明它适用于所有孤立的简谐振动系统。

例题 4-3　质量为 0.10 kg 的物体，以振幅 1.0×10^{-2} m 作简谐振动，其最大加速度为 $4.0\ \text{m}\cdot\text{s}^{-2}$。试求：(1)振动的周期；(2)通过平衡位置时的动能；(3)总机械能；(4)物体在何处其动能和势能相等。

解　(1) 根据 $a_{\max}=A\omega^2$

有
$$\omega=\sqrt{\frac{a_{\max}}{A}}=\sqrt{4/1\times10^{-2}}=20\ \text{rad}\cdot\text{s}^{-1}$$

则振动周期为
$$T=\frac{2\pi}{\omega}=0.314\ \text{s}$$

(2) 通过平衡位置时物体的速度最大，动能取得最大值，即
$$E_{\text{kmax}}=\frac{1}{2}mv_{\max}^2=\frac{1}{2}mA^2\omega^2$$
$$=\frac{1}{2}\times0.1\times(1.0\times10^{-2})^2\times20^2=2.0\times10^{-3}\ \text{J}$$

(3) 通过平衡位置时动能最大，势能为零，总机械能
$$E=E_{\text{kmax}}=2.0\times10^{-3}\ \text{J}$$

(4) 根据 $E_k=E_p$ 及 $E=E_k+E_p$

有
$$E_p=\frac{E}{2}$$

由于 $E=\frac{1}{2}kA^2$ 及 $E_p=\frac{1}{2}kx^2$，有
$$\frac{1}{2}kx^2=\frac{1}{2}\times\frac{1}{2}kA^2$$

解方程得
$$x=\pm\frac{\sqrt{2}}{2}A\approx\pm0.707\times10^{-2}\ \text{m}$$

练习题

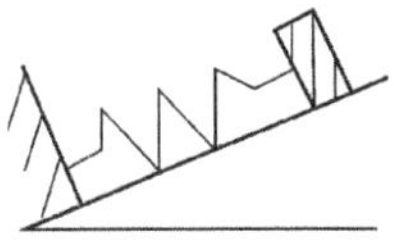

图 4-4　练习题 1 用图

1. 弹簧振子系统如图 4-4 所示放置。试讨论此系统是否作简谐振动。

2. 一物体质量为 0.25 kg，在弹性力作用下做简谐振动，弹簧的劲

度系数 $k=25\ \mathrm{N\cdot m^{-1}}$，如果起始振动时具有势能 0.06 J 和动能 0.02 J。试求：(1)振幅；(2)动能等于势能时的位移；(3)经过平衡位置时物体的动能。

3. 质量为 0.02 kg 的弹簧振子沿 x 轴作简谐振动，振幅为 0.12 m，周期为 2 s。当 $t=0$ 时，位移为 0.06 m，且向 x 轴正方向运动。试求：(1)此振动系统的机械能等于多少？(2)物体动能和势能相等时物体的位置。

4.2 描述简谐振动的物理量

从简谐振动的振动表达式 $x=A\cos(\omega t+\varphi_0)$ 可以看出，描述简谐振动的物理量共有以下几个：

4.2.1 振幅

根据简谐振动的振动表达式 $x=A\cos(\omega t+\varphi_0)$ 及余弦函数的最大值为 1 可知，物体在运动中所能达到的最大位移的绝对值为 A，因而振动表式中的 A 值能够描述物体振动的强弱，称此值为振幅，即我们称物体偏离平衡位置的最大距离为振幅，用 A 表示。

4.2.2 周期和频率

物体在振动过程中，运动状态第一次与初状态完全相同时，称物体完成了一次全振动。物体完成一次全振动所需要的时间称为振动的周期，用 T 表示。物体在单位时间内完成全振动的次数称为频率，用 γ 表示。

根据振动表达式 $x=A\cos(\omega t+\varphi_0)$，以及余弦函数的周期为 2π，有 $\omega T=2\pi$，简谐振动的周期为

$$T=\frac{2\pi}{\omega} \tag{4-10}$$

根据周期与频率的关系 $T=\dfrac{1}{\gamma}$，可得

$$\gamma=\frac{\omega}{2\pi} \tag{4-11}$$

根据式(4-11)可知，$\omega=2\pi\gamma$，可见振动表达式中的 ω 是一个与频率相关的物理量，由于其处于余弦函数的角量位置，所以 ω 称为角频率，单位为 $\mathrm{rad\cdot s^{-1}}$。角频率 ω 等于 2π 时间内物体完成全振动的次数。

例题 4-4 已知物体沿 x 轴方向作简谐振动，其振动表达式为 $x=0.5\cos\left(2t+\dfrac{\pi}{3}\right)$，$x$ 以 m 为单位，t 以 s 为单位。试求：振动的周期、频率和振幅。

解 由简谐振动表达式的标准形式 $x=A\cos(\omega t+\varphi_0)$ 可知，此振动的振幅为 $A=0.5$ m，角频率 $\omega=2\ \mathrm{rad\cdot s^{-1}}$

由式(4-10)可知，周期为

$$T=\frac{2\pi}{\omega}=\frac{2\pi}{2}=\pi\ \mathrm{s}$$

由式(4-11)可知,频率为

$$\gamma=\frac{\omega}{2\pi}=\frac{1}{\pi}\ \text{Hz}$$

4.2.3　相位和相位差

由式(4-3)、式(4-4)和式(4-5)可知,当振幅 A 为定值时,描述简谐振动物体运动状态的物理量——位移、速度和加速度均由三角函数的角量($\omega t+\varphi_0$)来决定,我们称这个角量为相位,用 φ 表示。相位 φ 也是描述物体运动状态的物理量,且采用相位来描述振动物体的运动状态十分简便,由位移、速度和加速度表达式可以看出,不同的相位对应不同的运动状态,但当相位相差 2π 或 2π 的整数倍时,对应的两运动状态完全相同,这体现出振动的周期性特征。

$t=0$ 时刻的相位称为初相位,用 φ_0 表示。初相位 φ_0 是描述质点在初始时刻运动状态的物理量,初相位 φ_0 与人为选定的计时起点有关。

两个振动的相位之差称为相位差。相位差的概念在比较两个同频率简谐振动的步调时非常便利。设有两个同频率的简谐振动

$$x_1=A_1\cos(\omega t+\varphi_{10})$$

$$x_2=A_2\cos(\omega t+\varphi_{20})$$

则两简谐振动的相位差为

$$\Delta\varphi=(\omega t+\varphi_{20})-(\omega t+\varphi_{10})=\varphi_{20}-\varphi_{10}$$

当 $\Delta\varphi=0$(或 2π 的整数倍)时,两振动物体步调完全一致,称两简谐振动同相位;当 $\Delta\varphi=\pi$(或 π 的奇数倍)时,两振动步调完全相反,称两简谐振动反相;当 $\Delta\varphi$ 为其他值时,一般说两者不同相,若 $\Delta\varphi=\varphi_{20}-\varphi_{10}>0$,说 x_2 振动超前 x_1 振动 $\Delta\varphi$,或者说 x_1 振动落后 x_2 振动 $\Delta\varphi$;若 $\Delta\varphi=\varphi_{20}-\varphi_{10}<0$,说 x_2 振动落后 x_1 振动 $|\Delta\varphi|$,或者说 x_1 振动超前 x_2 振动 $|\Delta\varphi|$。通常把 $|\Delta\varphi|$ 的值限定在 $0\sim\pi$ 范围内。

例题 4-5　已知物体沿 x 轴方向作简谐振动,表达式为 $x_1=0.5\cos\left(2t+\frac{\pi}{3}\right)$,$x$ 以 m 为单位,t 以 s 为单位。试求:(1)初相位及 $t=2$ s 时的相位;(2)若有另一简谐振动的表达式为 $x_2=0.5\cos\left(2t-\frac{\pi}{3}\right)$,求两简谐振动的相位差。

解　(1)由振动表达式可知初相位为 $\varphi_0=\frac{\pi}{3}$。

根据振动表达式中相位 $\varphi=2t+\frac{\pi}{3}$ 及 $t=2$ s,可得此时相位为

$$\varphi=2t+\frac{\pi}{3}=2\times2+\frac{\pi}{3}=4+\frac{\pi}{3}\ \text{rad}$$

(2)由两个简谐振动的表达式可知,这两个简谐振动同频率,初相位分别为 $\varphi_{10}=\frac{\pi}{3}$、$\varphi_{20}=-\frac{\pi}{3}$,则两简谐振动的相位差为

$$\Delta\varphi=\varphi_{20}-\varphi_{10}=-\frac{\pi}{3}-\frac{\pi}{3}=-\frac{2}{3}\pi$$

$\Delta\varphi<0$,说明 x_2 振动落后 x_1 振动 $\frac{2}{3}\pi$,或者说 x_1 振动超前 x_2 振动 $\frac{2}{3}\pi$。

4.2.4 振幅和初相位的求法

若初始时物体的位置及速度分别为 x_0、v_0，根据简谐振动的表式 $x=A\cos(\omega t+\varphi_0)$ 和速度表达式 $v=-A\omega\sin(\omega t+\varphi_0)$，以及 $t=0$ 可得

$$\begin{cases} x_0 = A\cos\varphi_0 \\ v_0 = -A\omega\sin\varphi_0 \end{cases}$$

求解上述方程组，不难看出

$$A=\sqrt{x_0^2+\left(\frac{v_0}{\omega}\right)^2} \tag{4-12}$$

$$\varphi_0=\arccos\frac{x_0}{A} \tag{4-13}$$

可见，振幅和初相位由初始条件(x_0、v_0)决定。

必须注意，由于 φ_0 取值范围一般在 $-\pi\sim+\pi$，所以根据式(4-13)求得的 φ_0 可能有两个值，而初相位仅能有一个值，因此必须对两个 φ_0 值进行取舍。具体的方法为：将 φ_0 的两个值分别代入 $v_0=-A\omega\sin\varphi_0$ 中，比较所得 v_0 的正负与已知情况(v_0 方向沿 x 轴正向则为正，反之则为负)是否一致，从而决定 φ_0 值的取舍，一致者为所求。

例题 4-6 一个理想的弹簧振子系统，弹簧的劲度系数 $k=0.72\ \mathrm{N\cdot m^{-1}}$，振子的质量为 0.02 kg。在 $t=0$ 时，振子在 $x_0=0.05$ m 处，初速度为 $v_0=0.30\ \mathrm{m\cdot s^{-1}}$，且沿着 x 轴正向运动。试求：(1)振子的振动表达式；(2)振子在 $t=\frac{\pi}{4}$ s 时的速度和加速度。

解 (1) 设振子的振动表达式为

$$x=A\cos(\omega t+\varphi_0)$$

根据弹簧振子振动系统的固有条件，可求得角频率 $\omega=\sqrt{\frac{k}{m}}=6.0\mathrm{rad\cdot s^{-1}}$

由 $x_0=0.05$ m、$v_0=0.30\ \mathrm{m\cdot s^{-1}}$ 及式(4-12)可得振幅

$$A=\sqrt{x_0^2+\left(\frac{v_0}{\omega}\right)^2}=0.07\ \mathrm{m}$$

$$\varphi_0=\arccos\frac{x_0}{A}=\arccos\frac{0.05}{0.07}=\pm\frac{\pi}{4}$$

将初相位 $\varphi_0=\pm\frac{\pi}{4}$ 分别代回到 $v_0=-A\omega\sin\varphi_0$ 中。由于在 $t=0$ 时，质点沿 x 轴正向运动，即 $v_0>0$，所以只有 $\varphi_0=-\frac{\pi}{4}$ 满足要求，于是所求的振动表达式为

$$x=0.07\cos\left(6t-\frac{\pi}{4}\right)\ \mathrm{m}$$

(2) 当 $t=\frac{\pi}{4}$ s 时，振子的相位为

$$\varphi=\omega t+\varphi_0=\frac{5}{4}\pi$$

将相位值分别代入速度及加速度表达式，可得振子的速度和加速度分别为

$$v=-A\omega\sin\varphi=-0.07\times6\times\sin\frac{5}{4}\pi=0.297\ \mathrm{m\cdot s^{-1}}$$

$$a=-A\omega^2\cos\varphi=-0.07\times6^2\times\cos\frac{5}{4}\pi=1.78\ \mathrm{m\cdot s^{-2}}$$

练习题

1. 一放在水平桌面上的弹簧振子，周期 $T=1$ s，当 $t=0$ s 时物体位于平衡位置且沿 x 轴正向运动，速率为 0.4 πm・s⁻¹。试求：(1)物体的振幅；(2)物体在 $t=0.25$ s 时的加速度。

2. 一物体沿 x 轴作简谐振动，角频率为 $\omega=2\pi\mathrm{rad\cdot s^{-1}}$，加速度最大值为 $a_{\max}=4\pi^2\ \mathrm{rad\cdot s^{-2}}$，当 $t=0$ s 时物体位于最大位移处且沿 x 轴负向运动。试求：物体的振动表达式及物体的最大速度。

4.3　简谐振动的描述方法

简谐振动的描述方法常用的有三种——解析法、振动曲线法、旋转矢量图示法。本节主要介绍这三种方法及彼此之间的转换关系。

4.3.1　解析法

用位置随时间的变化关系式——振动表达式 $x=A\cos(\omega t+\varphi_0)$ 描述简谐振动的方法称为解析法。由振动表达式可以得出描述简谐振动的三个物理量——A、ω、φ_0，也可以得出任意一个时刻物体的位置、速度和加速度，即物体任意时刻的运动状态可知，可见，用振动表达式可以描述一个简谐振动的情况。若用周期和频率表示，则振动表达式还可写为

$$x=A\cos\left(\frac{2\pi}{T}t+\varphi_0\right) \tag{4-14}$$

$$x=A\cos(2\pi\gamma t+\varphi_0) \tag{4-15}$$

4.3.2　振动曲线($x-t$ 曲线)法

做简谐振动物体的位置随时间变化的关系曲线($x-t$ 曲线)称为振动曲线，如图 4-5 所示，根据简谐振动的振动曲线，不仅可以知道任意时刻物体的位置，还可以求出描述简谐振动的三个特征物理量(振幅、周期和初相)。另外，根据简谐振动物体的速度和加速度表达式：

$$v=-A\omega\sin(\omega t+\varphi_0)$$

$$a=-A\omega^2\cos(\omega t+\varphi_0)$$

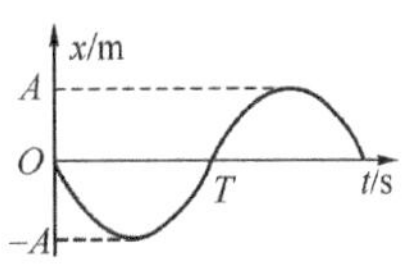

图 4-5　位移随时间变化的关系曲线

还可以从振动曲线分析出物体的速度和加速度。可见，振动曲线也可用来描述简谐振动，用振动曲线描述简谐振动的方法称为振动曲线法。

由 $x-t$ 曲线作出描述速度、加速度随时间变化的关系曲线，如图 4-6 所示。

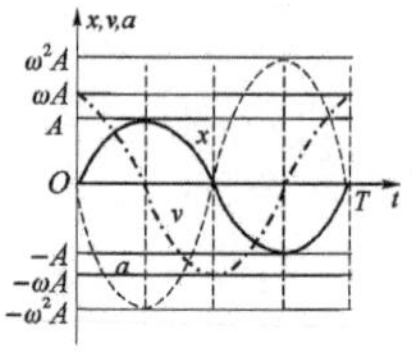

图 4-6 位移、速度、加速度随时间变化的关系曲线

例题 4-7 一简谐振动的振动表达式为 $x=0.02\cos\left(6\pi t+\frac{\pi}{2}\right)$，$x$ 以 m 为单位，t 以 s 为单位。试求：(1)求 A、ω、γ、T 和振动初相位 φ_0；(2)求 $t=2$ s时振动的速度、加速度；(3)做出振动曲线。

解 (1) 由 $x=0.02\cos\left(6\pi t+\frac{\pi}{2}\right)$可知

$$A=0.02\ \text{m},\omega=6\pi\text{rad}\cdot\text{s}^{-1},\gamma=\frac{\omega}{2\pi}=\frac{6\pi}{2\pi}=3\text{Hz}$$

$$T=\frac{1}{\gamma}=\frac{1}{3}\ \text{s},\varphi_0=\frac{\pi}{2}$$

(2) 速度 $v=\frac{\mathrm{d}x}{\mathrm{d}t}=-A\omega\sin(\omega t+\varphi_0)=-0.02\times6\pi\sin\left(6\pi t+\frac{\pi}{2}\right)$

当 $t=2$ s 时 $v=-0.02\times6\pi\sin\left(6\pi\times2+\frac{\pi}{2}\right)=-0.12\pi\ \text{m}\cdot\text{s}^{-1}$

加速度 $a=\frac{\mathrm{d}v}{\mathrm{d}t}=-A\omega^2\cos(\omega t+\varphi_0)=-0.02\times(6\pi)^2\cos\left(6\pi t+\frac{\pi}{2}\right)$

当 $t=2$ s 时 $a=-0.02\times(6\pi)^2\cos\left(6\pi\times2+\frac{\pi}{2}\right)=0\ \text{m}\cdot\text{s}^{-2}$

(3) 根据振动表达式可知，当 $t=0$ s 时，$x=0$，即物体位于坐标原点处；随着时间的增加，相位 $\varphi=6\pi t+\frac{\pi}{2}$增加，则根据余弦函数在第一象限值的特点，$\cos\varphi$ 将减小，即物体将向 x 轴负方向运动，所以振动曲线如图 4-7 所示。

例题 4-8 已知一振动的振动曲线如图 4-8 所示，试求：(1)振动表达式；(2)a 点对应时刻的振动时间。(3)a 点速度和加速度。

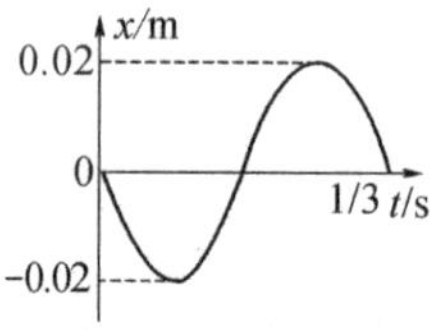

图 4-7 例题 4-7 用图

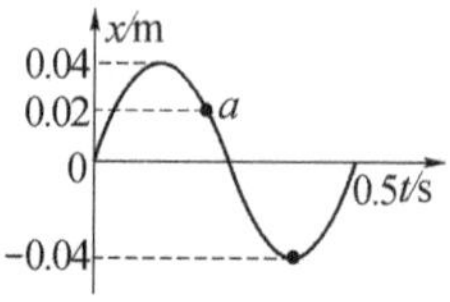

图 4-8 例题 4-8 用图

解 (1) 根据振动曲线可知

$A=0.04\ \text{m},T=0.5\ \text{s},\omega=\frac{2\pi}{T}=4\pi\text{rad}\cdot\text{s}^{-1}$

将上述各量代入简谐振动的振动表达式 $x=A\cos(\omega t+\varphi_0)$

则有
$$x=0.04\cos(4\pi t+\varphi_0)$$

由 $t=0$ s 时，$x=0$ m，代入上式得

$$0=0.04\cos\varphi_0$$

所以
$$\varphi_0=\pm\frac{\pi}{2}$$

又由图可知 $t=0$ s 时振动物体有沿 x 轴正方向运动的趋势，即此时速度为正，即

$$v_0=-A\omega\sin\varphi_0=-0.04\times4\pi\sin\varphi_0>0$$

由此可推出只有 $\varphi_0=-\frac{\pi}{2}$ 满足条件，代入振动表达式，可得

$$x=0.04\cos\left(4\pi t-\frac{\pi}{2}\right)\text{m}$$

(2) 在图中 a 点 $x=\frac{A}{2}=0.02$ m，代入振动表达式，有

$$\cos\left(4\pi t-\frac{\pi}{2}\right)=\frac{1}{2}$$

即 $4\pi t-\frac{\pi}{2}=\pm\frac{\pi}{3}$，根据曲线可知 a 点物体有向 x 轴负向运动的趋势，即 $v_a=-A\omega\sin\left(4\pi t-\frac{\pi}{2}\right)<0$，因此，$4\pi t-\frac{\pi}{2}=\frac{\pi}{3}$，所以

$$t=\left(\frac{5}{6}\pi\right)/4\pi=\frac{5}{24}\text{ s}$$

(3) 将(2)问中所求得的时间代入速度和加速度表达式，可得

$$\begin{aligned}\text{速度 } v&=-0.04\times4\pi\sin\left(4\pi t-\frac{\pi}{2}\right)\\&=-0.04\times4\pi\sin\left(4\pi\times\frac{5}{24}-\frac{\pi}{2}\right)=-0.08\sqrt{3}\pi\text{ m}\cdot\text{s}^{-1}\end{aligned}$$

$$\begin{aligned}\text{加速度 } a&=-0.04\times(4\pi)^2\cos\left(4\pi t-\frac{\pi}{2}\right)\\&=-0.04\times(4\pi)^2\cos\left(4\pi\times\frac{5}{24}-\frac{\pi}{2}\right)=-0.32\pi^2\text{ m}\cdot\text{s}^{-2}\end{aligned}$$

4.3.3 旋转矢量图示法

如图 4-9 所示，长度等于振幅 A、初始与 x 轴正向夹角为 φ_0 的且以恒定角速度 ω(其数值等于简谐振动的角频率)绕 O 点沿逆时针方向旋转的矢量 $\boldsymbol{A}$ 就称为旋转矢量。在矢量 $\boldsymbol{A}$ 旋转过程中，矢量末端形成的圆称为参考圆。当矢量 $\boldsymbol{A}$ 旋转时，其末端在 x 轴上的投影随时间变化的规律为

$$x=\boldsymbol{A}\cos(\omega t+\varphi_0)$$

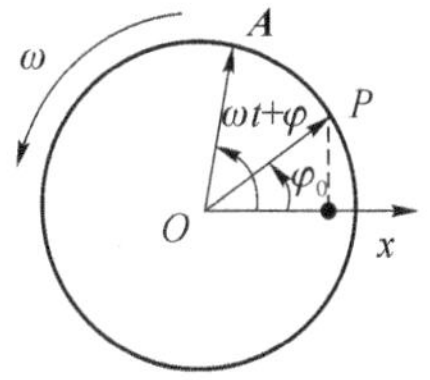

图 4-9　旋转矢量图示法

可见，矢量 $\boldsymbol{A}$ 逆时针以 ω 角速度旋转时，其末端在 x 轴上的投影作的是一种简谐振动，一个简谐振动与一个旋转的矢量相对应，因而，可以用这个旋转的矢量 $\boldsymbol{A}$ 来描述简谐振动，这种方法称为旋转矢量图示法。

旋转矢量图与简谐振动的对应关系为：

(1) 简谐振动的振幅对应于旋转矢量 $\boldsymbol{A}$ 的长度(即参考圆的半径)；

(2) 简谐振动的角频率 ω 对应于旋转矢量 $\boldsymbol{A}$ 作逆时针转动时的角速度；

(3) 简谐振动的初相位 φ_0 对应于零时刻旋转矢量 $\boldsymbol{A}$ 与 x 轴正向之间的夹角；

(4) 简谐振动的相位 $\varphi=\omega t+\varphi_0$ 对应于 t 时刻旋转矢量 $\boldsymbol{A}$ 与 x 轴正向之间的夹角；

(5) 相位差 $\Delta\varphi$ 对应于不同时刻两旋转矢量间的夹角。

由此可见，旋转矢量图示法的优点是形象直观，它不仅将简谐振动中最难理解的相位用

角度表示出来，它还将相位随时间变化的线性和周期性也清楚地描述出来了。另外，通过旋转矢量图，可以把一个非匀速运动的简谐振动转换成匀速的转动来描述，使得问题得以简化。必须强调，旋转矢量 **A** 本身并不作简谐运动，只是用矢量 **A** 的末端在 x 轴上的投影来形象地展开一个简谐振动。

4.3.4 旋转矢量图的应用

1. 求初相位 φ_0

用旋转矢量图求初相位具有简单、方便的特点，步骤如下：

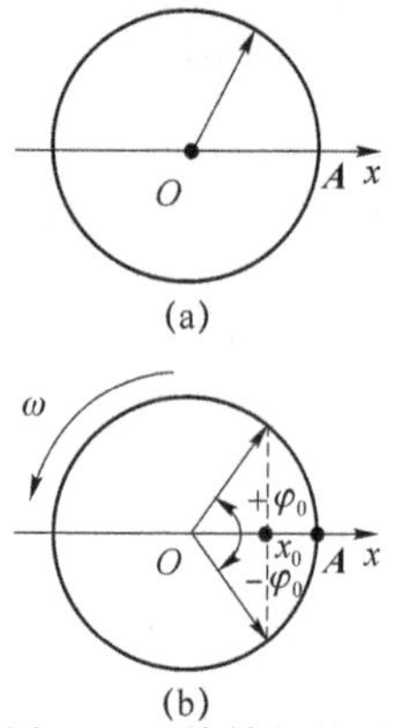

图 4-10 旋转矢量图示法求初相位 φ_0

(1) 作半径为 A 的参考圆，沿振动方向确定坐标 x 轴方向，并标明正向，如图 4-10(a)所示。

(2) 根据零时刻质点所在位置 x_0，在参考圆上标出矢量末端对应的两个可能位置，并根据矢量与 Ox 轴正向夹角确定初相位 φ_0 取值的两种可能性，如图 4-10(b)所示。

(3) 根据零时刻速度 v_0 的正负(速度方向与坐标正向一致时为正，反之为负)，及旋转矢量图描述简谐振动时矢量 **A** 沿着逆时针方向旋转，判断初相位 φ_0 的正确取值。即，如果矢量 **A** 与 Ox 轴正向夹角为正值，矢量在参考圆的上半周旋转，矢量 **A** 末端投影点将向 x 轴负方向运动，对应振动速度 v_0 为负；如果矢量 **A** 与 Ox 轴正向夹角为负值，矢量在参考圆的下半周旋转，矢量末端投影点将向 x 轴正方向运动，对应振动速度 v_0 为正。另外，写 φ_0 值时，当矢量 **A** 在参考圆的下半周时，对应的 φ_0 是大于 π 的值，而一般 φ_0 范围为 $-\pi\sim\pi$，所以，此时可写 φ_0 的负值，如图4-10(b)所示。

例题 4-9 一物体沿 x 轴方向作振幅为 A 的简谐振动。$t=0$ s 时，物体处于 $x=\dfrac{A}{2}$ 的位置，且向 x 轴正向运动。试求：此简谐振动的初相位。

解 做对应旋转矢量图，如图 4-11 所示，a、b 两点在 x 轴的投影点均在 $x=\dfrac{A}{2}$ 的位置。

两点对应的初相分别为

$$\varphi_a=\arccos\frac{A}{2}\Big/A=\frac{\pi}{3}\quad \varphi_b=\arccos\frac{A}{2}\Big/A=-\frac{\pi}{3}$$

根据旋转矢量逆时针旋转，可知两点对应振动此时的速度情况为

$$v_a<0,v_b>0$$

b 点对应振动与已知情况相符，故简谐振动的初相位为

$$\varphi_0=-\frac{\pi}{3}$$

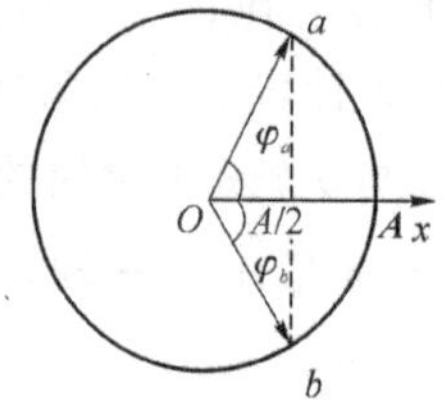

图 4-11 例题 4-8 用图

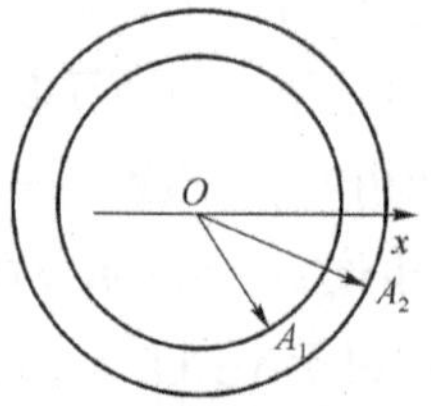

图 4-12 旋转矢量图

2. 比较同频率不同振动之间的相位关系

设两个简谐振动的振动表达式分别为

$$x_1=0.5\cos\left(4\pi t-\frac{\pi}{3}\right)$$

$$x_2=0.7\cos\left(4\pi t-\frac{\pi}{6}\right)$$

对应的旋转矢量图如图 4-12 所示，由于旋转矢量是逆时针旋转，图中很明显看出 2 振动超前 1 振动，相位差是$\frac{\pi}{6}$。

例题 4-10　质量为 0.01 kg 的物体作简谐振动，其振幅为 0.08 m，周期为 4 s，初始时刻物体在 $x=0.04$ m 处，且向 x 轴负方向运动，如图 4-13 所示。试求：(1) $t=1.0$ s 时，物体所处的位置及所受合外力；(2)由起始位置运动到 $x=-0.04$ m 处所需要的最短时间。

解　(1) 依题意可得振动的角频率为

$$\omega=\frac{2\pi}{T}=\frac{2\pi}{4}=\frac{\pi}{2}\text{rad}\cdot\text{s}^{-1}$$

利用旋转矢量图 4-13 可得振动的初相位为

$$\varphi_0=\frac{\pi}{3}$$

$t=1.0$ s 时，矢量与 x 轴正向的夹角——相位为

$$\varphi=\omega t+\varphi_0=\frac{\pi}{2}\times1.0+\frac{\pi}{3}=\frac{5}{6}\pi$$

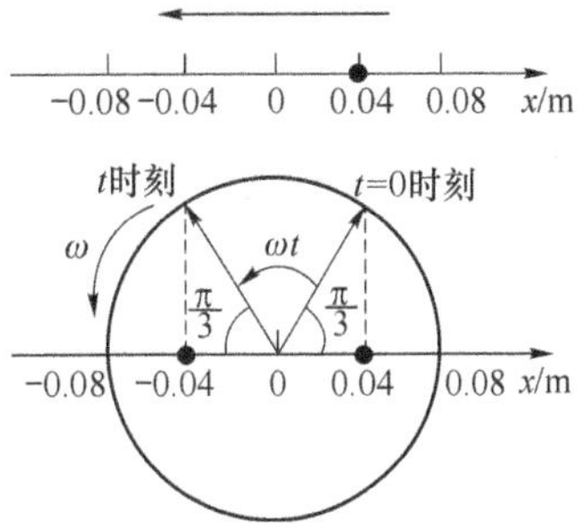

图 4-13　例题 4-10 用图

此时物体所处位置为

$$x=A\cos\varphi=0.08\cos\left(\frac{5\pi}{6}\right)\approx-0.069\text{ m}$$

根据加速度的表达式，可得此时物体的加速度

$$a=-A\omega^2\cos\varphi=-0.08\times\left(\frac{\pi}{2}\right)^2\cos\frac{5}{6}\pi=\sqrt{3}\pi^2\times10^{-2}\text{ m}\cdot\text{s}^{-2}$$

根据牛顿运动第二定律，可得物体受合外力为

$$F=ma=0.01\times\sqrt{3}\pi^2\times10^{-2}\approx1.7\times10^{-3}\text{ N}$$

值为正，说明此时力沿坐标轴正向。

(2) 设物体由起始位置经时间 t 第一次运动到 $x=-0.04$ m 处。根据旋转矢量图，可知 t 时刻物体对应的相位为

$$\varphi=\omega t+\varphi_0=\frac{2}{3}\pi$$

根据 $\varphi_0=\frac{\pi}{3}$，$\omega=\frac{\pi}{2}$，代入上式得最短时间为

$$t=\frac{2}{3}\text{ s}$$

3. 画振动曲线

我们以用旋转矢量图画简谐运动 $x=A\cos\left(\omega t+\frac{\pi}{4}\right)$的 $x-t$ 曲线为例，具体地领会用旋转矢量图画振动曲线的方法。步骤如下：

(1) 准备工作。为作 $x-t$ 图方便起见，在图 4-14 中使旋转矢量图的 x 轴正方向竖直向上(以便与 $x-t$ 图中的 x 轴方向平行)，原点与 $x-t$ 图中原点对齐，并在 x 轴标出振幅值。

（2）确定 $x-t$ 曲线的起始点，即 $t=0$ 时的 x 值。$t=0$ 时，旋转矢量 $\mathbf{A}$ 与 x 轴的夹角等于初相位 $\varphi_0=\frac{\pi}{4}$，旋转矢量末端位于 a 点，而 a 点在 x 轴上的投影对应于 $x-t$ 图中的 a' 点。

（3）讨论曲线从起始点开始的走势。随着旋转矢量 $\mathbf{A}$ 沿逆时针方向旋转，其端点在 x 轴上的投影点将向 x 轴负向运动，因此 $x-t$ 曲线应为由起始点向下画出。画出一个完整曲线形状，并标出周期值，如图 4-14 所示。

比较应用旋转矢量图画振动曲线和应用振动表达式直接画振动曲线可知，前者更便捷。

例题 4-11 已知物体作简谐振动的振动表达式为 $x=0.4\cos\left(2\pi t-\frac{\pi}{4}\right)$ m。试利用旋转矢量图作出此振动的振动曲线。

解 根据题意建坐标系，如图 4-15 所示。

根据题意可知初始时矢量与 x 轴正向夹角为 $\varphi_0=-\frac{\pi}{4}$，过矢量端点作 x 轴垂线，得到 $x-t$ 曲线的起头点为 a' 点，如图 4-15 所示。

旋转矢量由图示位置开始逆时针旋转，其端点投影将向 x 轴正向运动，因此 $x-t$ 曲线将从 a' 点开始有向上的走势，则可作出 $x-t$ 曲线如图 4-15 所示，并标出周期 $T=\frac{2\pi}{2\pi}=1$ s。

综上所述，简谐振动可以用三种不同的方法描述：解析法、振动曲线法和旋转矢量图示法，这三种方法各有优势，应用时可视问题的具体情况，在方法上进行灵活选择。

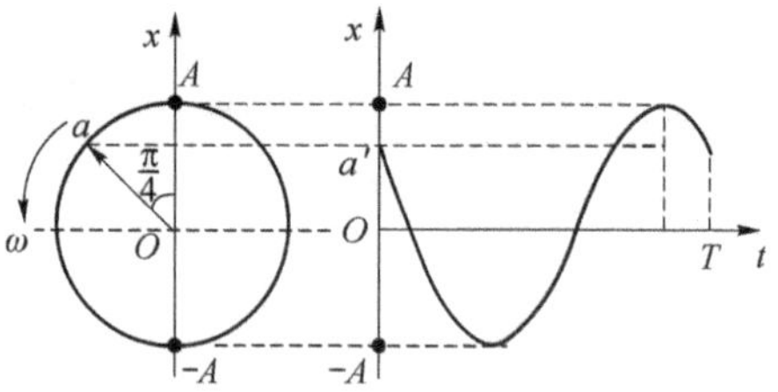

图 4-14 根据旋转矢量图画振动曲线

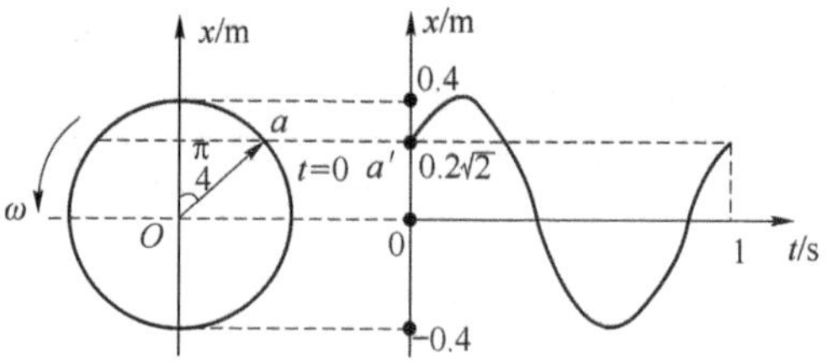

图 4-15 例题 4-11 用图

练习题

1. 质点简谐振动的振动曲线如图 4-16 所示。已知振幅 A，周期 T，且 $t=0$ s 时 $x=\frac{A}{2}$。试求：(1)振动的初位相；(2)a、b 两点的相位；(3)从 $t=0$ s 到 a、b 两点所用的最短时间。

2. 一简谐振动曲线如图 4-17 所示。试求：振动周期。

3. 一简谐振动的振动曲线如图 4-18 所示。试求：振动表达式。

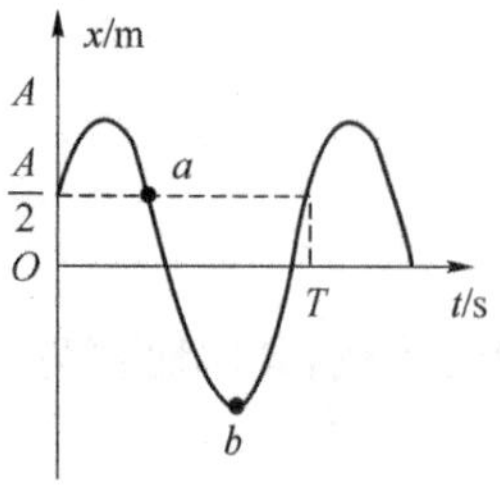

图 4-16 练习题 1 用图

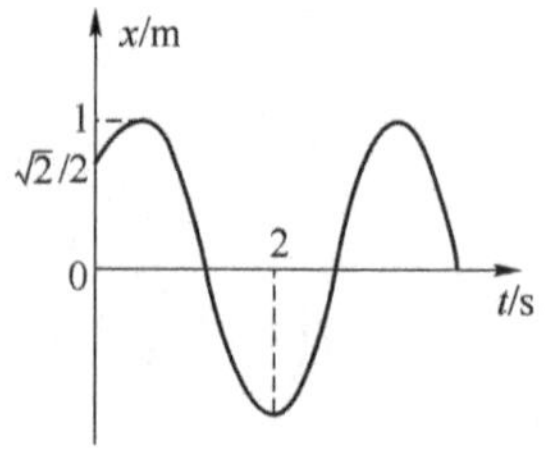

图 4-17 练习题 2 用图

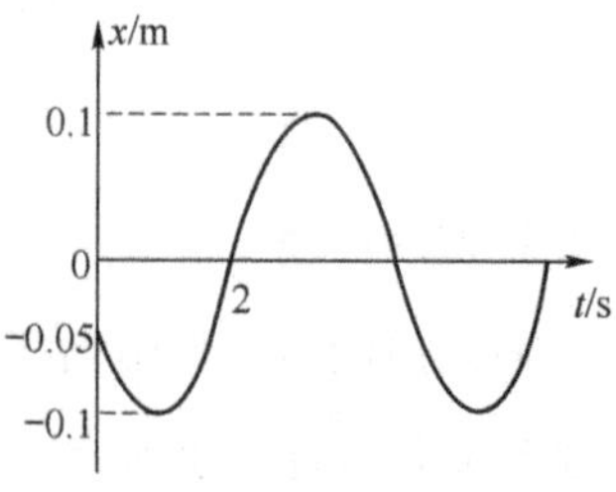

图 4-18 练习题 3 用图

4.4 简谐振动的合成

在前面的讨论中，研究的都是一个质点参与一种简谐振动的情况。而在实际问题中，经常会遇到一个质点同时参与了几个振动。如舰船中的钟摆，在船体发生颠簸时，就同时参与了两种振动，一个是钟摆自己的摆动，另一个是钟随船的振动。这时质点的振动是几个单独振动合成的结果，称为合振动；相对而言，那几个单独的振动称为分振动。例如，汽车上乘客座椅下有弹簧，行驶中乘客在座椅上相对于车厢上下振动，而车厢下也有弹簧，车厢相对于地面上下振动，乘客便同时参与了这两个振动，此时乘客的振动为合振动，车与座椅的振动为分振动。

我们知道，简谐振动是最简单也是最基本的振动形式，任何一个复杂振动都可以看作是多个简谐振动的叠加结果，因而，一个复杂振动也可以分解为若干个简谐振动，由此可见，研究简谐振动的合成问题具有重要的意义。本节首先重点介绍沿同一直线、相同频率的两个简谐振动的合成，然后再进一步分析同一直线、不同频率的两个简谐振动的合成。

4.4.1 沿同一直线、频率相同的两个简谐振动的合成

设质点同时参与的两个振动都沿 x 轴，频率都是 ω，振幅分别为 $\boldsymbol{A}_1$、$\boldsymbol{A}_2$，初相位分别为 φ_{10} 和 φ_{20}，这两个简谐振动的振动表达式可分别写为

$$x_1=\boldsymbol{A}_1\cos(\omega t+\varphi_{10})$$

$$x_2=\boldsymbol{A}_2\cos(\omega t+\varphi_{20})$$

既然两个简谐振动处于同一直线上，那么合振动一定也处于该直线上，合位移 x 应等于两个分位移的代数和，亦即

$$x=x_1+x_2=\boldsymbol{A}_1\cos(\omega t+\varphi_{10})+\boldsymbol{A}_2\cos(\omega t+\varphi_{20})$$

将上式中的余弦函数利用和角的三角函数公式展开，合并整理得

$$x=(\boldsymbol{A}_1\cos\varphi_{10}+\boldsymbol{A}_2\cos\varphi_{20})\cos\omega t-(\boldsymbol{A}_1\sin\varphi_{10}+\boldsymbol{A}_2\sin\varphi_{20})\sin\omega t$$

为了使合振动的振动表式具有较为简洁的形式，现引入两个新的待定常数 A 和 φ_0，并令

$$\begin{cases}\boldsymbol{A}\cos\varphi_0=\boldsymbol{A}_1\cos\varphi_{10}+\boldsymbol{A}_2\cos\varphi_{20}\\ \boldsymbol{A}\sin\varphi_0=\boldsymbol{A}_1\sin\varphi_{10}+\boldsymbol{A}_2\sin\varphi_{20}\end{cases}\tag{4-16}$$

将式(4-16)代入合振动表达式并化简，可得

$$\begin{aligned}x&=\boldsymbol{A}\cos\varphi_0\cos\omega t-\boldsymbol{A}\sin\varphi_0\sin\omega t\\&=\boldsymbol{A}(\cos\varphi_0\cos\omega t-\sin\varphi_0\sin\omega t)\\&=\boldsymbol{A}\cos(\omega t+\varphi_0)\end{aligned}$$

即两个同方向、同频率简谐振动的合振动表达式为

$$x=\boldsymbol{A}\cos(\omega t+\varphi_0)\tag{4-17}$$

式中，$\boldsymbol{A}$ 为合振动的振幅；φ_0 为合振动的初相位，根据式(4-16)可得

$$\boldsymbol{A}=\sqrt{\boldsymbol{A}_1^2+\boldsymbol{A}_2^2+2\boldsymbol{A}_1\boldsymbol{A}_2\cos(\varphi_{20}-\varphi_{10})}$$

$$\varphi_0=\arctan\left(\frac{\boldsymbol{A}_1\sin\varphi_{10}+\boldsymbol{A}_2\sin\varphi_{20}}{\boldsymbol{A}_1\cos\varphi_{10}+\boldsymbol{A}_2\cos\varphi_{20}}\right)\tag{4-18}$$

由此可见，两个同频率且沿同一直线简谐振动的合振动是一个与分振动同方向、同频率的简谐振动，其振幅 $\boldsymbol{A}$ 和初相位 φ_0 由两个分振动的振幅——$\boldsymbol{A}_1$、$\boldsymbol{A}_2$ 和初相位——φ_{10}、φ_{20} 所决定，它们之间的具体关系由式(4-18)给出。

利用旋转矢量图示，根据矢量求和的平行四边形法则，也可以求合振动的振动表达式，且方法比较直观、简便。如图 4-19 所示，取水平方向为 x 轴，两个分振动对应的旋转矢量分别为 $\boldsymbol{A}_1$ 和 $\boldsymbol{A}_2$，它们在 $t=0$ 时刻与 x 轴的夹角分别为 φ_{10} 和 φ_{20}，$\boldsymbol{A}$ 为 $\boldsymbol{A}_1$ 和 $\boldsymbol{A}_2$ 的矢量和。

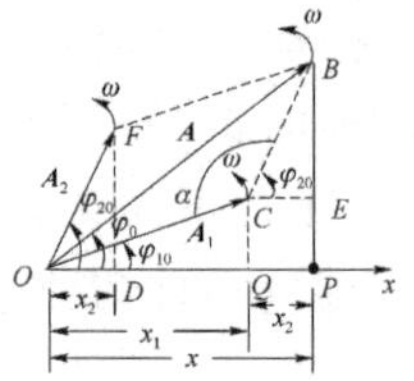

图 4-19　同频率平行振动的旋转矢量合成法

由于 $\boldsymbol{A}_1$ 和 $\boldsymbol{A}_2$ 以相同的角速度 ω 绕 O 点沿逆时针方向旋转，它们之间的夹角保持不变，则对角线对应的合矢量 $\boldsymbol{A}$ 的大小就恒定不变，且以同样的角速度 ω 绕 O 点沿逆时针方向旋转。由图 4-19 可以看出，在 Rt$\triangle OFD$ 和 Rt$\triangle CBE$ 中，$\overline{OF}=\overline{CB}$，$\angle OFD=\angle CBE$，根据三角形全等条件可知，Rt$\triangle OFD\cong$Rt$\triangle CBE$，所以，有$\overline{PQ}=\overline{OD}=x_2$，即合矢量 $\boldsymbol{A}$ 的末端在 x 轴上投影点 p 的坐标 x 正好是 x_1 和 x_2 的代数和。所以，合矢量 $\boldsymbol{A}$ 为合振动对应的旋转矢量。它所代表的合振动为

$$x=\boldsymbol{A}\cos(\omega t+\varphi_0)$$

其角频率与分振动的角频率相同。对图 4-19 中的$\triangle OBC$ 应用余弦定理可得出合成振动的振幅 A 为

$$\boldsymbol{A}=\sqrt{\boldsymbol{A}_1^2+\boldsymbol{A}_2^2-2\boldsymbol{A}_1\boldsymbol{A}_2\cos\alpha}$$

由图 4-19 可知 $\alpha+(\varphi_{20}-\varphi_{10})=\pi$，代入上式有

$$\boldsymbol{A}=\sqrt{\boldsymbol{A}_1^2+\boldsymbol{A}_2^2+2\boldsymbol{A}_1\boldsymbol{A}_2\cos(\varphi_{20}-\varphi_{10})}$$

在图示的 Rt$\triangle OBP$ 中，根据直角三角形中的边、角关系，即可求得初相 φ_0 的正切值为

$$\tan\varphi_0=\frac{\overline{BP}}{\overline{OP}}=\frac{\overline{BE}+\overline{EP}}{x_1+x_2}=\frac{\boldsymbol{A}_1\sin\varphi_{10}+\boldsymbol{A}_2\sin\varphi_{20}}{\boldsymbol{A}_1\cos\varphi_{10}+\boldsymbol{A}_2\cos\varphi_{20}}$$

可见，用旋转矢量图示法所得到的结果与用解析法求出的结果完全一致。

分析合振动的振幅公式可知，合振动的振幅 $\boldsymbol{A}$ 不仅取决于两分振动的振幅 $\boldsymbol{A}_1$、$\boldsymbol{A}_2$，而且还与两分振动的相位差$(\varphi_{20}-\varphi_{10})$有关，两分振动步调上的差异（即相位差 $\Delta\varphi$）决定了合成振动是加强还是减弱。

(1) 当相位差 $\Delta\varphi=\varphi_{20}-\varphi_{10}=2k\pi\quad(k=0,\pm1,\pm2\cdots)$时，由式(4-18)可知，合振动的振幅为

$$\boldsymbol{A}=\boldsymbol{A}_1+\boldsymbol{A}_2 \tag{4-19}$$

此时，合振动取得最大振幅，两分振动相互加强。对应的振动曲线如图 4-20(a)所示。

(2) 当相位差 $\Delta\varphi=\varphi_{20}-\varphi_{10}=(2k+1)\pi\quad(k=0,\pm1,\pm2\cdots)$时，由式(4-18)可知，合振动的振幅为

$$\boldsymbol{A}=|\boldsymbol{A}_1-\boldsymbol{A}_2| \tag{4-20}$$

此时，合振动取得最小振幅，两分振动相互减弱。对应的振动曲线如图 4-20(b)所示。这种情况下，合振动的初相位与振幅较大振动的初相位相同。若 $\boldsymbol{A}_1=\boldsymbol{A}_2$，则$A=0$，即振动合成的结果使质点静止不动。

(3) 当相位差 $\Delta\varphi=\varphi_{20}-\varphi_{10}$不是 π 的整数倍时，合成振动振幅的大小介于$(\boldsymbol{A}_1+\boldsymbol{A}_2)$和$|\boldsymbol{A}_1-\boldsymbol{A}_2|$之间，亦即

$$|\boldsymbol{A}_1-\boldsymbol{A}_2|<\boldsymbol{A}<\boldsymbol{A}_1+\boldsymbol{A}_2 \tag{4-21}$$

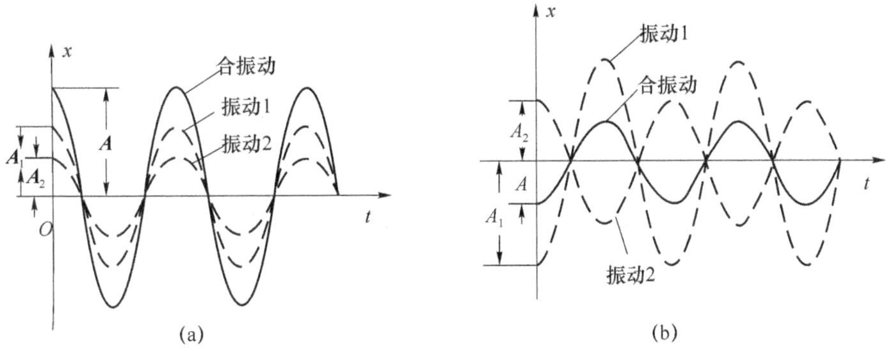

图 4-20　同方向、同频率两个简谐振动合成

例题 4-12　一个质点同时参与两个同方向的简谐振动，其振动表达式分别为 $x_1=0.04\cos\left(8t+\frac{\pi}{3}\right)$，$x_2=0.03\cos\left(8t-\frac{2\pi}{3}\right)$，式中 x 以 m 为单位，t 以 s 为单位。试求：合振动的振动表达式。

解　由分振动表达式可知两简谐振动同频率，两者的相位差为

$$\Delta\varphi=\varphi_{20}-\varphi_{10}=-\frac{2}{3}\pi-\frac{\pi}{3}=-\pi$$

此时满足两振动合成的振幅最小的情况，所以合振动的振幅

$$\boldsymbol{A}=|\boldsymbol{A}_1-\boldsymbol{A}_2|=|0.04-0.03|=0.01\text{ m}$$

合振动的初相位与振幅较大的初相位相同，即 $\varphi_0=\frac{\pi}{3}$

所以合振动的振动表达式为

$$x=0.01\cos\left(8t+\frac{\pi}{3}\right)\text{ m}$$

此题也可以由旋转矢量图示法来求解：

画出分振动的旋转矢量图，如图 4-21 所示。

合振动对应的旋转矢量由图中的粗黑线表示，由旋转矢量图可以得出合振动的振动表达式为

$$x=0.02\cos\left(8t+\frac{\pi}{3}\right)\text{ m}$$

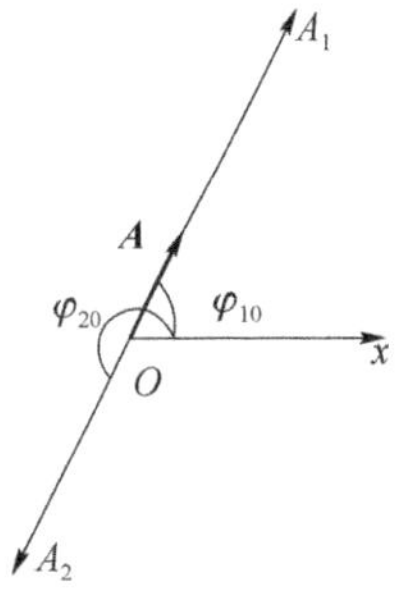

图 4-21　例题 4-12 用图

例题 4-13　两同方向的简谐振动的振动表达式为 $x_1=0.4\cos\left(2\pi t+\frac{\pi}{6}\right)$ m，$x_2=0.3\cos\left(2\pi t+\frac{2\pi}{3}\right)$ m。试求：合振动的振幅和初相位。

解　由两分振动的振动表达式可知两分振动频率相同，两者的相位差为

$$\Delta\varphi=\varphi_{20}-\varphi_{10}=\frac{2}{3}\pi-\frac{\pi}{6}=\frac{\pi}{2}$$

合振动的振幅和初相位分别为

$$\begin{aligned}\boldsymbol{A}&=\sqrt{\boldsymbol{A}_1^2+\boldsymbol{A}_2^2+2\boldsymbol{A}_1\boldsymbol{A}_2\cos(\varphi_{20}-\varphi_{10})}\\&=\sqrt{0.4^2+0.3^2+2\times0.4\times0.3\times\cos\frac{\pi}{2}}\\&=0.5\text{ m}\end{aligned}$$

$$\varphi_0 = \arctan\left(\frac{\boldsymbol{A}_1\sin\varphi_{10} + \boldsymbol{A}_2\sin\varphi_{20}}{\boldsymbol{A}_1\cos\varphi_{10} + \boldsymbol{A}_2\cos\varphi_{20}}\right)$$

$$= \arctan\frac{0.4\times\frac{1}{2} + 0.3\times\left(\frac{\sqrt{3}}{2}\right)}{0.4\times\frac{\sqrt{3}}{2} + 0.3\times\left(-\frac{1}{2}\right)}$$

$$= \arctan\left(\frac{25\sqrt{3}+48}{39}\right)$$

※4.4.2 同一方向、不同频率的简谐振动的合成

设两个不同频率的简谐振动都是相对平衡点 O 沿 x 轴振动，振动表式分别为

$$x_1 = \boldsymbol{A}_1\cos(\omega_1 t + \varphi_{10}) \quad x_2 = \boldsymbol{A}_2\cos(\omega_2 t + \varphi_{20})$$

由于两分振动均在 x 轴方向上，它们的合成振动一定也在 x 轴方向上，且

$$x = x_1 + x_2 = \boldsymbol{A}_1\cos(\omega_1 t + \varphi_{10}) + \boldsymbol{A}_2\cos(\omega_2 t + \varphi_{20}) \tag{4-22}$$

与同方向、同频率两简谐振动的合成比较可知，同方向、不同频率的简谐振动合成要复杂一些。下面利用旋转矢量图示法对合振动的振幅进行定性分析。

如图 4-22 所示，$\boldsymbol{A}_1$ 和 $\boldsymbol{A}_2$ 分别为分振动在 t 时刻的旋转矢量，由于两分振动的频率不同，因而对应矢量旋转的角速度也不同，角速度分别为 ω_1 和 ω_2，$\boldsymbol{A}$ 为 $\boldsymbol{A}_1$ 和 $\boldsymbol{A}_2$ 的合矢量，也就是合成振动的旋转矢量。

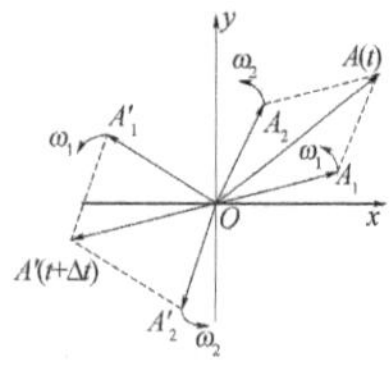

图 4-22 同方向、不同频率简谐振动的合成

由于 $\omega_1 \neq \omega_2$（图中 $\omega_2 > \omega_1$），所以在旋转过程中，$\boldsymbol{A}_1$ 和 $\boldsymbol{A}_2$ 之间的夹角即两分振动之间的相位差 $\Delta\varphi = [(\omega_2 - \omega_1)t + (\varphi_{20} - \varphi_{10})]$ 是随时间变化的，因而合振动的旋转矢量 A 的大小也必然随时间而变化。由图 4-22 可以看出，$t+\Delta t$ 时刻的合振动振幅 $\boldsymbol{A}'$ 明显不同于 t 时刻的合振动振幅 $\boldsymbol{A}$。在旋转过程中，当 $\boldsymbol{A}_1$ 和 $\boldsymbol{A}_2$ 同向重合时，合振动振幅最大（$A = A_1 + A_2$）；当 $\boldsymbol{A}_1$ 和 $\boldsymbol{A}_2$ 反向时，合振动振幅最小（$\boldsymbol{A} = |\boldsymbol{A}_1 - \boldsymbol{A}_2|$）。显然，同方向、不同频率简谐振动的合振动的振幅 $\boldsymbol{A}$ 是一个时强时弱呈周期性变化的物理量，它与时间 t 之间的函数关系为（由旋转矢量图和余弦函数公式可推导出，在此推导过程从略）。

$$\boldsymbol{A} = \sqrt{\boldsymbol{A}_1^2 + \boldsymbol{A}_2^2 + 2\boldsymbol{A}_1\boldsymbol{A}_2\cos[(\omega_2 - \omega_1)t + (\varphi_{20} - \varphi_{10})]} \tag{4-23}$$

另外，由于合振动对应的旋转矢量 A 的角速度 ω 既不同于 ω_1 和 ω_2，也不再是一个恒定的量，因而合振动不再是简谐振动，而是一个较为复杂的周期性运动。

为了突出频率不同所引起的效果，同时也为了处理问题简单起见，假设这两个分振动有相同的振幅和初相位，即 $\boldsymbol{A}_1 = \boldsymbol{A}_2$、$\varphi_{10} = \varphi_{20}$，于是合振动可写为

$$x = x_1 + x_2 = \boldsymbol{A}_1\cos(\omega_1 t + \varphi_{10}) + A_1\cos(\omega_2 t + \varphi_{10})$$

$$= \boldsymbol{A}_1[\cos(\omega_1 t + \varphi_{10}) + \cos(\omega_2 t + \varphi_{10})]$$

$$= 2\boldsymbol{A}_1\cos\frac{1}{2}(\omega_2 - \omega_1)t \cdot \cos\left[\frac{1}{2}(\omega_1 + \omega_2)t + \varphi_{10}\right] \tag{4-24}$$

由式(4-23)可知，此时

$$\boldsymbol{A}=\sqrt{2\boldsymbol{A}_1^2+2\boldsymbol{A}_1^2\cos[(\omega_2-\omega_1)t]}$$
$$=\sqrt{2\boldsymbol{A}_1^2[1+\cos(\omega_2-\omega_1)t]}=\left|2\boldsymbol{A}_1\cos\frac{1}{2}(\omega_2-\omega_1)t\right|$$

此式与式(4-24)的前半部分完全一致，这就是说式(4-24)的前半部分是合成振动的振幅，后半部分则应对应于合振动的相位，这样我们可以看出合振动的角频率为

$$\omega=\frac{1}{2}(\omega_1+\omega_2) \tag{4-25}$$

合振动的振幅为

$$\boldsymbol{A}=\left|2A_1\cos\frac{1}{2}(\omega_2-\omega_1)t\right| \tag{4-26}$$

在一般情况下，合成振动的物理图像是比较复杂的，我们也很难觉察到合振幅的周期性变化。只有当 ω_1 和 ω_2 都较大且两者之差很小时，即 $|\omega_2-\omega_1|\ll\frac{\omega_2+\omega_1}{2}\approx\omega_1\approx\omega_2$ 时，合振动振幅 $\boldsymbol{A}$ 才会出现明显的周期性变化。图 4-23 给出了这样两个简谐振动合成时对应的振动曲线及合振动的振动曲线。

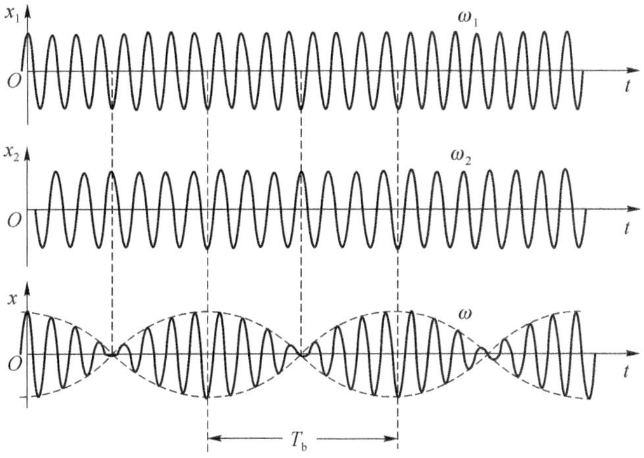

图 4-23　拍的形成

合振动振幅 $\boldsymbol{A}$ 的变化周期 $T\propto\frac{1}{\omega_2-\omega_1}$，若 ω_1 和 ω_2 相差很小，则合振动振幅周期很大，在合振动振幅到达相邻两个零值之间所包含合振动次数就很多，如图 4-23 所示。人们把这种合振动振幅有节奏地时强时弱变化的现象称为拍。合振动振幅变化的频率亦即单位时间内振幅加强或减弱的次数称为拍频，以 γ_b 表示。

由式(4-26)所给出的合振动振幅的表达式可知，合振动振幅变化的周期即为拍的周期。由于振幅总是正值，而余弦函数的绝对值以 π 为周期，因而合振动振幅的变化周期(即拍的周期)为

$$T_b=\frac{\pi}{\frac{1}{2}(\omega_2-\omega_1)}=\frac{2\pi}{\omega_2-\omega_1}=\frac{1}{\gamma_2-\gamma_1}$$

所以，拍频为

$$\gamma_b=\frac{1}{T_b}=\gamma_2-\gamma_1 \tag{4-27}$$

拍频等于两分振动频率之差。

拍是一种重要的物理现象，在声振动和电振动中经常遇到。例如管乐中的双簧管，由于它的两个簧片略有差别，演奏时将会发生拍效应，我们就会听到悦耳的颤音；又如校准钢琴时往往拿待校钢琴同标准钢琴作比较，弹奏两架钢琴的同一音键，细听有无拍现象，如果听出有拍现象，说明尚未校准，必须再次校对；在无线电技术中，拍现象可以用来制造差拍振荡器，以产生极低频率的电磁振荡；另外，超外差式收音机也是利用本机振荡系统的固有频率与外来的高频载波信号混频而获得拍频，这一混频过程称为外差，若本机振荡频率高就称为超外差。

※4.4.3 垂直方向、同频率两个简谐振动的合成

设垂直方向、同频率两个简谐振动的振动表达式分别为

$$x=A_1\cos(\omega t+\varphi_{10})$$

$$y=A_2\cos(\omega t+\varphi_{20})$$

在任意时刻 t，上两式给出振动质点的位置随时间 t 变化关系。若把这两式中的时间参量消去，则得到质点的轨迹方程

$$\frac{x^2}{A_1^2}+\frac{y^2}{A_2^2}-2\frac{xy}{A_1A_2}\cos(\varphi_{20}-\varphi_{10})=\sin^2(\varphi_{20}-\varphi_{10}) \tag{4-28}$$

式(4-28)这是一个椭圆方程，具体的椭圆形状取决于初相位差($\varphi_{20}-\varphi_{10}$)。

(1) 当两振动初相位相同时，即 $\varphi_{20}=\varphi_{10}=\varphi_0$，则式(4-28)化简为

$$\left(\frac{x}{A_1}-\frac{y}{A_2}\right)^2=0$$

即

$$y=\frac{A_2}{A_1}x \tag{4-29}$$

质点的运动轨迹为过坐标原点，斜率为$\frac{A_2}{A_1}$的直线，质点在此直线上往返运动。如图 4-24(a)所示。

(2) 当两振动初相位差 $\varphi_{20}-\varphi_{10}=\pi$ 时，式(4-28)化简为

$$y=-\frac{A_2}{A_1}x \tag{4-30}$$

质点运动轨迹如图 4-24(b)所示。

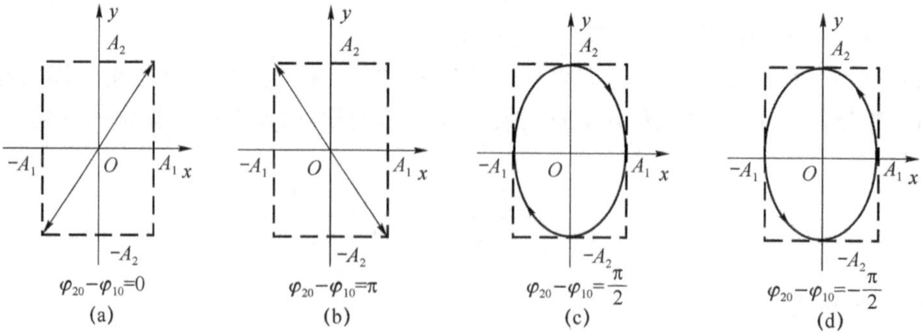

图 4-24 垂直方向、频率相同两简谐振动的合成

(3) 当两振动初相位差 $\varphi_{20}-\varphi_{10}=\frac{\pi}{2}$(设沿 x 轴的振动落后于沿 y 轴的振动$\frac{\pi}{2}$)时，式(4-28)化简为

$$\frac{x^2}{A_1^2}+\frac{y^2}{A_2^2}=1 \tag{4-31}$$

这是以坐标轴为主轴的椭圆方程，质点沿椭圆轨迹做周期运动，如图 4-24(c)所示。若两个分振动的振幅相等，则合振动的轨迹方程为 $x^2+y^2=A^2$，即合振动是一个以原点为圆心，半径为 A 的圆周运动。

初相位差为其他情况的合振动轨迹如图 4-25 所示。

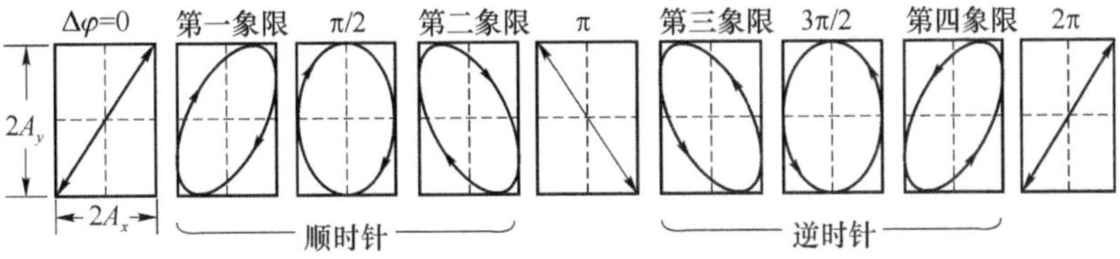

图 4-25　不同相位差对应的合振动的轨迹

※4.4.4　垂直方向、不同频率两个简谐振动的合成

设两简谐振动的振动表达式为

$$x=A_1\cos(\omega_1 t+\varphi_{10})$$
$$y=A_2\cos(\omega_2 t+\varphi_{20})$$

它们的相位差为

$$\Delta\varphi=(\omega_2-\omega_1)t+(\varphi_{20}-\varphi_{10})$$

很显然，相位差 $\Delta\varphi$ 随时间变化，合振动比较复杂。可以证明(证明从略)如果两分振动的频率成倍数关系，则合成振动轨迹为稳定的封闭曲线，这种曲线称为李萨如图。图 4-26 给出了 3 种频率比、3 种初相位差的李萨如图形。如果在李萨如图形中建立水平和竖直的坐标系，图形与两个坐标轴的交点个数比应等于两个方向分振动频率的反比。如果已知一个分振动的频率，根据李萨如图形的形状，则可确定另一个分振动的频率，在无线电技术中，常用这种方法确定信号的频率。

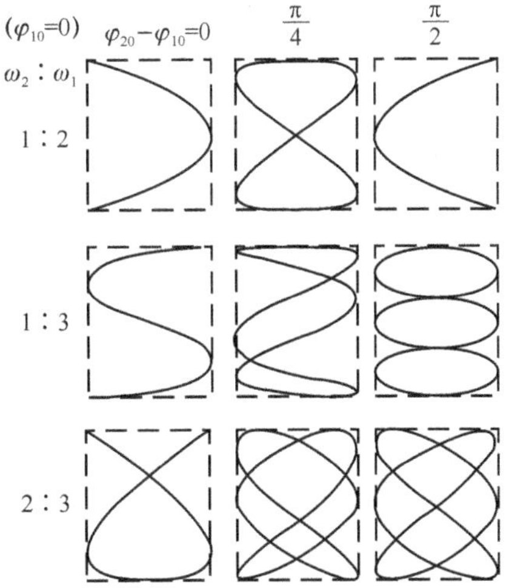

图 4-26　李萨如图形

练习题

1. 已知两个沿 x 轴方向的简谐振动的振动表达式分别为 $x_1=0.5\cos\left(t-\frac{\pi}{3}\right)$ m，$x_2=0.5\cos\left(t+\frac{2}{3}\pi\right)$ m。试求：合振动的振幅。

2. 已知两个同方向同频率的简谐振动合振动的振动表达式为 $x=0.1\cos\left(2t+\frac{\pi}{3}\right)$ m，且两振动合成为振幅最大情况。若其中一个简谐振动的振动表达式为 $x=0.06\cos\left(2t+\frac{\pi}{3}\right)$ m，试求：另一个简谐振动的振动表达式。

3. 已知两个同方向同频率的简谐振动合振动振动表达式为 $x=0.1\cos\left(2t+\frac{\pi}{3}\right)$ m，且两振动合成为振幅最小情况。若其中一个简谐振动的振动表式为 $x=0.06\cos\left(2t+\frac{\pi}{3}\right)$ m，试求：另一个简谐振动的振动表达式。

4.5 机械波的产生和传播

本节主要分析机械波的产生条件及传播过程中所表现的特点，进而揭示波动过程的物理本质。

4.5.1 机械波产生的条件和种类

1. 机械波产生的条件

机械振动在弹性介质(固体、液体和气体)内传播就形成了机械波。由此可看出，产生机械波的条件有两个：一是需要有做机械振动的物体，称为波源；二是需要传播这种机械振动的弹性介质，如空气、液体、固体物质等。若波在弹性介质中传播时能量没有损失，介质中的质点依靠彼此之间的弹性力作用，使介质中的每一个质点都在做频率相同的机械振动，这样，当弹性介质中的一部分发生振动时，就将机械振动由近及远地传播开去，形成了波动。

2. 机械波的种类

按照不同的依据可以把机械波分成不同的种类。

(1) 横波和纵波

按照质点的振动方向和波的传播方向之间的关系，机械波可以分为横波和纵波，这是波动的两种最基本的形式。

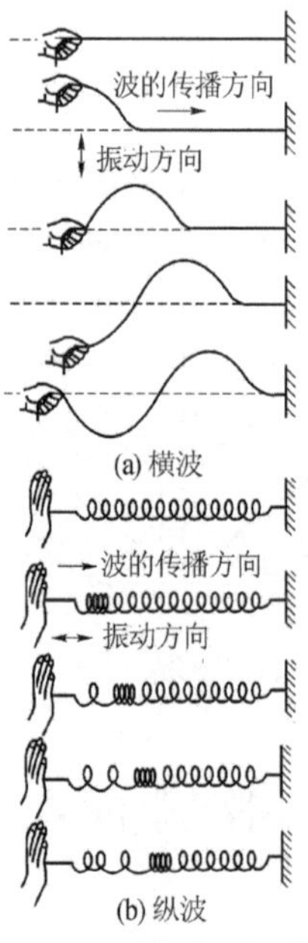

图 4-27　横波和纵波

如图 4-27(a)所示，用手握住一根绷紧的长绳，当手上下抖动时，绳子上各部分质点就依次上下振动起来，这种质点的振动方向与波的传播方向相互垂直，这类波称为横波。绳中有横波传播时，将会看到绳子上交替出现凸起的部分和下凹的部分，我们称凸起的部分为波峰，下凹的部分为波谷，此时波峰与波谷以一定的速度沿绳传播，这就是横波的外形特征，水的表面波即为横波。

如图 4-27(b)所示，将一根水平放置的长弹簧的一端固定起来，用手去拍打另一端，各部分弹簧就依次左右振动起来，这时各质点的振动方向与波的传播方向相互平行，这类波称为纵波。弹簧中有纵波传播时，我们会看到弹簧中交替出现“稀疏”和“稠密”区域，并且这种“稀疏”和“稠密”以一定的速度传播出去，这就是纵波的外形特征，我们所熟悉的声波即为纵波。

横波和纵波相比，外形不同，但本质相同。由于横波我们更为熟悉，因而本章主要研究横波，所得规律可以推广至纵波。

(2) 简谐波和非简谐波

在弹性介质中传播的波，按照波源的振动类型可以将其分为简谐波和非简谐波。简谐振动在弹性介质中传播形成的就是简谐波；若波源的振动不是简谐振动，所形成的波动则是非简谐波。简谐波是一种最简单、最基本的波，任何一种复杂的机械波都可以看成是几个简谐波的合成，因而本章重点研究简谐波。

4.5.2 波动的几何描述

为了形象直观地描绘波动过程的物理图景，下面引入了以下几个概念，以便对波动进行几何描述。

1. 波线

表示波的传播方向的射线称为波线，可以用带箭头的直线表示。例如几何光学中的光线就是光波的波线，它表明了光波的传播方向。图 4-28 给出了两种典型波的波线分布情况。

2. 波面

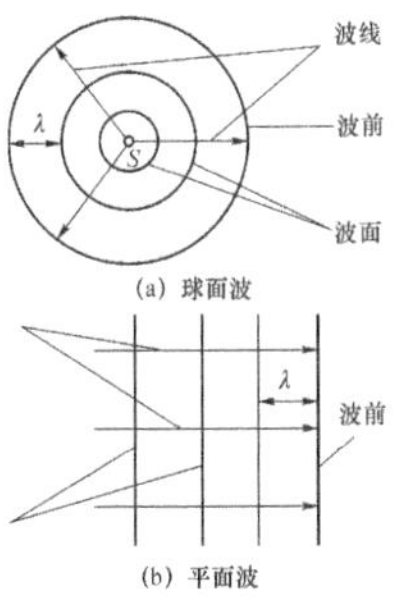

图 4-28 波动的几何描述

介质中振动相位相同的点所组成的曲面称为波面。波源每一时刻都向介质中传出一个波面，这些波面以一定的速度向前推进，波面推进的速度就是波传播的速度。在一系列波面中，位于最前面的领先波面称为波前，如图 4-28 所示。

在各向同性介质（各个方向上的物理性质，如波速、密度、弹性模量等都相同的介质）中，波线与波面正交，在各向异性介质中两者未必正交。

按照波面形状的不同，波动可以分为球面波、柱面波、平面波。这几种典型的波面如图 4-29 所示，在各向同性介质中，点波源发出的波是球面波；线、柱波源发出的波是柱面波；平面波源发出的波是平面波。平面波和球面波、柱面波相比较，平面波最为简单，所以在这一章主要以平面简谐横波为例来研究波动的特征。

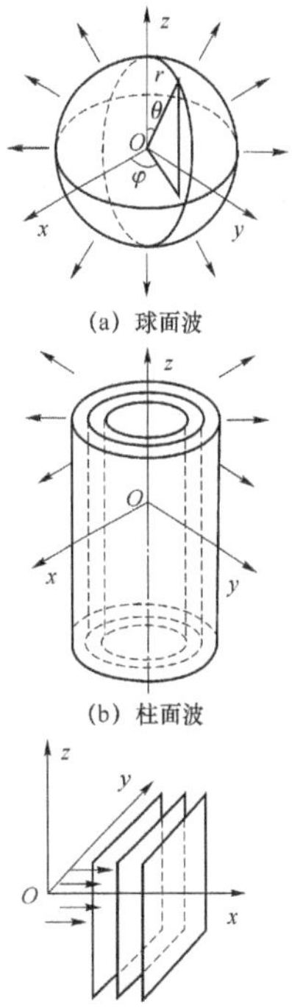

图 4-29 几种典型的波面

运用波线、波面和波前的概念，就可以用几何的方法描绘出波在空间传播的物理图景，波线给出了波的传播方向，一组动态的向前推进的波面形象化地展示了波在空间的传播过程。

3. 惠更斯原理

在波动的几何描述中，波前是如何向前推进呢？这个问题的解释是荷兰物理学家惠更斯（Christian Huygens，1629—1695 年）最先给出的。他注意到机械波是靠介质中相邻质元之间的弹性作用力而传播的，任一质元的振动只能直接影响相邻质元的振动，波源并不能跨越一段距离直接带动远处的质元，因此，可以把介质中振动着的任何一点看作新的波源，称为子波源。基于这一思想，惠更斯于 1690 年提出了确定波前如何向前推进的一种作图法，人们称之为惠更斯原理，具体内容为：波前上的每一点都可以看作是发射次级球面子波的波源，新的波前就是这些次级子波波前的包络面（与所有子波波前相切的曲面）。

惠更斯原理借助于子波概念阐释了波前是如何向前推进的，它使人们建立了波的动态传播模型，根据这一原理，可以定性的解释波的传播方向问题，如果知道某一时刻的波前和波前上各点的波速，应用几何作图的方法就可以确定下一时刻新的波前，从而也可以确定波的传播方向（波线和波面正交）。

下面以球面波为例来说明如何应用惠更斯原理确定新波前。如图 4-30 所示，设 O 为点波源，由它发出的波以速度 u 向四周传播。已知 t 时刻的波前是半径为 R_1 的球面 S_1，应用惠更斯原理可以求出在下一时刻 $t+\Delta t$ 时的波前。在 S_1 上任意取一些点作为次级子波的波源，以所取点为中心，以 $r=u\Delta t$ 为半径，画出这些球面子波的波前（如图 4-30 中的半球面），再作这些子波波前的包络面 S_2，它就是 $t+\Delta t$ 时刻的新波前，可以看出 S_2 实际上就是以 O 为中心，以 $R_2=R_1+u\Delta t$ 为半径的球面。

用类似的方法也可以求出平面波的新波前，如图 4-31 所示。

应该指出的是，惠更斯原理对各种波（机械波、电磁波）在任何介质（各向同性、各向异性）中传播都能适用，当波在各向同性介质中传播时，波面及波前的形状不变，波线也保持为直线，不会中途改变波的传播方向。但当波从一种介质传到另一种介质中时，波面的形状将发生改变，波的传播方向（亦即波线的方向）也将发生改变。

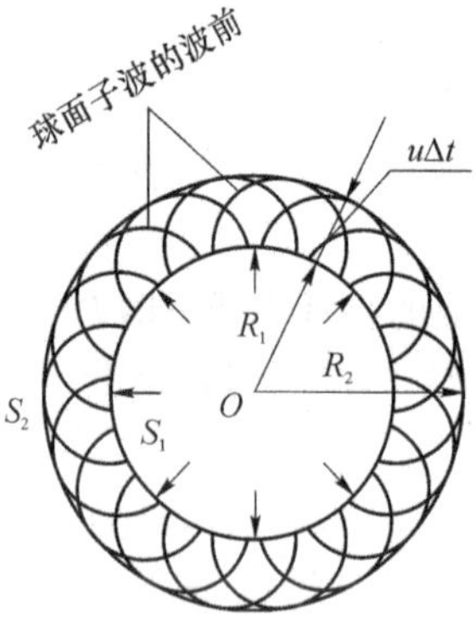

图 4-30　用惠更斯原理求球面波的波前

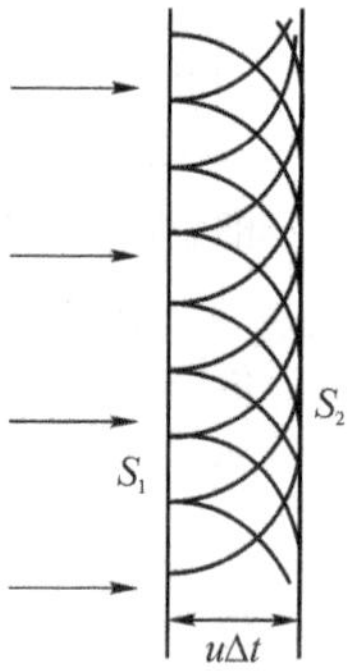

图 4-31　用惠更斯原理求平面波的波前

4.5.3　波动过程的物理本质

无论是横波还是纵波，虽然波的传播方向和质元的振动方向之间的关系不同，但传播的物理本质是相同的。在传播过程中介质中的质元都具备以下特征：

(1) 波动过程是相位的传播过程。波源的状态随时间发生周期性变化，与此同时，波源所经历过的每一个状态都顺次的传向下一个质元。振动状态由质元振动的相位所决定，由此可见，波的传播过程也是一个相位的传播过程，波以一定的速度向前传播，相位也以这一速度向前传播。图 4-32 展示了横波传播过程中各质元振动状态情况。

(2) 波动过程中，介质中各个质元在各自的平衡位置附近作有一定相位联系的集体振动。波在介质中传播，介质中各个质元并不随波的传播而向前移动，而是在各自的平衡位置附近作振动，即是一个集体的振动；各质元振动的步调有一定的差异，也有一定的联系，在相位上，两质元在任意时刻相位差总是一样的，如图 4-32 所示，质元 1 和质元 4 相位差始终是 $\frac{\pi}{2}$，质元 1 和质元 7 相位差始终是 π。

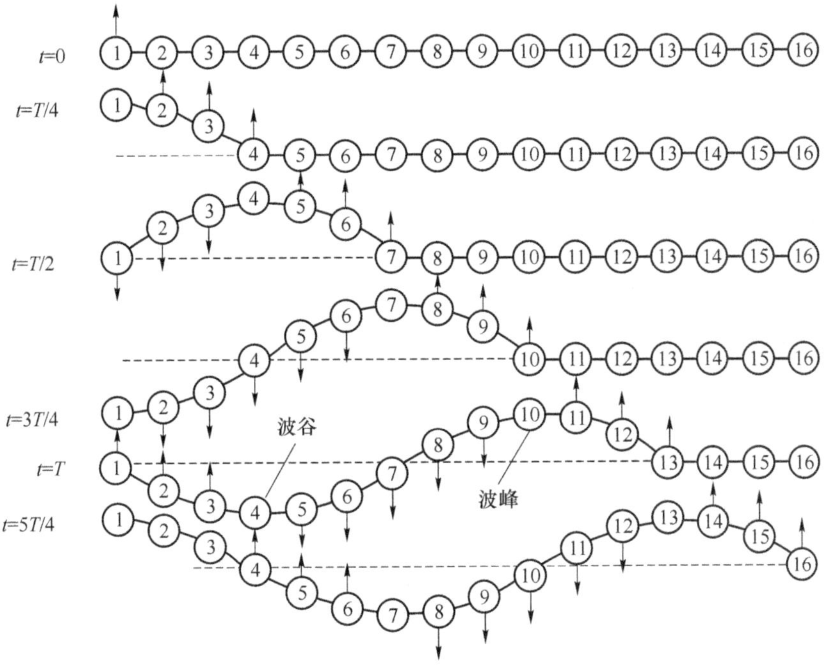

图 4-32　横波传播过程简图

(3) 波动过程也是能量的传播过程,能量的传播速度也就是波的传播速度。在波动的过程中,每个质元是依次振动起来的,质元之所以会振动起来,是因为它前面的质元带动的,即前面质元给后面质元能量。依此类推,最前面的质元之所以会动起来是因为波源给予的能量,而波源从外界不断获得能量,也不断向后传递能量。介质中的每一个质元一边不断从前面的质元处获得能量,一边又不断向后面的质元释放能量,能量就是这样在介质中传播的。

以上三点波传播的物理本质虽然是从一列简谐横波的传播过程中分析得出的,但可以证明,其他机械波都具有这三点物理本质。

例题 4-14　设某一时刻绳上横波的波形曲线如图 4-33(a)所示,该波水平向左传播。试分别用小箭头标明图中 A、B、C、D、E、F、G、H、I 各质点在这时刻的运动方向,并画出经过 1/4 周期后的波形曲线。

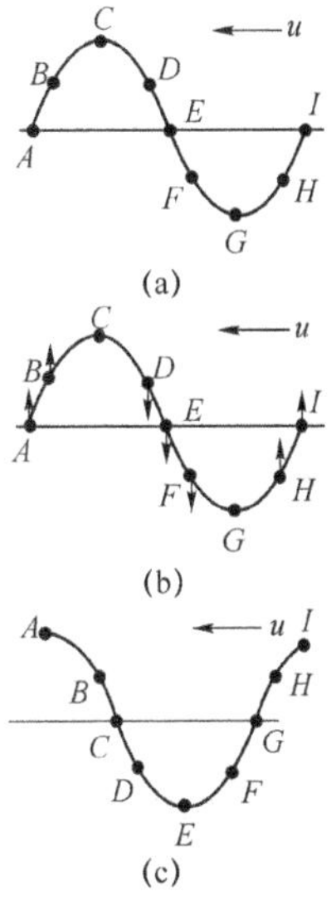

图 4-33　例题 4-14 用图

解　在波的传播过程中,各个质点只在自己的平衡位置附近振动,并不会随波前进。横波中,质点的振动方向总是和波动的传播方向垂直。在图 4-33(a)中,质点 C 在正的最大位移处,这时,它的速度为零。图中的波动传播方向为由右至左,因而左侧质点的运动状态来自于它右侧质点的现在状态,即在 C 以后的质点 B 和 A 开始振动的时刻总是落后于 C 点。在 C 以前的质点 D、E、F、G、H、I 开始振动的时刻却都超前于 C 点。在 C 达到正的最大位移时,质点 B 和 A 都沿着正方向运动,向着各自的正的最大位移行进,但相比较之下,质点 B 比 A 更接近于自己的目标。至于质点 D、E、F 则都已经过了各自的正的最大位移,而进行向负方向的运动了。质点 H、I 不仅已经过了各自的最大位移,而且还经过了负的最大位移，而进行着正方向的运动。质点 G 则处于负的最大位移处。因此，它们的运动方向如图 4-33(b)所示，即质点 A、B、H、I 向上运动，质点 D、E、F 向下运动，而质点 C、G 速度为零。

经过 1/4 周期，图 4-33(a)中的 A 点将运动至最大位移处，而 C 将回到平衡位置，即这时波形曲线如图 4-33(c)所示。比较图(a)和(c)，可以看出，它原来位于 I 和 C 间的波形，经过 1/4 周期，已经传播到 G 和 A 之间，即经过 1/4 周期，波传播的距离为 1/4 个完整波形。

4.5.4 描述波动的物理量

利用惠更斯原理可以形象地定性描述波动的过程，为了对波动过程进行定量的数学描述，建立平面简谐波的表达式，还需要引入几个描述波动的相关物理量。

1. 波长 λ

沿波的传播方向两相邻的、相位差为 2π 的两个点(如图 4-34 中的 a、b 两点)间的距离称为波长，用 λ 表示。波长也是一个完整波形的长度。波长反映了波的空间周期性，它说明整个波在空间分布的图景，是由许多长度为 λ 的同样“片段”所构成的，如图 4-34 所示。

在国际单位制中，波长的单位为米(m)，常用单位还有 cm、μm、nm。

2. 波速 u

单位时间内波(振动状态)所传播的距离称为波速，用 u 表示。由于振动状态是由相位确定的，所以波速也是波的相位传播速度，故波速又称为波的相速度。

机械波的波速取决于传播波的介质的弹性和惯性，不同介质中波传播的速度是不同的，在同一种介质中横波和纵波传播的速度也不一定相同。理论证明(过程从略)，固体和流体中的波速与介质的关系为

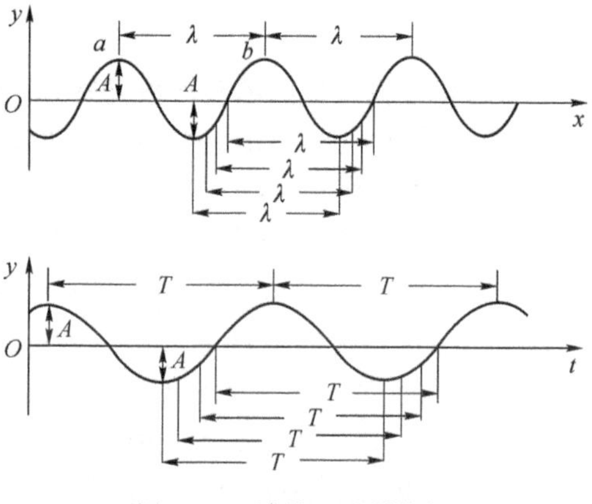

图 4-34　波的双重周期性

$$\text{固体中}\quad\begin{cases}\text{横波}: u=\sqrt{\dfrac{G}{\rho}}\\ \text{纵波}: u=\sqrt{\dfrac{Y}{\rho}}\end{cases}\tag{4-32}$$

$$\text{流体中}\quad u=\sqrt{\frac{K}{\rho}}\tag{4-33}$$

上述公式中 G 为切变弹性模量，Y 为长变弹性模量(又称杨氏弹性模量)，K 为容变弹性模量，ρ 为介质密度。弹性模量是材料的特征常数。由上述波速公式可知，机械波的波速正比于介质弹性模量的平方根，而反比于介质密度的平方根。这一点也定性的说明，介质的弹性越强，介质越轻，则各质元之间互相带动越容易，波的传播速度也越大。

3. 波的周期 T

波传播一个波长的距离所需要的时间，即为波的周期，用 T 表示。则有

$$T=\frac{\lambda}{u} \tag{4-34}$$

波的周期也是波源的振动周期。介质质元振动的周期与波源周期相同,所以也是波的周期。由以上分析可看出:波动过程中,波源完成一次全振动,即相位增加一个 2π,所用的时间与波传播一个波长距离所需时间相同,此关系可以写为

$$\frac{2\pi}{\omega}=\frac{\lambda}{u} \tag{4-35}$$

式中,ω 为波源振动的角频率。相应的,波动过程中,Δt 时间内,波源的相位增加为 $\Delta\varphi=\omega\Delta t$,波传播的距离为 $x=u\Delta t$。两式相比,并约去时间 Δt,有

$$\frac{\Delta\varphi}{x}=\frac{\omega}{u} \tag{4-36}$$

比较式(4-34)和式(4-35)可得

$$\frac{\Delta\varphi}{2\pi}=\frac{x}{\lambda} \tag{4-37}$$

式(4-36)在使用时 $\Delta\varphi$ 即可以理解为波源的相位增量,也可以理解为相距为 x 的两质点的相位差值。另外,根据波速 $u=\frac{\lambda}{T}$,及讨论相距为 x 的两质点间波传播时间为 Δt,波速也可写为 $u=\frac{x}{\Delta t}$,则有

$$\frac{\Delta t}{T}=\frac{x}{\lambda} \tag{4-38}$$

结合式(4-37)和式(4-38)有

$$\frac{x}{\lambda}=\frac{\Delta\varphi}{2\pi}=\frac{\Delta t}{T} \tag{4-39}$$

波的周期 T 反映波的时间周期性,说明整个波动情况以 T 为周期一遍又一遍的重演。

周期的倒数称为波的频率,用 γ 表示,即

$$\gamma=\frac{1}{T}$$

频率的物理意义可以理解为:单位时间内传播完整波的个数。

在国际单位制中,周期的单位为秒(s),频率的单位为赫兹(Hz)。

波的周期性如图 4-34 所示。

在以上三个描述波的物理量中:周期由波源决定,波速由传播波的介质决定,而波长则由波源和介质共同来制约。

例题 4-15　钢琴的中央 C 键,对应的频率是 262 Hz。试求:20℃时在空气中相应声波的波长?(20℃时空气中声速为340 $\mathrm{m\cdot s^{-1}}$)

解　由式 $T=\frac{\lambda}{u}$ 及 $\gamma=\frac{1}{T}$ 可知

$$\lambda=\frac{u}{\gamma}=\frac{340}{262}=1.30\ \mathrm{m}$$

例题 4-16　铸铁的长变弹性模量 $Y\approx10^{11}\ \mathrm{N\cdot m^{-2}}$,切变弹性模量 $G=5\times10^{10}\ \mathrm{N\cdot m^{-2}}$,质量体密度为 $\rho=7.6\times10^{3}\ \mathrm{kg\cdot m^{-3}}$。试求:铸铁中横波和纵波的速度。

解　由式(4-33)可知,固体中横波的速度为

$$u=\sqrt{\frac{G}{\rho}}=\sqrt{\frac{5\times 10^{10}}{7.6\times 10^{3}}}\approx 2\ 560\ \text{m}\cdot\text{s}^{-1}$$

固体中纵波的波速为

$$u=\sqrt{\frac{Y}{\rho}}=\sqrt{\frac{10^{11}}{7.6\times 10^{3}}}\approx 3\ 800\ \text{m}\cdot\text{s}^{-1}$$

可见,同一种介质,纵波的传播速度比横波大。

例题 4-17 一声波在空气中传播,频率为 2 500 Hz,在传播方向上经 A 点后再经 34 cm 而传至 B 点。试求:(1)从 A 点传播到 B 点所需要的时间;(2)波在 A、B 两点振动时的相位差;(3)设波源作简谐振动,振幅为 1 mm,求质元振动速度的最大值。

解 (1) 声波在空气中传播的速度为 340 $\text{m}\cdot\text{s}^{-1}$,则从 A 点传播到 B 点所需要的时间为

$$\Delta t=\frac{\overline{AB}}{u}=\frac{0.34}{340}=1\times 10^{-3}\ \text{s}$$

(2) 波的周期为 $T=\frac{1}{\gamma}=\frac{1}{2\ 500}=4\times 10^{-4}\ \text{s}$

由于$\frac{\Delta\varphi}{2\pi}=\frac{\Delta t}{T}$,所以波在 A、B 两点振动时的相位差为

$$\Delta\varphi=\frac{\Delta t}{T}2\pi=\frac{1\times 10^{-3}}{4\times 10^{-4}}\times 2\pi=5\pi$$

(3) 如果振幅 $A=1$ mm,则振动速度的最大值为

$$v_{\text{m}}=A\omega=0.001\times 2\pi\times 2\ 500=15.7\ \text{m}\cdot\text{s}^{-1}$$

声波在空气中传播的速度为 340 $\text{m}\cdot\text{s}^{-1}$,可见,质元的振动速度和波的传播速度是不同的两个物理量。

练习题

1. 设某一时刻绳上横波的波形曲线如图 4-33(a)所示,该波水平向右传播。试分别用小箭头标明图中 A、B、C、D、E、F、G、H、I 各质点在该时刻的运动方向,并画出经过 1/4 周期后的波形曲线。

2. 一人站在长度为 100 m 的钢管的一端打击钢管时,有两列纵波传到钢管的另一端(其中一列波在钢管中传播,另一列波在空气中传播)。站在钢管另一端的一个人能先后听到两个声音。试求:另一端的人听到两个声音的时间差是多少?(已知钢管密度为 7.0×10^{3} $\text{kg}\cdot\text{m}^{-3}$,杨氏模量为 2×10^{11} $\text{N}\cdot\text{m}^{-2}$,空气中的声速为 340 $\text{m}\cdot\text{s}^{-1}$。)

3. 一平面简谐纵波沿弹簧线圈传播,弹簧线圈的振动频率为 2.5 Hz,弹簧中相邻两疏部中心的距离为 24 cm,弹簧上沿传播方向上有 a、b 两点,波由 a 点传到 b 点所需要的时间为 $\Delta t=0.2$ s。试求:(1)a、b 两点相距多远?(2)a、b 两点的相位差为多少?

4.6 平面简谐波表达式的建立与意义

为定量计算和分析方便,需要建立平面简谐波的表达式。本节首先介绍平面简谐波表达式建立的基本方法和步骤,然后讨论平面简谐波表达式的意义。

4.6.1　平面简谐波表达式的建立

波动是振动在空间的传播过程，所以描述出介质中各质元的振动状态是得出波动表达式的关键。实验证明，复杂波可以看成是由若干个不同频率的简谐波合成的，因而研究波动，简谐波是基础。下面，以平面简谐横波为例，建立平面简谐波的表达式。

1. 平面简谐波表达式的建立

如图 4-35(a)所示，设一平面简谐横波在均匀介质中向右传播，各波面彼此平行，波线为一组平行直线。在同一波面上，各质元的振动状态完全相同，沿每一条波线，振动的传播情况都是相同的，因而任意一条波线上的波动情况可以代表整个平面波的传播情况。

如图 4-35(b)所示，建立 Ox 轴与其中一条波线重合，设波的传播方向为 x 轴正向，并设介质中质元的振动沿 y 轴方向。根据简谐振动的知识，可以设坐标原点 O 处质元的简谐振动表达式为

$$y_0=A\cos(\omega t+\varphi_0)$$

(1) 波沿 x 轴正方向传播

O 点的振动状态沿波线(即 x 轴)传播下去，当 O 点的振动传播到距离 O 点为 x 处的一点 P 时，P 点将以同样的振幅和频率重复 O 点的振动，只是在相位上较为滞后。P 点滞后 O 点的相位为 $\Delta\varphi=\frac{2\pi}{\lambda}x$，所以 P 点的振动表达式为

$$y=A\cos\left(\omega t+\varphi_0-\frac{2\pi}{\lambda}x\right) \tag{4-40}$$

式(4-40)可以表示波传播过程，介质中任意(坐标为 x)一个质点在任意时刻(时间为 t)的运动状态，或者说，此式能够表示出所有质点所有时刻的运动状态，即此式可以表示整个波动过程，称此式为平面简谐波的表达式。

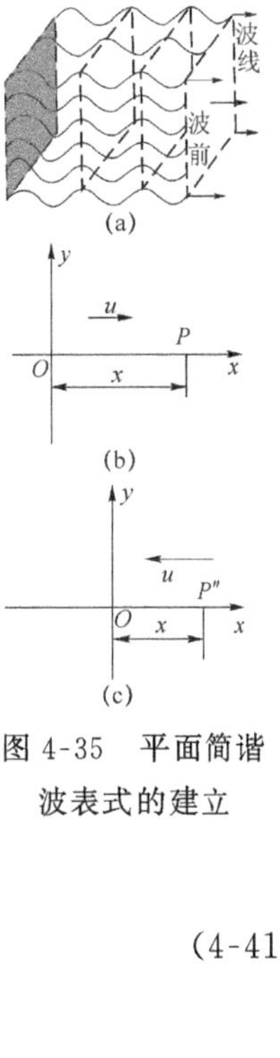

图 4-35　平面简谐波表式的建立

(2) 波沿 x 轴负方向传播

如果波沿 x 轴负方向传播，如图 4-36(c)所示，此时 P'点的相位超前于 O 点的相位为 $\Delta\varphi=\frac{2\pi}{\lambda}x$，因而波的表达式可以写为

$$y=A\cos\left(\omega t+\varphi_0+\frac{2\pi}{\lambda}x\right) \tag{4-41}$$

(3) 平面简谐波的表达式

综合以上两种情况，平面简谐波的表达式的一般形式为

$$y=A\cos\left(\omega t+\varphi_0\pm\frac{2\pi}{\lambda}x\right) \tag{4-42}$$

式中，x 表示质元的空间坐标；t 表示质元振动的时间；y 表示质元离开自己平衡位置的位移；“$-$”号代表波沿 x 轴正向传播；“$+$”号代表波沿 x 轴负向传播。

式(4-42)变形(读者可自行推导)，可得波动表达式的另一个常用形式为

$$y=A\cos\left[\omega\left(t\pm\frac{x}{u}\right)+\varphi_0\right]$$

2. 建立波表达式的基本方法和步骤

由以上推导过程可知，建立波表达式的基本方法和步骤为

(1) 写出坐标原点 O 处质元的振动表达式 $y_0=A\cos(\omega t+\varphi_0)$；

(2) 判断波的传播方向上任意一点处质元振动相位与 O 点处质元振动相位之间的相位差 $\Delta\varphi=\frac{2\pi}{\lambda}x$（$x$ 为任意一质元的坐标）；

(3) 确定波的传播方向与 x 轴正方向之间的关系，并写出波的表达式。两者方向一致时，波的表达式中相位差前用"－"号；两者方向相反时，波的表达式中相位差前用"＋"号。

上面所得的波的表达式具有普遍意义，理论表明，它不仅适用于平面简谐横波，也适用于平面简谐纵波和平面电磁简谐波。只不过，这时 y 分别代表质元的纵向振动位移和电磁参量。

例题 4-18 一平面简谐波沿 x 轴正方向传播，已知 $A=0.1\ \text{m}$，$T=2\ \text{s}$，$\lambda=2.0\ \text{m}$。在 $t=0$ 时，原点处质元位于平衡位置且沿 y 轴正方向运动。试求：波动的表达式。

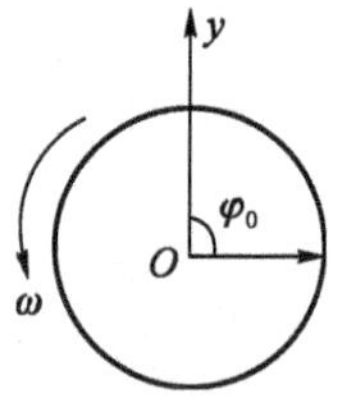

图 4-36 例题 4-18 用图

解 设原点 O 处质元的振动表式为

$$y_0=A\cos(\omega t+\varphi_0)$$

角频率为

$$\omega=\frac{2\pi}{T}=\pi$$

由于在 $t=0$ 时原点处的质元位于平衡位置处且沿 y 轴正方向运动，由旋转矢量图 4-36 所示，可看出 $\varphi_0=-\frac{\pi}{2}$，则原点 O 处的振动表达式为 $y_0=A\cos\left(\pi t-\frac{\pi}{2}\right)$

平面简谐波沿 x 轴正方向传播，则波动的表达式为

$$y=A\cos\left(\omega t+\varphi_0-\frac{2\pi}{\lambda}x\right)=0.1\cos\left(\pi t-\frac{\pi}{2}-\pi x\right)\ \text{m}$$

例题 4-19 波长为 λ 的平面简谐波以速度 u 沿 x 轴正方向传播，已知 $x=\frac{\lambda}{4}$ 处质元振动表达式为 $y=A\cos\omega t$。试求：此波的波动表达式。

分析 当波沿 x 轴的正方向传播时，可设简谐波表达式的一般形式为 $y=A\cos\left[\omega t+\varphi_0-\frac{2\pi}{\lambda}x\right]$，此形式是以坐标原点的振动表达式为基础推导而来的。但此题中已知的是 $x=\frac{\lambda}{4}$ 处质元简谐振动的表达式，而不是坐标原点处的，所以我们应从已知出发先推导坐标原点处简谐振动的表达式。

解 波沿 x 轴正方向传播，所以坐标原点 $x=0$ 处的质元振动超前 $x=\frac{\lambda}{4}$ 处的质元，超前的相位为

$$\Delta\varphi=\frac{2\pi}{\lambda}x=\frac{2\pi}{\lambda}\times\frac{\lambda}{4}=\frac{\pi}{2}$$

根据 $x=\frac{\lambda}{4}$ 处质元振动表达式为 $y=A\cos\omega t$，可得原点处质元简谐振动的振动表达式应为

$$y_0=A\cos\left(\omega t+\frac{\pi}{2}\right)$$

波沿 x 轴正方向传播，根据平面简谐波的表达式一般形式，可写出此简谐波的表式达为

$$y=A\cos\left(\omega t+\frac{\pi}{2}-\frac{2\pi}{\lambda}x\right)$$

4.6.2　波动表式的物理意义

由平面简谐波的波动表达式可知，质元的位移 y 既是时间 t 的函数，又是空间坐标 x 的函数，即 $y=y(x,t)$，所以波的表达式实际上表达了媒质中所有质元任意时刻离开平衡位置的位移情况。

(1) 若令波动表达式中 x 等于某一给定值，则 y 仅为时间 t 的函数。这就相当于盯住介质中某一点，考查该处质元每时每刻的振动情况，此时波的表达式即为该处质元简谐振动的振动表达式，可以根据振动表达式分析该质元的振动情况并画出这一点的振动曲线。

例题 4-20　已知一沿 x 轴方向传播的平面简谐波的波动表达式为 $y=2\cos\left[2\pi\left(t-\frac{x}{2}\right)+\frac{\pi}{2}\right]$ m。试求：(1)波的传播方向；(2)$x=2$ m 处质元的振动表达式，并画出振动曲线。

解　(1)把此波的表达式变形成一般形式，得

$$y=2\cos\left(2\pi t+\frac{\pi}{2}-\frac{2\pi}{2}x\right)\ \text{m}$$

此式与波的表达式一般形式进行对照，可知，此波沿 x 轴正方向传播。

(2) 将 $x=2$ m 代入波动表达式，可得此处质元的振动表达式为

$$y=2\cos\left[2\pi\left(t-\frac{2}{2}\right)+\frac{\pi}{2}\right]=2\cos\left(2\pi t+\frac{\pi}{2}\right)\ \text{m}$$

振动曲线如图 4-37 所示，周期 $T=1$ s。

若令波动表达式中 t 等于某一给定值，则 y 仅为空间坐标 x 的函数。这就表示在同一时刻统观波线上各质元，考查它们在给定时刻离开自己平衡位置的情况，若把此刻波传播方向上各点位置描出，则可得到波动在该时刻的"照片"，这时波的表达式即为该给定时刻的波形表达式，画出的曲线为该时刻平面简谐波的波形曲线。

例题 4-21　已知如例题 4-20。试求：$t=2$ s 时的波形方程并画出波形曲线。

解　将 $t=2$ s 代入波动表达式，可得波形方程为

$$y=2\cos\left[2\pi\left(2-\frac{x}{2}\right)+\frac{\pi}{2}\right]=2\cos\left(\frac{\pi}{2}-\frac{x}{2}\right)\ \text{m}$$

波形曲线如图 4-38 所示，波长 $\lambda=2$ m。

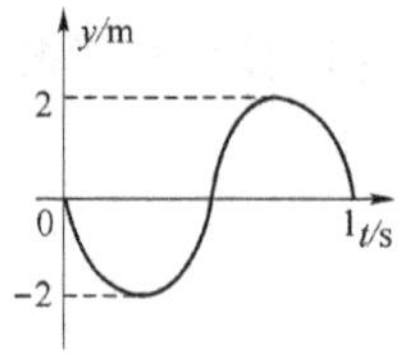

图 4-37 例题 4-20 用图

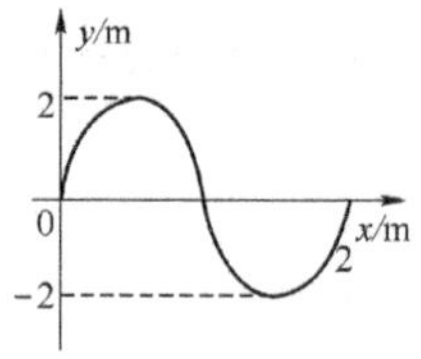

图 4-38 例题 4-21 用图

画波形曲线的基本方法和步骤：

(1) 建立直角坐标系 xOy。

(2) 根据波形方程确定 $x=0$ 时 y 值，并把对于点画在坐标系中，此点为波形曲线的起头点。

(3) 判断随着 x 值增加 y 值的变化情况，进而判断波形曲线的走势。

(4) 求出波动的振幅及波长，根据波形曲线走势，在坐标系中画出至少一个完整波长的波形曲线。

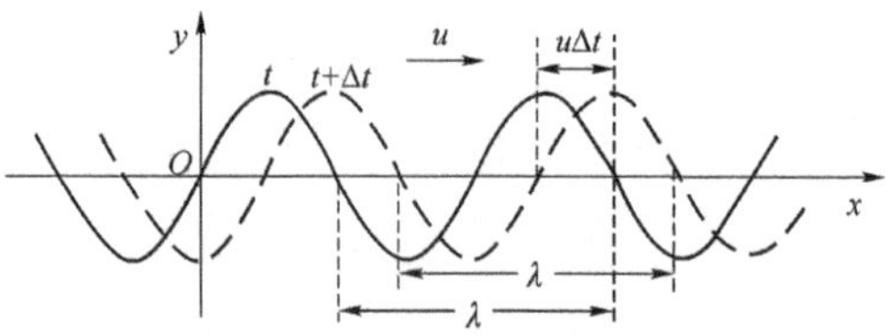

图 4-39 波形的平移

(5) 若波动表达式中 x、t 同时变化，则波的表达式给出了介质中任意质元在任意时刻的振动情况。前后各个时刻的波形曲线是波动的“电影”，动态地反映了波形的传播。图 4-39 中，t 时刻的波形如实线所示，下一时刻 $t+\Delta t$ 时的波形则如图中虚线所示，后一时刻的波形是前一时刻波形沿传播方向在空间平行推移的结果。

例题 4-22 某潜水艇声呐发出的超声波为平面简谐波，振幅 $A=1.2\times10^{-3}$ m，频率 $\gamma=5.0\times10^{4}$ Hz，波长 $\lambda=2.85\times10^{-2}$ m，波源振动的初相位 $\varphi_0=0$。试求：(1)该超声波的表达式；(2)距离波源2 m处质元简谐振动表达式；(3)距离波源 8.00 m 与8.05 m的两质元振动的相位差。

解 (1) 设该超声波的表达式为

$$y=A\cos\left(\omega t+\varphi_0-\frac{2\pi}{\lambda}x\right)$$

根据已知条件，有

$$\omega=2\pi\gamma=2\pi\times5.0\times10^{4}=\pi\times10^{5}\ \mathrm{rad\cdot s^{-1}}$$

及 $A=1.2\times10^{-3}$ m、$\lambda=2.85\times10^{-2}$ m、$\varphi_0=0$，代入上式得

$$\begin{aligned} y &=1.2\times10^{-3}\times\cos\left(\pi\times10^{5}t-2\pi\,\frac{x}{2.85\times10^{-2}}\right)\\ &=1.2\times10^{-3}\cos(10^{5}\pi t-220x)\ \mathrm{m}\end{aligned}$$

(2) 将 $x=2$ m 代入上问结果中，可得到 2 m 处质元的振动表达式

$y=1.2\times10^{-3}\cos(10^{5}\pi t-220\times2)=1.2\times10^{-3}\cos(10^{5}\pi t-440)$ m

(3) 由简谐波的表达式可知，波线上两点间的相位差为

$$\Delta\varphi=\frac{2\pi}{\lambda}(x_2-x_1)=\frac{2\pi}{\lambda}\Delta x$$

将 $\Delta x=x_2-x_1=8.05-8.00=0.05\ \text{m}, \lambda=2.85\times10^{-2}\ \text{m}$ 代入得

$$\Delta\varphi=\frac{2\pi}{\lambda}\Delta x=\frac{2\pi\times0.05}{2.85\times10^{-2}}=11\ \text{rad}$$

练习题

1. 设平面简谐波的表达式为 $y=2\cos[\pi(0.5t-200x)]$ cm，式中 x 的单位为 cm，t 的单位为 s。试求：(1)振幅 A、波长 λ、波速 u 及波的频率 γ；(2)位于 $x_1=20$ cm 和 $x_2=21$ cm 处两质元振动的相位差。

2. 一平面简谐波沿 x 轴负方向传播，已知 $A=0.1$ m，$T=2$ s，$\lambda=2.0$ m，在 $t=0$ 时原点处质元位于 $y=0.05$ m 的位置且沿 y 轴负方向运动。试求：波动的表达式。

3. 如图 4-40 给出了一简谐波在 $t=0$ 和 $t=1$ s 时刻的波形图。试根据图中的参数求：(1)波的周期、角频率；(2)该简谐波的表达式。

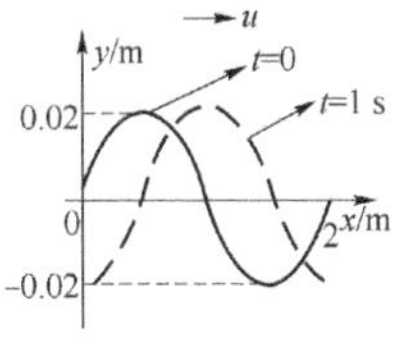

图 4-40　练习题 3 用图

4. 已知一沿 x 轴方向传播的平面简谐波的波动表达式为 $y=0.2\cos\left[2\pi\left(t+\frac{x}{2}\right)+\frac{\pi}{2}\right]$ m。试求：(1)波的传播方向；(2)$x=2$ m 处质元的振动表达式，并画出振动曲线；(3)求 $t=2$ s 时的波形表达式并画出波形曲线。

4.7　波的能量

由波动过程物理本质可知，波在介质中传播时，介质中的每个质元不断地接收波源方向质元传来的能量，同时又不断地向下一个质元放出能量，从而实现了波动过程中能量的传播。本节以介质中任一体积为 ΔV 的弹性质元为例，讨论其所具有的能量，以及波的能量传播过程中所具有的特征。

4.7.1　波的能量

设有一平面简谐波在密度为 ρ 的弹性介质中沿 x 轴正向传播，波速为 u，波的表达式为

$$y=A\cos\left(\omega t+\varphi_0-\frac{2\pi}{\lambda}x\right)$$

坐标为 x 处体积为 ΔV 的弹性质元质量为 $\Delta m=\rho\Delta V$，该质元可视为质点，当波传到该质元所在处时，其振动速度为(由于此时质元相对于平衡位置的位移 y 是时间 t 与位置坐标 x 的函数，所以求振动速度时应是位移 y 对时间 t 求一阶偏导数)

$$v=\frac{\partial y}{\partial t}=-A\omega\sin\left(\omega t+\varphi_0-\frac{2\pi}{\lambda}x\right)$$

质元的动能为

$$E_k=\frac{1}{2}\Delta m v^2=\frac{1}{2}\rho\Delta V A^2\omega^2\sin^2\left(\omega t+\varphi_0-\frac{2\pi}{\lambda}x\right) \tag{4-43}$$

式(4-43)表明，质元中的动能是随时间 t 做周期性变化的(同一质元，不同时刻的动能值不同)；同时，动能随 x 值做周期性变化，即在同一时刻介质中不同质元所具有的动能也是不同的。

该处质元因形变而具有弹性势能，可以证明(证明过程略)，该质元的弹性势能为

$$E_{\mathrm{p}}=\frac{1}{2}\rho\Delta VA^{2}\omega^{2}\sin^{2}\left(\omega t+\varphi_{0}-\frac{2\pi}{\lambda}x\right) \tag{4-44}$$

式(4-43)和式(4-44)表明，质元的势能与动能一样，不是恒定不变的，而是随时间、位置做周期性的同步调的变化。

该质元所具有的总机械能为

$$E=E_{\mathrm{k}}+E_{\mathrm{p}}=\rho\Delta VA^{2}\omega^{2}\sin^{2}\left(\omega t+\varphi_{0}-\frac{2\pi}{\lambda}x\right) \tag{4-45}$$

式(4-45)表明，波动在弹性介质中传播时，介质中任一质元 Δm 的总机械能随时间做周期性变化。这说明，质元和相邻质元之间有能量交换，当质元的能量增加时，说明它在从相邻质元中吸收能量；当质元的能量减少时，说明它在向相邻质元释放能量。正因质元不断吸收能量和释放能量，才实现了能量不断地从介质中的一部分传递给另一部分，这也充分说明了波动过程就是一个能量传播的过程。

应当注意，波动的能量与简谐振动的能量有着明显的区别。在一个孤立的简谐振动系统中，它和外界没有能量交换，机械能守恒，即动能与势能在不断的相互转化，但机械能总和不变。当动能极小时，势能为极大，当势能为极小时，动能为极大；而在波动中，质元所具有的能量并不守恒，介质中任意点处的质元均受到其前后两侧质元弹性力的作用，该质元从其前面质元处吸收能量，同时又向其后面的质元放出能量，但由于前后两质元对该质元的弹性力的作用效果不同，所以该质元的能量“收”“支”是不平衡的，在能量传输的过程中，自身的能量也在改变，且自身的动能和势能的改变是同步的，即质元的动能和势能同时同处达到最大，动能为零，势能也为零。

4.7.2 波的能量密度

由式(4-45)可知，波动的能量与所取质元的体积 ΔV 有关，为了描述其能量的分布情况，以便进行两列波能量变化的比较，需要将体积因素排除掉，我们引入了能量密度的概念。单位体积介质中所具有的波动能量称为波的能量密度，用 w 表示。由式(4-45)可知，波的能量密度为

$$w=\frac{E}{\Delta V}=\rho A^{2}\omega^{2}\sin^{2}\left(\omega t+\varphi_{0}-\frac{2\pi}{\lambda}x\right) \tag{4-46}$$

在国际单位制中，能量密度的单位为焦/米^3($\mathrm{J\cdot m^{-3}}$)

由式(4-46)可知，能量密度 w 也是随时间变化的，所以通常在估算介质中的能量时，采用能量密度对时间的平均值，它被称作平均能量密度，用$\overline{w}$表示。根据正弦函数的平方在一个周期中的平均值为$\frac{1}{2}$，可得波的平均能量密度为

$$\overline{w}=\frac{1}{2}\rho A^{2}\omega^{2} \tag{4-47}$$

在国际单位制中，平均能量密度的单位也是焦/米^3($\mathrm{J\cdot m^{-3}}$)。

式(4-46)说明，平均能量密度与波振幅的平方、角频率的平方及介质密度成正比，此公式适用于各种弹性波。

4.7.3　波的能流及能流密度

波是能量传递的一种方式，波动过程也就是能量的传播过程。为了分析能量传播过程的特点，我们首先引入能流的概念。

1. 波的能流

能量在介质中流动，一束波就是一束能量流。能量流的流量亦即单位时间内通过介质中某一垂直截面的能量，称为通过该截面的能流。如图 4-41 所示，设想在介质中垂直于波速的方向上取一截面 ΔS，则在 Δt 时间内通过该截面的能量就等于 ΔS 面后方体积为 $\Delta S u\Delta t$ 中的能量，这一能量等于 $w\Delta S u\Delta t$，则通过这一截面 ΔS 的能流（以 P 表示）为

$$P=\frac{w\Delta S u\Delta t}{\Delta t}=w\Delta S u \tag{4-48}$$

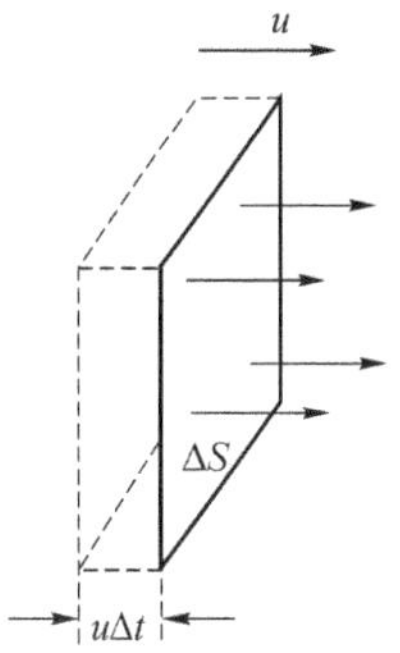

图 4-41　波的能流计算

在式(4-48)中，由于 w 是随时间变化的函数，所以，波的能流 P 也随时间变化。由于波的周期通常比人或大多数仪器的反应小得多，所以常取 P 的时间平均值作为波的能量流的量度，称为平均能流。用 $\overline{w}$ 代替式(4-48)中的 w，得波的平均能流为

$$\overline{P}=\overline{w}\Delta S u=\frac{1}{2}\Delta S\rho u\omega^2 A^2 \tag{4-49}$$

在国际单位制中，波的平均能流的单位为瓦(W)。

2. 波的能流密度(波的强度)

波的能流与所考察的面积有关，并不能客观地反映出介质中能量流的强度。为此我们定义：单位垂直截面上的平均能流，亦即单位时间内通过单位垂直截面的平均能量为波的能流密度，又称为波的强度，以 I 表示，则有

$$I=\frac{\overline{P}}{\Delta S}=\frac{1}{2}\rho u\omega^2 A^2 \tag{4-50}$$

在国际单位制中，波的强度的单位为瓦/米²($\mathrm{W\cdot m^{-2}}$)。

由式(4-50)可知，波的强度与振幅的平方、角频率的平方成正比，超声波因其角频率大而强，次声波因其振幅值大而强。波的强度越大，单位时间内通过垂直于波的传播方向的单位面积的能量越多，波就越强。例如，声音的强弱决定于声波的能流密度(称为声强)的大小；光的强弱决定于光波的能流密度(称为光强)的大小。

波在传播过程中，其强度可能会发生衰减，造成强度减弱的原因有两个：一是介质对波能量的吸收，二是对于球面波来说，波向外传播时，波的截面越来越大，从而引起能量分布发生变化，能量分布在大的截面上，波的强度自然要减小。若平面简谐波在各向同性、均匀、无吸收的理想介质中传播，其强度不变，由式(4-50)可知，其振幅在传播过程中将保持不变。

例题 4-23　设一列平面简谐波在密度为 $\rho=0.8\times10^3\,\mathrm{kg\cdot m^{-3}}$ 的介质中传播，其波速为 $10^3\,\mathrm{m\cdot s^{-1}}$，振幅为 1.0×10^{-3} m，频率为 $\gamma=1$ kHz。试求：(1)波的能流密度；(2)1 分钟内通过垂直截面 $S=2\times10^{-4}\,\mathrm{m^2}$ 的总能量。

解　(1)由式 $I=\frac{1}{2}\rho u\omega^2 A^2$，$\omega=2\pi\gamma$ 可知，波的能流密度为

$$I=\frac{1}{2}\times 0.8\times 10^{3}\times(1.0\times 10^{-3})^{2}\times(2\pi\times 10^{3})^{2}\times 10^{3}=1.58\times 10^{7}\ \mathrm{W\cdot m^{-2}}$$

(2)由于能流密度是单位时间内通过垂直于波传播方向的单位面积上的平均能量，则 t 时间内垂直通过面积为 S 的总能量为

$$E=ISt$$

由已知 $S=2\times 10^{-4}\ \mathrm{m^2}$、$t=60\ \mathrm{s}$ 则

$$E=1.58\times 10^{7}\times 2\times 10^{-4}\times 60=1.88\times 10^{5}\ \mathrm{J}$$

例题 4-24 假设灯泡功率的 5% 是以可见光形式发出的，若将灯泡看成一个点波源，它发出的光波在各个方向上均匀分布并通过均匀介质向外传播。试求：与一个 60 W 灯泡相距为 1.5 m 处的可见光波的强度。

分析 功率是单位时间内的能量，而光的强度为单位时间通过垂直单位面积的能量，所以两者的关系应为 $P=IS$

解 灯泡以可见光形式输出的功率为

$$P_0=60\times 5\%=3\mathrm{W}$$

球面光波的强度为 $I=\frac{P_0}{S}=\frac{P_0}{4\pi r^2}$

当 $r=1.5\ \mathrm{m}$ 时

$$I=\frac{P_0}{4\pi r^2}=\frac{3}{4\pi r^2}=0.1\mathrm{W\cdot m^{-2}}$$

练习题

1. 生活中常用聚焦超声波的方法获得能流密度很高的超声波。若用此方法在水中产生能流密度高达 $I=120\mathrm{kW\cdot cm^{-2}}$ 的超声波，设该超声波的频率为 $\gamma=500\ \mathrm{kHz}$，水的密度为 $\rho=10^{3}\ \mathrm{kg\cdot m^{-3}}$，水中声速为 $u=1\,500\ \mathrm{m\cdot s^{-1}}$。试求：水中质元的振动振幅。

2. 一个点波源发射的功率为 1.0 W，在各向均匀的不吸收能量的介质中传出球面波，求距波源 1.0 m 处波的强度。

4.8 波的叠加原理 波的干涉

前面研究的都是一列波在空间传播的情况，如果空间有几列波在传播，在几列波相遇处，情况会如何呢？实验证明，当几列波在空间中相遇而叠加时，会出现许多有趣的现象，并引发了许多重要的实际应用。本节将介绍波的叠加原理，产生波干涉现象的条件，以及在波的干涉区域加强、减弱点的条件。

4.8.1 波的叠加原理

在平静的水面上投入两个小石子，它们会分别激起一列波纹，当两列波纹相遇时，它们交叉而过，各自不受对方影响，每列波纹都按自己原来的规律向前传播，原来是圆形波纹的仍保持其圆形波纹不变，就好像另一列波并不存在一样；又如两个探照灯所发出的光束，交

叉后仍按原来各自的方向传播，彼此互不影响；再如乐队的合奏，其声波并没有因为在空间交叠而发生变化，它们总能保持自己原有的特性不变，因而人们能够分辨出乐曲声中都包含哪种乐器的声音。大量实验事实证明，几列波在空间相遇，各波原有特性保持不变，这就是说，在传播过程中，波动具有独立性。正因为波传播的独立性，当几列波同时传到空间的某一点而相遇时，每列波都单独引起该点质元的振动，所以该点的振动就是各列波在该点所引起的各个振动的合成。综上所述，在几列波相遇的区域内，各波原有特性（振幅、频率、波长、振动方向和传播方向）保持不变，介质中任一点的振动为各波列单独在该点所引起振动的合成，这称为波的叠加原理。

叠加原理是从大量实验事实的观察中总结出来的，一般来说，几列波叠加以后的情况是很复杂的，而且是随时间变化的，其中比较简单，比较有意义的是波的干涉现象。

4.8.2　波的干涉

1. 波的干涉现象

满足一定条件的两列波在空间相遇而叠加时，交叠区域某些地方的合振动始终加强，而另一些地方的合振动始终减弱，这种有规律的叠加现象称为波的干涉现象。能够产生干涉现象的两列波称为相干波。

那么，什么样的波才是相干波呢？

2. 相干波的条件

波动是振动的传播过程，某处波的叠加其实就是该处振动的叠加，只不过波叠加时参与叠加的质元不止一个，而是介质中众多质元这一群体。由简谐振动合成的知识我们知道，振动方向相同的两个振动叠加要比不同方向的振动叠加简单。其中最简单的情况是：频率相同、振动方向相同的两个振动的叠加，这样两个振动叠加而成的合振动的振幅为 $A_{合}=\sqrt{A_1^2+A_2^2+2A_1A_2\cos\Delta\varphi}$。

设图 4-42 中所示的频率相同、振动方向相同的两波源 S_1、S_2 简谐振动的表达式分别为

$$y_{10}=A_1\cos(\omega t+\varphi_{10})$$

$$y_{20}=A_2\cos(\omega t+\varphi_{20})$$

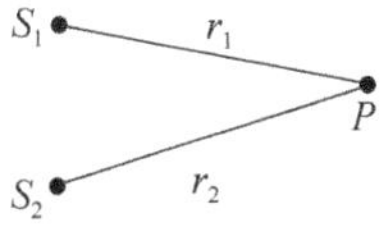

图 4-42　波的叠加

由 S_1、S_2 发出的两列波沿波线方向分别传播了 r_1 和 r_2 到达 P 点，它们引起 P 点简谐振动的表达式分别为

$$y_1=A_1\cos\left(\omega t+\varphi_{10}-\frac{2\pi}{\lambda}r_1\right)$$

$$y_2=A_2\cos\left(\omega t+\varphi_{20}-\frac{2\pi}{\lambda}r_2\right)$$

在 P 点两振动的相位差为

$$\Delta\varphi=\varphi_{20}-\varphi_{10}-\frac{2\pi}{\lambda}(r_2-r_1) \tag{4-51}$$

由式(4-51)可知，对于空间任一点，相位差 $\Delta\varphi$ 是个与时间无关的常量，即恒量，因而 P 点的合振动的振幅 $A_{合}$ 也就不随时间变化，在 P 点会发生波的干涉现象。

对于振动方向相同、频率不同的两个简谐振动的叠加，由振动的合成理论可知，相位差

$\Delta\varphi$ 是与时间有关的量，其合振动振幅就随时间的变化而变化，故它们不可能形成干涉现象。

由此可见，只有同频率、同振动方向、相位差恒定的两个简谐波才是相干波。能发射相干波的波源称为相干波源。

3. 干涉加强、减弱条件

满足相干波条件的两列波在空间传播相遇时，两列波就会发生干涉现象，即介质中某些地方合振动始终加强，某些地方合振动始终减弱。介质中任一点的合振动是加强还是减弱，由式(4-51)所给出的相位差来决定。当相位差为 π 的偶数倍时，合成振幅最大($A_合=A_1+A_2$)，合振动加强。故干涉加强条件为

$$\Delta\varphi=\varphi_{20}-\varphi_{10}-\frac{2\pi}{\lambda}(r_2-r_1)=2k\pi \tag{4-52}$$

当相位差为 π 的奇数倍时，合成振幅最小($A_合=|A_1-A_2|$)，合振动减弱。故干涉减弱的条件为

$$\Delta\varphi=\varphi_{20}-\varphi_{10}-\frac{2\pi}{\lambda}(r_2-r_1)=(2k+1)\pi \tag{4-53}$$

上述两式中 k 的取值为 $0,\pm1,\pm2,\cdots$。

当两相干波源为同相位时，即 $\varphi_{10}=\varphi_{20}$，两波叠加处相位差为 $\Delta\varphi=\frac{2\pi}{\lambda}(r_2-r_1)$，$r_1$ 和 r_2 分别为两波在介质中传播的几何路程，称为波程。式中的 (r_2-r_1) 为两相干波到达相遇点的波程之差，称为波程差，以 δ 表示，即 $\delta=r_2-r_1$。代回式(4—53)，可得相位差与波程差的关系为

$$\Delta\varphi=2\pi\frac{\delta}{\lambda} \tag{4-54}$$

式(4-54)表明，两相干波的波程差为波长的整数倍时，其相位差为 π 的偶数倍，两波干涉加强。若用波程差来表示相位差，当两相干波源相位相同时，波干涉加强、减弱条件为

$$\delta=\begin{cases}2k\frac{\lambda}{2} & \text{加强}\\ (2k+1)\frac{\lambda}{2} & \text{减弱}\end{cases}\quad k=0,\pm1,\pm2,\cdots \tag{4-55}$$

由此可见，波程差 δ 每变化半个波长，介质中质元的合振动就在强弱之间变化一次。

例题 4-25 S_1、S_2 是两相干波源，相距 $\frac{1}{4}$ 波长，S_1 比 S_2 的相位超前 $\frac{\pi}{2}$。设两相干波源简谐振动的振幅相同。试求：(1) S_1、S_2 连线上在 S_1 外侧各点的合成波的振幅及强度；(2)在 S_2 的外侧各点处合成波的振幅及强度。

解 由干涉加强、减弱的条件可知，合成波的振幅 $A_合$ 取决于相位差 $\Delta\varphi$。

(1) 如图 4-43(a)所示，S_1 外侧的任一点 P 距离 S_1 和 S_2 分别为 r_1 和 r_2，则两波传播到 P 点时相位差为

$$\Delta\varphi=\varphi_{20}-\varphi_{10}-\frac{2\pi}{\lambda}(r_2-r_1)=-\frac{\pi}{2}-2\pi\frac{\frac{\lambda}{4}}{\lambda}=-\pi$$

满足干涉减弱的条件，故干涉结果的振幅为

$$A_合=|A_1-A_2|=0$$

各点的合成波的强度 $I_合=0$

(2) 如图 4-43(b)所示，S_2 外侧的 Q 点距离 S_1 和 S_2 分别为 r_1 和 r_2，则两波传播到 Q 点时，相位差为

$$\Delta\varphi=\varphi_{20}-\varphi_{10}-\frac{2\pi}{\lambda}(r_2-r_1)=-\frac{\pi}{2}-2\pi\frac{\left(\frac{-\lambda}{4}\right)}{\lambda}=0$$

满足干涉加强的条件，所以

$$A_{合}=A_1+A_2=2A_1=2A_2$$

S_2 外侧各点的合成波强度为单个波强度的 4 倍。

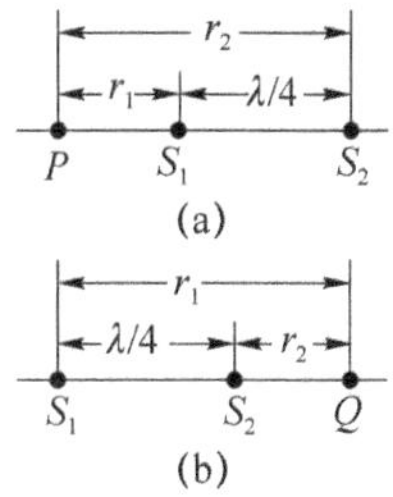

图 4-43　例题 4-25 用图

例题 4-26　两列振幅相同的平面简谐横波在同一介质中相向传播，波速均为 200 m·s^{-1}，当这两列波各自传播到相距为 8 m 的 A、B 两点时，两点做同频率同方向的振动，频率为 100 Hz，且 A 点为波峰时，B 点为波谷。试求：A、B 连线间因干涉而静止的各点位置。

分析：由于这两点做同频率同方向的振动，且 A 点为波峰时，B 点为波谷，即 A、B 两波源的振动相位差为 π，所以这两列波满足相干波的条件；若想求因干涉而静止的点，则要求两相干波传到这一点处相位差为 π 的奇数倍。

解　以 A 点为坐标原点，沿 A、B 两点的连线为正向向右建立 Ox 轴。设由于干涉而静止的 P 点距 A 点为 x。

由于 $\lambda=\frac{u}{\gamma}=\frac{200}{100}=2$ m，$\varphi_{20}-\varphi_{10}=\pi$，于是由 A 与 B 两点相干波源传播到 P 点所引起的两振动的相位差为

$$\Delta\varphi=\varphi_{20}-\varphi_{10}-2\pi\frac{(r_2-r_1)}{\lambda}=\pi-2\pi\frac{8-x-x}{2}$$

由于 P 点静止，应有

$$\Delta\varphi=\pi-\pi(8-2x)=(2k+1)\pi$$

联立上二式，求解得　　$x=k+4$ m　$k=0,\pm1,\pm2,\pm3,\pm4$

A、B 之间有的质元振动始终加强，这些点称为波腹，有的质元振动始终减弱，这些点称为波节。A、B 之间两列波的干涉现象称为驻波。

练习题

1. 在同一介质中，两相干的点波源，频率均为 100 Hz，相位差为 π，两者相距 20 m，波速为 10 m·s^{-1}。试求：在两波源连线的中垂线上各点振动情况。

2. 已知如例题 4-26。试求：AB 连线间因干涉而振幅变为 2 倍的各点位置。

第 5 章　波动光学

光的干涉现象说明光具有波动性。比较典型的光的干涉实验有杨氏双缝干涉、薄膜干涉和牛顿环干涉等。本章首先介绍光的相干性、相干光的获得方法和光的干涉加强、减弱的条件，然后从相干光的获得方法角度介绍两种方法对应的干涉实验：杨氏双缝干涉及薄膜干涉，最后简单介绍光干涉的应用。

5.1　光程　光程差

5.1.1　光程　光程差

在讨论机械波的相干叠加时，研究两波叠加区域中某一点振动是加强还是减弱的关键是计算两波传到该处引起振动的相位差。与此相同，两相干光波叠加区域中某点的光振动是加强还是减弱，仍由两波在该处引起振动的相位差决定。

根据 $\Delta\varphi=\varphi_{20}-\varphi_{10}-2\pi\frac{r_2-r_1}{\lambda}$ 可知，相位差与两相干光源的初相位之差、光波的波长、光在介质中通过的几何路程之差有关。由光的相关知识可知，光在不同介质中传播时波长不同，为了计算两光的相位差方便，人们引入了光程的概念。

光程

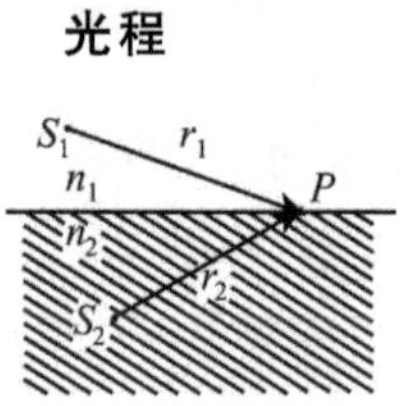

图 5-1　用光程差计算相位差

如图 5-1 所示，两列初相位相同（$\varphi_{10}=\varphi_{20}$）的单色相干光波从 S_1 和 S_2 发出，分别在两种不同的介质中传播并汇聚于 P 点。在 P 点，两光波的相位差为

$$\Delta\varphi=2\pi\frac{r_2}{\lambda_2}-2\pi\frac{r_1}{\lambda_1} \tag{5-1}$$

式中，λ_1、λ_2 分别为光在两种介质中的波长。

波在不同介质中传播时频率 γ 不变，都为波源的频率。又由光速 $u=\frac{c}{n}$（n 为传播光的介质的折射率）可知，光在折射率为 n 的介质中传播时波长为

$$\lambda_n=\frac{u}{\gamma}=\frac{c/n}{\gamma}=\frac{1}{n}\frac{c}{\gamma}$$

式中，c/γ 为光在真空中传播时的波长 λ，把 λ 代入上式，可得光在介质中的波长与在真空中的波长之间的关系为

$$\lambda_n=\frac{\lambda}{n}$$

光在折射率分别为 n_1 和 n_2 的两种介质中的波长分别为

$$\lambda_1=\frac{\lambda}{n_1},\lambda_2=\frac{\lambda}{n_2}$$

代入式(5-1)，得

$$\Delta\varphi=2\pi\frac{n_2r_2}{\lambda}-2\pi\frac{n_1r_1}{\lambda}=2\pi\frac{(n_2r_2-n_1r_1)}{\lambda} \tag{5-2}$$

由式(5-2)可知，当光源初相相同时，相位差 $\Delta\varphi$ 与真空中光的波长 λ、光在介质中经过的几何路程 r 与介质的折射率 n 的乘积 nr 有关。我们定义：光在介质中所走过的几何路程 r 与介质折射率 n 的乘积为光程，用 L 表示，则光程为

$$L=nr \tag{5-3}$$

引入光程概念之后，式(5-2)中的 $(n_2r_2-n_1r_1)$ 为两光束传播到 P 点的光程之差，称为光程差，用 δ 表示，即

$$\delta=L_2-L_1=n_2r_2-n_1r_1 \tag{5-4}$$

代回式(5-2)，可得光程差与相位差之间的关系为

$$\Delta\varphi=2\pi\frac{\delta}{\lambda} \tag{5-5}$$

式中，λ 为光在真空中传播的波长。由此可见，引入光程的概念，光在不同介质中传播产生相位差的计算变得简明。

例题 5-1　实验装置如图 5-2 所示，S_1、S_2 为两个相干光源，与 O 点相距均为 r，在 S_1 处放置一厚度为 d、折射率为 n 的云母片。试求：(1)两相干光到达 O 点的光程差；(2)与放置云母片之前比较，现在光程差为零的点是向上移动了还是向下移动了？

解　(1) S_1 发出的光到达 O 点的光程为

$$L_1=n_{空气}(r-d)+nd$$

S_2 发出的光到达 O 点的光程为

$$L_2=n_{空气}r$$

S_1、S_2 发出的光到达 O 点的光程差为

$$\delta=L_1-L_2=n_{空气}(r-d)+nd-n_{空气}r=(n-1)d$$

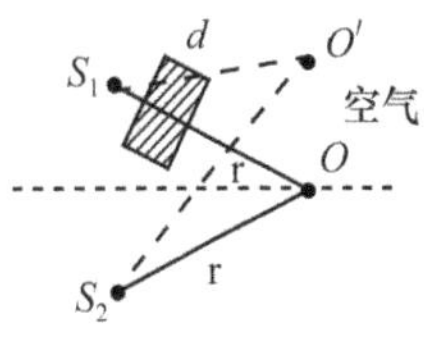

图 5-2　例题 5-1 用图

(2) 在 S_1 处未放置云母片时，两相干光到达 O 点的光程差为零，当放置了云母片后，$L_1>L_2$，要想光程差为零，则 S_2 发出的光到达光程差零点的几何路程要大些，所以光程差为零的点应向上移动，在 O 点的上方 O' 处，如图 5-2 所示。

5.1.2　透镜的等光程性

由前面分析可知，两相干光在传播过程中相遇时，干涉情况是加强还是减弱与光程差有关。在光的干涉和衍射实验装置中，经常要用到透镜，透镜的存在，是否会对光路中的光程差

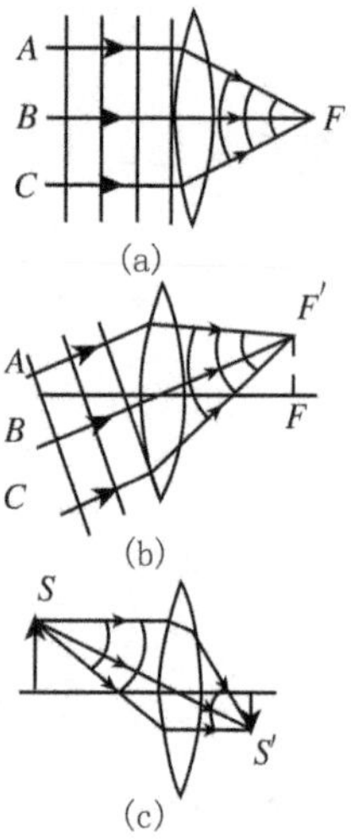

图 5-3 薄透镜的等光程性

产生影响呢？理论计算和实验事实表明，这样的影响并不存在。如图 5-3(a)、(b)、(c)所示，平行光通过透镜后，各条光线都要汇聚到焦平面(通过焦点与透镜主轴垂直的平面)上的一点，并且汇聚点总是亮点，即各条平行光线在汇聚点是干涉加强情况(相位差为零)，对应光程差应为 $\delta=0$，即到汇聚点的每一条光线光程都相同，透镜只改变各条光线的传播方向，并不产生附加的光程差。对于非平行光束也可以证明(证明从略)，薄透镜同样不产生附加光程差，这一特性称为薄透镜的等光程性。

薄透镜的等光程性还可作如下的定性解释：如图 5-3(c)所示，从物点 S(平行光束的物点在无限远处)到像点 S' 的各条光线，具有不同的几何路程，它们在透镜玻璃中传播的路程也不同，光程为光线传播几何路程与介质折射率的乘积，由图 5-3(c)可以看出，几何路程较长的光线在玻璃中传播的路程较短，而玻璃的折射率都大于空气的折射率，折算成光程以后，各条光线将具有相同的光程。

5.1.3 反射光的相位突变和附加光程差

在研究机械波时我们曾经提到半波损失问题，光波也是一种波动，因而半波损失的情况在光反射时也同样存在，而且与机械波的半波损失条件基本相同。把折射率 n 比较大的介质称为光密介质，而把折射率 n 相对较小的介质称为光疏介质。当光从光疏介质传到光密介质的界面上反射时，反射光的相位发生 π 的突变，即反射光相当于有 $\lambda/2$ 的附加光程差，这一现象称为光的半波损失。

光的干涉结果取决于光程差，在实际应用中，一定要仔细分析两束光是否有半波损失，以确定是否需要考虑附加光程差的问题。在讨论半波损失引起的附加光程差问题时，要注意：折射率 n 的大小是相比较而言的。如图 5-4 所示，设折射率为 n_2 的薄膜上、下两侧的介质折射率分别为 n_1、n_3。当 $n_1<n_2<n_3$ 时，光线 a、b 之间没有附加光程差。因为光线 a 在 A 点反射以及光线 b 在 B 点反射时均有半波损失，两光线的附加光程差正好相互抵消；如果 $n_1=n_3<n_2$，则光线 a、b 之间有附加光程差。因为光线 a 在 A 点有半波损失，而光线 b 在 B 点反射时，由于是光从光密介质到光疏介质交界面上，没有半波损失，因而，讨论两光干涉结果时要考虑半波损失产生的附加光程差。通过这两种情况分析可总结如下：当两束相干光共发生偶数次半波损失时，最终无附加光程差；当两束相干光共发生奇数次半波损失时，则有附加光程差，其值为 $\frac{\lambda}{2}$。

半波损失只发生在反射光中，折射光在任何情况下都不会有半波损失，因而在讨论光程差时，仅考虑反射光是否有半波损失，不必考虑折射光的半波损失。

例题 5-2 一束波长为 λ 平行光在空气中传播，如图 5-5 所示。其中光束 1 入射到水面上经反射后到达水面上方 2 m 处的 P 点(入射角度如图 5-5 所示)，光束 2 直接到达 P 点。试求：光束 1 和光束 2 到达 P 点时的光程差。

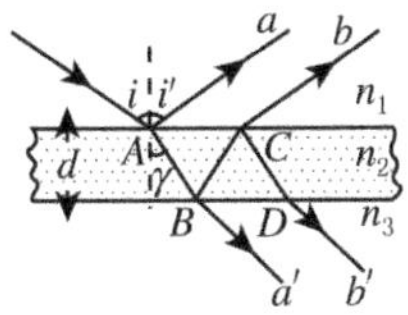

图 5-4　薄膜界面反射光的附加光程差

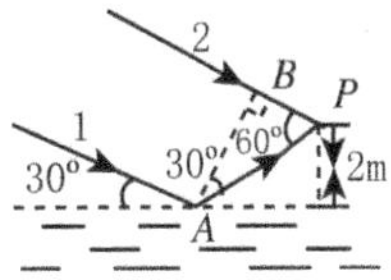

图 5-5　例题 5-2 用图

解　平行光的波阵面应为与光传播方向垂直的平面，因而在图中作辅助线 $AB \perp BP$，A、B 两点处光的相位相同，光程差为零。光束 1、2 到达 P 点的光程差为

$$\delta=\overline{AP}-\overline{BP}+\delta'$$

式中，δ' 为因半波损失而产生的附加光程差。由图中几何关系，可知

$$\overline{AP}=\frac{2}{\sin 30^\circ}=4$$

$$\overline{BP}=\overline{AP}\cdot\cos 60^\circ=\frac{2}{\sin 30^\circ}\cos 60^\circ=2$$

光束 1 由空气入射到水面在 A 处反射时有半波损失现象，产生附加光程差

$$\delta'=\frac{\lambda}{2}$$

代入上式，光程差为

$$\delta=4-2+\frac{\lambda}{2}=2+\frac{\lambda}{2}\ \text{m}$$

5.1.4　干涉加强和减弱的条件

由波的干涉知识可知，干涉的结果是加强还是减弱由相干波的相位差决定。

$$\Delta\varphi=\begin{cases}\pm 2k\pi & (\text{加强})\\ \pm(2k+1)\pi & (\text{减弱})\end{cases} \tag{5-6}$$

当满足相干条件的两束光初相位相同时，两光的相位差为

$$\Delta\varphi=2\pi\,\frac{n_2r_2-n_1r_1}{\lambda}=\frac{2\pi}{\lambda}\delta$$

把此式与式(5-6)结合，可得用光程差表示的光的干涉加强与减弱条件

$$\delta=\begin{cases}2k\,\dfrac{\lambda}{2} & (\text{加强})\\ (2k+1)\dfrac{\lambda}{2} & (\text{减弱})\end{cases} \tag{5-7}$$

式中，λ 为光在真空中的波长。$k=0,\pm1,\pm2,\cdots$，常称为干涉条纹的级次。其中，$k=0$时对应的干涉明纹称为零级明纹，有时也称为中央明纹；$k=\pm1$ 对应的明纹称为一级明纹，对应的暗纹称为一级暗纹……除中央明纹外，其他各级明纹和暗纹都各有两条。

式(5-7)是处理光干涉问题的基本公式。分析光的干涉问题就是要探讨干涉条纹（明纹及暗纹）的静态分布（形状、位置、间距等）、条纹的动态变化（位置的移动）等，而干涉条纹的静态分布和动态变化都与相干光束的光程差息息相关，因此，由光程差出发分析干涉条纹的分布及变化规律是研究光干涉问题的关键之处。

例题 5-3 已知如例题 5-1，若已知云母片的折射率为 $n=1.58$，入射光波长为 $\lambda=550\ \text{nm}$。试求：预使 O 点干涉加强，则云母片的最小厚度为多少？

解 由例题 5-1 可知，此时 S_1、S_2 发出的光到达 O 点的光程差为

$$\delta=(n-1)d$$

O 点干涉加强，则应有 $\delta=k\lambda(k=0,\pm1,\pm2,\cdots)$，结合上式，有

$$(1.58-1)d=k\times550\times10^{-9}$$

解得

$$d=\frac{5.5\times10^{-7}k}{0.58}$$

当 $k=1$ 时，厚度最小，即

$$d_{\min}=9.5\times10^{-7}\ \text{m}$$

$d=0$ 时，同样满足 O 点干涉加强的条件，但此时意味着没有云母片，显然与题意不符，故不予考虑。

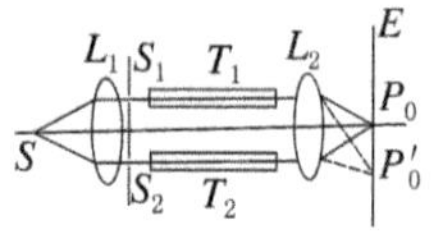

图 5-6 例题 5-4 用图

例题 5-4 图 5-6 所示为一种利用干涉方法测量气体折射率的装置。图中 T_1、T_2 为一对完全相同的玻璃管，长为 $l=20\ \text{cm}$。实验开始时，两管中为真空，此时在 P_0 处出现干涉零级明纹。然后在 T_2 管中慢慢注入待测气体，在这过程中，屏幕 E 上干涉条纹发生移动。通过测定干涉条纹的移动数可以推知气体的折射率。设某次测量时，入射光波长 $\lambda=589.3\text{nm}$，注入待测气体后，屏幕上条纹移过 200 条。试求该气体的折射率。

解 当两管同为真空时，从 S_1 和 S_2 射出的光到 P_0 处光程差为零，该处出现零级明纹。T_2 管中注入待测气体后，从 S_2 射出的光到达屏处的光程增加，零级明纹将要向下移动，出现在 P'_0 处。如干涉图样移动 N 条明纹，P_0 处将出现第 N 级明纹，两光在该处光程差为 $N\lambda$，即

$$\delta=n_2l-n_1l=N\lambda$$

式中，n_1 和 n_2 分别为真空和待测气体的折射率。解方程得待测气体折射率为

$$n_2=\frac{N\lambda}{l}+n_1=\frac{200\times589.3\times10^{-9}}{0.2}+1=1.000\ 589$$

练习题

1. 已知实验装置如图（例题 5-1 用图）所示，S_1、S_2 为两个相干光源，由 S_1、S_2 发出的光到达屏幕上 O 点时光程差为零。在 S_2 处放置一厚度为 d、折射率为 n 的云母片。试求：(1)两相干光到达 O 点的光程差；(2)相比较放云母片之前，光程差为零的点向上移动还是向下移动。

2. 已知如例题 5-2，若此时平行光在介质中传播，介质折射率为 $n_1=1.5$，水的折射率为 $n_2=1.33$。试求：在 P 点光束 1 和光束 2 的光程差。

3. 已知如例题 5-1，若此时 O 点是干涉减弱情况。试求：云母片的最小厚度。

5.2　杨氏双缝干涉

英国医生(生理光学专业医学博士)兼物理学家托马斯·杨于 1801 年首次采用分波阵面的方法获得相干光,实现了光的干涉,在历史上第一次测定了光的波长,并用干涉原理成功地解释了白光照射下薄膜彩色的形成,为光波动说的建立奠定了坚实的实验基础。托马斯·杨所设计的实验即称为杨氏双缝干涉。本节主要介绍这个实验的实验装置以及干涉条纹的分布特点。

5.2.1　杨氏双缝干涉实验

1. 实验装置

杨氏双缝干涉实验的装置如图 5-7 所示。其中 S_0 为单色光源,它所发出的光经过透镜 L 后变为单色平行光束,平行光束照射下的狭缝 S 相当于一个线光源。双缝 S_1 和 S_2 与狭缝 S 平行,且与 S 距离相等,所以他们正好处于由 S 发出的同一波面上,具有相同的相位、振动方向和频率,故 S_1 和 S_2 是一对相干光源(最初托马斯·杨的实验装置中 S、S_1 和 S_2 都为针孔,后人为使干涉图样清晰而改作成了狭缝)。由 S_1 和 S_2 发出的光在双缝后相遇时,即形成相干区域,如果在此区域中放一观察屏,屏上会出现干涉条纹。

2. 干涉图样

(1) 装置的几何关系及明、暗纹条件

明纹和暗纹分别对应干涉加强和减弱情况,而干涉加强和减弱由光程差决定,因此要想定量分析杨氏双缝干涉实验在观察屏上的干涉结果如何,首先要计算相干光源 S_1 和 S_2 发出的光到达观察屏上任意点 P 的光程差 δ。

如图 5-8 所示,设双缝的中垂线与观察屏相交于 O 点,S_1 和 S_2 之间的距离称为双缝间距,用 d 表示,双缝与观察屏之间的距离用 D 表示。d 通常大小在 0.1～1 mm,而 D 则在1～10 m,所以 $d \ll D$。设 S_1 和 S_2 发出的相干光在观察屏上交汇于 P 点,P 点与 O 点之间的距离为 x,P 点到双缝的距离分别为 r_1 和 r_2。在 PS_2 上截取 $PN=PS_1$,则有 $\delta=r_2-r_1=\overline{S_2N}$,由于 $d \ll D$,及 P 点到 O 点的距离满足 $x \ll D$ 的条件,由图中的几何关系可知,$\triangle S_1PN$ 可以认为是一个顶角很小的等腰三角形。此三角形的底角可近似认为是直角,即 $S_1N \perp S_2P$,于是有

$$\delta=\overline{S_2N}=d\sin\angle S_2S_1N$$

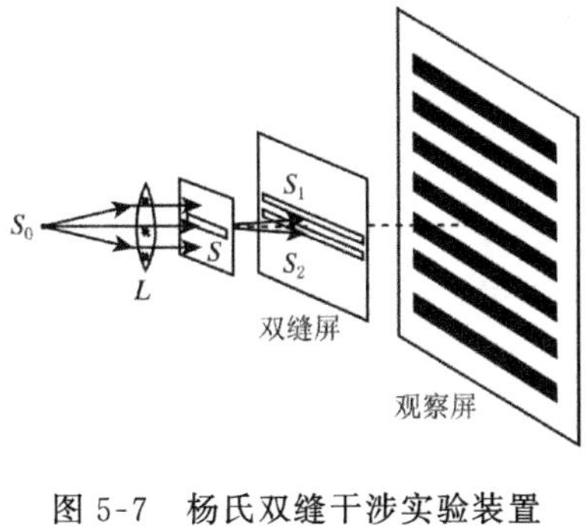

图 5-7　杨氏双缝干涉实验装置

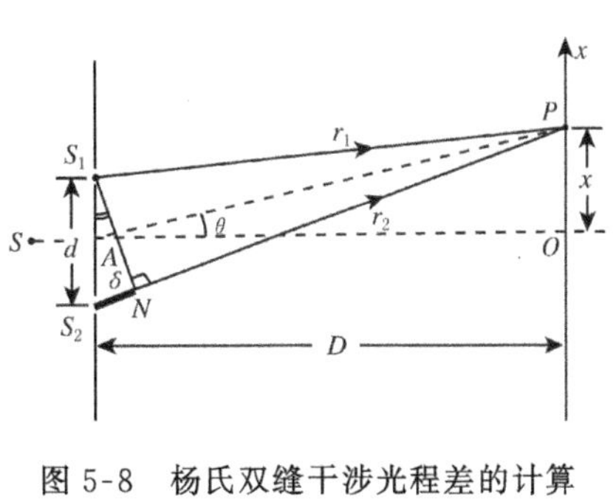

图 5-8　杨氏双缝干涉光程差的计算

由于$\angle S_2S_1N$和$\angle PAO$的两边相互垂直，所以$\angle S_2S_1N=\angle PAO=\theta$，因而光程差写为

$$\delta=r_2-r_1=d\sin\theta$$

由于$x\ll D$，θ角很小，所以有$\sin\theta\approx\tan\theta$，代入上式有

$$\delta=d\tan\theta=d\,\frac{x}{D} \tag{5-8}$$

此式即为此装置的几何关系式。

由几何关系及干涉加强、减弱条件可得杨氏双缝干涉的明、暗纹条件为

$$\delta=\frac{d}{D}x=\begin{cases}2k\,\dfrac{\lambda}{2} & \text{明纹条件(加强)}\\[2ex] (2k+1)\dfrac{\lambda}{2} & \text{暗纹条件(减弱)}\end{cases}\qquad k=0,\pm1,\pm2,\cdots \tag{5-9}$$

由双缝发出的相干光，到达观察屏上任一点的光程差是空间坐标x的函数，x值相同的点，光程差相同，则干涉结果相同。而x值相同点对应的是与缝平行的直线，所以在观察屏上看到的图样将是与缝平行的关于S对称的条纹。凡是位置坐标x满足明纹条件的点，相干叠加后的合光强将为最大，在观察屏上形成明纹；凡是位置坐标x满足暗纹条件的点，相干叠加后的合光强将为最小，在观察屏上形成暗纹。x是连续变化的，在其变化的过程中，一会儿对应于明纹条件，一会儿对应于暗纹条件，然后再对应于下级明纹条件，……，由此可知，杨氏双缝干涉图样为一组与双缝平行的明暗相间的直条纹。

(2) 明、暗纹位置

由式(5-9)即可求得明纹(或暗纹)对应的x值为

$$x=\begin{cases}k\,\dfrac{D}{d}\lambda & \text{明纹}\\[2ex] (2k+1)\dfrac{D\lambda}{2d} & \text{暗纹}\end{cases} \tag{5-10}$$

式中，$k=0,\pm1,\pm2,\cdots$，称为条纹的级次。$k=0$时，相应的明纹称为零级明纹，此时$x=0$，对应于屏的中央位置，所以也称为中央明纹；$k=\pm1$时，对应的条纹为中央明纹两侧对称位置上的正、负一级明纹；其余依此类推。对于暗纹来说，没有中央暗纹，$k=0$时对应的暗纹为正负一级暗纹，其余暗纹依此类推。

(3) 相邻明纹(暗纹)间距

由式(5-10)所给出的条纹位置坐标，可得观察屏上任意两相邻明(暗)纹之间的距离为

$$\Delta x=x_{k+1}-x_k=\frac{D}{d}\lambda \tag{5-11}$$

由式(5-11)可以看出：Δx与级次k无关，则条纹在屏上呈等间距分布；Δx与d成反比，d减小则Δx增大，即通过缩小双缝间的距离可以增大条纹间的距离；Δx与D成正比，D增大则Δx增大，即通过增大屏到缝之间的距离可以增大条纹间的距离；当d、D固定不变时，$\Delta x\propto\lambda$，λ减小则Δx减小，条纹变得密集，反之λ增加则Δx增加，条纹变得稀疏，即不同的光照射同一双缝，条纹间距不同，如果用白光照射双缝，则屏上将出现彩色的条纹，其中紫色条纹因其波长最小而离O点最近，红光则最远。

另外，由式(5-11)可知，若d和D已知，则只要测出Δx，即可得到待测光波的波长，式(5-11)提供了一种测定光波波长的方法。

总结以上，杨氏双缝干涉条纹是明暗相间、对称分布、等间距的平行直条纹。

例题 5-5　在杨氏双缝实验中，屏与双缝间的距离 $D=1$ m，用钠光灯作单色光源（$\lambda=589.3$ nm）。试求：(1) $d=2$ mm 和 $d=10$ mm 两种情况下，相邻明纹间距各为多大？(2)若肉眼能分辨两条纹的间距最小值为 0.15 mm，则此装置中双缝的最大间距为多少？

解　(1) 根据两相邻明条纹间的距离 $\Delta x=\frac{D}{d}\lambda$，可知

当 $d=2$ mm 时，$\Delta x_1=\frac{1\times589.3\times10^{-9}}{2\times10^{-3}}=2.95\times10^{-4}$ m

当 $d=10$ mm 时，$\Delta x_2=\frac{1\times589.3\times10^{-9}}{10\times10^{-3}}=5.89\times10^{-5}$ m

结果再次表明，相邻明纹间的距离随双缝间距离的增加而减小。

(2) 根据 $\Delta x=\frac{D}{d}\lambda$，及 $\Delta x=0.15$ mm，则有

$$d=\frac{D\lambda}{\Delta x}=\frac{1\times589.3\times10^{-9}}{0.15\times10^{-3}}=3.93\times10^{-3}\ \text{m}$$

即双缝间距必须小于 3.93 mm，肉眼才能分清干涉条纹。

例题 5-6　用单色光照射相距 0.4 mm 的双缝，缝屏间距为 1 m。试求：(1)若从第 1 级明纹到同侧第 5 级明纹的距离为 6 mm，单色光的波长为多大？(2)若入射的单色光波长为 4000Å（$\text{Å}=10^{-10}$ m）的紫光，相邻两明纹间的距离为多大？(3)上述两种波长的光同时照射，两种波长的明条纹第一次重合在屏幕上的什么位置？

解　(1) 由双缝干涉明纹条件 $x=k\frac{D}{d}\lambda$，可得

$$x_5-x_1=(k_5-k_1)\frac{D}{d}\lambda=(5-1)\frac{D}{d}\lambda=4\frac{D}{d}\lambda$$

得
$$\lambda=\frac{d}{D}\frac{x_5-x_1}{4}=\frac{4\times10^{-4}\times6\times10^{-3}}{1\times4}=6.0\times10^{-7}\ \text{m}$$

(2) 当 $\lambda=4\,000$Å 时，两相邻明纹间距为

$$\Delta x=\frac{D}{d}\lambda=\frac{1\times4\times10^{-7}}{4\times10^{-4}}=1.0\times10^{-3}\ \text{m}$$

(3)设两种波长光的干涉图样中，明纹重合处离中央明纹的距离为 x，则有

$$x=k_1\frac{D}{d}\lambda_1=k_2\frac{D}{d}\lambda_2$$

设 k_1、k_2 分别为 6 000Å 和 4 000Å 两光对应的明纹级次，解方程可得

$$\frac{k_1}{k_2}=\frac{\lambda_2}{\lambda_1}=\frac{4\,000}{6\,000}=\frac{2}{3}$$

即波长为 4 000Å 的紫光的第 3 级明条纹与波长为 6 000Å 的第 2 级明条纹的重合是第一次重合。重合的位置为

$$x=k_1\frac{D}{d}\lambda_1=2\times\frac{1}{4\times10^{-4}}\times6\times10^{-7}=3\times10^{-3}\ \text{m}$$

5.2.2　洛埃德镜干涉实验

洛埃德镜干涉的实验装置如图 5-9 所示，S_1 为狭缝光源，MN 为平面反射镜，E 为观

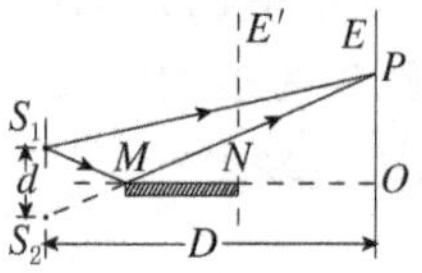

图 5-9 洛埃德镜实验

察屏。由狭缝光源 S_1 发出的光波，一部分直接照射到屏幕 E 上，另一部分以接近90°的入射角（S_1 与平面镜 MN 的垂直距离很小）射向平面镜，经反射后再照射到屏幕 E 上。由于反射光和直射光是从同一波源的波阵面上分割出来的，所以它们是相干光，故屏幕 E 上将会出现干涉条纹。如果把反射光看成是由虚光源 S_2 所发出的，此时 S_1 与 S_2 就相当于杨氏双缝干涉实验的双缝一样，所以处理杨氏双缝干涉问题的方法同样也适用于洛埃德镜干涉，所得的结论也应适用于此实验。

但实验结果并非完全如此。干涉图样虽然是平行的、等间距的、明暗相间的条纹，但用杨氏双缝实验结果分析的明纹处却对应着暗纹，分析的暗纹处却对应着明纹。例如，如果把屏幕 E 移到 E' 的位置，此时 O 与 N 重合，S_1 和 S_2 两光源到 $O(N)$ 的几何路程相等，由式(5-9)可知，O 点处应该为明纹，但实际看到的却是暗纹。这是为什么呢？

仔细分析我们发现：光是一种波，相干的两束光中有一束是由镜面的反射光形成的。该光由空气入射到镜面反射，属于光疏介质到光密介质的情况，符合半波损失条件，由于存在半波损失，使得两相干光的光程差中有附加光程差 $\frac{\lambda}{2}$ 项，使得几何路程差为零的 O 点有了 $\frac{\lambda}{2}$ 的光程差，从而在该处产生了暗纹。洛埃德镜干涉实验是半波损失现象存在的非常典型的实验验证。

练习题

1. 在双缝干涉实验中，两缝的间距为 0.6 mm，双缝到屏幕的距离为 2.5 m。测得屏上相邻两明条纹中心的距离为 2.27 mm。试求：入射光的波长。

2. 用白光垂直入射到间距为 $d=0.25$ mm 的双缝上，距离缝 1.0 m 处放置屏幕。试求：干涉图样第二级明纹中紫光和红光的间距。($\lambda_{紫}=400$ nm，$\lambda_{红}=760$ nm)

5.3 薄膜干涉

获得相干光的另一种方法是分振幅法，其中典型的干涉实验就是薄膜干涉。薄膜是指由透明介质形成的一层很薄的介质膜，如肥皂膜、水膜、油膜等。本节将从讨论薄膜中光程差入手，分析薄膜干涉图样中条纹分布特点及应用等问题。

5.3.1 薄膜干涉中光程差

如图 5-10 所示，折射率为 n_2、厚度为 e 的平行薄膜夹在折射率为 n_1 和 n_3 的两种介质之间。入射光经薄膜上、下表面反射后的光记为 a 和 b，由于 a、b 来自于同一入射光，它们具有相同的初相位、相同的振动方向、稳定的相位差，两光满足干涉条件，相遇后将产生干涉现象。同理，透射光 a' 和 b' 也是相干光，也会产生干涉现象。下面以两反射光为例讨论薄膜干涉的特点和规律。

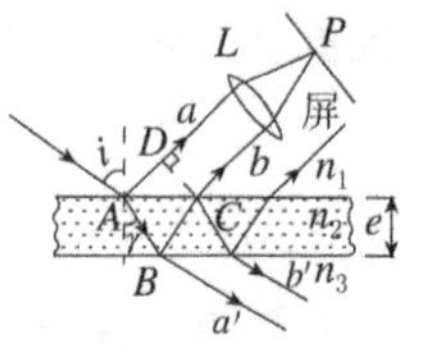

图 5-10 薄膜干涉

光束以入射角 i 入射到薄膜上表面，折射角为 γ，反射光 a、b 经过透镜 L 汇聚于屏幕上 P 点并产生干涉现象(a、b 两光束为平行光，若使其交叠干涉，则需要借助透镜)。透镜具有等光程性，它只改变光的传播方向，不改变两光的光程差。过 C 作 CD 线垂直 a 光，则 CD 之后 a、b 两光的光程相同，故这两束光的光程差就是从 A 点开始到 CD 面之前产生的，即

$$\delta=n_2(\overline{AB}+\overline{BC})-n_1\overline{AD}+\delta' \tag{5-12}$$

式中，δ' 为附加光程差项，$\delta'=\frac{\lambda}{2}$ 或 0，根据是否存在半波损失情况而定：当 $n_1>n_2>n_3$ 时，光在薄膜的上下表面反射时均无半波损失，$\delta'=0$；当 $n_1<n_2<n_3$ 时，光在薄膜上下表面反射时，都有半波损失(a 光束在 A 点，b 光束在 B 点)，计算光程差时两者互相抵消，不必考虑附加光程差，$\delta'=0$；当 $n_1<n_2>n_3$ 时，光在薄膜上表面反射时有半波损失，下表面无半波损失，则 $\delta'=\frac{\lambda}{2}$；当 $n_1>n_2<n_3$ 时，光在薄膜的上表面无半波损失，下表面反射时有半波播损失，故 $\delta'=\frac{\lambda}{2}$。

根据折射定律和三角函数的关系式推导可得(推导过程从略)，光程差 δ 为

$$\delta=2e\sqrt{n_2^2-n_1^2\sin^2 i}+\delta' \tag{5-13}$$

结合干涉的明、暗条件可得，薄膜反射光干涉产生明、暗条纹的条件是

$$\delta=2e\sqrt{n_2^2-n_1^2\sin^2 i}+\delta'=\begin{cases}k\lambda(k=1,2,\cdots) & \text{明纹中心}\\(2k+1)\dfrac{\lambda}{2}(k=0,1,2,\cdots) & \text{暗纹中心}\end{cases} \tag{5-14}$$

采用同样的方法可以证明，透射光束 a' 和 b' 之间的光程差 δ_2 与反射光束 b 和 a 之间的光程差只相差半个波长 $\frac{\lambda}{2}$，这说明反射光干涉是明纹中心处对应于透射光干涉的暗纹中心，反之亦然。这个结论也可以从另一个方面给予分析：反射光能量、透射光能量都是入射光能量的一部分，根据能量守恒定律，反射增强的地方，透射自然就减弱了。光的强度与光振动的振幅相关，反射光和入射光强度分别是入射光的一部分，因而可以说反射光和入射光各分得入射光振幅的一部分，所以薄膜干涉是分振幅法获得相干光的例证。

式(5-14)表明，在薄膜性质确定的条件下，薄膜反射光干涉产生明暗条纹的光程差 δ 由薄膜厚度 e 和入射角度 i 决定。由此可以把薄膜干涉再分为两种：一种是厚度 e 给定，此时两光束光程差随入射角 i 变化，i 相同处光程差相同，干涉结果相同，这类干涉称为等倾干涉；另一种是入射角 i 给定，两光束光程差随厚度 e 变化，e 相同处光程差相同，干涉结果相同，这类干涉称为等厚干涉。

5.3.2　等倾干涉

等倾干涉装置图如图 5-11(a)所示。用单色点光源照射薄膜时，入射光波长 λ、薄膜厚度 e 及折射率 n 都是固定不变的，只有入射角 i 可以有各种不同的取值。由前面分析可知，入射角 i 相同处入射光经薄膜上、下表面反射所形成的各对反射光都具有相同的光程差，对应同样干涉结果，即对应同一条干涉条纹。

图 5-11(a)中 M 是与薄膜表面成45°角放置的半反射镜，由点光源 S 发出的光经 M 反射后入射到薄膜上。由薄膜上、下表面反射所形成的两反射光经透镜汇聚，在其焦平面处的屏幕上形成干涉条纹。由图中装置的几何特点可知，入射角相同的两反射光的汇聚点在以 O

(透镜的像方焦点)为中心的同一圆周上。所以此装置的干涉图样是以 O 为中心的圆形条纹,如图 5-11(b)所示。

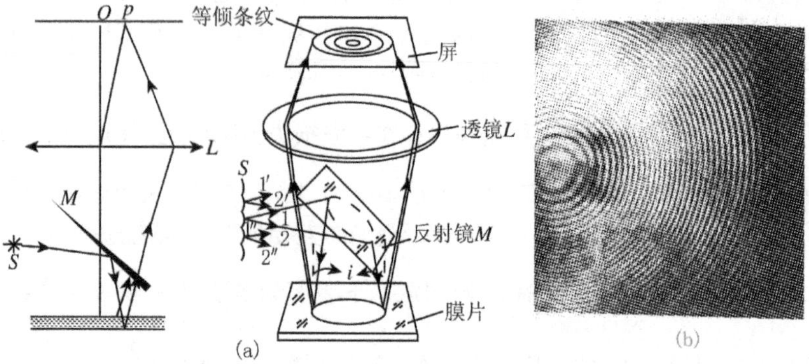

图 5-11 等倾干涉实验装置及干涉图样

由式(5-14)可以看出入射角 i 越小,两光束的光程差越大,对应的条纹级次越高,而入射角 i 越小,则条纹的位置越接近圆心,所以此干涉装置中,离圆心越近干涉级次 k 越高,离圆心越远,干涉级次 k 越低。

在等倾干涉中,如果不仅膜的厚度处处相同,光的入射角也处处相同,则膜上、下表面反射光干涉的结果也处处相同,即若膜上表面一处是干涉加强,其他位置也是干涉加强;若膜的一处是干涉减弱,其他位置也是干涉减弱。同样,若在膜下观察透射光干涉,情况也如此,即若加强都加强,若减弱都减弱。根据这种干涉情况,我们可以制成高反射膜和增透膜。

5.3.3 高反射膜和增透膜

1. 高反射膜

在一些光学系统中,往往要求某些光学元件表面具有很高的反射率,几乎没有透射损耗。例如,激光器谐振腔中的全反射镜,对特定波长的反射率可以高达 99%以上;宇航员头盔和面甲上都镀有对红外线具有高反射率的多层膜,以屏蔽宇宙空间中极强的红外线照射。反射率很高,透射率很低的薄膜称为高反射膜。高反射膜的制作原理很简单,根据薄膜干涉原理,在光学元件表面镀上一层或多层均匀薄膜,适当选择薄膜的材料及厚度,使薄膜上、下表面的反射光干涉加强,而透射光干涉相消,即可制作出高反射膜。

例题 5-7 如图 5-12 所示,在折射率为 $n_2=1.5$ 的玻璃基片上,蒸镀一层折射率为 $n=1.38$ 的透明氟化镁(MgF_2)薄膜。若要使此膜对于垂直入射到薄膜表面上的黄绿光($\lambda=550$ nm)成为高反射膜,试求此膜的最小厚度。

解 光线以接近垂直入射的方向入射到薄膜上,即入射角 $i=0$。设薄膜厚度为 e,则入射光在薄膜上、下表面两反射光的光程差为

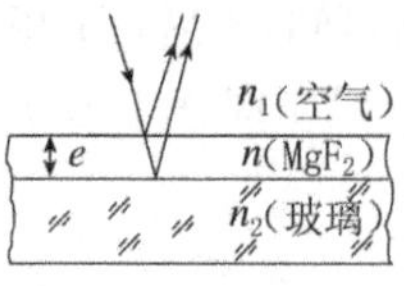

图 5-12 例题 5-7 用图

$$\delta=2ne+\delta'$$

δ'为由于半波损失而产生的附加光程差,由于薄膜上面的介质为空气,即$n_1<n<n_2$,所以 $\delta'=0$。

结合反射光干涉加强条件,有

$$\delta=2ne=k\lambda(k=1,2,\cdots)$$

解方程得

$$e=\frac{k\lambda}{2n}$$

当 $k=1$ 时，薄膜厚度最小，其值为

$$e_{\min}=\frac{\lambda}{2n}=\frac{550}{2\times1.38}\approx200\text{nm}$$

2. 增透膜

在一些光学系统中，有时要求某些光学元件表面具有很低的反射率，几乎所有的光都透射过去。例如，任何成像系统中总有一些不同介质的分界面，由于光在分界面上的反射使得入射光能量损失而造成像面光强度减弱，而且这些界面上的反射光不遵从设计好的光路而到达像面，从而构成杂散的背景光，使像面变得模糊不清，为了提高成像质量，就要设法减少多片式镜头上的反射光。增强光透射的常用办法也是镀膜，只要薄膜厚度及折射率适当，就可使反射光干涉相消，而透射光干涉加强。这种使透射光干涉加强的薄膜称为增透膜。

例题 5-8　已知如例题 5-7。若使此膜对于垂直入射到膜表面的黄绿光($\lambda=550$nm)成为增透膜，试求膜的最小厚度。

解　光线垂直入射则入射角 $i=0$。设薄膜厚度为 e，则入射光在薄膜上、下表面两反射光的光程差为

$$\delta=2ne+\delta'$$

由于 $n_1<n<n_2$ 的情况，所以 $\delta'=0$。

若使透射光干涉加强，则应使反射光干涉减弱，即应有

$$\delta=2ne=(2k+1)\frac{\lambda}{2}(k=0,1,2,\cdots)$$

解方程得

$$e=(2k+1)\frac{\lambda}{4n}$$

当 $k=0$ 时，薄膜厚度最小，其值为

$$e_{\min}=\frac{\lambda}{4n}=\frac{550}{4\times1.38}\approx100\text{nm}$$

根据薄膜干涉原理，利用多层镀膜的方法，还可以制成干涉滤光片。它的基本原理是：想从白光中挑选哪种颜色的光，就做出一种薄膜对该种颜色光形成增透膜，这种薄膜即是干涉滤光片。利用干涉滤光片可以从白光中获得特定波长范围的光。

练习题

1. 空气中的平面单色光，垂直入射在玻璃板上一层很薄的油膜上，油的折射率为 1.3，玻璃折射率为 1.5，若单色光的波长可由光源连续可调，试求：若观察到波长为 500 nm 的单色光在反射光中消失，则油膜层最小厚度为多少？

2. 已知如练习 1。试求：若观察到波长为 500 nm 的单色光在折射光中消失，则油膜层最小厚度为多少？

5.4 单缝的夫琅和费衍射

根据衍射系统中衍射屏的不同，夫琅和费衍射又分为几种：当衍射屏上为一矩形开口时，称为单缝衍射；当衍射屏上为一组平行等宽等间距的狭缝时，称为光栅衍射；当衍射屏上为一圆孔开口时，称为圆孔衍射。本节主要介绍单缝的夫琅和费衍射的装置结构，衍射图样特点及应用等问题。

5.4.1 实验装置

单缝的夫琅和费衍射装置如图 5-13 所示，图中 S 为线光源，K 为衍射屏，E 为接收屏。

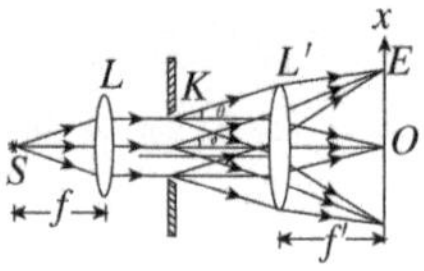

图 5-13 单缝衍射的实验装置

衍射屏 K 上有一个长度远远大于宽度的矩形狭缝，单缝夫琅和费衍射的命名即由此而来。由于夫琅和费衍射的入射光和衍射光均为平行光，为了在有限的空间内得到平行的入射光以及使平行的衍射光汇聚而发生的衍射现象，我们需要借助于凸透镜的作用。图 5-13 中 L、L'为薄凸透镜。位于 L 焦点处的单色光源 S 发出的光经 L 后变成平行光束，垂直入射到单缝上，根据惠更斯-菲涅耳原理，单缝的每个点可以看成子波源，各子波源向各个方向发射的光为衍射光，衍射光和观察屏法线的夹角称为衍射角，以 θ 表示。衍射角相同的各条衍射光线为平行光线，经 L'后汇聚于薄凸透镜 L'的焦平面处的接收屏 E 上。由实验观察可知，衍射图样的中心是一个很亮的条纹，两侧对称地分布着一系列强度较弱的条纹。

5.4.2 菲涅耳半波带法

根据惠更斯-菲涅耳原理，单缝衍射条纹是由单缝处波面上各个子波源发出的无数个子波相干叠加形成的。在汇聚处，相干叠加的结果是明纹还是暗纹，取决于相应平行光束中各条光线间的光程差。分析无穷多条光线的光程差在实际上是极端困难的，菲涅耳用半波带法巧妙地解决了这一难题，下面就来介绍菲涅耳半波带法。

如图 5-14 所示，单色平行光垂直入射到宽度为 a 的单缝上。

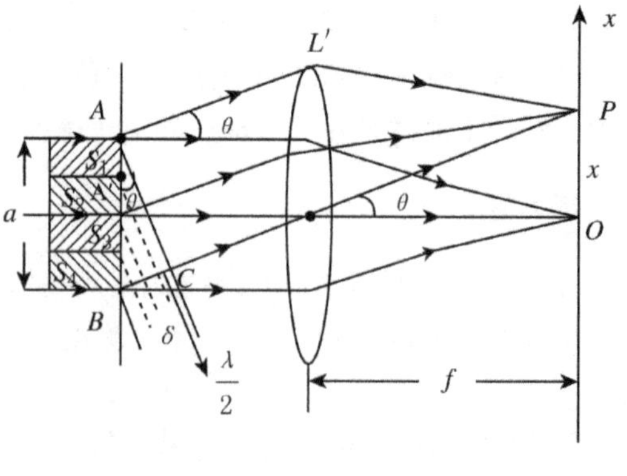

图 5-14 菲涅耳半波带

首先，我们考虑沿原入射方向的平行光束(相应的衍射角 $\theta=0$)。根据透镜的成像原理可知，该光束经过透镜 L'将汇聚于屏幕上 O 点对应的与缝平行的线上，且各条光线是等光程的，也就是说，这一平行光束中的各条光线到达 O 点的光程差为零，故 O 点的干涉结果是干涉加强，所以在该位置上会出现明纹，称为中央明纹。

接下来，我们来研究衍射角为 θ 的任意一束平行光在接收屏上汇聚的结果。如图 5-14

所示，根据透镜的成像规律可知，通过透镜光心的光将沿直线传播，不改变其传播方向。衍射角为 θ 的任意一束平行光中，总有一条是通过光心的光，这条通过光心的光与接收屏的交点，将是这一束平行光在接收屏上的汇聚点，设这个点为 P。从垂直于该光束的平面 AC(平行光的波阵面是与光线垂直的平面)上的各点所发出的、并汇聚于 P 点的各条光线是等光程的，因而，从波面 AB 上各点发出的这一平行光束的各条光线之间的光程差，就只局限在由 AB 面传到 AC 面之间的路程上。由图 5-14 可知，该光束中各条光线与第一条光线的光程自上而下是递增的，其中两条边缘光线 AP 与 BP 之间的光程差 $\overline{BC}=a\sin\theta$ 最大。

基于此，菲涅耳提出如下想法：

(1) 用平行于 AC 的一系列平行平面把 $\overline{BC}$ 分成几个相等的部分，这一系列与 AC 平行的平面之间相距半个波长 $\frac{\lambda}{2}$(λ 为入射光波长)。同时，这些平行平面也将单缝处的波面 AB 分成面积相等的几个波带，称为菲涅耳半波带(如图 5-14 中的阴影部分 S_1、S_2、S_3、S_4)。由分隔过程不难得知，每个半波带的面积都相等，即 $S_1=S_2=S_3=S_4$，故各半波带上子波波源的数目也相等。

(2) 任意两相邻半波带上对应点(如 A 和 A' 点)所发出的对应光线的光程差均为半个波长(即图中 A 和 A' 两点所发出 θ 方向衍射光线的光程差为 $\frac{\lambda}{2}$)。根据干涉加强、减弱条件可知，这两条对应光线在 P 点汇聚将产生干涉减弱的情况。由于在相邻半波带上所有的点都可以取成如 A 和 A' 这样的对应点，而这些对应点发出的光都干涉减弱，所以任何两个相邻半波带所发出的光线在 P 点汇聚都将干涉减弱。

(3) 由于两边缘光线间的光程差 $\delta=\overline{BC}=a\sin\theta$，所以在单缝宽度 a 和入射光波长 λ 给定的情况下，$\overline{BC}$ 所能分成半波带的个数取决于衍射角 θ。对于某一衍射角，若 $\overline{BC}$ 是半波长的偶数倍，则单缝处的波面 AB 将分成偶数个半波带，所有波带的作用将成对地干涉减弱，相应的 P 点也就出现暗纹；若衍射角 θ 使得 $\overline{BC}$ 是半波长的奇数倍，则单缝处的波面 AB 将被分成奇数个半波带，所有半波带的作用将成对干涉相消后还剩余一个半波带，这时相应的 P 点则出现明纹；若衍射角 θ 使 $\overline{BC}$ 不能分成整数个半波带，则光相互减弱后会有剩余，屏上出现明纹，但由于剩余的光又不如一个半波带的光强，所有此时屏上明纹光强不大。可见，单缝衍射的明纹是有一定宽度的，且从中央到两侧，明纹亮度逐渐减弱。

5.4.3　单缝衍射图样的特点

1. 单缝衍射明、暗纹的条件

将上述分析概括起来，即可得到单缝衍射的明、暗纹条件

$$\delta=a\sin\theta=\begin{cases}\pm 2k\,\dfrac{\lambda}{2} & k=1,2,3,\cdots \quad \text{暗纹}\\[2ex] \pm(2k+1)\dfrac{\lambda}{2} & k=0,1,2,3,\cdots \quad \text{明纹}\end{cases} \tag{5-15}$$

式中，k 为衍射条纹的级次(对于暗纹，$k=0$ 时为一级暗纹)。$k=0$ 对应的明纹称为中央明纹，公式中的正负号表示衍射条纹对称地分布于中央明纹的两侧，一侧取正号(相应的 θ 角即为正值)，另一侧取负号(相应的 θ 角即为负值)。衍射角 $\theta=\pm 90°$ 时，衍射光的传播方向平行

于接收屏，此时衍射光无法汇聚于接收屏上，所以 k 的取值要受衍射角 θ 的限制，即 $\sin\theta$ 要小于 1。

2. 单缝衍射明、暗纹的位置

如图 5-14 所示，取屏的中心 O 点为坐标原点，则衍射条纹中心的位置坐标 x 与透镜焦距 f 之间的关系为

$$\tan\theta=\frac{x}{f}$$

因为衍射角 θ 实际上很小，所以 $\tan\theta\approx\sin\theta$，亦即 $\sin\theta\approx\frac{x}{f}$，将此结果代入式(5-15)，即可得到单缝衍射条纹中心的位置坐标

$$x=\begin{cases}\pm k\dfrac{f\lambda}{a} & \text{暗纹}\\ \pm(2k+1)\dfrac{f\lambda}{2a} & \text{明纹}\end{cases}\tag{5-16}$$

由式(5-16)可知，同一级明纹和暗纹的位置坐标 x 随着单缝宽度 a 的增加而减小，随着入射光波长 λ 的增加而增加。a 越大、λ 越小，各级衍射条纹向中央明纹越靠近，条纹变得密集，衍射现象不明显；a 越小、λ 越大，各级条纹越远离中央明纹，条纹变得稀疏，衍射现象明显。

由于衍射条纹与衍射角 θ 是一一对应的，不同的条纹，对应不同的衍射角。所以，单缝衍射条纹的位置也可以用衍射角来描述。由于 θ 角很小，所以 $\sin\theta\approx\theta$，则单缝衍射条纹的角位置为

$$\theta=\begin{cases}\pm\dfrac{k\lambda}{a} & \text{暗纹}\\ \pm(2k+1)\dfrac{\lambda}{2a} & \text{明纹}\end{cases}\tag{5-17}$$

例题 5-9 一平行光束由两种波长分别为 $\lambda_1=400$ nm、$\lambda_2=600$ nm 的光构成，若用这一平行光束垂直照射到宽为 $a=0.05$ mm 的单缝上时，缝后放置一焦距为 $f=25$ cm 的凸透镜。试求：两种波长的光在屏幕上第一级明条纹中心到屏幕中心 O 点的距离。

解 由明纹中心的位置坐标公式 $x=(2k+1)\frac{f\lambda}{2a}$，可得波长为 λ_1 和 λ_2 的光第一级明条纹中心到 O 点的距离分别为

$$x_{\lambda_1}=(2\times1+1)\times\frac{0.25\times400\times10^{-9}}{2\times0.05\times10^{-3}}=3\times10^{-3}\ \text{m}=3\ \text{mm}$$

$$x_{\lambda_2}=(2\times1+1)\times\frac{0.25\times600\times10^{-9}}{2\times0.05\times10^{-3}}=4.5\times10^{-3}\ \text{m}=4.5\ \text{mm}$$

可见，在缝宽 a 一定时，条纹的位置坐标由入射光的波长 λ 来决定，不同波长单色光的同级衍射条纹的坐标不同，它们的位置是彼此分开的。若以白光入射，则中央明纹的中央由于所有波长的光都在此汇聚呈白色，而中央明纹的两边缘处及两侧其余各级明纹均为彩色光带，各单色光按波长由紫到红自中央向两侧地排列，形成衍射光谱。由于衍射条纹有一定宽度，因而级次高的衍射光谱会彼此重叠，实际上很难观察到。上述现象称为单缝的色散现象。

例题 5-10 在单缝衍射实验中，若用白光垂直照射单缝，在形成的单缝衍射条纹中，某波长光的第三级明条纹和红色光($\lambda_{红}=630$ nm) 的第二级明条纹相重合。试求：该光波的波长。

解 由单缝衍射的明纹中心位置坐标的公式 $x=(2k+1)\dfrac{f\lambda}{2a}$，可得红光的第二级明纹中心位置为

$$x_2=(2\times2+1)\times630\times10^{-9}\times\frac{f}{2a}$$

波长为 λ 的光的第三级明纹中心位置为

$$x_3=(2\times3+1)\times\frac{f\lambda}{2a}$$

由题意 $x_2=x_3$，则有

$$5\times630\times10^{-9}\times\frac{f}{2a}=7\times\lambda\times\frac{f}{2a}$$

解得
$$\lambda=450\ \text{nm}$$

3. 中央明纹的宽度

由于单缝衍射图样中明纹比较宽，暗纹实际上很窄，所以通常用暗纹的位置来规定明纹宽度，即将两相邻暗纹之间的距离称为明条纹的宽度。中央明纹的宽度 Δx_0 就是正负一级暗纹之间的距离，即中央明纹宽度为

$$\Delta x_0=2x_1=2\frac{f\lambda}{a} \tag{5-18}$$

例题 5-11 以单色黄光($\lambda=589$ nm)垂直照射一狭缝，缝宽为 0.05 cm，缝后放置一个焦距为 50 cm 的凸透镜。试求：接收屏上中央明纹的宽度及第一级明纹的宽度。

解 由中央明纹宽度公式 $\Delta x_0=2\dfrac{f\lambda}{a}$，有

$$\Delta x_0=\frac{2\times0.5\times589\times10^{-9}}{0.05\times10^{-2}}=1.18\times10^{-3}\ \text{m}$$

第一级明纹的宽度即为第一级暗纹与第二级暗纹之间的距离，由暗纹公式 $x=k\dfrac{f\lambda}{a}$ 可知，第一级明纹的宽度为

$$\Delta x=x_2-x_1=2\times\frac{f\lambda}{a}-1\times\frac{f\lambda}{a}=\frac{f\lambda}{a}=\frac{0.5\times589\times10^{-9}}{0.05\times10^{-2}}=0.59\times10^{-3}\ \text{m}$$

同理可以推出，其余明纹宽度为

$$\Delta x=x_{k+1}-x_k=(k+1)\frac{f\lambda}{a}-k\frac{f\lambda}{a}=\frac{f\lambda}{a} \tag{5-19}$$

可见，单缝衍射条纹中除中央明纹外，其余各级明条纹均有相同的宽度，它们都是中央明纹宽度的一半。

衍射条纹的宽度还可以用角宽度来描述。明纹对透镜中心所张的角度称为条纹的角宽度，角宽度的一半称为半角宽度。中央明纹的半角宽度为

$$\Delta\theta_0=\frac{\lambda}{a} \tag{5-20}$$

由菲涅耳半波带法可知，明纹的产生是因为有奇数个半波带，所有波带干涉相消后总能剩余一个。但总的光强是一定的，分成奇数个半波带的数目越多，每个波带的光强就越小，

则剩下的光强也越少，相应地，产生的明纹亮度也越小，所以，在单缝衍射图样中，条纹的光强分布是不均匀的。中央明纹最亮，而且也最宽。在中央明纹的两侧，其余各级明纹虽然具有相同的宽度，但其亮度却随着条纹级次的增大而迅速衰减。

练习题

1. 在宽度 $a=0.6$ mm 的狭缝后放置一焦距为 40 cm 的汇聚透镜，今以平行光垂直照射狭缝，在屏幕上形成衍射条纹。若离中央明条纹中心 O 处为 1.4 mm 的 P 处看到的是第四级明条纹，试求：入射光的波长。

2. 用波长 $\lambda=600$ nm 的单色光垂直照射一狭缝，缝后放置一焦距为 50 cm 的透镜，接收屏上所呈现的条纹中第二级明纹宽度为 0.5 cm。试求：狭缝宽度和中央明纹宽度。

3. 用白色光垂直照射宽为 0.5 mm 的单缝，缝后有一焦距为 50 cm 的透镜，在接收屏上在形成单缝衍射条纹。试求：波长为 $\lambda_1=400$ nm 的光与波长为 $\lambda_2=500$ nm 的光第一次重合的位置与屏中心 O 点的距离。

5.5 光栅衍射

从前面的例题中可知，利用单缝衍射实验可以测量单色光的波长。但是，为了提高测量精度，则要求单缝衍射条纹既有一定的亮度，又要彼此分得很开。然而对于单缝衍射来说，这两个要求是不可能同时得到满足的：若使条纹明亮，则应尽量增大单缝透过的光强，即把单缝宽度 a 作大。但 a 若变大，则根据条纹位置公式(5-16)可知，各级条纹间距变小，单缝衍射条纹又有一点宽度，所以无法实现条纹彼此分得开的要求；若使各级衍射条纹分得很开，则要求条纹间距变大，根据衍射图样特点可知，单缝的宽度 a 要尽可能小。但 a 若变小，通过它的光能量也就越少，这使得各级衍射条纹的亮度不够，同样影响测量。为了解决上述矛盾，人们在单缝衍射的基础上，设计制作了光栅。光栅在科学技术中有着广泛的应用。本节主要介绍光栅的结构及光栅衍射图样特点和应用等问题。

5.5.1 光栅

1. 光栅的种类

由大量等宽等间距的平行狭缝所构成的光学元件称为光栅。光栅大致分为两类，一类是透射光栅，另一类是反射光栅。如图5-15(a)所示，在一块平板玻璃上用金刚石刀或电子束刻画出一系列等宽等间距的平行刻痕，刻痕处因漫反射而不透光，而未刻画的部分相当于透光的狭缝，这样就做成了透射光栅；如图 5-15(b)所示，在光洁度很高的金属(铝)表面刻画出一系列等间距的平行细槽，细槽处吸收入射的光，而光洁度很高的金属表面把入射光反射，这样就做成了反射光栅。若要求不是很高，实验室中常用的是一种简易的透射光栅，这种光栅实际上是印有一系列平行且等间距的黑色条纹的照相底片。

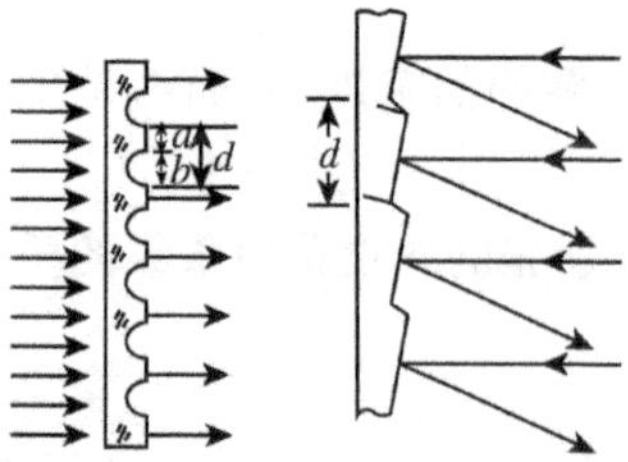

(a)透射光栅　(b)反射光栅

图 5-15　光栅的结构

2. 光栅常数

在光栅上，透光狭缝的宽度为 a，两相邻狭缝间不透光部分的宽度为 b，a、b 之和称为光栅常数，用 d 表示(即 $d=a+b$)。光栅常数反映了光栅结构上的空间周期性，在近代信息光学中，称它为光栅的空间周期。一般光栅常数 d 的数量级可达 $10^{-6}\sim10^{-5}$ m，这就是说，光栅上每毫米内有几十条乃至上百条刻痕。在一块100 mm×100 mm 的光栅上可以有 6～12 万条刻痕，要实现这点，需要很高的工艺，因此原刻光栅是很贵重的。

在光栅上，透光缝的总数以 N 表示。光栅常数 d 和光栅缝数 N 是光栅的两个重要的特性参数，光栅衍射条纹的特征与 d 和 N 密切相关。

5.5.2 光栅衍射图样的特点

1. 光栅衍射的成像原理

光栅上的每一条狭缝都是一条单缝，每条单缝都会形成自己的一套单缝衍射图样。由于各单缝是等宽的平行狭缝，所以光栅上 N 条狭缝所形成的 N 套单缝衍射图样的特征完全相同，这样，在观察屏上就会出现各单缝衍射条纹的再次叠加。由于透射光栅是一个分波面的光学元件(类似于杨氏双缝干涉的干涉装置)，由各缝所分隔出来的衍射光束满足相干光条件，所以各单缝衍射条纹的再次叠加是相干叠加。这就是说，光栅衍射的成像原理为：单缝衍射基础上的多缝干涉，多缝干涉受到单缝衍射的调制。

2. 光栅方程

如图 5-16(a)所示，设垂直入射的单色光波长为 λ，光栅的光栅常数为 d，接收屏上明纹的位置用对应的衍射角 θ 值来表示。光栅上任意两相邻狭缝所发出的光到达 P 点的光程差均为

$$\delta=d\sin\theta=(a+b)\sin\theta$$

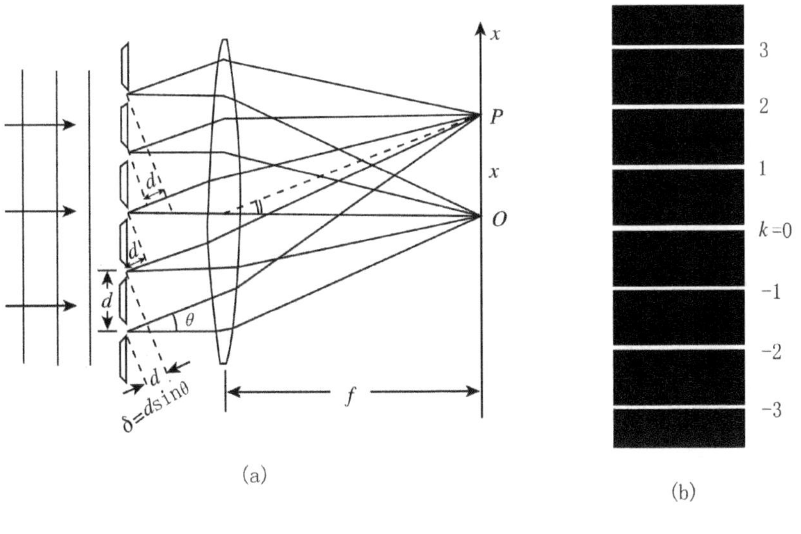

图 5-16 光栅衍射的实验装置及图样

任意两条不相邻狭缝所发出的沿 θ 角方向的平行光到 P 点的光程差 δ' 应是 δ 的整数倍(例如狭缝 1 与狭缝 3 对应点之间的光程差为 2δ)。当 δ 为入射光波长 λ 的整数倍时，δ' 也

一定是 λ 的整数倍（若相邻缝的光程差为 $k\lambda$，相间缝的光程差就是 $2k\lambda$）。这就是说，光栅上所有狭缝所发出衍射角为 θ 的光到达 P 点将是同相叠加，缝间干涉形成明纹。显然，光栅衍射形成明纹的必要条件是衍射角 θ 必须满足下式

$$(a+b)\sin\theta=k\lambda \qquad k=0,\pm1,\pm2,\cdots \tag{5-21}$$

式(5-21)称为光栅方程。式中，k 为光栅衍射条纹级次，与单缝衍射类似，由于 $\sin\theta<1$，则 k 有最大取值，满足光栅方程的明纹称为主明纹。

例题 5-12 波长为 600 nm 的单色平行光垂直入射到光栅上，光栅的透光部分宽与不透光部分宽之比为 1∶3，第二级明纹的衍射角为 30°。试求：光栅透光部分宽度。

解 根据光栅方程 $(a+b)\sin\theta=k\lambda$，有

$$(a+b)\sin 30°=2\times600\times10^{-9}$$

解方程得

$$d=(a+b)=2.4\times10^{-6}\ \text{m}$$

又由题意可知

$$a:b=1:3$$

所以

$$a=2.4\times10^{-6}\times\frac{1}{4}=0.6\times10^{-6}\ \text{m}$$

3. 缺级现象

若对于某一组衍射角为 θ 的光而言，如果同时满足多缝干涉加强条件——光栅方程 $(a+b)\sin\theta=k\lambda$ 和单缝衍射的暗纹条件——$a\sin\theta=k'\lambda$，那么，相应的位置应出现明纹还是暗纹呢？光栅衍射首先是单缝的衍射，然后才是多缝之间光的干涉，那么，各单缝衍射的光如果是对应暗纹，则多缝的干涉是在暗纹基础上干涉加强，其结果应仍为暗纹，我们把这种多缝干涉满足加强条件，但实际上并不出现明纹的现象称为光栅衍射的缺级现象。如上所述，产生缺级现象的条件是衍射角 θ 同时满足光栅方程和单缝衍射的暗纹条件，即

$$\begin{cases}(a+b)\sin\theta=k\lambda\\ a\sin\theta=k'\lambda\end{cases}$$

两式相除得

$$k=\frac{a+b}{a}k'$$

考虑到光栅衍射条纹的对称分布，则有

$$k=\pm\frac{a+b}{a}k'=\pm\frac{d}{a}k',\ k'=1,2,3,\cdots \tag{5-22}$$

k' 为单缝衍射图样中的级次，k 为光栅衍射图样中的缺级级次，我们说光栅衍射图样中哪级缺级，即是指 k 值。

由式(5-22)可知，光栅衍射是否出现缺级，取决于光栅本身的结构参数。当光栅常数 d 与狭缝宽度 a 之比，亦即 $\frac{d}{a}$ 为整数时，一定出现缺级现象，例如，当 $\frac{a+b}{a}=\frac{d}{a}=3$ 时，$k=\pm3,\pm6,\cdots$这些级次的明纹将出现缺级。

***4. 暗纹位置**

在光栅衍射图样中，明纹细而亮，暗纹区域很宽。对此，我们可作如下的定性分析：由于光栅衍射是单缝衍射基础上的多缝干涉，所以单缝衍射为暗纹的各光线，无论多缝干涉是干涉加强还是减弱，都将在接收屏上形成暗纹；单缝衍射为明纹时的各光线，当多缝干涉为干涉减弱时也将形成暗纹，所以出现暗纹的机会变多了。

不仅如此，对于光栅衍射的暗纹位置，我们用振幅矢量合成的方法来研究还发现，当各缝到达 P 点的光振动的振幅矢量组成一个闭合的多边形时，P 点处的光振动的合振幅等于零，该处也将出现暗纹。图 5-17 给出 $N=6$ 的光栅的光振动振幅矢量合成为零的情况。

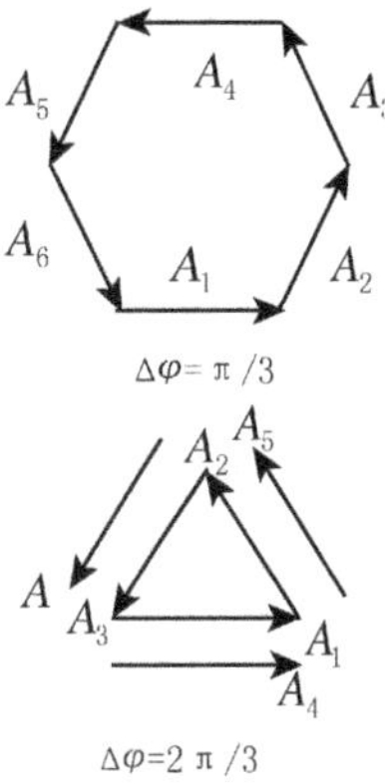

图 5-17　多缝光振动的合成

若相邻两缝光振动的相位差为$\frac{1}{3}\pi$，6 个缝的光振动矢量合成后，合振幅为零；若相邻两狭缝光振动相位差为$\frac{2}{3}\pi$，则 6 个缝的光振动矢量合成后，也会构成闭合曲线，合振幅也为零。可见，只要 6 个缝相位差的总和满足 2π 的整数倍即可实现合振幅为零。设相邻两狭缝光振动相位差为 $\Delta\varphi$，则有 $\Delta\varphi\cdot 6=k'\cdot 2\pi$ 时合振幅为零，结合相位差与光程差之间的关系 $\Delta\varphi=2\pi\frac{\delta}{\lambda}$，可得

$$\frac{2\pi(a+b)\sin\theta}{\lambda}=k'\frac{\pi}{3},k'=\pm1,\pm2,\pm3,\pm4,\pm5$$

或

$$(a+b)\sin\theta=k'\frac{\lambda}{6}$$

式中，$k'=\pm1,\pm2,\pm3,\pm4,\pm5$ 时，对应处都将出现暗纹(注：$k'\neq6$，若 $k'=6$ 则 $(a+b)\sin\theta=k\lambda$ 满足主明纹条件)。

把上面结论推广到 N 个狭缝的情况，产生暗纹的条件为

$$(a+b)\sin\theta=k'\frac{\lambda}{N}\tag{5-23}$$

式中，$k'=\pm1,\pm2,\cdots,\pm(N-1),\pm(N+1),\cdots,\pm(2N-1),\pm(2N+1),\cdots$(注：$k'\neq kN$，因为当 $k'=kN$ 时满足主明纹的条件)。

比较明纹和暗纹对应的 k'取值情况可知，光栅衍射图样中两个相邻的主明纹间有 $N-1$ 条暗纹。因而光栅衍射图样中明纹亮且细，而暗纹较宽。

5. 光栅衍射图样特点

由前面分析可知，光栅衍射图样是在大片暗区的背景上分布着一系列分得很开的亮线，即图样特点是：明纹细、亮度大、分得开。这个图样与单缝衍射图样有明显的区别，这些特点使得光栅衍射用于测量时具有清晰、准确的优点，有重要的应用价值。

5.5.3　光栅应用——光栅光谱

单色光经过光栅衍射后形成的各级明纹是极细的亮线，我们称为谱线。从光栅方程可知，当波长 λ 和级次 k 一定时，光栅常数 $a+b$ 越小，则衍射角 θ 就越大，即谱线间的距离也越大；当光栅常数和级次一定时，波长不同，主明纹所对应的衍射角 θ 也不同，主明纹按波长依次排列。若用复色光照射到光栅上，除中央明纹外，光谱线按波长由短到长自中央向两侧依次分开排列，即产生色散现象。由光栅衍射产生的这种按波长排列的谱线称为光栅光谱。

光栅对光的色散作用使它成为光谱仪的核心部件。由于各种元素或化合物有它们自己

特定的谱线，测定光谱中各谱线的波长和相对强度，就可以确定该物质的成分和含量，这种分析方法称为光谱分析。在科学研究和工程技术上光谱分析有着广泛的应用。

例题 5-13 用一个每毫米刻有 200 条缝的衍射光栅观察钠光的谱线($\lambda=589$ nm)。试求：平行光垂直入射时，接收屏上最多能观察到第几级谱线。

解 由题意可知，光栅常数为

$$d=\frac{1\times10^{-3}}{200}=5\times10^{-6}\ \text{m}$$

由光栅方程 $d\sin\theta=k\lambda$ 可知，最多观察到的谱线级次为 k 的最大值，也就是 $\sin\theta=1$ 时对应的 k 值，则有

$$k=\frac{d}{\lambda}=\frac{5\times10^{-6}}{589\times10^{-9}}=8.5$$

又因为 $\sin\theta=1$ 时，光的传播方向与屏平行，光不能汇聚到屏上，所以 $\sin\theta\neq1$

即
$$k_{\max}=8$$

故，最多能观察到第八级谱线。

例题 5-14 波长为 600 nm 的单色平行光垂直入射到光栅上，第一次缺级发生在第 4 级的谱线位置，且 $\sin\theta=0.40$。试求：(1)光栅狭缝的宽度 a 和相邻两狭缝的间距 b；(2)接收屏上能看到的谱线条数。

解 (1) 由光栅方程 $(a+b)\sin\theta=k\lambda$ 得

$$d=a+b=\frac{4\lambda}{\sin\theta}=\frac{4\times600}{0.4}=6\times10^{3}\ \text{nm}$$

由于第 4 级缺级，根据缺级公式可得

$$\frac{d}{a}=4$$

即
$$a=\frac{d}{4}=1.5\times10^{3}\ \text{nm}$$

$$b=d-a=4.5\times10^{3}\ \text{nm}$$

(2) 当 $\sin\theta=1$ 时是光栅能呈现的谱线的最高级次，即

$$k=\frac{d}{\lambda}=\frac{6\times10^{3}}{600}=10$$

由于第 10 级谱线正好出现在 $\theta=\frac{\pi}{2}$ 处，该衍射角的光不能汇聚到接收屏上，因此，此光栅谱线的最高级次是第九级。由缺级条件 $k=\frac{d}{a}k'=4k'$ 可知，4 级、8 级缺级。所以，该光栅实际能呈现的谱线是 0，±1，±2，±3，±5，±6，±7，±9，共 15 条谱线。

练习题

1. 用波长 $\lambda=500$ nm 的光垂直照射到每厘米刻有 5 000 条刻痕的光栅上。试求：第二级明纹对应的衍射角。

2. 波长为 600 nm 的单色平行光垂直入射在一光栅上，相邻的两条明纹分别出现在 $\sin\theta=0.2$ 和 $\sin\theta=0.3$ 处，第四级缺级。试求：接收屏上能看到的明纹条数。

5.6　圆孔的夫琅和费衍射　光学仪器的分辨率

如果把前面介绍的夫琅和费单缝衍射实验装置中的单缝换成圆孔，平行光通过小圆孔发生衍射后被透镜汇聚于接收屏上所形成的衍射，称为圆孔的夫琅和费衍射。大多数光学仪器通常是由一个或几个透镜组成的光学系统，透镜多为圆形，因而光学仪器的开孔就相当于一个透光的圆孔，大多数光学仪器都是通过平行光或近似的平行光成像的，所以研究圆孔的夫琅和费衍射对于分析光学仪器的成像质量是非常有意义的。

5.6.1　圆孔的夫琅和费衍射

圆孔衍射的实验装置及图样如图 5-18 所示。比较圆孔的夫琅和费衍射图样与单缝的夫琅和费衍射图样可知，两者有许多相似之处：

(1) 对应于单缝衍射图样的中央明纹，在圆孔衍射图样的中央是一个明亮的圆形斑纹；

(2) 单缝衍射图样中，中央明纹两侧对称出现明、暗相间的条纹。圆孔衍射图样中，中央亮斑周围是一组同心的、明暗相间的环状条纹；

(3) 单缝衍射中央明纹宽且亮，圆孔衍射中央亮斑大且亮，中央亮斑的光强度约占通过透镜总光强的 80%以上。

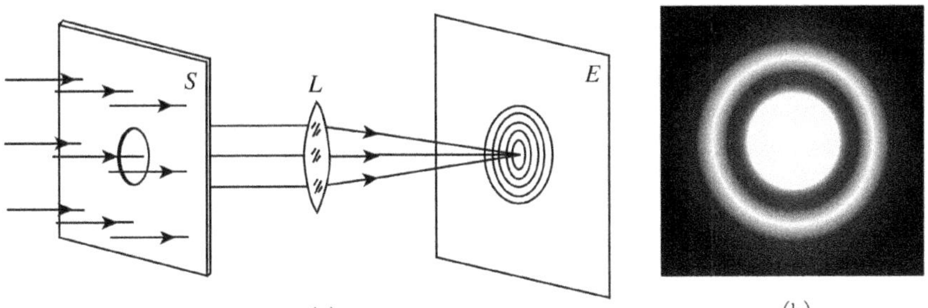

图 5-18　圆孔的夫琅和费衍射及图样

英国天文学家艾里最早对圆孔衍射详加研究，故圆孔衍射图样中以第一暗环为边界的中央亮斑称为艾里斑。由理论推导(推导过程从略)可知，艾里斑的大小与衍射屏上圆孔的直径 D 成反比，与入射光的波长 λ 成正比，艾里斑的半角宽度(图 5-19)θ 与 D、λ 之间的关系为

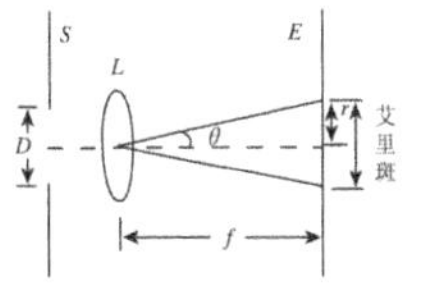

图 5-19　艾里斑

$$\theta=1.22\frac{\lambda}{D} \tag{5-24}$$

若透镜的焦距为 f，则艾里斑的半径为

$$r=f\tan\theta$$

由于 θ 很小，所以有 $\tan\theta\approx\theta$，代入上式，得

$$r=f\theta=1.22f\frac{\lambda}{D} \tag{5-25}$$

5.6.2 光学仪器的分辨本领

利用几何光学规律讨论各种光学仪器的成像问题时，理论上只要适当地选择透镜焦距，就可得到所需要的放大率，就能把任何微小的物体放大到清晰可见的程度。但实际上，用高倍望远镜观察恒星时，由于望远镜所成的像是恒星的衍射图样，因而常常看到的不只是圆形光斑，其周围还有同心的环状条纹，这种衍射图样不是严格意义上的恒星的几何成像，所以它影响了成像的清晰度。显然，光的衍射现象限制了光学仪器的分辨能力。

1. 瑞利准则

从几何光学的角度来说，一个物点所发出的光经过透镜在屏幕上所形成的像是一个几何点，但这只是一种近似的说法，其实对于圆孔光学仪器来说，这个像并非一个几何点，而是物点透过圆孔的衍射图样，像的主要部分是衍射图样的中央亮斑。如果两个物点相距较近，则它们的圆斑像可能出现部分重合的现象，两个物点过分靠近时，它们的圆斑像将大部分重叠，这时将很难分清两个像。从能够分辨过渡到不能分辨，中间必然有一个恰能分辨的情形，亦即能够分辨的极限情形。图 5-20画出了三种不同情形。

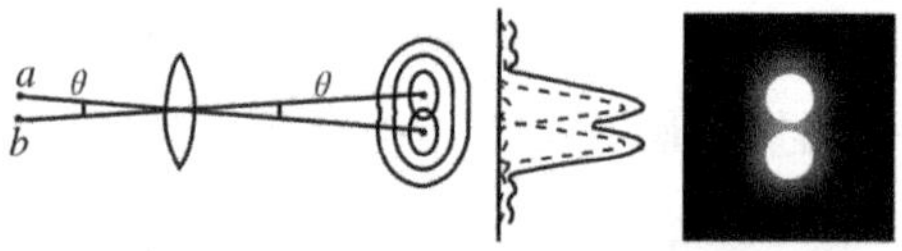

(a)能够分辨

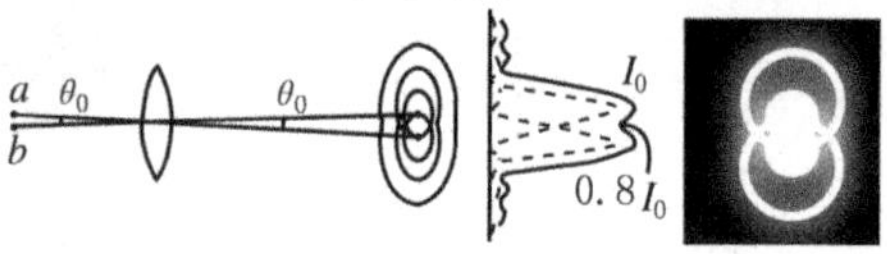

(b)恰能分辨

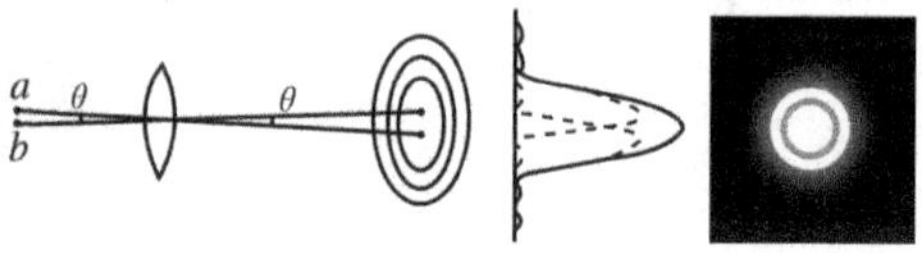

(c)不能分辨

图 5-20 瑞利准则

在图 5-20(a)所示的情形中，两个物点 a、b 相距较远，它们的像斑没有重叠。此时属于两个像斑可以分辨的情况。在图 5-20(c)所示的情形中，a、b 两个物点靠得很近，两个像斑几乎完全重叠，两者混为一体，两个物点的像斑不可分辨。图 5-20(b)画出了恰能分辨的情形。那么，两个物点靠近到什么程度，它们的像斑就恰好能够被分辨呢？英国物理学家瑞利指出：两物点衍射图样中央亮斑的边缘彼此通过对方的中心时，正常人眼勉强可以区分这是两个物点的像斑，这一结论称为瑞利准则。

如图 5-20(b)所示，恰能分辨的两物点对透镜中心的张角 θ_0 称为光学仪器的最小分辨角。根据瑞利准则，最小分辨角恰好等于艾里斑的半角宽度，故最小分辨角为

$$\theta_0 = 1.22\frac{\lambda}{D} \tag{5-26}$$

2. 光学仪器的分辨率

每一台成像光学仪器都有一个确定的最小分辨角 θ_0，其值越小，它能分辨物体细节的能力就越强，习惯上，常将最小分辨角 θ_0 的倒数称为光学仪器的分辨率，以 P 表示，即

$$P=\frac{1}{\theta_0}=0.82\frac{D}{\lambda} \tag{5-27}$$

分辨率是评价光学仪器成像质量的一个主要指标，它反映出光学仪器分辨物体细节的能力，P 值越大，仪器的分辨能力越大。由式(5-27)可知，光学仪器的分辨本领与其孔径的大小成正比，与光波波长成反比。在天文观测中为了能够很好地分辨出远处邻近的星体，望远镜的通光孔径必须做得很大，以提高其分辨率(美国加利福尼亚的天文望远镜的孔径 $D=10$ m)。在显微镜中则采取用小波长的方案提高分辨率，近代物理指出，电子具有波动性，与高速电子相对应的物质波的波长很短(数量级为$10^{-2}\sim10^{-1}$ nm)，所以电子显微镜的分辨率比普通光学显微镜的分辨率大几千倍。

例题 5-15　人眼瞳孔直径为 3 mm，对波长为 550 nm 的黄绿光最为敏感。试求：(1)人眼的最小分辨角 θ_0 为多大？(2)在明视距离(25 cm)处，相距多远的两点恰能被人眼分辨？

解　(1) 最小分辨角为

$$\theta_0=1.22\frac{\lambda}{D}=1.22\times\frac{550\times10^{-9}}{3\times10^{-3}}=2.2\times10^{-4}\text{ rad}$$

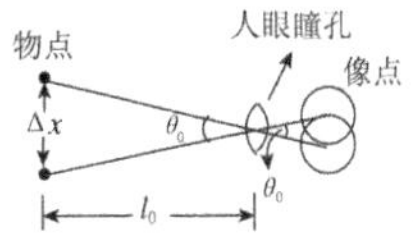

图 5-21　例题 5-15 用图

(2) 如图 5-21 所示，明视距离 $l_0=25$ cm，恰能被分辨意味着两像点对瞳孔的张角恰为最小分辨角 $\theta_0=2.3\times10^{-4}$ rad，此时两物点间的距离 Δx 为

$$\Delta x=l_0\tan\theta_0\approx l_0\theta_0=25\times2.2\times10^{-4}=0.0056\text{ cm}$$

注：θ_0 值很小，故可做如此近似处理。

例题 5-16　用一望远镜观察天空中两颗星，设这两颗星相对于望远镜所张的角为 4.84×10^{-6} rad，由这两颗星发出的光波波长均为 550 nm。试求：若要分辨出这两颗星，所用望远镜的孔径(直径)至少需要多大？

解　若要分辨这两颗星，则望远镜的口径至少应使两星对望远镜的张角为望远镜的最小分辨率，即

$$4.84\times10^{-6}=1.22\frac{\lambda}{D}$$

则望远镜的孔径为 $D=\dfrac{1.22\times550\times10^{-9}}{4.84\times10^{-6}}=13.9$ cm

D 值越大，望远镜分辨本领就越强，越能分辨清这两颗星。

练习题

1. 已知如例题 5-15，若黑板上等号两横之间相距 2 mm，试求：在 10 m 远处是否能够分辨。

2. 汽车两前灯相距 1.2 m，远处的观察者能看到的最强的灯光波长为 600 nm，夜间人眼瞳孔直径约为 5.0 mm。试求：在多远处人能分辨出迎面开来的汽车是两盏灯。

5.7 自然光和偏振光

5.7.1 波的偏振性

如何来分辨横波和纵波呢？我们以在绳中传播的横波为例来说明这个问题。如图 5-22 所示，如果在波的传播方向上放置一个开有狭缝 K(或 K')的障碍物，当缝 K 与质元的振动方向平行时，如图 5-22 (a)所示，此波可以通过狭缝，继续传播；而当缝 K' 与质元的振动方向垂直时，如图 5-22 (b)所示，此波就不能通过狭缝。可见，横波通过狭缝时，狭缝的摆放方向不同，波通过的情况不同。发生这种现象的原因是横波传播时质元的振动不是各向同性的，而是偏于某个方向，称为横波的偏振性，狭缝摆放方向不同，缝对质元振动的阻挡情况不同，因而波通过的情况也就不同。而如果用一列不具有偏振性的纵波(如声波)通过此狭缝，则无论如何摆放缝的方向，纵波通过的强度是相同的，如图 5-22(c)所示。偏振性是横波所特有的属性，因而，可根据波通过狭缝时是否表现出偏振性来判断该波为横波还是纵波。

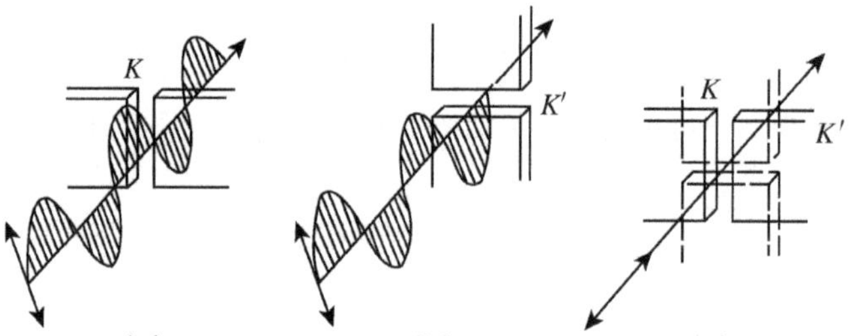

图 5-22 横波与纵波的区别

电磁学理论表明光波是一种横波。光是电磁场中电场强度 $\boldsymbol{E}$ 和磁场强度 $\boldsymbol{H}$ 周期性变化的传播，或者说，是 $\boldsymbol{E}$ 矢量和 $\boldsymbol{H}$ 矢量振动的传播。实验表明，在光波引起的光效应中，$\boldsymbol{E}$ 矢量起到主要作用，所以，在讨论光的波动现象时，只讨论电场强度 $\boldsymbol{E}$ 的振动，把 $\boldsymbol{E}$ 称为光矢量，$\boldsymbol{E}$ 矢量的周期性变化称为光振动。光的电磁学理论表明，光传播过程中，光振动是与传播方向相垂直的，即光是横波。

光是横波，但日常生活中，却很少看到光波通过狭缝时所表现的偏振特性，这是为什么呢？这是由普通光源发生的机制决定的。

5.7.2 自然光

光波是光源中大量原子或分子跃迁时辐射的电磁波。普通光源中发光粒子的辐射具有间歇性和随机性。光源辐射的各个波列，不仅初相位是互不相关的，而且光矢量 $\boldsymbol{E}$ 的振动方向也是互不相关的。从宏观来看，整个发光体所发出的光是光源内许许多多发光粒子所辐射的电磁波的混合波，它包含着各个方向的光振动，并且各方向振动的概率均等，没有一个方向的光振动较其他方向更占优势，所以，普通光源所发出的光，光矢量 $\boldsymbol{E}$ 相对于传播方向成轴对称分布，如图 5-23(a)所示，这种光对外是表现不出偏振性的。这种无限多个振幅相等、振动方向任意、彼此之间没有固定相位关系的光振动的组合，称为自然光。自然光中，任意振动方向的光振动可以分解到两个相互垂直的方向上，我们把这两个振动方向分别设为在入射平面内(即在光传播方向所在的平面或者与光传播方向平行的平面)和垂直于入射平面(即垂直于光的传播方向所在的平面)，这两个方向的光振动都垂直于光的传播方向。这样，自然光可以用如图 5-23(b)所示的方法表示。图中射线的箭头表示光的传播方向，短线表示平行于入射面(即纸面)的光振动，点表示垂直于入射面(即纸面)的光振动。对于自然光来说短线和点的个数是一一对应的。

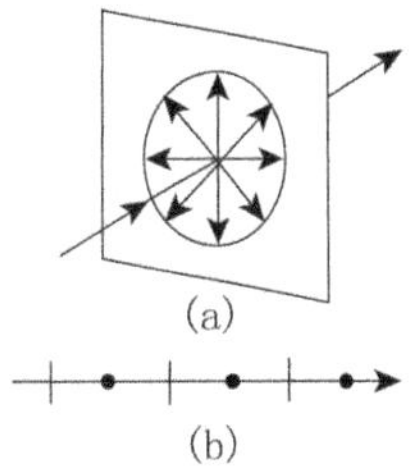

图 5-23　自然光及其表示方法

5.7.3　偏振光

若对自然光进行处理，从而使光矢量 $\boldsymbol{E}$ 在某一方向上振动偏强，即相对于传播方向不再成轴对称分布，这样的光称为偏振光。偏振光又分为线偏振光和部分偏振光。

1. 线偏振光

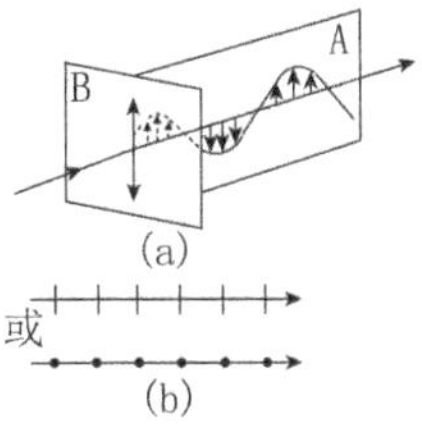

图 5-24　线偏振光图及其表示方法

如图 5-24(a)所示，在垂直于传播方向的平面 B 内(此时传播方向所在平面为平面 A，平面 B 垂直于这个平面)，光矢量 $\boldsymbol{E}$ 的振动仅限于某一固定方向上，这样的光称为线偏振光(也称为完全偏振光)。光振动方向与传播方向所确定的平面称为振动平面(如平面 A)。线偏振光沿传播方向各处的光振动始终处于振动平面内，所以线偏振光又称为平面偏振光。线偏振光用图示法表示如图 5-24(b)所示。

2. 部分偏振光

部分偏振光是指光振动虽然也是有多个方向的分量，但在各方向上光振动的振幅不相等，某个方向的光振动偏强，某个方向光振动偏弱，如图 5-25(a)所示。部分偏振光用图示法表示如图 5-25(b)所示。

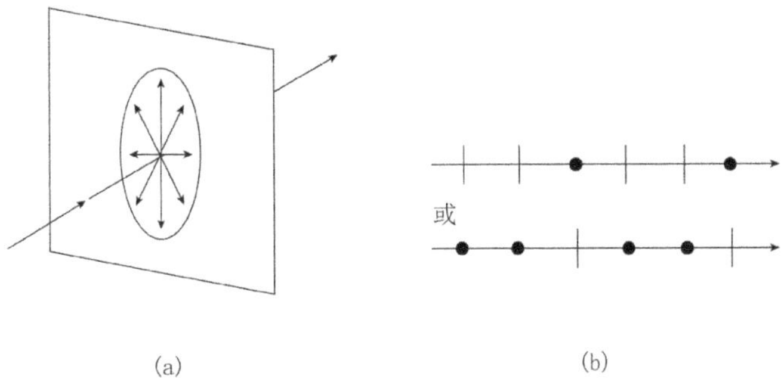

图 5-25　部分偏振光图示及其表示方法

5.8 起偏和检偏 马吕斯定律

普通光源发出的光都是自然光,要获得偏振光需借助一些光学器件。能够使自然光变为偏振光的光学器件称为起偏器。获得偏振光的过程称为起偏。起偏器种类很多,其中最简单的起偏器是偏振片。偏振片不仅可以使自然光变为偏振光,它还可以检验入射光是否是偏振光。

5.8.1 偏振片的起偏

某些晶体对不同方向的光振动具有选择吸收的特性,即对光波中某一方向的光振动有强烈的吸收作用,而对与该方向相垂直的那个方向上的光振动的吸收甚微,晶体的这种特性称为二向色性。这个允许光通过的光振动方向称为二向色性物质的偏振化方向,常用符号"↕"作为标记,如图 5-26 所示。例如,天然的电气石晶体就具有二向色性,1 mm 厚的电气石晶片就可以完全吸收某一方向的光振动。液晶也具有很强的二向色性。具有二向色性的晶体可以作为起偏器,然而,用天然晶体做成的起偏器不仅价格昂贵,而且尺寸小不能满足实际应用的需要。较为便宜的偏振器件是由聚乙烯醇分子加热拉伸,从而使分子并行排列而形成的膜片,称为偏振片,当光照射在偏振片上时,与聚乙烯醇分子方向相同的光全部被吸收,而垂直方向的光可以通过。偏振片允许通过的光振动方向称为偏振片的偏振化方向。

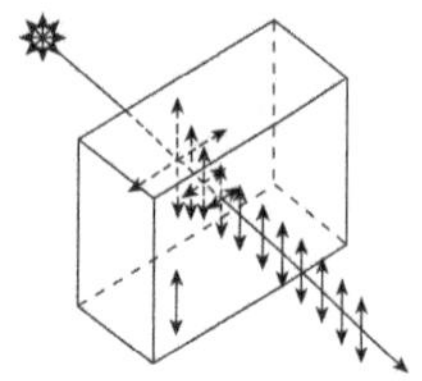

图 5-26 晶体的二向色性

当自然光照射到偏振片上时,透过偏振片的光具有同一振动方向,变为偏振光。

例题 5-17 一束光强度为 I_0 的自然光,垂直入射并通过一偏振片。试求:通过偏振片后的光强。

解 由于自然光的光振动均匀地分布于各个方向上,我们沿平行偏振片的偏振化方向和垂直偏振片的偏振化方向把所有的光振动进行分解。宏观上,自然光各个方向的光振动总可以分解为一半与偏振片的偏振化方向相同,一半与偏振片的偏振化方向垂直,其强度各占总强度的一半。当垂直通过一偏振片时,与偏振片的偏振化方向平行的光振动得以通过,而与这一方向垂直的光振动则不能通过。所以,通过偏振片后光强应为原来的一半,即 $I=\frac{1}{2}I_0$。

由于光振动的分解方向可以总是随偏振片的摆放方向而定,所以无论偏振片的偏振化方向如何摆放,自然光垂直通过偏振片后光强总会变为原来光强的一半。

5.8.2 偏振片的检偏

一束光是否为偏振光?一束偏振光的偏振态如何?人眼是无法直接做出判断的,这需要借助于光学器件来检验,这一过程称为检偏。能够检验偏振光的光学器件称为检偏器。偏振片既可以当作起偏器,也可以作为检偏器。

如图 5-27 所示,偏振片 P_1 为起偏器,P_2 为检偏器。在图 5-27(a)中,当 P_1 和 P_2 的偏

振化方向彼此平行时，P_1 所产生的线偏振光能够全部通过检偏器 P_2，透过 P_2 的光强度最大；在图 5-27(b)中，当 P_1 和 P_2 的偏振化方向相互垂直时，P_1 所产生的线偏振光全部被 P_2 吸收，无光透过检偏器 P_2，这种现象称为消光现象。如果我们以光的传播方向为轴线，连续不断地旋转检偏器 P_2，则会看到透过 P_2 的光强由最亮逐渐变暗，以致完全消失，然后又由最暗逐渐变亮，又回到最亮的状态。在 P_2 旋转一周的过程中，透射光强度两次出现最强，两次出现消光现象，这是线偏振光入射到检偏器上所特有的现象，可以此为判据，来判断一束光是否是线偏振光。

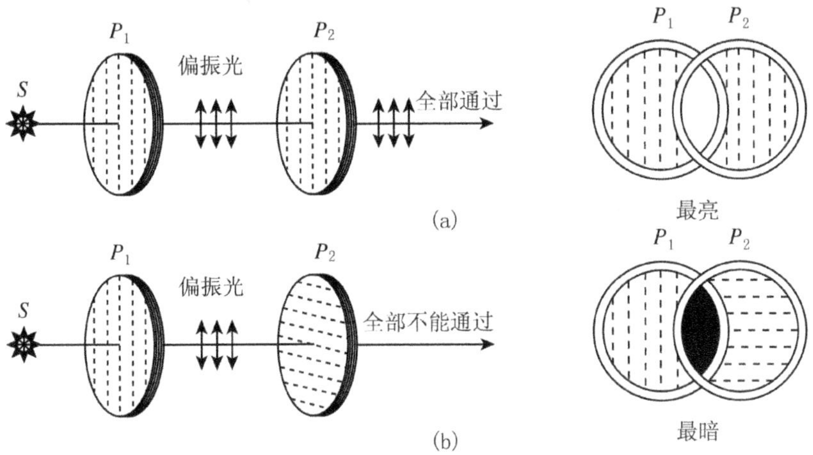

图 5-27　偏振光的检验

当我们以自然光垂直入射到检偏器上，并以光的传播方向为轴转动检偏器时，看不到光明暗强弱的变化，透过检偏器的光强恒为入射光强度的一半。反过来，如果看到这一现象，我们也可以判断，即入射光为自然光；若一束光垂直入射到检偏器上，绕光的传播方向转动检偏器时，透过检偏器的光强不是恒定不变，也不出现消光现象，则入射光就为部分偏振光。

5.8.3　马吕斯定律

自然光透过检偏器以后光强变为原来的一半，那么线偏振光透过检偏器后，光强度有何变化呢？法国工程师马吕斯首先研究了这一问题，其结论称为马吕斯定律，具体内容如下。

强度为 I_1 的线偏振光垂直入射到检偏器上，透射线偏振光的强度为

$$I_2 = I_1 \cos^2\theta \tag{5-28}$$

式中，θ 为入射线偏振光的光振动方向与检偏器的偏振化方向之间的夹角。

马吕斯定律的证明如下：

如图 5-28 所示，P_1 为入射线偏振光的光振动方向，P_2 为检偏器的偏振化方向，亦即透射线偏振光的光振动方向，P_1 与 P_2 的夹角为 θ。对于 P_1 方向的光振动振幅矢量 $\boldsymbol{A}_1$，我们可以沿平行和垂直偏振片 P_2 偏振化方向分解入射光振动振幅。其中的平行分量可以通过，而垂直分量被吸收。根据图 5-28 所示情况可知，透射光的振幅 $\boldsymbol{A}_{//}$ 的大小为 $A_{//} = A_1 \cos\theta$。而光强度正比于光振动振幅的平方，所以

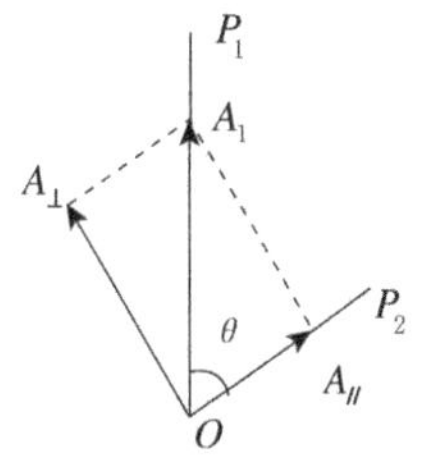

图 5-28　马吕斯定律的证明

$$\frac{I_2}{I_1}=\frac{A_2^2}{A_1^2}=\frac{A_1^2\cos^2\theta}{A_1^2}=\cos^2\theta$$

由此得

$$I_2=I_1\cos^2\theta$$

显然，当 $\theta=0$ 或 π 时，$I_2=I_1$，此时为透射光最强的情况；当 $\theta=\frac{\pi}{2}$ 或 $\frac{3\pi}{2}$ 时，$I_2=0$，这时没有透射光，即消光现象。

例题 5-18 将两个偏振片分别作为起偏器和检偏器，它们的偏振化方向成 30°角。当一光强为 I_0 的自然光依次垂直入射于两个偏振片时，试求：透射光的光强为多少。

解 自然光通过第一个偏振片后变为线偏振光，设其光强为 I_1，由例题 5-17 可知 $I_1=\frac{1}{2}I_0$。

通过第二个偏振片后其光强由马吕斯定律 $I_2=I_1\cos^2\theta$ 可知

$$I_2=I_1\cos^2\theta=\frac{1}{2}I_0\cos^2 30^\circ=\frac{1}{2}I_0\left(\frac{\sqrt{3}}{2}\right)^2=\frac{3}{8}I_0$$

例题 5-19 两偏振片的偏振化方向成 30°角时，透射光的强度为 I_1。若保持入射光的强度和偏振方向不变，而转动第二个偏振片，使两偏振片的偏振化方向之间的夹角变为 45°。试求：透射光强度如何。

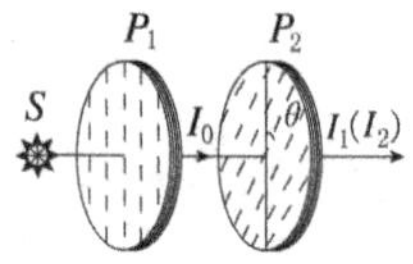

图 5-29 例题 5-19 用图

解 设入射光通过第一个偏振片后光强度为 I_0，如图 5-29 所示。当两偏振片偏振化方向成 30°角时，由马吕斯定律可知，透射光光强为

$$I_1=I_0\cos^2\theta=I_0\cos^2 30^\circ=I_0\left(\frac{\sqrt{3}}{2}\right)^2=\frac{3}{4}I_0$$

保持入射光的强度和偏振方向不变，意味着光从第一个偏振片出来的光强度也为 I_0。当两偏振片偏振化方向成 45°角时，由马吕斯定律可知，透射光光强为

$$I_2=I_0\cos^2\theta'=I_0\cos^2 45^\circ=I_0\left(\frac{\sqrt{2}}{2}\right)^2=\frac{1}{2}I_0$$

所以，两种情况下透射光强度的关系为

$$I_2=\frac{2}{3}I_1$$

例题 5-20 一束光由自然光和线偏振光混合而成，当它垂直入射并通过一偏振片时，透射光的强度随偏振片的转动而变化，其最大光强与最小光强的比为 5∶2。试求：入射光中自然光和线偏振光的强度之比。

分析 由题意可知，透射光的强度随着偏振片的转动而变化，而自然光通过偏振片时，无论偏振片如何转动，透射的光强度均为入射光强度的一半。所以，总的透射光强度的变化是由于线偏振光的透射光强在变化：最大光强即为线偏振光全部透过偏振片时的光强，此时，线偏振光的光振动方向与偏振片的偏振化方向相同；最小强度即为无线偏振光通过时的光强，此时，线偏振光的振动方向与偏振片的偏振化方向垂直。

解 设入射光中自然光和线偏振光的强度分别为 I_{10} 和 I_{20}，则入射光的总强度为 $I_0=I_{10}+I_{20}$。

通过偏振片后，自然光和线偏振光的强度分别$\frac{1}{2}I_{10}$和 $I_{20}\cos^2\theta$（θ 为入射线偏振光的振动方向与偏振片的偏振化方向的夹角），则有

透射光强最大为 $I_{\max}=\frac{1}{2}I_{10}+I_{20}$（此时 $\theta=0$ 或 π）

透射光强最小为 $I_{\min}=\frac{1}{2}I_{10}$（此时 $\theta=\frac{\pi}{2}$或$\frac{3}{2}\pi$）

由题意有 $I_{\max}/I_{\min}=5/2$

解得

$$\frac{I_{10}}{I_{20}}=\frac{4}{3}$$

由马吕斯定律可知，只要我们改变彼此平行放置的偏振片偏振化方向之间的夹角，就可以对透射光强度进行控制。如果我们在轮船的舷窗、火车和飞机的窥窗上安装偏振片，就可以将透射光调节到适当的强度，从而消除令人生厌的眩光；如果在汽车的前灯和风挡玻璃上都装上偏振片，并使两者的透振方向都是从左下斜向右上方且与水平面成 45°夹角。当汽车在夜间行驶时，驾驶员经风挡玻璃看自己的车灯发出的光，相当于通过两个平行偏振片，透射光强最大。但对迎面开来车辆射出的灯光，却是通过两个垂直偏振片，只有微量灯光透射。这样，驾驶员就不会因迎面开来汽车前灯发出的眩光而感到刺眼，保证了夜间行车的安全。同时，若在白天行车，强烈的太阳光在光滑路面上的反射光也很刺眼，但这种反射光多为部分偏振光，通过挡风玻璃上的偏振片后，强度也会有所减弱。

练习题

1. 一束强度为 I_0 的自然光依次垂直入射并通过两个偏振片，最后出射光的强度为$\frac{1}{4}I_0$，求两偏振片的偏振化方向之间的夹角。

2. 使自然光通过两个偏振化方向夹角为 60°的偏振片时，透射光强度为 I_1，今在这两个偏振片之间再插入一偏振片，它的偏振化方向与前后两个偏振片均成 30°角，问此时透射光强度 I 与 I_1 之比为多少？

3. 一束光由自然光和线偏振光混合而成，两种光光强之比为 1∶2，当它们垂直入射并通过偏振片时，透射光的强度随偏振片的转动而变化，试求：最大透射光强是最小透射光强的几倍。

5.9　反射和折射时光的偏振

获得偏振光的方法有很多，除了前面介绍的利用偏振片从自然光获得的方法之外，利用自然光在两种各向同性介质分界面上反射和折射，也可以获得偏振光。

5.9.1　反射和折射时光的偏振

大量实验事实表明，自然光入射到两种各向同性介质的分界面上时，不仅光的传播方向要改变，光的偏振态也要发生变化。用偏振片观察反射光（或折射光），透过偏振片的光强度也会随着偏振片的偏振化方向摆放不同而变化，这一现象表明反射光（或折射光）为部分偏

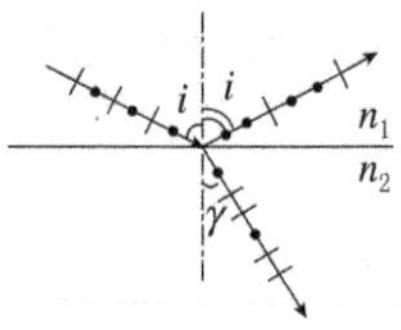

图 5-30　反射和折射时光的偏振

振光。一般情况下，在反射光中，垂直于入射面的光振动多于平行于入射面的光振动；而折射光中，平行于入射面的光振动多于垂直于入射面的光振动，如图 5-30 所示。从湖中平静的水面上反射的太阳光为部分偏振光，照射到玻璃表面的反射光和折射光也都是部分偏振光。

反射光能否变成线偏振光呢？英国物理学家布儒斯特的研究结果指出，在一定条件下，反射光可以变成线偏振光。

5.9.2　布儒斯特定律

布儒斯特于 1812 年由实验发现，对于给定的两种各向同性介质，反射光的偏振化程度取决于入射角 i。当一束光从折射率为 n_1 的介质射向折射率为 n_2 的介质时，若入射角 i 等于某一定值 i_b，则反射光为振动方向垂直于入射面的线偏振光，定值 i_b 满足

$$\tan i_b = \frac{n_2}{n_1} \tag{5-29}$$

式(5-29)所反映的内容称为布儒斯特定律，i_b 称为布儒斯特角，也称起偏角。

如图 5-31 所示，设光以布儒斯特角 i_b 入射于两介质的交界面，γ 为光的折射角。根据光的折射定律有

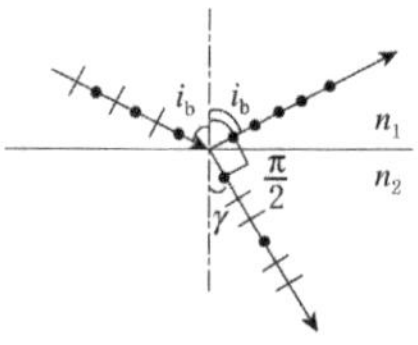

图 5-31　布儒斯特定律

$$\frac{\sin i_b}{\sin \gamma} = \frac{n_2}{n_1}$$

与式(5-29)结合，可得

$$\frac{\sin i_b}{\sin \gamma} = \frac{n_2}{n_1} = \tan i_b = \frac{\sin i_b}{\cos i_b}$$

比较等式两侧，可得

$$\sin \gamma = \cos i_b$$

根据三角函数互余关系可知

$$i_b + \gamma = \frac{\pi}{2} \tag{5-30}$$

式(5-30)表明，当光线以布儒斯特角入射时，反射光与折射光的传播方向相互垂直。

应该指出的是，当自然光以布儒斯特角入射时，反射光为线偏振光，折射光仍为部分偏振光，而且偏振化程度不高，折射光强度远大于反射光的强度。例如，当自然光由 $n_1 = 1$ 的空气射入 $n_2 = 1.5$ 的玻璃时，$i_b = \arctan 1.5 = 56.3°$，反射的线偏振光中，垂直于入射面的光振动只占入射光中垂直入射面光振动的 15%，而折射光中则包含了 85%的垂直于入射面的光振动和 100%的平行于入射面的光振动。这就是说，自然光以 i_b 角入射于玻璃时，虽然反射光为线偏振光，但反射光强度却很弱。为了增强反射光的强度和提高折射光的偏振化程度，人们常把许多彼此平行的玻璃片组成玻璃片堆，如图 5-32 所示。当自然光以布儒斯特角入射时，则与入射面垂直的光振动在玻璃片堆的每个界面上都会发生反射形成线偏振光，使反射光强度增大，折射光的偏振化程度提高。

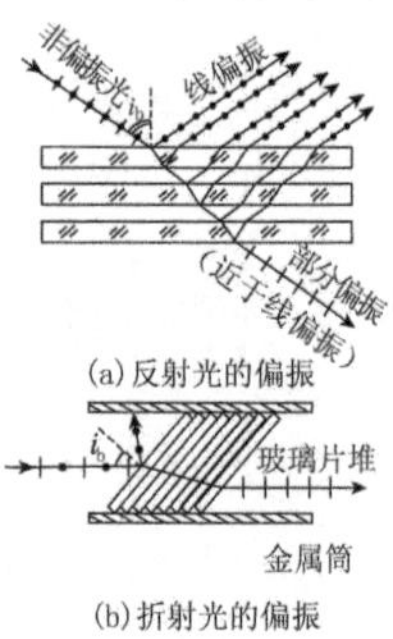

图 5-32　玻璃堆起偏器

例题 5-21　一束平行自然光从空气中以 60°角入射到某介质材料表面上时，其反射光为线偏振光。试求：此介质的折射率。

解　反射光为线偏振光，说明此时光的入射角为布儒斯特角 i_b，即 $i_b=60°$。设此介质的折射率为 n_2，空气折射率用 n_1 表示，根据布儒斯特定律，有

$$\tan i_b=\frac{n_2}{n_1}$$

即

$$n_2=n_1\tan i_b=1\times\tan 60°=\sqrt{3}$$

例题 5-22　水的折射率为 1.33，玻璃的折射率为 1.5。试求：当光由水中射向玻璃而反射时，起偏角为多少？

解　根据布儒斯特定律 $\tan i_b=\frac{n_2}{n_1}$

有　$\tan i_b=\frac{n_2}{n_1}=\frac{1.5}{1.33}=1.13$

则起偏振角为 $i_b=\arctan 1.13$

布儒斯特定律在实际中有许多应用。例如，在外腔式气体激光器上，往往装有布儒斯特窗，使出射的激光为完全偏振光，如图 5-33所示。再如，利用布儒斯特定律，只要测出给定介质的布儒斯特角 i_b，即可测定出该介质的折射率，特别是不透明介质的折射率。各种宝石都有相应的折射率，测出折射率，即可对宝石的真伪做出鉴定。

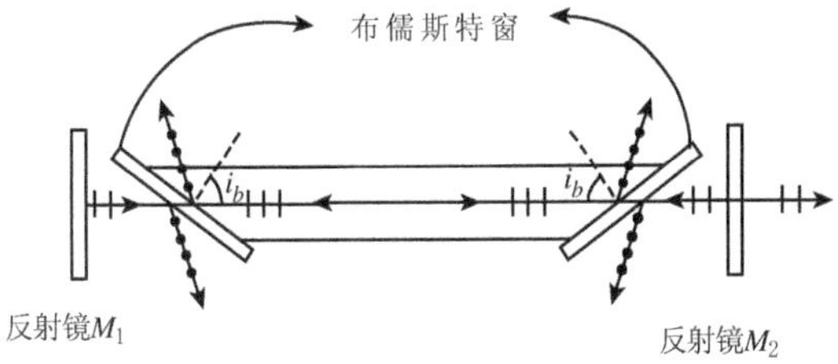

图 5-33　外腔式激光器上的布儒斯特窗

练习题

1. 一束平行自然光由一介质以30°角入射到玻璃（$n=1.5$）的表面上，反射光为线偏振光。试求：这一介质的折射率。

2. 已知如例题 5-22。试求：若光由玻璃射向水面而反射，起偏角为多少？

5.10　光的双折射现象

5.10.1　光的双折射现象

1. 双折射

一束自然光通过某些晶体时，折射光会分裂成两束，这样的现象称为光的双折射现象，能够产生双折射现象的晶体称为双折射晶体。例如，方解石（又称冰洲石，化学成分为 Ca-

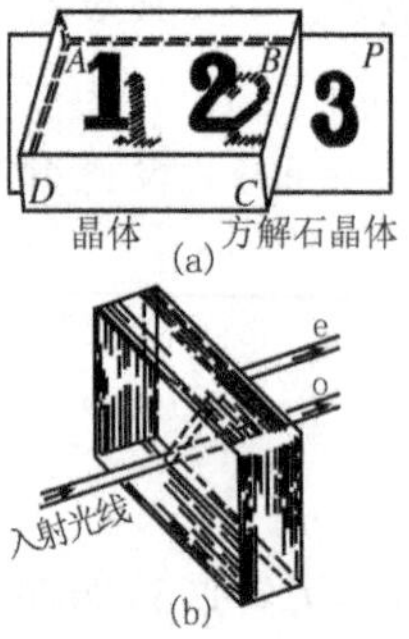

图 5-34　方解石的双折射现象

CO_3)就是这样一种晶体。方解石晶体所产生的双折射现象如图5-13(a)所示。正是由于双折射现象的存在,当我们把一块透明的方解石晶体放在一张写有字的纸面上时,将会看到每个字都成双像。

2. 寻常光和非常光

实验表明,在双折射现象中两条折射光的性质和状态存在差异。其中一条折射光线完全服从折射定律,称为寻常光,简称 o 光。另一条折射光线不服从折射定律,称为非常光,简称 e 光。o 光和 e 光在折射时的分开程度与晶体的厚度相关,厚度越大,二光分开程度越大,如图 5-34(b)所示。

3. o 光和 e 光的偏振性

为了比较方便地描述 o 光和 e 光的偏振性,我们首先介绍几个相关的概念。

(1) 晶体的光轴、光线的主平面

实验表明,在方解石等一类晶体中,总存在着一个特殊的方向,光沿该方向传播时,o 光和 e 光不再分开,不产生双折射现象。晶体内不发生双折射现象的特殊方向称为晶体的光轴。应该指出的是,光轴并不限于某一条特殊的直线,而是代表晶体内某一特定的方向,过晶体内任一点所做的平行于此方向的直线都是晶体的光轴。

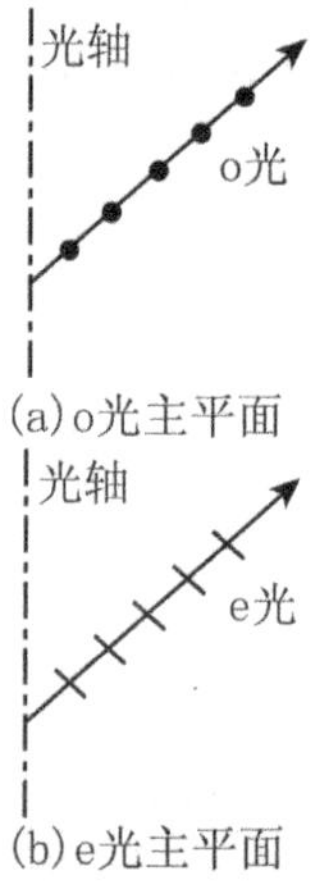

图 5-35　光线的主平面

在晶体中,某条光线与晶体的光轴所构成的平面称为该光线的主平面,所以 o 光和 e 光各有一个主平面,分别称为 o 光主平面和 e 光主平面,如图 5-35 所示。因为 o 光遵守折射定律,所以 o 光与入射光在同一主平面内;e 光不遵守折射定律,所以 e 光不与入射光在一个主平面内;即折射光的 o 光与 e 光的主平面间存在一定的夹角,只是这个角度很小。另外,当光在光轴与晶体表面法线组成的平面内入射时,o 光和 e 光的主平面将重合。

(2) o 光和 e 光的偏振性

实验表明,o 光和 e 光都是线偏振光(可由检偏器来验证),o 光光振动方向垂直于 o 光主平面,而 e 光光振动方向就在 e 光主平面内(或平行于 e 光主平面),如图 5-36所示。结合两个主平面间的关系可知,o 光和 e 光光振动方向不同,两者近似垂直。当光在光轴与晶体表面法线组成的平面内入射时,o 光和 e 光的主平面将重合,此时 o 光和 e 光光振动方向严格垂直。这个由光轴与晶体表面法线组成的平面称为晶体的主截面。在实际应用中,一般都选择光线沿主截面入射,从而使双折射现象的研究得以简化。

5.10.2　双折射现象的应用

利用双折射现象也可以制成偏振器件,偏振棱镜就是其中一类。其基本原理即是利用双折射现象产生彼此分开的偏振性不同的 o 光和 e 光,然后想办法将其中之一消除掉,保留另外一个,从而得到线偏振光。

尼科尔棱镜就是这样一种装置。如图 5-37 所示,将两块加工成如图形状的天然方解石晶体,用加拿大树胶粘合起来,即可组成尼科尔棱镜。自然光从左端面射入,入射晶体后被分解为 o 光和 e 光，并以不同的角度入射于左晶体与加拿大树胶的界面 AN。选用的加拿大树胶折射率为 1.550，小于 o 光折射率 1.658 而大于 e 光主折射率 1.486。对 o 光而言，棱镜的设计使其在界面的入射角(77°)大于临界角(62.9°)从而发生了全反射，结果被涂黑的侧面 CN 所吸收。而 e 则能透过树胶层，最终从右晶体端面射出。透射光是光振动方向在入射面内的线偏振光。

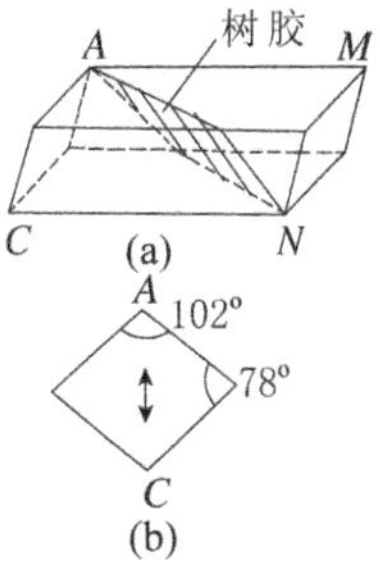

图 5-36　尼科尔棱镜

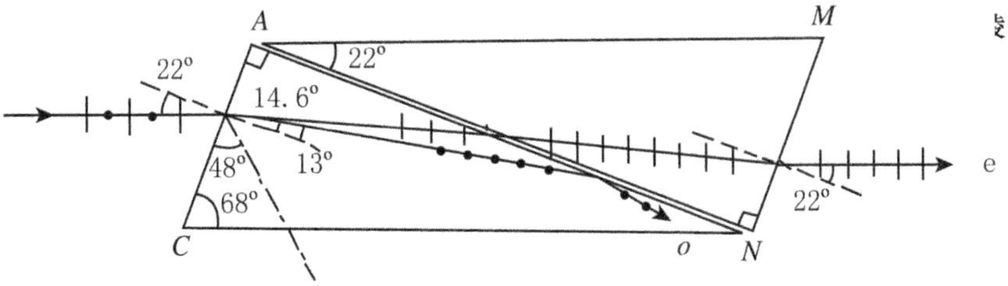

图 5-37　尼科尔棱镜中光线的传播

第 6 章　静电场

相对于观察者静止的电荷所激发的电场称为静电场。电场对位于其中的电荷有力的作用，若电荷在电场力的作用下发生移动，则电场力对电荷做功，力和做功是电场的两个重要性质，为描述这两个性质我们引入两个重要的物理量：电场强度和电势。本章重点介绍电场强度和电势在静电场中的分布规律和特点。

6.1　电荷　库仑定律

电荷是自然界中存在的一种物质，本节主要介绍电荷的基本性质，以及反映电荷间相互作用力的基本规律——库仑定律。

6.1.1　电荷

人们对于电的认识最初来自于自然界中的雷电和摩擦起电现象，丝绸和玻璃棒、毛皮和橡胶棒摩擦后都具有吸引羽毛、纸屑等轻小物体的能力，我们把表现出这种能力的物体称为带电体，说它们带有电荷。实验指出：自然界中只存在两种电荷，即正电荷和负电荷，且这两种电荷之间的作用力表现为同种电荷相斥，异种电荷相吸。表示电荷多少的量称为电量，在国际单位制(SI)中，电量的单位是库仑，用 C 表示。

为什么摩擦能使物体带电呢？组成任何物质的原子都具有带正电的质子和带负电的电子，质子集中在原子核内，电子在核外绕核运动，每个质子和每个电子的电量相等。正常状态下，原子的核内质子数和核外电子数相同，所以原子呈电中性，整个物体也呈电中性。物体间相互摩擦时，对电子束缚力弱的原子会失去一部分自己的核外电子，而对电子束缚力强的原子就会获得相应的多余电子，失去电子的原子成为带正电的离子，获得电子的原子成为带负电的离子，因而在宏观上，物体中电子的总数和质子的总数不再相等，物体就不再具有电中性，而成为带正电或负电的带电体。

实验证明，无论是摩擦起电，还是感应带电，任何物体的带电过程都是使物体中原有的正、负电荷分离或转移的过程，一个物体失去一些电子，必然有其他物体获得这些电子。当一种电荷出现时，必然有相等量值的异号电荷同时出现；一种电荷消失时，必然有相等量值的异号电荷同时消失。据此，人们总结出电荷守恒定律：在一个孤立系统内，无论进行怎样的物理过程，系统内正、负电荷量的代数和总是保持不变。电荷守恒定律是自然界中几个基本守恒定律之一，无论是在宏观过程还是在微观过程中都适用。

实验还表明，电子是自然界中具有最小电荷的粒子，电子电量一般称为基本电量 $e=1.602\times10^{-19}$C。其他任何带电体或微观粒子的电荷都是电子电量的整数倍，即物体所带电荷量只能是取分立的、不连续的值，这称为电荷的量子化。在实际的宏观过程中，我们遇到的电荷要比基本电量大得多，例如，额定电压为 220V、功率为 25W 的灯泡正常工作时，每秒就有大约 7×10^{17} 个电子通过灯丝的横截面，对于这样大量的电荷，电荷的量子化是显示不出来的，因此宏观过程中，可以认为电荷是连续变化的，带电体可以当作是电荷连续分布的带电体。值得一提的是，近代物理从理论上预言：自然界中存在电荷为分数（$\pm\frac{1}{3}e$ 或 $\pm\frac{2}{3}e$）的粒子（夸克或层子），中子和质子等是由夸克组成的，但至今人们还没有在实验中发现单独存在的夸克。不过，即使今后真的发现了单独存在的夸克，也不会改变电荷量子化的结论，只不过是基本电量需要重新定义而已。

6.1.2 库仑定律

物体带电之后的一个主要特征是带电体之间有相互作用力，一般来说，这个作用力不仅与它们所带电量及它们之间的距离有关，而且还与它们的形状、大小、电荷的分布情况以及周围的介质情况等有关。当带电体本身的线度与它们之间的距离相比足够小时，带电体可以看成是点电荷，即忽略带电体的形状、大小，而把带电体所带电量看成集中在一个"点"上。点电荷是个理想的物理模型，与力学中的质点一样，都是从实际中抽象出来的，提出这样模型的目的都是为了抓住问题的主要矛盾，使所研究的问题得以简化。

1785 年，当时还是一位陆军上校的法国物理学家库仑利用他发明的精巧扭秤作了一系列的精细实验，定量测量了两个带电物体之间的相互作用力，总结出真空中点电荷间相互作用的规律，即库仑定律：真空中，两个静止点电荷之间相互作用力的大小与这两个点电荷所带电量 q_1 和 q_2 的乘积成正比，与它们之间的距离 r 的平方成反比。作用力的方向沿着两个点电荷的连线，同号电荷相斥，异号电荷相吸。根据库仑定律，点电荷间相互作用力 $\boldsymbol{F}$ 的大小可表示为

$$F=k\frac{q_1q_2}{r^2} \tag{6-1}$$

式中，k 为比例系数，若式(6-1)中各量都采用国际单位制(SI)中单位，则 $k=8.987\,5\times10^9\ \mathrm{N\cdot m^2\cdot C^{-2}}\approx9.0\times10^9\mathrm{N\cdot m^2\cdot C^{-2}}$。

为了使由库仑定律推导出的一些常用公式得以简化，下面引入一个新的常数 ε_0，并令 $k=\frac{1}{4\pi\varepsilon_0}$，带入式(6-1)有

$$F=\frac{1}{4\pi\varepsilon_0}\frac{q_1q_2}{r^2} \tag{6-2}$$

式中，$\varepsilon_0=8.85\times10^{-12}\ \mathrm{C^2\cdot N^{-1}\cdot m^{-2}}$，称为真空中的介电常数(也称真空电容率)。

若要同时表达库仑力的大小和方向，可用库仑定律的矢量形式表示：

$$\boldsymbol{F}=\frac{1}{4\pi\varepsilon_0}\frac{q_1q_2}{r^2}\boldsymbol{r}_0 \tag{6-3}$$

式中，$\boldsymbol{r}_0$ 表示由施力电荷指向受力电荷的矢径方向的单位矢量。图 6-1 表示了几种情况下

库仑力方向及两个点电荷性质之间的关系。

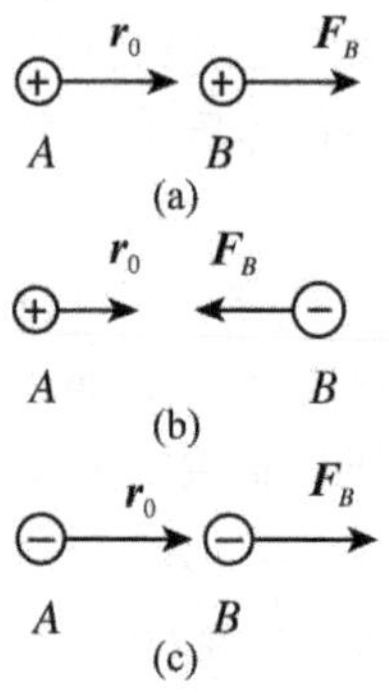

图 6-1　库仑力方向

例题 6-1　氢原子由一个质子(即氢原子核)和一个电子组成,电子质量为 $m=9.11\times10^{-31}$ kg,质子质量为 $M=1.67\times10^{-27}$ kg。根据经典模型,在基态下,电子绕核做圆周运动,轨道半径 $r=5.30\times10^{-11}$ m。试求:氢原子中电子和质子之间的库仑力和万有引力,并比较这两种力的大小。

解　由于电子和质子之间的距离约为它们自身直径的 $10^4\sim10^5$ 倍,所以可以将电子和质子视为点电荷。根据库仑定律,及质子带电量为 $+e$,电子带电量为 $-e$,可得电子和质子之间相互吸引力的大小为

$$F=\frac{1}{4\pi\varepsilon_0}\frac{q_1q_2}{r^2}=\frac{1}{4\pi\varepsilon_0}\frac{e^2}{r^2}=9.0\times10^9\times\frac{(1.6\times10^{-19})^2}{(5.30\times10^{-11})^2}=8.20\times10^{-8}\text{N}$$

根据万有引力定律,把电子和质子视为两个质点,得两者之间的万有引力大小为

$$F_{万}=G\frac{mM}{r^2}=6.67\times10^{-11}\times\frac{9.11\times10^{-31}\times1.67\times10^{-27}}{(5.30\times10^{-11})^2}=3.61\times10^{-47}\text{N}$$

库仑力与万有引力的比值为

$$\frac{F}{F_{万}}=\frac{8.20\times10^{-8}}{3.61\times10^{-47}}=2.27\times10^{39}$$

可见,在原子内,库仑力要远大于万有引力,因此,以后在考虑原子内部电子和质子间的相互作用等问题时,可以仅考虑库仑力,而忽略万有引力的作用。

库仑定律仅适用于两个点电荷之间的作用。当空间同时存在几个点电荷时,某一个点电荷所受的库仑力等于其他各点电荷单独存在时作用在该点电荷上的库仑力的矢量和,这称为静电力的叠加原理。

例题 6-2　如图 6-2 所示,在直角坐标系中 $A(-3,0)$、$B(3,0)$ 两点分别放置电量都为 $Q=3.0\times10^{-9}$C 的点电荷。现有另一点电荷 $q=1.0\times10^{-9}$C 欲放入此坐标系中。试求:(1)若把 q 放置在坐标原点处,此电荷所受的库仑力;(2)若把 q 放置 $C(0,3)$ 点,此电荷所受的库仑力。

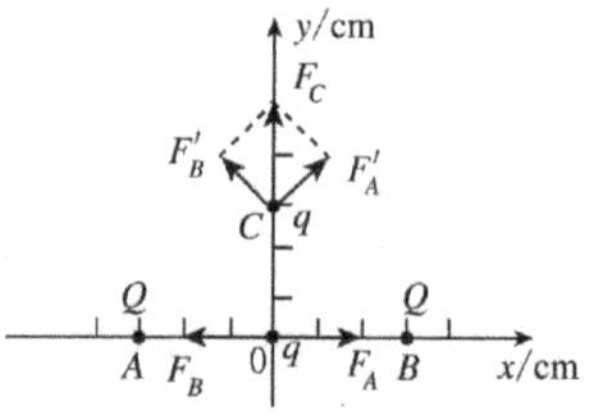

图 6-2　例题 6-2 用图

解　(1)根据库仑定律,原点处电荷 q 受 A、B 处两点电荷作用力大小为

$$F_A=F_B=\frac{1}{4\pi\varepsilon_0}\frac{qQ}{r^2}=9.0\times10^9\times\frac{1.0\times10^{-9}\times3.0\times10^{-9}}{(3\times10^{-2})^2}$$
$$=3.0\times10^{-5}\text{N}$$

根据同种电荷相斥,可知 $\boldsymbol{F}_A$、$\boldsymbol{F}_B$ 方向如图 6-2 所示,则原点处电荷受的合力为

$$\boldsymbol{F}_0=\boldsymbol{F}_A+\boldsymbol{F}_B=0$$

(2)根据库仑定律,C 处电荷 q 受 A、B 两点电荷作用力的大小为

$$F'_A=F'_B=\frac{1}{4\pi\varepsilon_0}\frac{qQ}{r'^2}=9.0\times10^9\times\frac{1.0\times10^{-9}\times3.0\times10^{-9}}{(3\sqrt{2}\times10^{-2})^2}=1.5\times10^{-5}\text{N}$$

根据同种电荷相斥,可知 $\boldsymbol{F}'_A$、$\boldsymbol{F}'_B$ 方向如图 6-2 所示,则 C 处电荷受的合力为

$$\boldsymbol{F}_c=\boldsymbol{F}'_A+\boldsymbol{F}'_B=1.5\sqrt{2}\times10^{-5}\boldsymbol{j}=2.12\times10^{-5}\boldsymbol{j}\text{N}$$

练习题

1. 若在例题 6-2 中，把点电荷 q 放置在 $D(0, -3)$点。试求：此电荷受的库仑力。
2. 若在例题 6-2 中，把点电荷 q 放置在 $D(1, 0)$点。试求：此电荷受的库仑力。

6.2 电场 电场强度

电荷间的作用力是通过电场传递的。为描述电场的力学性质，本节引入电场强度这一物理量，并重点讨论点电荷、点电荷系、电荷连续分布带电体电场中场强分布规律。

6.2.1 电场

库仑定律给出了两个静止的点电荷之间电力的定量公式。我们知道，任何力的作用都离不开物质的传递，例如马拉车，马对车的拉力是通过绳子传递的。那么，电荷之间的作用力是通过什么传递的呢？历史上曾有过两种观点：一种是超距作用观点，认为电荷之间的作用力是不需要中介物质传递的，也不存在中间的传递过程，相互之间的作用力是瞬间传到对方的；另一种是近距作用观点或称场的观点，认为电荷之间的电力是需要中介物质传递的，也存在着传递的过程，相互之间作用力的传递具有相应的速度。随着电磁学的发展，理论和实验都证明了后一种观点是正确的，即电荷之间的作用力需要某种中介物质进行传递，这种中介物质我们称为电场(传递磁力的中介物质称为磁场)。

只要有电荷存在，在电荷的周围就存在电场，电场的基本特性是对位于其内的电荷有力的作用，这个力我们称为电场力。A、B 两个电荷相互作用时，A 电荷受到 B 电荷的作用力，实际上是 B 电荷在其周围激发电场，这个电场再对 A 电荷施加力的作用；同样，B 电荷受到 A 电荷的作用力，也是通过 A 电荷所激发的电场给 B 电荷作用力。这种电荷间的相互作用过程可以表示为

$$\text{电荷} \leftrightarrow \text{电场} \leftrightarrow \text{电荷}$$

电磁场也是物质存在的一种形式，与其他一切物质一样，电磁场也具有能量、动量、质量等属性。但电磁场与其他普通的物质有着明显的区别，那就是：几个场可以同时占有同一空间，其他实物物质也可以置于电磁场中，电磁场具有可入性，所以说电磁场是一种特殊的物质。

6.2.2 电场强度

为了对电场进行定量研究，我们从电场对电荷施加力这一性质出发，引入一个描述电场力学性质的物理量——电场强度，简称场强。

可以利用实验电荷来研究电场中各点场强的分布情况。为了方便起见，通常规定实验电荷为正电荷，而且还应满足以下两个条件：一是实验电荷的电量 q_0 要足够小，当把它引入被测电场中时，在实验精度范围内，不会影响原有电场的分布；二是实验电荷的强度要足够小，可以把它视为点电荷，这样我们说实验电荷位于场中某点才有意义，才能利用它来确定场中某点的性质。

实验表明，把实验电荷 q_0 放在电场中某一给定点（称为场点）时，实验电荷所受电场力 $\boldsymbol{F}$ 的大小与实验电荷的电量成正比，即对于给定的场点，比值$\dfrac{\boldsymbol{F}}{q_0}$具有确定的大小和方向，且与 q_0 无关；实验还表明，把实验电荷放在不同的场点，比值$\dfrac{\boldsymbol{F}}{q_0}$一般具有不同的大小和方向。可见，比值$\dfrac{\boldsymbol{F}}{q_0}$是一个只与场点位置有关，而与实验电荷无关的量，是场点的位置函数，这个函数能够反映电场自身的客观属性，因此，可以将比值$\dfrac{\boldsymbol{F}}{q_0}$定义为电场强度，用 $\boldsymbol{E}$ 表示，即

$$\boldsymbol{E}=\frac{\boldsymbol{F}}{q_0} \tag{6-4}$$

式(6-4)称为场强的定义式，从此式可知：(1)在国际单位制中，场强的单位是牛/库（$\mathrm{N\cdot C^{-1}}$）；(2)场强是矢量，电场中某点的场强方向与该处正电荷所受电场力的方向一致；(3)在电场中某点场强的大小在量值上等于单位正电荷在该点所受电场力的大小。

根据场强的定义，一个带有电量 q 的点电荷在电场中受的电场力应等于电荷的电量乘以该处的场强，即

$$\boldsymbol{F}=q\boldsymbol{E} \tag{6-5}$$

可见，正电荷在电场中所受电场力与该处场强方向一致，负电荷所受电场力与该处场强方向相反。在应用式(6-5)计算电场力时，一般我们先用其标量形式$F=|q|E$计算电场力的大小，然后再根据场强的方向及电荷的性质判明电场力的方向。

例题 6-3 已知匀强电场场强的大小为 $E=1\times10^3\,\mathrm{N\cdot C^{-1}}$，方向水平向右。现在此电场中放入一点电荷，试求下列情况中，点电荷所受电场力的大小和方向：(1)$q=9\times10^{-5}\,\mathrm{C}$；(2)$q'=-6\times10^{-5}\,\mathrm{C}$。

解 (1) 根据电场力 $\boldsymbol{F}=q\boldsymbol{E}$，得电荷 q 受力大小为

$$F=qE=9\times10^{-5}\times1\times10^3=9\times10^{-2}\ \mathrm{N}$$

正电荷受力方向与场强方向一致，即水平向右；

(2) 根据电场力 $\boldsymbol{F}=q\boldsymbol{E}$，得电荷 q'受力大小为

$$F'=q'E=6\times10^{-5}\times1\times10^3=6\times10^{-2}\ \mathrm{N}$$

负电荷受力方向与场强方向相反，即水平向左。

6.2.3 点电荷电场的场强

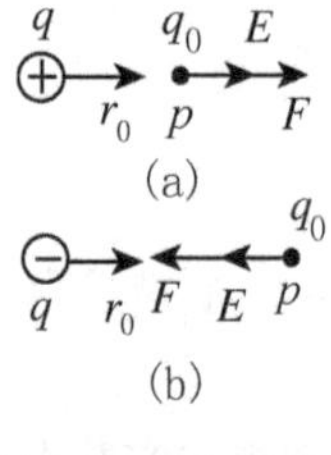

图 6-3 点电荷电场的场强

如图 6-3 所示，把实验电荷 q_0 放入真空中点电荷 q 的电场中 P 点。用 r 表示 q 与 q_0 间的距离，$\boldsymbol{r}_0$ 表示从 q 指向 P 点的单位矢量。根据库仑定律，q_0 在 P 点所受电场力的矢量形式为

$$\boldsymbol{F}=\frac{1}{4\pi\varepsilon_0}\frac{q_0 q}{r^2}\boldsymbol{r}_0$$

将此式带入场强的定义式(6-4)，得点电荷 q 的电场中 P 点场强为

$$\boldsymbol{E}=\frac{1}{4\pi\varepsilon_0}\frac{q}{r^2}\boldsymbol{r}_0 \tag{6-6}$$

式(6-6)表示的是点电荷电场中任意一点的场强，由此式可知：(1)点电荷电场中某点场强的大小与场源电荷的电量 q 成正比，与该点到场源电荷的距离 r 的平方成反比；(2)场

强方向沿场源电荷与该点的连线方向，且 q 为正电荷时，场强方向与 $\boldsymbol{r}_0$ 方向一致，即背离场源电荷，如图 6-3(a)所示；q 为负电荷时，场强方向与 $\boldsymbol{r}_0$ 方向相反，即指向场源电荷如图 6-3(b)所示；(3)以 q 为球心的球面上各点，场强的大小相等，但方向不同，分别沿以场源电荷为球心的该点所在球面的半径方向，即点电荷的电场中场强是球对称、非均匀分布的。

例题 6-4　已知场源电荷电量为 $q=9\times10^{-6}$C。试求：(1)距离场源电荷 $r_1=3$ cm 处 A 点的场强；(2)距离场源电荷 $r_2=9$ cm 处 B 点的场强。

解　(1) 根据点电荷电场中场强 $\boldsymbol{E}=\dfrac{1}{4\pi\varepsilon_0}\dfrac{q}{r^2}\boldsymbol{r}_0$，可得 A 点处场强的大小为

$$E_1=\frac{1}{4\pi\varepsilon_0}\frac{q}{r_1^2}=9\times10^9\times\frac{9\times10^{-6}}{0.03^2}=9\times10^7\ \text{N}\cdot\text{C}^{-1}$$

场强方向沿径向指向外侧。

(2) 根据点电荷电场中场强 $\boldsymbol{E}=\dfrac{1}{4\pi\varepsilon_0}\dfrac{q}{r^2}\boldsymbol{r}_0$，可得 B 点处场强的大小为

$$E_2=\frac{1}{4\pi\varepsilon_0}\frac{q}{r_2^2}=9\times10^9\times\frac{9\times10^{-6}}{0.09^2}=1\times10^7\text{N}\cdot\text{C}^{-1}$$

场强方向沿径向指向外侧。

由此例可以看出，在正的点电荷电场中，距离场源电荷越远的点，场强越小，无限远处，场强为零。

6.2.4　场强叠加原理

在 n 个点电荷 q_1、q_2、…q_n 共同激发的电场中，根据力的叠加原理，实验电荷 q_0 在场中某点 P 处受的电场力为

$$\boldsymbol{F}=\boldsymbol{F}_1+\boldsymbol{F}_2+\cdots+\boldsymbol{F}_n=\sum_{i=1}^{n}\boldsymbol{F}_i$$

式中，$\boldsymbol{F}_1$、$\boldsymbol{F}_2$、…$\boldsymbol{F}_n$ 分别代表 q_1、q_2、…q_n 单独存在时 q_0 所受的电场力，将此式带入场强的定义式(6-4)，得

$$\boldsymbol{E}=\boldsymbol{E}_1+\boldsymbol{E}_2+\cdots+\boldsymbol{E}_n=\sum_{i=1}^{n}\boldsymbol{E}_i \tag{6-7}$$

式中，$\boldsymbol{E}_1$、$\boldsymbol{E}_2$、…$\boldsymbol{E}_n$ 分别代表 q_1、q_2、…q_n 单独存在时在 P 点产生的场强，而 $\boldsymbol{E}$ 表示它们同时存在时 P 点的合场强。式(6-7)表明：点电荷系所激发的电场中任意一点的场强等于各点电荷单独存在时在该点各自产生场强的矢量和，这就是场强叠加原理。

任何带电体都可以看作许多点电荷的集合，因此，应用场强叠加原理原则上可以计算任何带电体激发电场的场强。应用场强叠加原理时应当注意：场强叠加是矢量叠加，要用矢量加法计算，对于各分场强方向不在同一条直线上的情况，一般需要先建立坐标系，分别计算场强在坐标轴上的分量之和，再求总场强。

例题 6-5　如图 6-4 所示，在边长为 10 cm 的等边三角形的两个顶点 A、B 处分别放置电量都为 $q=5.0\times10^{-9}$C 的点电荷。试求：C 点的电场强度。

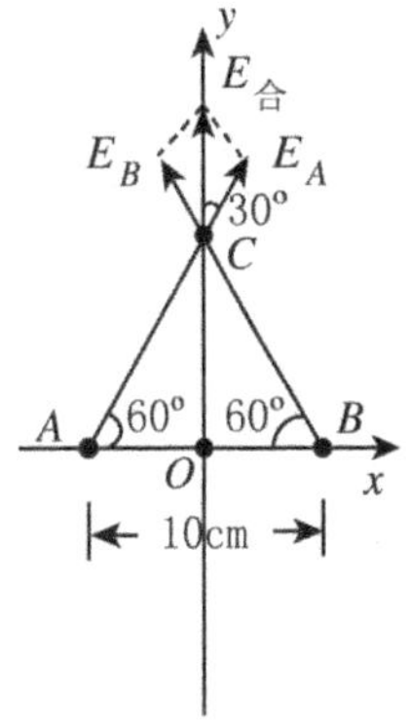

图 6-4　例题 6-5 用图

解 以 A、B 连线中点为原点建立坐标系，如图 6-4 所示。根据点电荷电场场强公式 $\boldsymbol{E}=\frac{1}{4\pi\varepsilon_0}\frac{q}{r^2}\boldsymbol{r}_0$，得 A、B 处点电荷在 C 点的场强大小为

$$E_A=E_B=\frac{1}{4\pi\varepsilon_0}\frac{q}{r^2}=9.0\times10^9\times\frac{5.0\times10^{-9}}{(10\times10^{-2})^2}=4.5\times10^3\,\mathrm{N}\cdot\mathrm{C}^{-1}$$

$\boldsymbol{E}_A$、$\boldsymbol{E}_B$ 方向如图 6-4 所示。

根据场强叠加原理，$\boldsymbol{E}=\boldsymbol{E}_1+\boldsymbol{E}_2+\cdots+\boldsymbol{E}_n=\sum_{i=1}^{n}\boldsymbol{E}_i$ 可求 C 点的场强在 x 轴、y 轴分量分别为

$$E_x=E_{Ax}+E_{Bx}=0$$

$$E_y=E_{Ay}+E_{By}=2E_{Ay}=2\times\frac{\sqrt{3}}{2}\times4.5\times10^3=7.79\times10^3\,\mathrm{N}\cdot\mathrm{C}^{-1}$$

因此 C 点的场强为

$$\boldsymbol{E}=E_x\boldsymbol{i}+E_y\boldsymbol{j}=7.79\times10^3\boldsymbol{j}\,\mathrm{N}\cdot\mathrm{C}^{-1}$$

6.2.5 电荷连续分布带电体的电场场强

对于任意的电荷连续分布的带电体，可以把它看成由许多个可视为点电荷的电荷元 $\mathrm{d}q$ 组成，$\mathrm{d}q$ 在电场中某点 P 处产生的场强为

$$\mathrm{d}\boldsymbol{E}=\frac{1}{4\pi\varepsilon_0}\frac{\mathrm{d}q}{r^2}\boldsymbol{r}_0$$

式中，r 表示电荷元 $\mathrm{d}q$ 到场点 P 处的距离，$\boldsymbol{r}_0$ 表示电荷元 $\mathrm{d}q$ 到场点 P 处的单位矢量。根据场强叠加原理，整个带电体在 P 点产生的场强为

$$\boldsymbol{E}=\int\mathrm{d}\boldsymbol{E}=\frac{1}{4\pi\varepsilon_0}\int\frac{\mathrm{d}q}{r^2}\boldsymbol{r}_0 \tag{6-8}$$

等式右边的积分要遍及整个场源电荷分布的空间。当电荷分布在细长线状的带电体上时，可用 λ 表示单位长度上的电荷量，称为电荷线密度；如果电荷分布在平面或者曲面形状的带电体上时，可用 σ 表示单位面积上的电荷量，称为电荷面密度；如果电荷分布在某一体积内，可用 ρ 表示单位体积上的电荷量，称为电荷体密度。在具体问题中，可以根据以上三种不同情况，把带电体上的电荷元表示为

$$\mathrm{d}q=\begin{cases}\lambda\mathrm{d}l & \text{线分布}\\ \sigma\mathrm{d}S & \text{面分布}\\ \rho\mathrm{d}V & \text{体分布}\end{cases}$$

式中，$\mathrm{d}l$、$\mathrm{d}S$、$\mathrm{d}V$ 分别表示线元、面积元和体积元。

式(6-8)是一个矢量积分式，计算时，若各 $\mathrm{d}\boldsymbol{E}$ 方向不在同一条直线上，应根据具体情况建立合适的坐标系，先根据式(6-8)积分求出场强在各坐标轴上的分量，再利用矢量加法计算合场强。

例题 6-6 一长度为 L 的均匀带电直线段，电荷线密度为 λ，线段外一点 P 到线段的垂直距离为 d，P 点同线段的两个端点的连线与线段之间的夹角分别为 θ_1、θ_2，如图 6-5 所示。试求：P 点处的电场强度。

解 带电体电荷呈线分布，在带电体上取电荷元 $\mathrm{d}q$，由于各 $\mathrm{d}q$ 在 P 点产生的场强 $\mathrm{d}\boldsymbol{E}$

方向不在同一直线上，因此，以 P 点到线段的垂足为原点，建立直角坐标系，如图 6-5 所示。线段上电荷元可表示为 $\mathrm{d}q=\lambda\mathrm{d}x$，$\mathrm{d}q$ 在 P 点产生场强 $\mathrm{d}\boldsymbol{E}$ 的大小为

$$\mathrm{d}E=\frac{1}{4\pi\varepsilon_0}\frac{\mathrm{d}q}{r^2}=\frac{1}{4\pi\varepsilon_0}\frac{\lambda\mathrm{d}x}{r^2}$$

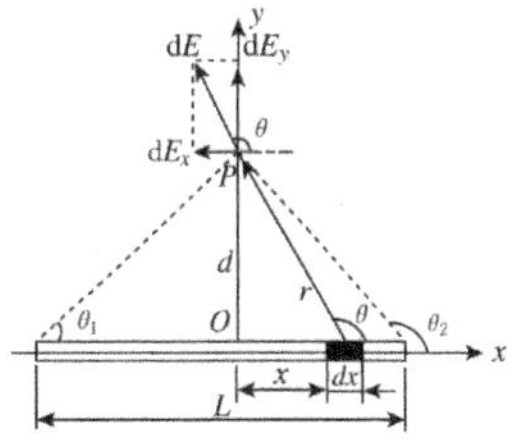

图 6-5 例题 6-5 用图

设 r 与 x 轴正向的夹角为 θ，则 $\mathrm{d}\boldsymbol{E}$ 在各坐标轴上的分量为

$$\mathrm{d}E_x=\mathrm{d}E\cos\theta=\frac{1}{4\pi\varepsilon_0}\frac{\lambda\mathrm{d}x}{r^2}\cos\theta$$

$$\mathrm{d}E_y=\mathrm{d}E\sin\theta=\frac{1}{4\pi\varepsilon_0}\frac{\lambda\mathrm{d}x}{r^2}\sin\theta$$

为下一步积分运算方便，我们需要统一积分变量，根据图中几何关系，有

$$x=\mathrm{d}\cot(\pi-\theta)=-\mathrm{d}\cot\theta$$

则
$$\mathrm{d}x=\mathrm{d}\csc^2\theta\mathrm{d}\theta$$

又
$$r^2=\mathrm{d}^2\csc^2\theta$$

带入 $\mathrm{d}\boldsymbol{E}$ 分量式中，统一积分变量，有

$$\mathrm{d}E_x=\frac{1}{4\pi\varepsilon_0}\frac{\lambda}{d}\cos\theta\mathrm{d}\theta$$

$$\mathrm{d}E_y=\frac{1}{4\pi\varepsilon_0}\frac{\lambda}{d}\sin\theta\mathrm{d}\theta$$

积分运算，得 P 点场强在坐标轴上的分量分别为

$$E_x=\int\mathrm{d}E_x=\int_{\theta_1}^{\theta_2}\frac{1}{4\pi\varepsilon_0}\frac{\lambda}{\mathrm{d}}\cos\theta\mathrm{d}\theta=\frac{1}{4\pi\varepsilon_0}\frac{\lambda}{\mathrm{d}}(\sin\theta_2-\sin\theta_1)$$

$$E_y=\int\mathrm{d}E_y=\int_{\theta_1}^{\theta_2}\frac{1}{4\pi\varepsilon_0}\frac{\lambda}{\mathrm{d}}\sin\theta\mathrm{d}\theta=\frac{1}{4\pi\varepsilon_0}\frac{\lambda}{\mathrm{d}}(\cos\theta_1-\cos\theta_2)$$

根据矢量加法，得 P 点场强的矢量形式

$$\boldsymbol{E}=E_x\boldsymbol{i}+E_y\boldsymbol{j}=\frac{1}{4\pi\varepsilon_0}\frac{\lambda}{\mathrm{d}}(\sin\theta_2-\sin\theta_1)\boldsymbol{i}+\frac{1}{4\pi\varepsilon_0}\frac{\lambda}{\mathrm{d}}(\cos\theta_1-\cos\theta_2)\boldsymbol{j}$$

如果带电体为无限长均匀带电直线，有 $\theta_1\to0$，$\theta_2\to\pi$，则有

$$\boldsymbol{E}=E_x\boldsymbol{i}+E_y\boldsymbol{j}=0+\frac{1}{2\pi\varepsilon_0}\frac{\lambda}{\mathrm{d}}\boldsymbol{j}=\frac{\lambda}{2\pi\varepsilon_0\mathrm{d}}\boldsymbol{j}$$

即：场强的大小与电荷的线密度成正比，与该点到直线的距离成反比；场强的方向垂直于带电直线，且当电荷为正电荷时，P 点场强指向外侧，当电荷为负电荷时，P 点场强指向带电直线。

例题 6-7 真空中一均匀带电圆环，半径为 R，带电量为 q。试求：轴线上任意一点 P 处的场强。

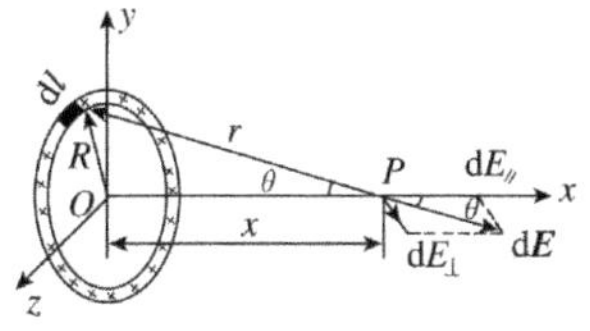

图 6-6 例题 6-7 用图

解 在圆环上取电荷元 $\mathrm{d}q=\lambda\mathrm{d}l$，由于各 $\mathrm{d}q$ 在 P 点产生的场强 $\mathrm{d}\boldsymbol{E}$ 方向不在同一直线上，因此，以环心为原点，轴线方向为坐标轴正向，建立坐标轴，如图 6-6 所示。$\mathrm{d}\boldsymbol{E}$ 的大小为

$$\mathrm{d}E=\frac{1}{4\pi\varepsilon_0}\frac{\mathrm{d}q}{r^2}$$

由于电荷分布对 P 点呈轴对称性，故将 $\mathrm{d}\boldsymbol{E}$ 沿平行、垂直

于 Ox 轴两个方向进行分解，得 $\mathrm{d}E_{//}$ 和 $\mathrm{d}E_{\perp}$。

各电荷元在 P 点的垂直于 Ox 轴的分量由于对称性而相互抵消，可得

$$E_{\perp}=\int \mathrm{d}E_{\perp}=0$$

因此 P 点场强的大小为

$$E=E_{//}=\int \frac{\lambda \mathrm{d}l}{4\pi\varepsilon_0 r^2}\cos\theta=\frac{\lambda\cos\theta}{4\pi\varepsilon_0 r^2}\int_0^{2\pi R}\mathrm{d}l=\frac{q\cos\theta}{4\pi\varepsilon_0 r^2}=\frac{qx}{4\pi\varepsilon_0\ (x^2+R^2)^{3/2}}$$

由此式可以看出：(1)当圆环带正电荷时，场强的方向沿 Ox 轴正向，当圆环带负电荷时，场强的方向沿 Ox 轴负向；(2)若 $x=0$，则 $E=0$，即圆环的环心处场强为零。这是容易理解的，电荷关于环心对称分布，因此它们在环心处场强互相抵消；(3)若 $x\gg R$，则 $E=\frac{q}{4\pi\varepsilon_0 x^2}$，即在远离环心处，场强近似等于点电荷的场强。这也是容易理解的，因为此时带电体的尺度相对于研究的距离而言足够小，带电体可以认为是电荷集中于环心的点电荷。

练习题

1. 两个等值异号的点电荷 $+q$、$-q$，当它们之间的距离 r_e 比起所讨论场点到它们两者的距离小得多时，这一对点电荷称为电偶极子。连结两电荷的直线称为电偶极子的轴线，由 $-q$ 指向 $+q$ 的矢量 $\boldsymbol{r}_e$ 方向为轴的正向，$q\boldsymbol{r}_e$ 称为电偶极矩，简称电矩，用 $\boldsymbol{P}$ 表示，即 $\boldsymbol{P}=q\boldsymbol{r}_e$。试求：(1)电偶极子轴线的延长线上与电荷连线中点相距为 x 处一点的场强；(2)电偶极子轴线的中垂线上与垂足相距为 y 处一点的场强。

2. 真空中一均匀带电半圆环，半径为 R，电荷线密度为 λ。试求：环心处电场强度。

6.3　电通量　静电场中的高斯定理

虽然应用场强叠加原理原则上能够求解任何一个电场的场强分布情况，但由于实际问题中积分运算的不易处理，使得一些电场的场强应用叠加原理难以计算，甚至不能计算。本节我们将介绍求解场强的另一种常用方法——静电场的高斯定理，并通过高斯定理进一步分析静电场的性质。

6.3.1　电场线

前面，我们描述电场中场强的分布情况时，都是通过场强的函数式来描述的，这种描述方案虽然精确，但比较抽象。对于电场中场强的分布情况，还有一套比较形象的描述方案，即通过在电场中做出一些假想的线——电场线(又称 $\boldsymbol{E}$ 线)来描述场强的分布。为了使电场线能够描述出电场中各点场强 $\boldsymbol{E}$ 的大小和方向，对电场线做如下规定：

(1) 电场线上每一点的切线方向与该点场强 $\boldsymbol{E}$ 的方向一致。

(2) 在任意一个场点，电场线的疏密反映该处场强 $\boldsymbol{E}$ 的大小。为定量表达 $\boldsymbol{E}$ 的大小，规定：场强 $\boldsymbol{E}$ 的大小在量值上等于该处垂直于场强线的单位面积上的电场线条数。设通过电场中某点且垂直于该点场强方向的无限小面积元 $\mathrm{d}S$ 的电场线条数为 $\mathrm{d}\Phi_e$，按上述规定，应有

$$E=\frac{d\Phi_e}{dS} \tag{6-9}$$

式中,各量都采用国际单位制中单位。由式(6-9)看出,电场中电场线越密集的地方场强越大。

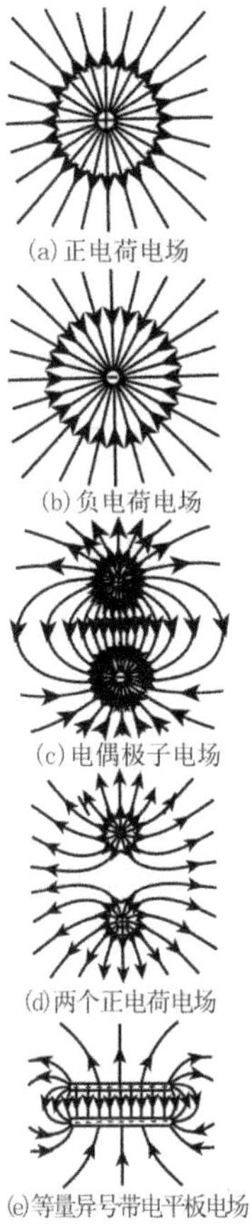

(a)正电荷电场　(b)负电荷电场　(c)电偶极子电场　(d)两个正电荷电场　(e)等量异号带电平板电场

图 6-7　几种常见电场的电场线图

电场线是为了形象描述场强分布而人为引入的,在实际中,电场线并不存在,但借助于实验手段可以将电场线模拟出来。例如,在油上浮一些草籽,放在静电场中,草籽就会排出电场线的形状。图 6-7 给出了几种根据实验模拟结果及根据电场线规定做出的电场线图。

从图 6-7 中,可以看出电场线具有如下性质:

(1) 电场线不闭合,也不会在无电荷处中断。电场线起自正电荷,止于负电荷;或如图 6-7(a)所示,电场线从正电荷起,伸向无穷远处;或如图 6-7(b)所示,电场线来自于无穷远,而止于负电荷。

(2) 任何两条电场线都不相交。这一点可以用反证法给予说明:若两条电场线可以相交,则相交处会有两个电场线的切线方向,即该处有两个场强方向,此结论与电场中任意一点场强方向是唯一的这一客观事实相矛盾,因此电场线不能相交。

6.3.2　电场强度通量

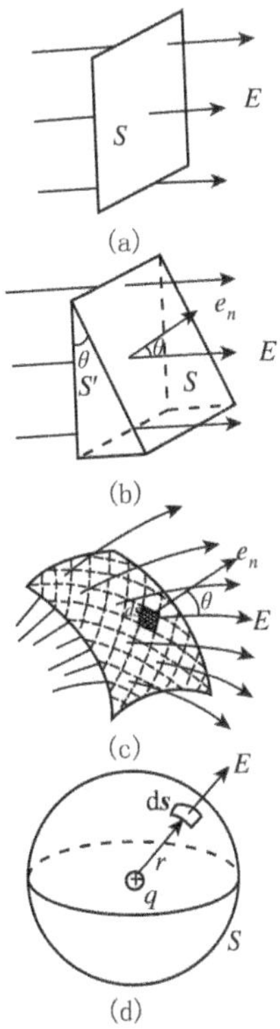

(a)　(b)　(c)　(d)

图 6-8　电通量的计算

通过电场中给定面的电场线条数称为通过该面的电场强度通量,简称电通量,用符号 Φ_e 表示。通量是描述矢量场的一个重要概念,不同情况中应采用不同的计算公式。

1. 均匀电场中,通过垂直于电场线平面的电通量

均匀电场中电场线是一系列均匀分布的平行直线,根据前面关于电场线疏密的规定:场强 $\boldsymbol{E}$ 的大小在量值上等于该处垂直于场强线的单位面积上的电场线条数,由图 6-8(a)可知,均匀电场中通过垂直于电场线方向的平面 S 的电通量为

$$\Phi_e=ES \tag{6-10}$$

2. 均匀电场中,通过法向 e_n 与电场线成 θ 角平面的电通量

由图 6-8(b)所示,平面 S 在垂直于电场线方向上的投影面积为 S',$S'=S\cos\theta$,通过平面 S 的电通量应等于通过平面 S' 的电通量,即

$$\Phi_e=ES'=ES\cos\theta=\boldsymbol{E}\cdot\boldsymbol{S} \tag{6-11}$$

式中,$\boldsymbol{S}=S\boldsymbol{e}_n$,称为面积矢量,其大小等于面积 S,方向为该平面的法向。

3. 非均匀电场中,或者通过任意曲面的电通量

如图 6-8(c)所示,在非均匀电场中,或者计算曲面的电通量时,可以把该面划分成无数个小的面积元 $d\boldsymbol{S}$,由于面积元无限小,因此可以

认为面积元是一个小的平面，而且可以认为在面积元所在处场强 $\boldsymbol{E}$ 是均匀分布的。设面积元的法向与该处场强方向的夹角为 θ，则通过面积元 $\mathrm{d}\boldsymbol{S}$ 的电通量为

$$\mathrm{d}\Phi_e=\boldsymbol{E}\cdot\mathrm{d}\boldsymbol{S}$$

通过整个曲面的电通量等于通过所有面元电通量之和，即

$$\Phi_e=\iint_S\mathrm{d}\Phi_e=\iint_S\boldsymbol{E}\cdot\mathrm{d}\boldsymbol{S}=\iint_S E\cos\theta\mathrm{d}S \tag{6-12}$$

如果曲面是闭合的，如图 6-8(d)所示，则通过曲面的电通量可表示为

$$\Phi_e=\oiint_S\boldsymbol{E}\cdot\mathrm{d}\boldsymbol{S}=\oiint_S E\cos\theta\mathrm{d}S \tag{6-13}$$

必须说明的是：对于非闭合曲面，面的法向可以取曲面的任意一侧，但对于闭合曲面，通常规定自内向外为面的法向，所以，当电场线从曲面之内向外穿出时，对应的 $0°\leqslant\theta<90°$，则 $\Phi_e>0$；当电场线与曲面平行时，对应的 $\theta=90°$，则 $\Phi_e=0$；当电场线从曲面之外向内穿入时，对应的 $90°<\theta\leqslant180°$，则 $\Phi_e<0$。或者反过来说，当 $\Phi_e>0$ 时，说明有电场线穿出曲面；当 $\Phi_e=0$ 时，说明没有电场线穿出曲面；当 $\Phi_e<0$ 时，说明有电场线穿入曲面。

6.3.3 静电场中的高斯定理

下面根据式(6-13)，计算几种电场中闭合曲面的电通量，通过对闭合曲面电通量的进一步研究以及对结果的归纳，可以得到一个静电场中的重要定理，进而更深入地了解静电场的性质。

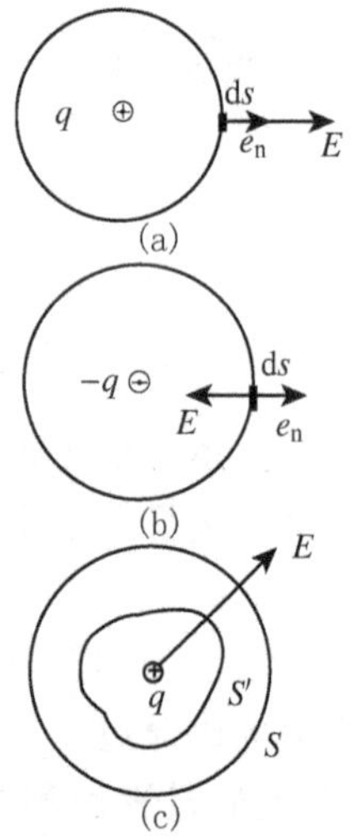

图 6-9 高斯定理推导用图

(1) 电量为 q 点电荷电场中，通过以 q 为球心、半径为 R 的球面的电通量。

如图 6-9(a)所示，设场源电荷 q 为正电荷，根据点电荷电场场强分布特点，可知，球面上各点场强的大小均为

$$E=\frac{q}{4\pi\varepsilon_0R^2}$$

方向都与该处面积元 $\mathrm{d}\boldsymbol{S}$ 的法向相同，即两者的夹角 θ 为零，通过整个球面的电通量为

$$\Phi_e=\oiint_S\boldsymbol{E}\cdot\mathrm{d}\boldsymbol{S}=\oiint_S\frac{q}{4\pi\varepsilon_0R^2}\mathrm{d}S=\frac{q}{4\pi\varepsilon_0R^2}\oiint_S\mathrm{d}S=\frac{q}{\varepsilon_0} \tag{6-14}$$

若场源电荷为负电荷($q<0$)，如图 6-9(b)所示，则闭合曲面上场强大小为

$$E=\frac{|q|}{4\pi\varepsilon_0R^2}$$

场强方向与该处面积元 $\mathrm{d}\boldsymbol{S}$ 的法向相反，即两者的夹角 θ 为 π，通过整个球面的电通量为

$$\Phi_e=\oiint_S\boldsymbol{E}\cdot\mathrm{d}\boldsymbol{S}=\oiint_S-\frac{|q|}{4\pi\varepsilon_0R^2}\mathrm{d}S=\frac{q}{4\pi\varepsilon_0R^2}\oiint_S\mathrm{d}S=\frac{q}{\varepsilon_0}$$

可见，无论场源电荷是正还是负，穿过球面的电通量都可以写为 $\frac{q}{\varepsilon_0}$，且电通量只与曲面内电荷有关，而与球面的半径无关。

(2) 电量为 q 点电荷电场中,通过任意包围点电荷的闭合面的电通量。

对于任意包围电荷 q 的闭合曲面 S',我们都可以做一个包围此曲面的、以点电荷为球心的球面 S,因为电场线不会在无电荷处中断,所以穿过 S'面的电场线条数应与穿过 S 面的电场线条数相同,如图 6-9(c)所示,即通过 S'面的电通量应与式(6-14)结果相同,也可写为

$$\Phi_e = \oiint_S \boldsymbol{E} \cdot d\boldsymbol{S}' = \frac{q}{\varepsilon_0}$$

(3) 任意不包围电荷的闭合面的电通量。

若点电荷在闭合曲面外,由电场线的连续性可知,穿入该曲面的电场线条数应与穿出该曲面的电场线条数相等,又因电场线穿入曲面时,电通量为负,穿出曲面时,电通量为正,则通过整个闭合曲面的电通量为零。即

$$\Phi_e = \oiint_S \boldsymbol{E} \cdot d\boldsymbol{S} = 0$$

可见,如果式(6-14)的结果中 q 理解为闭合曲面内的电荷,则式(6-14)可以概括以上三种情况。

(4) n 个点电荷组成的点电荷系电场中,通过内部包围 $m(m\leqslant n)$个点电荷的闭合曲面的电通量。

根据场强叠加原理,可得通过此曲面的电通量为

$$\Phi_e = \oiint_S \boldsymbol{E} \cdot d\boldsymbol{S} = \oiint_S (\boldsymbol{E}_1 + \boldsymbol{E}_2 + \cdots\cdots + \boldsymbol{E}_n) \cdot d\boldsymbol{S}$$

$$= \frac{q_1}{\varepsilon_0} + \frac{q_2}{\varepsilon_0} + \cdots + \frac{q_m}{\varepsilon_0} = \frac{1}{\varepsilon_0}\sum_{i=1}^{m} q_i \tag{6-15}$$

可见,式(6-15)概括了以上所有的情况,而且此式的结果可以推广到真空中任意电场之中。此式表明,真空中通过任意闭合曲面的电通量等于该曲面内包围的所有电荷的代数和除以真空的介电常数 ε_0,这就是真空中静电场的高斯定理,相应的,闭合曲面一般习惯称为高斯面。

高斯定理中 q_i 为高斯面内的电荷,即高斯面的电通量仅与曲面内电荷代数和有关,而与曲面外电荷无关。需要指出的是,高斯定理中的场强 $\boldsymbol{E}$ 是高斯面上各点的场强,它与高斯面内外的电荷都有关,也就是说,高斯面内的电荷影响电通量,也影响面上的场强,而高斯面外的电荷仅影响场强的分布,不影响整个面的电通量。

6.3.4 高斯定理的物理意义

高斯定理最早是德国数学家和物理学家高斯从理论上给予证明的,高斯定理给出了电场中电通量与激发电场的电荷之间的关系,即场与源的关系,具体分析如下。

(1) 若闭合曲面内包含正电荷,根据高斯定理,则通过该曲面的电通量为正,说明有电场线穿出曲面;反过来,若有电场线穿出高斯面,电通量为正,则根据高斯定理,曲面内必有正电荷。可见,电场线起于正电荷,正电荷是电场线的源头。

(2) 若闭合曲面内包含负电荷,根据高斯定理,则通过该曲面的电通量为负,说明有电场线穿入曲面;反过来,若有电场线穿入高斯面,电通量为负,则根据高斯定理,曲面内必有负电荷。可见,电场线止于负电荷,负电荷是电场线的尾闾。

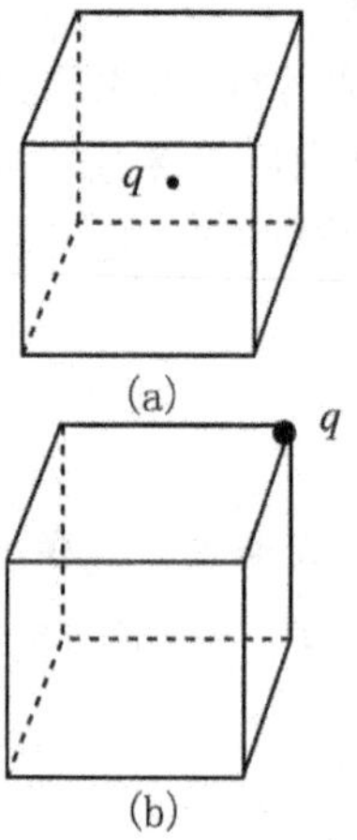

图 6-10　例题 6-8 用图

(3) 若闭合曲面没有包含电荷，根据高斯定理，则通过该曲面的电通量为零，说明要么没有电场线穿过曲面，要么有多少电场线穿入曲面，就有多少电场线穿出曲面，即电场线不会在没有电荷的区域中断。

综上分析，高斯定理说明正电荷是发出电通量的源，负电荷是吸收电通量的源，静电场是有源场，这是静电场的一个基本属性。

高斯定理虽然是以库仑定律为基础建立的，但库仑定律仅适用于静电场，而高斯定理不仅适用于静电场，还适用于变化的电场，高斯定理是电磁场的基本定理之一。

例题 6-8　如图 6-10(a)所示，真空中一个点电荷 q 置于立方体的中心。试用高斯定理求此立方体各面的电通量。

解　以立方体的表面构成的闭合面为高斯面，根据高斯定理，此高斯面的电通量为

$$\Phi_e = \oint\!\!\!\oint_S \boldsymbol{E} \cdot \mathrm{d}\boldsymbol{S} = \frac{q}{\varepsilon_0}$$

立方体的六个表面呈对称分布，因此每个面的电通量为整个高斯面电通量的六分之一，即每个面的电通量为

$$\Phi_e = \frac{1}{6}\Phi_e = \frac{q}{6\varepsilon_0}$$

练习题

例题 6-8 中，若点电荷置于立方体的一个顶点处，如图 6-10(b)所示。试求：立方体各面的电通量。

6.4　高斯定理的应用

静电场中的高斯定理不仅反映了静电场是有源场这一性质，而且由于高斯定理确立了静电场中任一闭合曲面的电场强度通量与该曲面内所包围电荷代数和之间的数量关系，因而会很自然地思考这样一个问题：能否利用高斯定理来确定静电场中的场强分布情况呢？在什么情况下可以应用其求解场强呢？

6.4.1　应用高斯定理求解场强的第一种适用情况

若把高斯定理的数学表达式 $\oint\!\!\!\oint_S \boldsymbol{E} \cdot \mathrm{d}\boldsymbol{S} = \frac{1}{\varepsilon_0}\sum q_i$ 视为一个含有未知数 $\boldsymbol{E}$ 的方程，则解此方程求 $\boldsymbol{E}$ 的关键应是对方程左侧的积分表达式进行化简。根据数学知识有

$$\oint\!\!\!\oint_S \boldsymbol{E} \cdot d\boldsymbol{S} = \oint\!\!\!\oint_S E\cos\theta \mathrm{d}S$$

式中，E 为面积元 $\mathrm{d}\boldsymbol{S}$ 所在处的场强大小；θ 为面积元所在处 $\boldsymbol{E}$ 与 $\mathrm{d}\boldsymbol{S}$ 法向的夹角。如果在某种特殊的静电场中，可以选择一个特殊的高斯面(如点电荷电场中以点电荷为球心的球面)，使得这个高

斯面上每处面积元的法向都与场强夹角为零,即处处 $\theta=0$,而且面元所在处场强大小处处相等,则上面的表达式可进一步化简为

$$\oiint_S \boldsymbol{E}\cdot \mathrm{d}\boldsymbol{S}=\oiint_S E\cos\theta \mathrm{d}S=E\oiint_S \mathrm{d}S=ES$$

式中,S 为所选择高斯面的面积,其值易求。把此结果与高斯定理的右侧结合一起,则可得高斯面所在处场强大小为

$$E=\frac{1}{S}\frac{\sum q_i}{\varepsilon_0}$$

可见,在这种特殊的电场中,应用高斯定理求场强是可以的,也是比较容易计算的。这种特殊的静电场即是应用高斯定理求解场强的第一种适用情况,在这样的场中,可以选择合适的高斯面使其满足以下两点要求。

(1) 高斯面所在处场强大小处处相等;

(2) 高斯面所在处场强处处与面元法向平行(即场强处处垂直于高斯面)。

例题 6-9　试求均匀带电球面的场强分布。设球面半径为 R,带有正电荷 Q。

解　如图 6-11 所示。无论所求场点 P 在球面内还是在球面外,球面上电荷分布相对于 OP 连线都具有对称性。对于球面上任取的一电荷元 $\mathrm{d}q$,都可以找到一个与它关于 OP 对称的电荷元 $\mathrm{d}q'$,此对电荷元在 P 点产生的场强分别为 $\mathrm{d}\boldsymbol{E}$ 和 $\mathrm{d}\boldsymbol{E}'$,由图可知,$\mathrm{d}\boldsymbol{E}$ 和 $\mathrm{d}\boldsymbol{E}'$垂直于 OP 的分量由于方向相反而相互抵消,因此它们的合场强方向应沿径向(沿 OP 向外)。由于整个带电球面都可以取成如 $\mathrm{d}q$ 和 $\mathrm{d}q'$的成对电荷元,因此整个带电球面在 P 点的场强应沿径向。另外,对于过 P 点以 O 为球心的球面上各点,场源电荷的分布情况是相同的,所以在以 O 为球心,$r=|OP|$为半径的球面上各点的场强大小都相等。

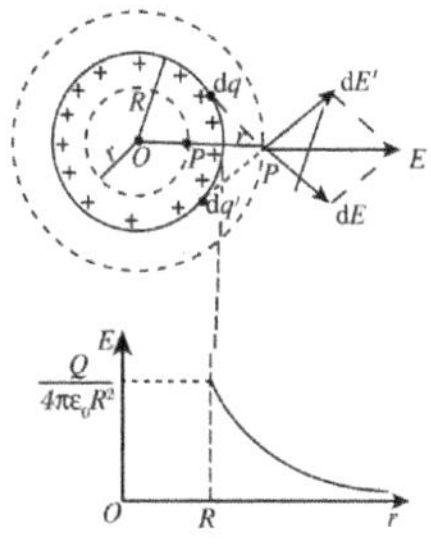

图 6-11　均匀带电球面的场强

根据以上分析,我们选取通过 P 点,以 O 为球心的球面为高斯面,则通过此高斯面的电通量表达式为

$$\oiint_S \boldsymbol{E}\cdot \mathrm{d}\boldsymbol{S}=\oiint_S E\cos\theta \mathrm{d}S=E\oiint_S dS=4\pi r^2 E$$

当 P 点在带电球面内时,高斯面内包围电荷的代数和为零,即 $\sum q_i=0$;当 P 点在带电球面外时,高斯面内包围电荷的代数和为 Q,即 $\sum q_i=Q$。

根据高斯定理 $\oiint_S \boldsymbol{E}\cdot \mathrm{d}\boldsymbol{S}=\frac{1}{\varepsilon_0}\sum q_i$,带入上面各结果,有

$$4\pi r^2 E=0\ (r<R,r\ \text{为场点到球心距离})$$

$$4\pi r^2 E=\frac{Q}{\varepsilon_0}\ (r\geqslant R)$$

解方程得均匀带电球面内外场强的分布为

$$E=0\quad (r<R) \tag{6-16}$$

$$E=\frac{Q}{4\pi\varepsilon_0 r^2}\quad (r\geqslant R) \tag{6-17}$$

均匀带电球面内外场强分布可以用 $E-r$ 曲线表示,如图 6-11 所示。

一般地,场源电荷呈球对称分布时,电场也呈球对称分布,在这样的场中利用高斯定理

求场强时，高斯面一般选取同心的球面。用高斯定理计算场强时，应首先判断所给问题是否能够用高斯定理，即电场是否具有对称性，若符合应用的条件，则问题的求解大致上可以按照如下步骤进行。

(1) 分析问题中场强分布的对称性，明确场强 $\boldsymbol{E}$ 的大小和方向分布的特点，作合适的高斯面。高斯面的"合适"体现在两方面：一是待求场强的场点应该在高斯面上；二是高斯面各面积元的法向与 $\boldsymbol{E}$ 方向平行且 $\boldsymbol{E}$ 的大小要处处相等。

(2) 计算积分式 $\oiint_S \boldsymbol{E}\cdot \mathrm{d}\boldsymbol{S}$。

(3) 计算高斯面内包围电荷的代数和，即 $\sum q_i$。

(4) 根据高斯定理 $\oiint_S \boldsymbol{E}\cdot \mathrm{d}\boldsymbol{S}=\frac{1}{\varepsilon_0}\sum q_i$，带入上面(2)、(3)两步的结果，写出含有 $\boldsymbol{E}$ 大小的代数方程，并解方程求 $\boldsymbol{E}$。

6.4.2 应用高斯定理求解场强的第二种适用情况

如果在另一种特殊的静电场中，可以选择一个特殊的高斯面(如无限长均匀带电直线电场中以带电直线为轴的圆柱面)，使得这个高斯面上一部分面元的法向与场强平行，而其他部分都与场强垂直，而且在平行的部分面元所在处场强大小处处相等，则高斯定理的数学表达式的左侧可以化简为

$$\oiint_S \boldsymbol{E}\cdot \mathrm{d}\boldsymbol{S}=\iint_{\text{平行}} E\cos 0^\circ \mathrm{d}S+\iint_{\text{垂直}} E\cos 90^\circ \mathrm{d}S=ES_{\text{平行}}$$

式中，$S_{\text{平行}}$ 为所选择高斯面中法向与场强平行的那部分面积，其值易求。把此结果与高斯定理的右侧结合一起，则可得此部分面所在处场强大小为

$$E=\frac{1}{S_{\text{平行}}}\frac{\sum q_i}{\varepsilon_0}$$

例题 6-10 试求无限长均匀带电直线的场强分布。设直线上电荷线密度为 λ。

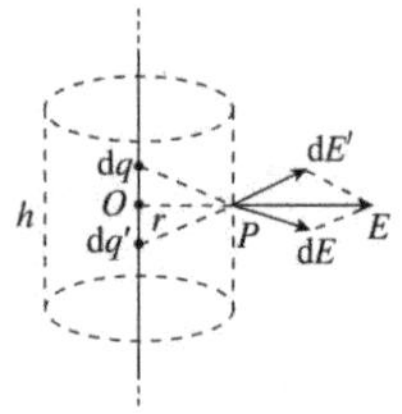

图 6-12 无限长均匀带电直线的场强

解 由场点 P 向带电直线作垂线，垂足为 O，O 点将带电直线分成对称的两部分，因此在带电直线上可以如例题 6-9 一样取一对电荷元 $\mathrm{d}q$ 和 $\mathrm{d}q'$，此对电荷元在 P 点产生的场强分别为 $\mathrm{d}\boldsymbol{E}$ 和 $\mathrm{d}\boldsymbol{E}'$，由图 6-12 可知，$\mathrm{d}\boldsymbol{E}$ 和 $\mathrm{d}\boldsymbol{E}'$垂直于$OP$ 的分量由于方向相反而相互抵消，因此它们的合场强方向应沿 OP 方向向外，由于整个直线上电荷都可以取成如 $\mathrm{d}q$ 和 $\mathrm{d}q'$的成对电荷元，因此，整个带电直线在 P 点的场强也沿 OP 方向。另外，对于过 P 点的以带电直线为轴的圆柱面的侧面上各点，场源电荷分布情况是相同的，所以在以带电直线为轴线，$r=|OP|$ 为底面半径的圆柱面的侧面上各点的场强大小都相等，且场强与侧面法向处处平行，即 $\theta=0^\circ$。取这样的圆柱面为高斯面。在此高斯面的上下底面处，虽然场强大小处处不等，但场强与底面法向处处垂直，即 $\theta=90^\circ$。设此圆柱面的高为 h，则通过此高斯面的电通量表达式为

$$\oiint_S \boldsymbol{E}\cdot \mathrm{d}\boldsymbol{S} = \iint_{\text{上底面}} E\cos \theta \mathrm{d}S+\iint_{\text{侧面}} E\cos \theta \mathrm{d}S+\iint_{\text{下底面}} E\cos \theta \mathrm{d}S$$

$$=0+2\pi rhE+0=2\pi rhE$$

高斯面内包围电荷的代数和为　　　$\sum q_i=\lambda h$

根据高斯定理 $\oint\!\!\oint_S \boldsymbol{E}\cdot \mathrm{d}\boldsymbol{S}=\frac{1}{\varepsilon_0}\sum q_i$，带入上面各结果，有

$$2\pi rhE=\frac{\lambda h}{\varepsilon_0}$$

解方程得均匀带电直线电场中场强的分布为

$$E=\frac{\lambda}{2\pi r\varepsilon_0} \tag{6-18}$$

此结论与例 6-7 中利用场强叠加原理求得的结果是一致的。

由此例的求解可以看出，解题步骤与第一种情况是一致的，只是所选取的高斯面有所不同，解题时需仔细观察，针对情况选取对应的高斯面。一般地，如果场源电荷呈轴对称分布时，电场也呈轴对称分布，在这样的场中若利用高斯定理求场强，高斯面一般选取同轴的圆柱面。

例题 6-11　试求无限大均匀带电平面的场强分布。设平面上电荷面密度为 σ。

解　平面上电荷相对于场点 P 到它在平面上垂足的连线 OP 呈轴对称分布。采用与前面两例类似的方法，可以分析得到场的对称性，即平面两侧距平面等远处的场强大小处处相同，方向处处与平面垂直，如果平面带正电，则场强垂直平面并指向两侧，如图 6-13 所示；如果平面带负电，则场强垂直平面并指向平面。下面以图 6-13 所示情况为例进行讨论。

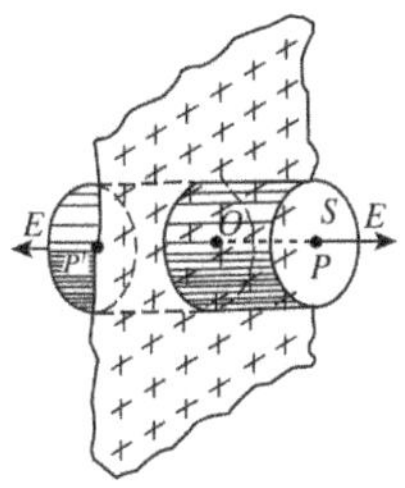

图 6-13　无限大均匀带电平面电场

根据对称性分析，取过 P 点圆柱面为高斯面，此圆柱面的两侧底面与带电平面平行且关于平面对称，圆柱面的轴线与带电平面垂直，设两侧底面的面积每个为 S，通过此高斯面的电通量表达式为

$$\oint\!\!\oint_S \boldsymbol{E}\cdot \mathrm{d}\boldsymbol{S}=\iint_{左底面} E\cos\theta \mathrm{d}S+\iint_{侧面} E\cos\theta \mathrm{d}S+\iint_{右底面} E\cos\theta \mathrm{d}S$$
$$=ES+0+ES=2ES$$

（注：在高斯面的左、右底面处，$\theta=0°$，在侧面处 $\theta=90°$）

高斯面内包围电荷的代数和为 $\sum q_i=\sigma S$

根据高斯定理 $\oint\!\!\oint_S \boldsymbol{E}\cdot \mathrm{d}\boldsymbol{S}=\frac{1}{\varepsilon_0}\sum q_i$，带入上面各结果，有

$$2ES=\frac{\sigma S}{\varepsilon_0}$$

解方程得无限大均匀带电平面电场中场强的分布为

$$E=\frac{\sigma}{2\varepsilon_0} \tag{6-19}$$

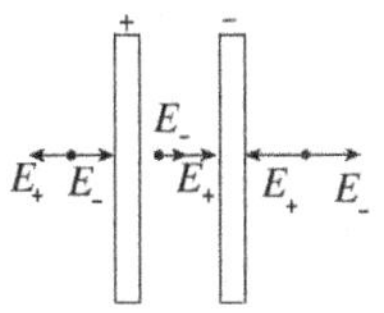

图 6-14　带等量异号电荷平行平面间的电场

式(6-19)表明，无限大均匀带电平面两侧都是匀强电场，这一结论对均匀带负电的无限大带电平面同样适用，只不过电荷为负时，场强方向是从两侧指向带电平面。

若真空中有一对带等量异号电荷且相互邻近的无限大平行平面，如图 6-14 所示，则应用场强叠加原理，可以得到两平面之间的场强大

小为

$$E=E_{+}+E_{-}=\frac{\sigma}{2\varepsilon_0}+\frac{\sigma}{2\varepsilon_0}=\frac{\sigma}{\varepsilon_0} \tag{6-20}$$

方向由带正电的平面指向带负电的平面。两带电平面外侧区域的场强大小为

$$E=E_{+}-E_{-}=\frac{\sigma}{2\varepsilon_0}-\frac{\sigma}{2\varepsilon_0}=0$$

练习题

1. 试求均匀带负电球面内外的场强分布。设球面半径为 R,带有负电 $-q$。
2. 试求无限大均匀带负电平面的场强分布。设平面上电荷面密度为 $-\sigma$。

6.5 静电场中的环路定理 电势

电荷置于静电场中,电荷要受静电场力的作用,如果电荷发生移动,则静电场力将对电荷做功。本节以点电荷电场为例,研究静电场力做功的特点,引入电势、电势能的概念,并进一步分析几种场中电势的分布特点。

6.5.1 静电场力的功 静电场环路定理

设真空中 O 点一点电荷 q 在其周围激发电场如图 6-15 所示。现将实验电荷 q_0 从场点 A 沿任意路径 ACB 移至 B 点。此过程为曲线、变力做功情况,因此在路径上任一处取位移元 $\mathrm{d}\boldsymbol{l}$,此位移元足够小,在此位移元处,电场力可视为恒力,根据电场力大小为 $F=q_0E$,可得电场力在 $\mathrm{d}\boldsymbol{l}$ 上对 q_0 做功为

$$\mathrm{d}A=\boldsymbol{F}\cdot\mathrm{d}\boldsymbol{l}=q_0\boldsymbol{E}\cdot\mathrm{d}\boldsymbol{l}=q_0E\cos\theta\mathrm{d}l$$

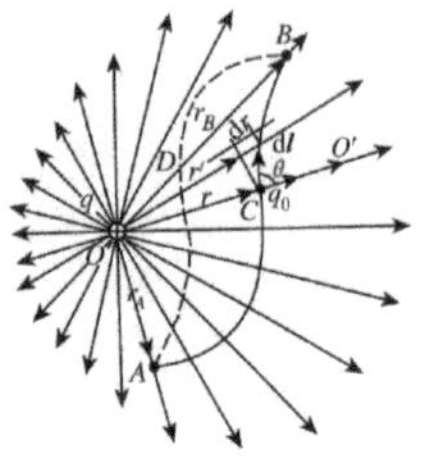

图 6-15

式中,θ 为场强与位移元 $\mathrm{d}\boldsymbol{l}$ 的夹角。

考虑 $\mathrm{d}l\cos\theta=r'-r=\mathrm{d}r$,有

$$\mathrm{d}A=q_0E\mathrm{d}r=\frac{q_0q}{4\pi\varepsilon_0r^2}\mathrm{d}r$$

实验电荷 q_0 从场点 A 沿任意路径 ACB 移至 B 点的整个过程,静电场力做功为

$$A=\int_A^B\mathrm{d}A=\int_{r_A}^{r_B}\frac{q_0q}{4\pi\varepsilon_0r^2}\mathrm{d}r=\frac{q_0q}{4\pi\varepsilon_0}\left(\frac{1}{r_A}-\frac{1}{r_B}\right) \tag{6-21}$$

式中,r_A、r_B 分别表示 A、B 两点到点电荷 q 的距离。式(6-21)表明,在点电荷的电场中,静电场力做功仅与路径的始末位置有关,而与路径无关。

任意带电体可以看成是许多个点电荷组成的点电荷系,试验电荷在电场中移动时,所受电场力等于每个场源电荷施加的电场力的矢量和,合力的功等于各分力功的代数和。由前面分析可知,分力的功仅与路径的始末位置有关,而与路径无关,因此合力的功也应仅与路径的始末位置有关,而与路径无关。可见,式(6-21)所反映的结论可以推广到任意带电体的电场中,即:静电场力做功仅与路径的始末位置有关,而与路径无关,静电场力做功的这一特点说明静电场是保守力场。

根据静电场力做功仅与路径始末位置有关，而与路径无关，及式(6-21)结果，可得在图 6-15所示电场中，若移动试验电荷 q_0 从场点 B 沿任意路径 BDA 至 A 点，静电场力做功为

$$A=\int_B^A \mathrm{d}A=\int_B^A q_0\boldsymbol{E}\cdot\mathrm{d}\boldsymbol{l}=\frac{q_0 q}{4\pi\varepsilon_0}\left(\frac{1}{r_B}-\frac{1}{r_A}\right) \tag{6-22}$$

若移动试验电荷 q_0 从场点 A 沿任意路径至 B 点，再从场点 B 沿任意路径返回至 A 点，静电场力做功为

$$A=\int_A^B \mathrm{d}A+\int_B^A \mathrm{d}A=\frac{q_0 q}{4\pi\varepsilon_0}\left(\frac{1}{r_A}-\frac{1}{r_B}\right)+\frac{q_0 q}{4\pi\varepsilon_0}\left(\frac{1}{r_B}-\frac{1}{r_A}\right)=0$$

即静电场力沿闭合路径做功为零。对此式进行整理，有

$$A=\oint q_0\boldsymbol{E}\cdot\mathrm{d}\boldsymbol{l}=0$$

由于试验电荷 q_0 不为零，所以有

$$\oint \boldsymbol{E}\cdot\mathrm{d}\boldsymbol{l}=0 \tag{6-23}$$

式(6-23)左侧 $\boldsymbol{E}$ 沿闭合路径的积分称为场强 $\boldsymbol{E}$ 的环流。场强 $\boldsymbol{E}$ 的环流等于零也是描述静电场性质的一条基本定理，称为静电场环路定理，环路定理说明静电场是保守力场，说明静电场的场强线不闭合，静电场是无旋场。

6.5.2　电势能　电势

在力学部分我们知道重力是保守力，在重力场中可以引入重力势能。与此相同，在静电场这一保守力场中也可以引入一个相应的势能，称为电势能，即电荷在电场中某一位置所具有的能量，用 W 表示。

重力场中位于高处的物体之所以具有较大的重力势能，是因为把物体从低处向高处移动的过程中，外力要克服重力做功，外力所做的功转化为系统重力势能的缘故。物体位于某处时所具有的重力势能等于移动此物体从重力势能零点到该处过程中外力克服重力做的功，或者说，物体位于某处时所具有的重力势能等于移动此物体从该处到重力势能零点过程中重力所做的功。同样，在静电场中，电荷位于场中某点时具有的电势能也来自于移动电荷从电势能零点到该处的过程中外力克服静电场力所做的功，或者说，电场中某点的电势能等于移动电荷从该点到电势能零点过程中静电场力做的功。静电场中，一般选择无穷远处为电势能零点，因此电量为 q_0 的电荷位于电场中某点时具有的电势能 W_P 为

$$W_P=\int_P^\infty \mathrm{d}A=\int_P^\infty q_0\boldsymbol{E}\cdot\mathrm{d}\boldsymbol{l} \tag{6-24}$$

根据式(6-24)可知，电场中 A 点和 B 点的电势能差值为

$$\Delta W=W_B-W_A=\int_B^\infty q_0\boldsymbol{E}\cdot\mathrm{d}\boldsymbol{l}-\int_A^\infty q_0\boldsymbol{E}\cdot\mathrm{d}\boldsymbol{l}=\int_B^A q_0\boldsymbol{E}\cdot\mathrm{d}\boldsymbol{l}=-\int_A^B q_0\boldsymbol{E}\cdot\mathrm{d}\boldsymbol{l}$$

即

$$-\Delta W=-(W_B-W_A)=\int_A^B q_0\boldsymbol{E}\cdot\mathrm{d}\boldsymbol{l} \tag{6-25}$$

式(6-25)表明，在静电场中移动电荷 q_0 从 A 点到 B 点，电场力做功等于电势能增量的负值，这点与重力场中重力做功等于重力势能增量的负值是一致的。在任何保守力场中，保守力做功都等于对应势能增量的负值。

在式(6-24)中，电场中某点电势能值中，既有反映电场的物理量 $\boldsymbol{E}$，又有试验电荷的因

素 q_0，因此，电势能是电场和试验电荷共有的，它不能单纯地反映场的特性。若要单纯地反映场的特性，则需去除实验电荷 q_0 的因素，即对此式除以 q_0，可得

$$\frac{W_P}{q_0}=\frac{1}{q_0}\int_P^{\infty} q_0\boldsymbol{E}\cdot d\boldsymbol{l}=\int_P^{\infty}\boldsymbol{E}\cdot \mathrm{d}\boldsymbol{l}$$

此式右边是电场强度的积分，它只与场强分布及场点有关，而与试验电荷 q_0 无关，因此，此物理量能够反映场的性质，我们定义它为电势，用 V 表示，即电场中 P 点的电势为

$$V_P=\frac{W_P}{q_0}=\int_P^{\infty}\boldsymbol{E}\cdot \mathrm{d}\boldsymbol{l} \tag{6-26}$$

式(6-26)称为电势的定义式，此式表明，电场中某点的电势在量值上等于单位正电荷在该点所具有的电势能，等于移动单位正电荷从该点到无穷远处(电势能零点，也是电势零点)电场力做的功。

若电场中两点的电势差用 U 表示，则根据电势的定义，有

$$U_{AB}=V_A-V_B=\int_A^{B}\boldsymbol{E}\cdot \mathrm{d}\boldsymbol{l} \tag{6-27}$$

即静电场中，A、B 两点的电势差在量值上等于移动单位正电荷从 A 点到 B 点静电场力做的功。

电势能和电势是静电场中两个重要的物理量，对于这两个物理量理解时，需要注意以下几点。

(1) 电势能和电势都是标量。在国际单位制(SI)中，电势能的单位为焦耳，符号为 J；电势的单位为伏特，符号为 V，$1\mathrm{V}=1\mathrm{J}\cdot\mathrm{C}^{-1}$。电量为 q 的电荷在电场中某点所具有的电势能和场中该点电势之间的关系为

$$W=qV$$

(2) 电势能和电势都是相对量。重力场中重力势能和高度是相对的，电场中电势能和电势也都是相对量，电荷在电场中某点时具有的电势能及电场中某点的电势都是相对于电势能零点和电势零点而言的，零点选择的不同，电势能和电势的值也就不同。实际工作中，常选择无穷远处、大地或者电器的外壳为电势能和电势零点。

(3) 电势能差和电势差都是绝对量。无论重力势能零点选择在何处，两点间的高度差是绝对的，重力势能差值也是绝对的，重力势能的增量负值都等于重力做功。同样，无论电势能及电势的零点选择在哪里，两点间的电势能差值和电势差是绝对的，电势能的增量负值等于静电场力做的功。电量为 q 的电荷在电场中两点间电势能差值 ΔW 与场中对应点间电势差 U 之间的关系为

$$\Delta W=qU$$

6.5.3 电势的计算

电势是从电场力做功的角度引入的一个描述电场性质的物理量，确定电场中电势的分布情况也是本章的一个重点。计算电势有两种方法。

1. 根据电势的定义式计算电势

$$V_P=\frac{W}{q_0}=\int_P^{\infty}\boldsymbol{E}\cdot \mathrm{d}\boldsymbol{l}$$

用此种方法计算电势需要预先知道电场中场强的分布情况，然后选择积分路径从所研究的

场点到无穷远处，最后计算场强 $\boldsymbol{E}$ 在此路径上的积分。因为静电场力做功与路径无关，因此选择积分路径时可以任意选取方便积分的路径。

2. 根据电势叠加原理计算电势

任意带电体可以看成是许多个点电荷组成的点电荷系，因此任意带电体电场中某点的电势等于各个点电荷单独存在时在该点产生电势的代数和，这称为电势叠加原理，其数学表达式为

$$V=\sum V_i \tag{6-28}$$

式中，V_i 为点电荷电场的电势。选择无穷远处为电势零点，并选择从点电荷 q 沿径向指向无穷远为积分路径，根据电势的定义式可得点电荷电场的电势为

$$V_P=\int_P^{\infty}\boldsymbol{E}\cdot \mathrm{d}\boldsymbol{l}=\int_r^{\infty}\frac{q}{4\pi\varepsilon_0 r^2}\mathrm{d}r=\frac{q}{4\pi\varepsilon_0 r} \tag{6-29}$$

式(6-29)中，r 为场点到场源电荷的距离，q 为场源电荷的电量。若选无穷远处为电势零点，则正电荷的电场中电势处处为正，无穷远处为电势最低点，负电荷电场中电势处处为负，无穷远处为电势最高点。

对于电荷连续分布的带电体，电势叠加原理数学表达式可写为

$$V=\int_{带电体}\mathrm{d}V=\int_{带电体}\frac{\mathrm{d}q}{4\pi\varepsilon_0 r} \tag{6-30}$$

用电势叠加原理计算电势需要预先知道点电荷电场的电势分布情况，然后在带电体上选取合适的电荷元，最后计算每个电荷元在场点电势的代数和。电势的叠加是标量的叠加，只涉及量值大小的加减，而没有方向问题。

例题 6-12　试求均匀带电球面内外电势的分布。设球面半径为 R，带电量为 q。

解　由例题 6-9 可知，均匀带电球面内外场强的分布情况为

$$E=0\ (r<R)$$

$$E=\frac{q}{4\pi\varepsilon_0 r^2}\ (r\geqslant R)$$

球面外场强方向为沿球的径向向外，选择从场点 P 沿径向指向无穷远为积分路径，根据电势定义式，得球面外一点的电势为

$$V=\int_P^{\infty}\boldsymbol{E}\cdot \mathrm{d}\boldsymbol{l}=\int_r^{\infty}\frac{q}{4\pi\varepsilon_0 r^2}\mathrm{d}r=\frac{q}{4\pi\varepsilon_0 r}\ (r\geqslant R)$$

球面内一点的电势为

$$V=\int_P^{\infty}\boldsymbol{E}\cdot \mathrm{d}\boldsymbol{l}=\int_r^{R}0\mathrm{d}r+\int_R^{\infty}\frac{q}{4\pi\varepsilon_0 r^2}\mathrm{d}r=\frac{q}{4\pi\varepsilon_0 R}\ (r<R)$$

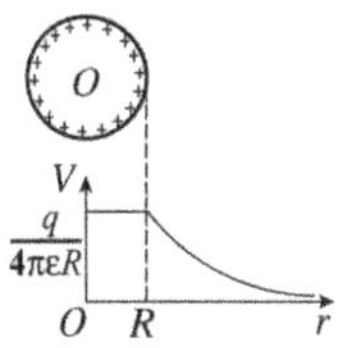

图 6-16　均匀带电球面的电势

可见，均匀带电球面外各点的电势与电荷全部集中在球心时的点电荷电势相同；球面内各点的电势相同，且等于球面处的电势。电势随场点到球心距离变化的关系如图 6-16 所示。

例题 6-13　如图 6-17 所示，在边长为 10 cm 的等边三角形的两个顶点 A、B 处分别放置电量都为 $q=5.0\times10^{-9}$ C 的点电荷。试求：(1) C 点的电势；(2) 若把一点电荷 $q'=2.0\times10^{-9}$ C 从无穷远处移至 C 点，电场力做的功。

解　(1) 设无穷远处为电势零点，根据点电荷电场电势 $V=\frac{q}{4\pi\varepsilon_0 r}$，得 A、B 两点处点电

荷在 C 点处的电势都为

$$V_A=V_B=\frac{q}{4\pi\varepsilon_0 r}=9\times10^9\times\frac{5.0\times10^{-9}}{10\times10^{-2}}=450\text{V}$$

根据电势叠加原理，得 C 点处的电势为

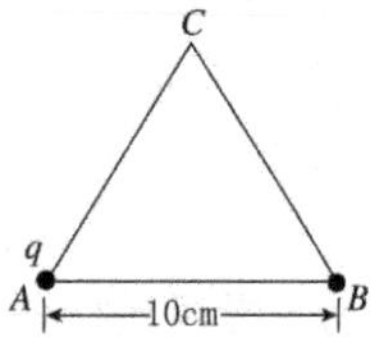

图 6-17　例 6-13 用图

$$V=V_A+V_B=2\times450=900\text{V}$$

(2) 无穷远处为电势零点，因此 C 点与无穷远处电势差为

$$U=V-0=900\text{V}$$

由无穷远处移动电荷 q' 至 C 点，电势能增量为

$$\Delta W=q'U=2.0\times10^{-9}\times900=1.8\times10^{-6}\text{ J}$$

根据电场力做功等于电势能增量负值，有电场力做功为

$$A=-\Delta W=-1.8\times10^{-6}\text{ J}$$

电场力做负功，电势能增加。

练习题

1. 试用两种方法计算均匀带电圆环轴线上距环心 x 处一点的电势，设圆环的半径为 R，带电量为 q。

2. 半径分别为 R_A、R_B($R_A<R_B$)的两个同心的均匀带电球面，所带电量分别为 q_A 和 q_B。试求：(1)两个球面的电势；(2)球面间的电势差。

6.6　场强与电势的关系

电场强度和电势都是描述电场性质的重要的物理量，场强从电场力的角度描述电场性质，电势从做功的角度描述电场性质，它们具有相同的描述对象，因此两者之间有着不可分割的关系，本节主要介绍两者之间的关系。

6.6.1　等势面　电场线和等势面的关系

前面曾借用假想的电场线来形象地描述电场中场强的分布，类似地，可借用假想的等势面来形象地描述电场中电势的分布。电场中电势相等的点构成的面称为等势面。例如，在正点电荷电场中，电势分布情况为

$$V=\frac{q}{4\pi\varepsilon_0 r}$$

式中，r 为场点到场源的距离，由此式可知，在点电荷电场中，到场源距离相同的点电势相等，而到场源距离相同的点构成的面为以场源为球心的球面，所以，在正的点电荷电场中等势面的形状为球面，而且距离场源越远的地方等势面对应的电势越低，如图 6-18(a)所示。图中，虚线表示等势面，实线表示场强线，由此图可以看出，点电荷电场中电场线和等势面之间处处正交，且电场线指向电势降落方向。可以证明，电场线和等势面之间的这种关系存在于任何带电体电场中，图 6-18 还给出了几种常见电场中电场线和等势面分布情况。

同电场线一样，为了描述场的强弱，我们也可以对等势面的疏密进行规定：在电场中画

一系列的等势面时，使任何两个相邻的等势面间的电势差都相等。图6-18中各等势面即是按此规定画出的，从图中可以看出，等势面越密处场强越大，等势面越疏处场强越小(原因将在下面问题中给予说明)。

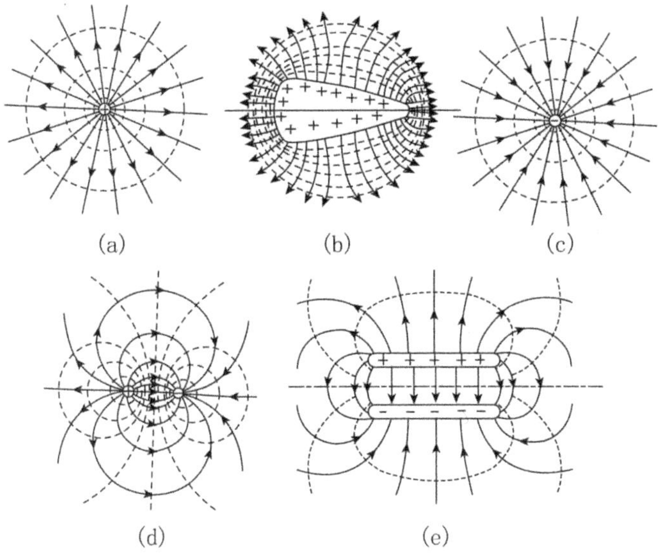

图6-18　等势面

6.6.2　场强和电势的关系

场强和电势的关系除了可以通过场强线和等势面之间的几何关系加以形象描述外，还可以通过代数表达式给予准确描述。两者之间的关系可以从两个不同的角度反映：一是积分关系，二是梯度关系。

1. 电势与场强的积分关系

由电势的定义式 $V_P=\int_P^{\infty}\boldsymbol{E}\cdot \mathrm{d}\boldsymbol{l}$，可以看出，电场中某点的电势在量值上等于场强沿任意路径从该点到无穷远处的积分，这即是电势与场强的积分关系。根据积分关系，可以由电场场强的分布来确定电势的分布，在前面我们已经做过相应的练习，这里不再赘述。

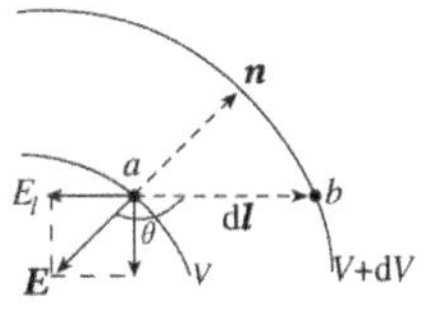

图6-19　场强与电势的梯度关系

***2. 场强与电势的梯度关系**

在任意静电场中，取两个十分邻近的等势面，设它们对应的电势分别为 V 和 $V+\mathrm{d}V$，且 $V+\mathrm{d}V>V$，该处场强线方向如图6-19所示。现移动一正的点电荷 q，使其从电势为 V 的等势面上的 a 点沿一微小位移 $\mathrm{d}\boldsymbol{l}$ 到电势为 $V+\mathrm{d}V$ 的等势面上的 b 点，根据电场力的功等于电势能增量负值，可求此过程电场力的功为

$$\mathrm{d}A=-q(V_b-V_a)=-q(V+\mathrm{d}V-V)=-q\mathrm{d}V \tag{6-31}$$

此过程中电场力的功也可以通过力做功的方式求得，由于位移 $\mathrm{d}\boldsymbol{l}$ 很小，可以认为在此位移上场强为常量，则电场力 $q\boldsymbol{E}$ 做功为

$$\mathrm{d}A=qE\cos\theta\mathrm{d}l$$

式中，θ 是场强 $\boldsymbol{E}$ 与位移 $\mathrm{d}\boldsymbol{l}$ 之间的夹角，令场强 $\boldsymbol{E}$ 在 $\mathrm{d}\boldsymbol{l}$ 方向上的分量为 E_l，则

$$E_l = E\cos\theta$$

带入上式，有

$$dA = qE_l dl \tag{6-32}$$

比较式(6-31)和式(6-32)，可得

$$E_l = -\frac{dV}{dl}$$

此式表明，电场中某点电势沿某个方向变化率的负值等于场强在该方向上的分量。若考虑一般情况下在直角坐标系中场强含有 x、y、z 三个方向的分量，电势是 x、y、z 的函数，则有

$$E_x = -\frac{\partial V}{\partial x} \qquad E_y = -\frac{\partial V}{\partial y} \qquad E_z = -\frac{\partial V}{\partial z}$$

场强 $\boldsymbol{E}$ 的矢量表达式可写成

$$\boldsymbol{E} = E_x\boldsymbol{i} + E_y\boldsymbol{j} + E_z\boldsymbol{k} = -\left(\frac{\partial V}{\partial x}\boldsymbol{i} + \frac{\partial V}{\partial y}\boldsymbol{j} + \frac{\partial V}{\partial z}\boldsymbol{k}\right) \tag{6-33}$$

在数学上有向量微分算子 $\nabla = \frac{\partial}{\partial x}\boldsymbol{i} + \frac{\partial}{\partial y}\boldsymbol{j} + \frac{\partial}{\partial z}\boldsymbol{k}$，对某个量运用此算子即得到该量的梯度，把此算子写入式(6-33)，此式改写为

$$\boldsymbol{E} = -\left(\frac{\partial V}{\partial x}\boldsymbol{i} + \frac{\partial V}{\partial y}\boldsymbol{j} + \frac{\partial V}{\partial z}\boldsymbol{k}\right) = -\nabla V = -\mathrm{grad}V \tag{6-34}$$

式中，∇V、$\mathrm{grad}V$ 称为电势的梯度。此式表明：电场中某点的电场强度等于该点处电势的负梯度，这就是场强和电势的梯度关系。场强与电势对空间的变化率成正比，说明电场中场强越大的地方电势的变化率也越大，因此等势面越密；由此关系还可以得到另外一个场强常用单位：伏特/米($\mathrm{V\cdot m^{-1}}$)。

根据场强与电势的梯度关系，可以由电场中电势的分布情况来确定场强的分布情况。由于电势是标量，计算相对比较简便，所以在实际中，往往先确定电势的分布，再根据两者间的梯度关系确定场强，这样可以避免比较复杂的矢量运算。

例题 6-14 真空中有一电场，电势在空间分布的函数为 $V = bx$，式中 b 为常量，x 为场点的 x 轴坐标。试求：此场中场强的分布情况。

解 根据场强与电势的梯度关系，$\boldsymbol{E} = -\mathrm{grad}V$，则

$$\boldsymbol{E} = -\left(\frac{\partial V}{\partial x}\boldsymbol{i} + \frac{\partial V}{\partial y}\boldsymbol{j} + \frac{\partial V}{\partial z}\boldsymbol{k}\right) = -\left(\frac{\partial(bx)}{\partial x}\boldsymbol{i} + \frac{\partial(bx)}{\partial y}\boldsymbol{j} + \frac{\partial(bx)}{\partial z}\boldsymbol{k}\right) = -b\boldsymbol{i}$$

场强是恒量，这种电场称为均匀电场，也称匀强电场。在均匀电场中场强恒定不变，电势随空间线性变化。

练习题

试根据点电荷 q 电场的电势 $\frac{q}{4\pi\varepsilon_0 r}$ 确定该场的场强。

6.7 静电场中的导体

前面我们研究的都是真空中的电场，即电场中除了电荷之外再没有其他物质。然而，真

空中的电场只是一种理想情况，实际的电场中总是存在着这样或那样的物质，这些物质按导电能力的强弱分为两大类，即导电能力强的导体和导电能力弱的电介质。无论是导体，还是电介质，在静电场中都会受到电场的影响，反过来也都会对电场产生影响。本节将集中讨论静电场中的导体和电介质。

6.7.1 静电场中的导体

金属导体由大量带负电的自由电子和带正电的晶格点阵组成。在不受外电场作用时，自由电子的负电荷与晶格点阵的正电荷处处等量分布，互相中和，导体内部自由电子只作无规则的热运动，而没有宏观的定向移动，整个导体或其中任意一部分对外不显电性。如果将导体放在外电场中，导体中的自由电子在电场力的作用下将做宏观的运动，从而引起导体中电荷的重新分布，导体的一端带上负电荷，另一端带上正电荷。在外电场的作用下，导体内部或表面电荷重新分布的现象称为静电感应现象，由于静电感应现象而使导体两端所带的电荷称为感应电荷。感应电荷也会在空间激发电场，称为附加电场。附加电场也会给金属导体内的电子电场力的作用，附加电场施加给自由电子的电场力 $\boldsymbol{F}'$ 总是与原电场施加的电场力 $\boldsymbol{F}$ 方向相反，如图 6-20(a)所示。随着静电感应现象的加剧，附加电场越来越强，经过短暂的时间后，$\boldsymbol{F}'$ 就会与 $\boldsymbol{F}$ 大小相同，二力平衡，自由电子的宏观定向运动停止下来。导体内部及表面电荷都无宏观定向运动的状态称为静电平衡状态。如果用 $\boldsymbol{E}'$ 表示附加电场场强，$\boldsymbol{E}_0$ 表示原电场场强，则静电平衡时导体内部应有 $\boldsymbol{E}'=-\boldsymbol{E}_0$，如图 6-22(b)所示，此时导体内部场强为

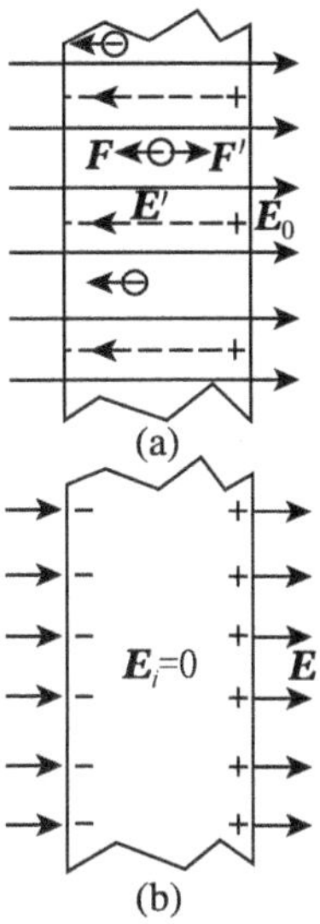

图 6-20　导体的静电平衡

$$\boldsymbol{E}=\boldsymbol{E}'+\boldsymbol{E}_0=0$$

即静电平衡时，导体内部的场强处处为零。

一般地，静电平衡时，导体表面的场强并不为零，但导体表面的场强必与导体表面垂直。此点可以用反证法给予说明：若导体表面场强不与导体表面垂直，则场强有平行于表面的分量，那么电荷就会在此分量的作用下沿导体表面移动，这与静电平衡时导体内部及表面都没有电荷的定向运动相矛盾，因此，静电平衡时导体表面场强必与导体表面垂直。

根据场强与电势的梯度关系，及静电平衡时导体内部场强处处为零可知，此时导体内部各处电势的变化率为零，即导体内部是个等势体。又根据电场中场强线与等势面处处正交，及导体表面场强与表面垂直，可知导体表面应是个等势面。

总结以上，静电平衡状态时，导体内部及表面的场强和电势具有如下性质：

(1) 导体内部场强处处为零，导体表面场强垂直于导体表面；

(2) 导体是等势体，导体表面是等势面。

6.7.2 导体对静电场的影响

导体处于静电平衡状态时，其上的电荷将重新分布，电荷的重新分布必然会影响导体内

外的电场分布。导体内部电场的分布情况前面已经讨论，下面重点讨论电荷如何重新分布以及导体外电场的分布情况。

1. 静电平衡时导体上的电荷分布

一个与大地绝缘的导体在静电平衡时，其上的电荷分布有如下特点：实心导体，及内部有空腔但空腔内无电荷的导体，无论是导体上原有的电荷，还是感应产生的电荷，将全部分布于导体的外表面，其内部无电荷；若导体内部有空腔，且空腔内有电荷，则导体内壁上带有与腔内电荷等量异号的电荷，其余电荷分布于导体外表面，导体内部无电荷。此结论利用高斯定理证明如下：

对于实心导体，或导体有空腔但空腔内无电荷的情况，如图 6-21 所示。在导体内部任取一高斯面，根据静电平衡时导体内部场强处处为零，可知此高斯面的电通量为

$$\Phi_e = \oiint_S \boldsymbol{E} \cdot \mathrm{d}\boldsymbol{S} = 0$$

根据高斯定理 $\Phi_e = \oiint_S \boldsymbol{E} \cdot \mathrm{d}\boldsymbol{S} = \frac{1}{\varepsilon_0}\sum q_i$，可知，高斯面内电荷代数和 $\sum q_i = 0$。由于高斯面可以任意取，且可以任意小，因此可得静电平衡时实心导体内部无电荷，电荷应全部分布于导体的外表面。

对于导体有空腔，且空腔内有电荷的情况，如图 6-22 所示。同样在导体内部任作高斯面，同样可以得出导体内部无电荷，电荷只能分布于导体表面。有空腔的导体，导体表面分内表面和外表面，对于导体内表面，做一个包围内表面的高斯面，根据导体内部场强处处为零，可得此高斯面的电通量为零，即

$$\Phi_e = \oiint_S \boldsymbol{E} \cdot \mathrm{d}\boldsymbol{S} = 0$$

根据高斯定理 $\Phi_e = \oiint_S \boldsymbol{E} \cdot \mathrm{d}\boldsymbol{S} = \frac{1}{\varepsilon_0}\sum q_i$，可知，高斯面内电荷代数和 $\sum q_i = 0$。

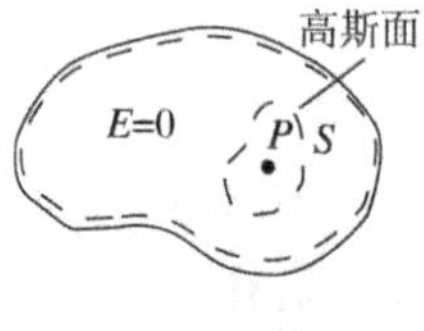

图 6-21 实心导体电荷分布

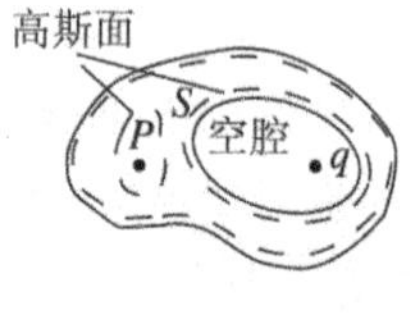

图 6-22 内部有空腔的导体

由于空腔内有电荷 q，则导体内表面必然带等量异号电荷，即导体内表面分布的电荷为 $-q$，导体上其余的电荷分布于导体的外表面。

电荷在导体表面的分布与导体本身的形状和外界条件都有关，这个问题的定量研究比较复杂。大致上有如下规律：一个孤立的带电导体，其表面的电荷面密度 σ 与导体表面的曲率有密切的关系，导体表面凸出而尖锐处曲率较大，σ 也较大；导体表面平坦处曲率较小，σ 也较小；表面凹陷处 σ 更小。根据这一分布规律，可知，孤立带电导体球面的电荷分布应是均匀的。

2. 静电平衡时导体表面外侧的场强

导体达到静电平衡时，表面处场强的方向垂直于表面，场强大小取决于表面的电荷的面密度。如图 6-23 所示，在导体表面任取一面元 ΔS，因 ΔS 很小，可以认为在此面元上各点的电荷面密度 σ 处处相同，则此面元上的电荷量为 $\Delta q = \sigma \Delta S$。作截面等于 ΔS 的扁圆柱形

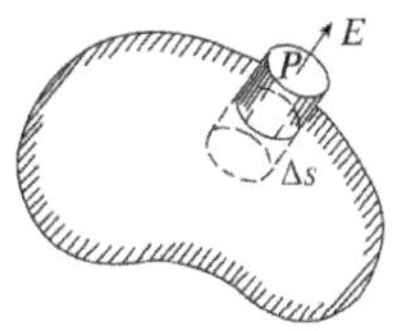

图 6-23 导体表面附近的场强

高斯面，使高斯面的上底面在导体表面外，下底面在导体内部，两底面与导体表面平行，且上、下底面无限地靠近导体表面，高斯面的侧面与导体表面垂直。设上底面处场强为 $\boldsymbol{E}$，$\boldsymbol{E}$ 方向与导体表面垂直，由于面元 ΔS 很小，可以认为在此面元上各点 $\boldsymbol{E}$ 的大小相同。根据静电平衡时导体内部场强特点，可知此高斯面的下底面所在处场强处处为零，因此通过此高斯面的电通量为

$$\Phi_e = \oiint_S \boldsymbol{E} \cdot \mathrm{d}\boldsymbol{S} = \iint_{上底} \boldsymbol{E} \cdot \mathrm{d}\boldsymbol{S} + \iint_{侧面} \boldsymbol{E} \cdot \mathrm{d}\boldsymbol{S} + \iint_{下底} \boldsymbol{E} \cdot \mathrm{d}\boldsymbol{S} = E\Delta S$$

高斯面内包围的电荷代数和为 $\sum q_i = \sigma \Delta S$

根据高斯定理 $\Phi_e = \oiint_S \boldsymbol{E} \cdot \mathrm{d}\boldsymbol{S} = \frac{1}{\varepsilon_0}\sum q_i$，有 $E\Delta S = \frac{1}{\varepsilon_0}\sigma\Delta S$，即

$$E = \frac{\sigma}{\varepsilon_0} \tag{6-35}$$

可见，导体表面外侧附近的场强与该处电荷的面密度成正比。

根据式(6-35)可知，孤立导体表面凸而尖的地方曲率大，电荷面密度也大，因而此处场强也大。如果一个导体有一个尖端，则尖端的地方将是场强最大的地方，如果场强大到足以使其周围的空气发生电离，就会引起放电，这种现象称为尖端放电现象。夏天的积雨云常带有大量的电荷，当积雨云离地面很近时，由于静电感应，地面上会出现等量异号的电荷，这些电荷在大树、烟囱和高大建筑物等高而尖的地方密度很大，因而这些地方场强大，容易产生尖端放电现象，尖端放电时会有非常大的电流流过放电处，因而建筑物等就有被击毁的危险。为了避免这种危险，一般我们要在建筑物的顶端安放避雷针(长而尖的金属)，避雷针的尖端伸向空中，下端则与大地保持良好的接触，当有积雨云接近建筑物时，避雷针为地面电荷和云中电荷的流动开辟了一条通路，从而保护了建筑物。不过，通过长期的观测发现，如果接地不好，这种避雷针不但不能避雷反而还常常能引来雷电，被戏称为“引雷针”，所以，近些年人们开始研究其他更为科学的避雷措施。

尖端放电现象也是高压输电技术中需要考虑的问题。由于高压或超高压输电线的截面半径小，曲率大，因此导线的表面场强很大，也容易出现尖端放电现象，在黑夜时经常能看到有的输电线被一层蓝色的光晕笼罩着(俗称电晕现象)，即是尖端放电现象导致的。电晕现象会造成电能的损耗，为了节约电能，高压输电线表面通常要做的很光滑，还常常将每根电线分股排成圆柱面配置。另外，为保护高压输电设备，避免尖端放电现象的发生，在高压设备中的电极通常要做成直径较大的光滑圆球形。

尖端放电现象也有为人类所用的一面，静电除尘即是有代表性的一例。静电除尘装置的核心是一个金属管道及在其轴线处悬挂的直径为几毫米的细导线，金属管道与电源的正极连接，细导线与电源的负极连接。在管道和导线间加上 40～100 kV 的电压，则管道内产生强电场，细导线产生尖端放电现象，使空气分子电离为自由电子和正离子，自由电子能够附着在空气中的氧分子上形成负氧离子。当废气和烟尘通过管道时，负氧离子能够被它们俘获，在电场的作用下，带负电的废气和烟尘会聚集在电场的正极即金属管壁上，然后通过振动使其落下，达到除尘的目的。静电除尘装置不仅能够净化废气和烟尘，而且还能回收许多有价值的金属化合物。

6.7.3 静电屏蔽及其应用

静电平衡状态下,导体上的感应电荷产生的附加电场能够抵销原电场,因此,此时空腔导体能够隔绝内场和外场的相互影响,这种现象称为静电屏蔽现象。根据静电屏蔽现象做成的装置按其功能分为两类。

1. 屏蔽外场

把一个有空腔的导体置于电场中,导体发生静电感应现象,最终达到静电平衡状态,此时感应电荷产生的附加电场与导体外的电场相互抵消,从而使导体内部及空腔内总场强为零,在这一区域的物体不受导体外电场的影响,即屏蔽了外场,如图 6-24 所示。

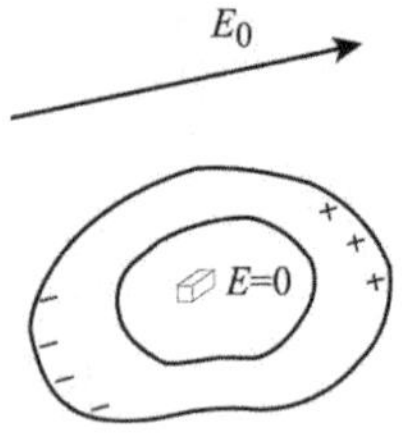

图 6-24 屏蔽外场

这一点应用很广泛,例如,为了使精密的仪器或电子元件不受外界电场的影响,通常在其外部加上金属的罩,甚至把它们放在专用的屏蔽室里。实际中,如果要求不是特别高,金属罩不一定要求都严格封闭,适当紧密的金属网就能起到很好的屏蔽作用,有的甚至用金属丝编制的外罩作屏蔽装置,如传输信号的线路,为了避免所传输的电信号受外界电场的影响,就在导线外面包装金属丝套(屏蔽线),还有,在高压输电线路上的工作人员穿的屏蔽服也是用铜丝和纤维编织在一起做成的。

2. 屏蔽内场

如果把一带电体放置在空心导体的空腔内,根据感应现象及静电平衡时导体表面电荷的分布特点可知,导体的内表面带有与带电体等量异号的电荷,其余电荷分布于导体外表面,如图 6-25(a)所示。如果空腔导体原来不带电,则其外表面分布有与带电体等量同号的电荷;如果导体原来带有电荷,则导体外表面的电荷量是原来电荷与空腔内带电体电荷的代数和。无论怎样,如图 6-25(a)所示,导体外表面有电荷,此电荷激发的电场也会影响导体外的其他物体,要想消除这种影响,可以把导体接地,如图 6-25(b)所示,从而使外表面的感应电荷和从大地上来的电荷中和,导体外面的电场就消失了。可见,用接地的带空腔的导体可以屏蔽空腔内电荷的电场。

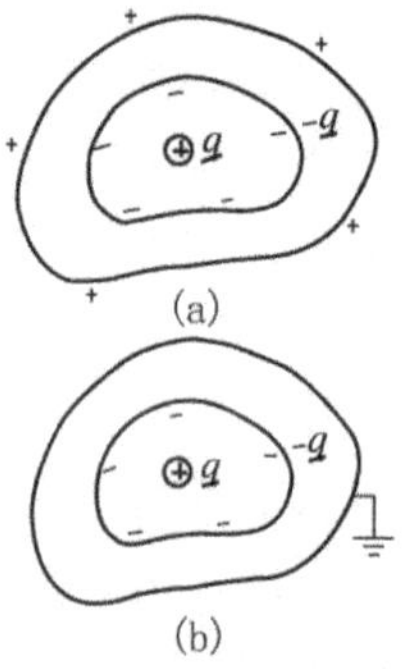

图 6-25 屏蔽内场

这一点在实际中应用也很广泛。比如在高压设备的外面经常要罩上金属网栅,就是为了防止高压设备的电场对外界的影响。

例题 6-15 有一内外半径分别为 $R_1=10$ cm、$R_2=30$ cm 的空心导体球壳,在其球心处放置一点电荷 $q=3.0\times10^{-9}C$,如图 6-16 所示。试求:(1)距球心 $r=20$ cm 处 A 点的场强和电势;(2)距球心 $r=50$ cm 处 B 点的场强和电势。

解 根据静电平衡时导体上电荷的分布特点可知,导体球壳的内表面应感应出与空腔内电荷等量异号的电荷$-q$,球壳原来不带电,则球壳的外表面应感应出与腔内电荷等量同号的电荷 q,且在内外表面电荷都应均匀分布,如图 6-26 所示。

(1) 根据均匀带电球面电场的特点,及对应的叠加原理,可得距球心 $r=20$ cm 处 A 点的场强和电势分别为

$$E_A = \frac{q}{4\pi\varepsilon_0 r^2} + \frac{-q}{4\pi\varepsilon_0 r^2} + 0 = 0$$

$$V_A = \frac{q}{4\pi\varepsilon_0 r} + \frac{-q}{4\pi\varepsilon_0 r} + \frac{q}{4\pi\varepsilon_0 R_2} = \frac{q}{4\pi\varepsilon_0 R_2}$$

$$= 9.0 \times 10^9 \times \frac{3.0 \times 10^{-9}}{30 \times 10^{-2}} = 90\text{V}$$

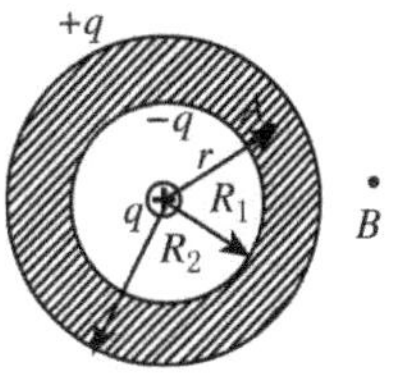

图 6-26　例 6-15 用图

A 点处场强为零是容易理解的，因为静电平衡状态下，导体内部场强处处为零；由 A 点电势的表达式可知，A 点电势与 r 无关，即导体内部电势处处都为 90V，这也是容易理解的，因为静电平衡时导体是等势体。

(2) 用同样的方法可求得 $r=50$ cm 处 B 点的场强和电势分别为

$$E_B = \frac{q}{4\pi\varepsilon_0 r^2} + \frac{-q}{4\pi\varepsilon_0 r^2} + \frac{q}{4\pi\varepsilon_0 r^2} = \frac{q}{4\pi\varepsilon_0 r^2}$$

$$= 9.0 \times 10^9 \times \frac{3.0 \times 10^{-9}}{(50 \times 10^{-2})^2} = 108\text{V} \cdot \text{m}^{-1}$$

$$V_B = \frac{q}{4\pi\varepsilon_0 r} + \frac{-q}{4\pi\varepsilon_0 r} + \frac{q}{4\pi\varepsilon_0 r} = \frac{q}{4\pi\varepsilon_0 r}$$

$$= 9.0 \times 10^9 \times \frac{3.0 \times 10^{-9}}{50 \times 10^{-2}} = 54\text{V}$$

B 处的场强、电势值与仅有点电荷 q 的情况是一样的，所以如果导体球壳不与大地连接，是无法屏蔽内场的。

由例题 6-16 可知，有导体存在时计算静电场问题，应首先根据静电平衡条件确定导体表明电荷的分布情况，然后再根据电荷新的分布情况选择合适的方法求解场强、电势等问题。

例题 6-16　有一内外半径分别为 R_1、R_2 的导体球壳，带有电量 Q。现在其内放置一个半径为 R、带电量为 q 的同心导体球。试求：(1) 导体球、导体球壳内表面、导体球壳外表面的电势；(2) 导体球与导体球壳的电势差；(3) 若导体球壳接地，各处的电势及导体球与导体球壳的电势差有何改变。

解　根据静电平衡时导体上电荷的分布特点，可知：导体球的电荷 q 应全部均匀地分布于导体球的外表面，其内部无电荷；导体球壳的内表面应均匀地分布与导体球等量异号的电荷，即 $-q$；导体球原来的电荷 Q 及感应出的电荷 q 都应均匀地分布于导体球的外表面。如图 6-27 所示。

(1) 根据均匀带电球面电场的电势关系，可得导体球、球壳内表面、球壳外表面的电势分别为

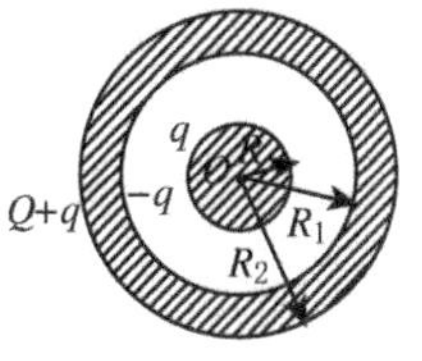

图 6-27　例 6-16 用图

$$V_R = \frac{q}{4\pi\varepsilon_0 R} + \frac{-q}{4\pi\varepsilon_0 R_1} + \frac{q+Q}{4\pi\varepsilon_0 R_2}$$

$$V_{R_1} = \frac{q}{4\pi\varepsilon_0 R_1} + \frac{-q}{4\pi\varepsilon_0 R_1} + \frac{q+Q}{4\pi\varepsilon_0 R_2} = \frac{q+Q}{4\pi\varepsilon_0 R_2}$$

$$V_{R_2} = \frac{q}{4\pi\varepsilon_0 R_2} + \frac{-q}{4\pi\varepsilon_0 R_2} + \frac{q+Q}{4\pi\varepsilon_0 R_2} = \frac{q+Q}{4\pi\varepsilon_0 R_2}$$

导体球壳的内外表面电势相等，这是容易理解的，因为球壳处于静电平衡状态下，球壳应是一个等势体。

(2) 根据(1)问结论,可得导体球和球壳的电势差为

$$U=V_R-V_{R_1}=\left(\frac{q}{4\pi\varepsilon_0 R}+\frac{-q}{4\pi\varepsilon_0 R_1}+\frac{q+Q}{4\pi\varepsilon_0 R_2}\right)-\frac{q+Q}{4\pi\varepsilon_0 R_2}$$

$$=\frac{q}{4\pi\varepsilon_0 R}+\frac{-q}{4\pi\varepsilon_0 R_1}$$

(3) 若球壳接地,则球壳外表面的电荷由于与从大地上来的电荷中和,球壳外表面不再带有电荷,则导体球和导体球壳的电势分别为

$$V_R=\frac{q}{4\pi\varepsilon_0 R}+\frac{-q}{4\pi\varepsilon_0 R_1}$$

$$V_{R_1}=V_{R_2}=0$$

因此导体球与导体球壳的电势差为

$$U=V_R-V_{R_1}=\frac{q}{4\pi\varepsilon_0 R}+\frac{-q}{4\pi\varepsilon_0 R_1}$$

由(2)、(3)两问的结果一致可知,无论球壳外表面是否接地,导体球和导体球壳间的电势差保持不变。另外,球壳接地时电势为零也可以从另一个角度加以说明:我们认为大地是无限大的,因此球壳与大地连接意味着球壳与无穷远连接在一起,而无穷远处恰是电势的零点,所以球壳此时电势应为零。

练习题

1. 若例 6-16 中,用导线使球壳与大地连接。试求:(1)距球心 $r=20$ cm 处一点的场强和电势;(2)距球心 $r=50$ cm 处一点的场强和电势。

2. 已知如例 6-17。试求:(1)距球心 $r(R<r<R_1)$处的场强;(2)若用导线把导体球和球壳连接在一起,导体球、球壳内表面、球壳外表面的电势,及此时导体球和球壳间的电势差。

6.8 电容器及其电容

电容器是电路中的一种重要元件,它是根据导体在电场中呈现的特性而做成的具有一定形状的导体或导体组合。本节主要介绍电容器的电容及平行板电容器的电容公式、电场的能量等问题。

6.8.1 导体及电容器的电容

由前面学习我们知道,半径为 R、带电量为 q 的均匀带电球面内部的电势为 $V=\frac{q}{4\pi\varepsilon_0 R}$,可见,孤立导体球面的电势与球面所带电荷量成正比,即 q 越大,V 越大。如果从导体带电量的角度加以讨论,这个表达式可以改写成为 $q=4\pi\varepsilon_0 RV$,可见,孤立导体球面的带电量与球面的电势成正比,两者间的比例系数为 $4\pi\varepsilon_0 R$,令 $C=\frac{q}{V}=4\pi\varepsilon_0 R$,则导体电势一定时,比例系数 C 越大,导体所容纳的电量越大,因此可以说,这个比例系数反映了导体容纳电荷的本领,我们把这个反映导体容纳电荷本领的物理量称为电容,用 C 表示。

1. 孤立导体的电容

均匀带电球面可视为孤立导体，由上面分析可知，孤立导体电容的定义式为

$$C=\frac{q}{V} \tag{6-36}$$

在国际单位制中，电容的单位为法拉(F)，法拉是一个比较大的单位，实际工作中常用的单位为微法($1\mathrm{F}=10^6\mu\mathrm{F}$)、皮法($1\mathrm{F}=10^{12}\mathrm{pF}$)。

根据式(6-36)，均匀带电球面的电容值即为前面介绍的比例系数$C=4\pi\varepsilon_0 R$。虽然电容的定义式中含有电荷、电势这两个物理量，但从具体的均匀带电球面的电容值可看出，导体的电容值仅与导体的形状、大小等因素有关，而与导体是否带电、电势如何无关。

孤立导体在实际中是很难找到的，导体总是要与周围的其他导体有着一定的联系，前面介绍的均匀带电球面实质上也不孤立，因为它的电势是以大地为零电势定义的。另外，为了不让外场影响带电体，我们经常用静电屏蔽的原理把带电体包围起来，这时，导体和外壳就组成了一个系统，导体的电势不仅与自身的因素有关，还与外壳等其他导体的情况有关，我们把导体和外壳所组构成的一对导体系统称为电容器，导体和导体外壳称为电容器的极板。

2. 电容器的电容

$$C=\frac{q}{U_{AB}}=\frac{q}{V_A-V_B} \tag{6-37}$$

式中，q为电容器一个极板上带电量的绝对值；U_{AB}表示两个极板间电势差的绝对值；V_A、V_B分别表示两个极板的电势。

例题 6-17　如图 6-28 所示，两个半径分别为R_1、R_2的导体球面组成球形电容器，设两球面带等量异号电荷，电荷绝对值为q，球面间为真空。试求此电容器的电容。

解　根据均匀带电球面电场的电势，及电势叠加原理，可得两个球面的电势分别为

$$V_{R_1}=\frac{q}{4\pi\varepsilon_0 R_1}+\frac{-q}{4\pi\varepsilon_0 R_2}$$

$$V_{R_2}=\frac{q}{4\pi\varepsilon_0 R_2}+\frac{-q}{4\pi\varepsilon_0 R_2}$$

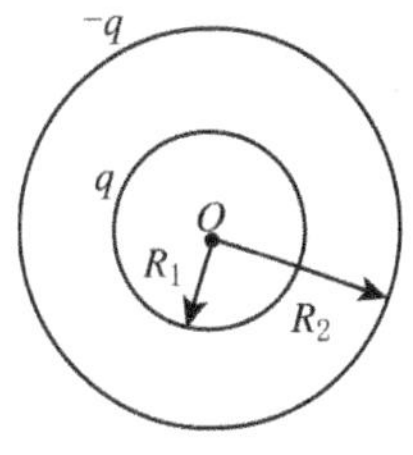

图 6-28　球形电容器

两球面的电势差为

$$U_{12}=V_{R_1}-V_{R_2}=\frac{q}{4\pi\varepsilon_0}\left(\frac{1}{R_1}-\frac{1}{R_2}\right)$$

根据电容器电容的定义式$C=\frac{q}{U_{AB}}=\frac{q}{V_A-V_B}$，可得球形电容器的电容为

$$C=\frac{q}{U_{12}}=4\pi\varepsilon_0\frac{R_1R_2}{R_2-R_1} \tag{6-38}$$

从此例的结果也可以看出，电容器的电容也仅与电容器两极板的形状、大小、相对位置以及极板间的介质情况有关，而与极板带有多少电荷无关。因此，即使一个导体没有带电，我们讨论其电容值也是有意义的，这就像我们谈论一个容器的容积与容器内是否盛装物质无关一样。计算一个孤立导体或电容器的电容时，我们可以先假设其极板带电q，然后依此假设求出孤立导体的电势或电容器极板间的电势差，最后根据电容的定义式求出电容。

例题 6-18　图 6-29 是平行板电容器的示意图。A、B是两块平行放置、面积都为S的金属平板，两板间距为d，且板间距远小于板面的线度，板间为真空。试求：平板电容器的

电容。

解 设 A 板带有正电荷 q，B 板带有负电荷 $-q$。两板在极板间区域产生的场强方向如图所示，根据无限大带电平面的电场场强特点及场强叠加原理，可得两板间场强大小为

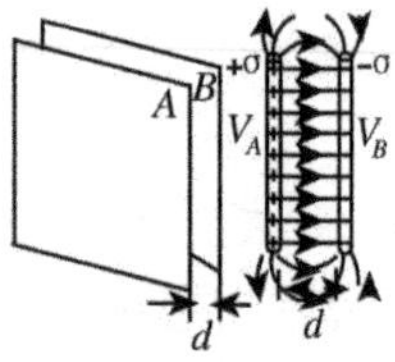

图 6-29 平板电容器

$$E=E_A+E_B=2\frac{\sigma}{2\varepsilon_0}=\frac{\sigma}{\varepsilon_0}$$

板上电荷面密度 $\sigma=\frac{q}{S}$，代入上式

$$E=\frac{\sigma}{\varepsilon_0}=\frac{q}{S\varepsilon_0}$$

场强大小处处相同，方向从 A 板垂直指向 B 板。则两板间电势差为

$$U_{AB}=Ed=\frac{qd}{S\varepsilon_0}$$

根据电容器电容的定义式，可得平板电容器的电容为

$$C=\frac{q}{U_{AB}}=\varepsilon_0\frac{S}{d} \tag{6-39}$$

可见，平板电容器的电容与平板的面积、介质的介电常数(放入介质时不再是 ε_0，这点将在 12.9 节中介绍)成正比，而与平板之间的距离成反比，如果改变电容器极板的面积，或改变极板间的距离，电容器的电容也随之改变。在实用中，通常通过改变两极板的相对面积或极板间距离来改变电容值，电容值可以改变的电容器称为可变电容器。电容器的种类很多，外形也各不相同，但它们的基本结构是一致的，都是由两个距离很近的导体组成的导体系统，这两个导体分别称为电容器的正极板和负极板，在电路中使用时正极接电源的正极，负极接电源的负极。

6.8.2 平板电容器的能量

如果把一个已经充电的电容器两极板用导线短路连接，可看到导线端有放电火花。这种放电的火花甚至可以用来焊接金属，称为电容焊。焊接时所使用的热能来自于电容器中储存的电场能量，电容器中储存的能量又来自于哪里呢？

给电容器充电的过程，其实质是在电容器中把一个电场从无到有地建立起来的过程，在电场的建立过程中，电源需要克服电容器电场力的作用而做功，电源所做的功即转化为电容器的能量而储存起来。依据上面分析，我们通过电场建立过程中外力(电源力)做功来研究一下平板电容器的储能公式。

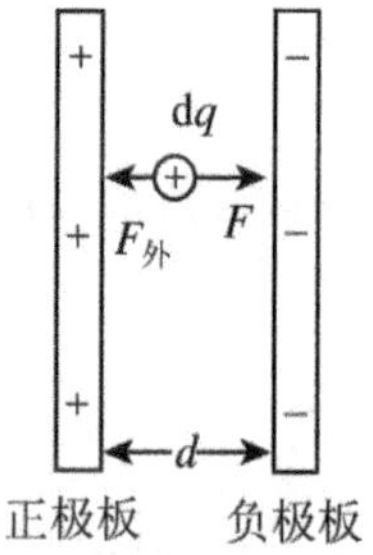

图 6-30 平板电容器的能量

为计算方便，我们假设平板电容器电场是这样建立起来的：电源力把电容器负极板的正电荷一点点的移到电容器的正极板，这样电容器正极板多余的正电荷越来越多，负极板所剩的负电荷越来越多，两极板间的电场越来越强，如图 6-30 所示。设电容器的电容为 C，当两个极板上分别带有电荷 $+q$ 和 $-q$ 时，两极板间电势差为 U，则 $U=\frac{q}{C}$，如果将电荷元 dq ($dq>0$) 匀速地从负极板移到正极板上，由图 6-30 可知，外力需做功大小为

$$dA = Fd = dEdq = Udq = \frac{q}{C}dq$$

若充电结束时，两极板上电荷分别为 $+Q$ 和 $-Q$，则整个充电过程中电源力做功

$$A = \int dA = \int_0^Q \frac{q}{C}dq = \frac{1}{2}\frac{Q^2}{C}$$

位移与力的方向一致，外力作正功，根据功能原理，电容器中储存的静电能量应等于充电过程中电源力做的功，即电容器电场的能量公式为

$$W = \frac{1}{2}\frac{Q^2}{C} \tag{6-40}$$

考虑 $Q=CU$，平板电容器还有两个常用的储能公式

$$W = \frac{1}{2}CU^2 = \frac{1}{2}QU \tag{6-41}$$

在实际电路中，极板间的电势差常被称为两极板的电压。从式(6-40)及式(6-41)可知，在电压一定时，电容值大的电容器储存的能量也多，这也说明电容也是电容器储存能量本领大小的量度。

例题 6-19　有一平板电容器，极板面积为 S，极板间距为 d，使电容器与电压为 U 的电源保持良好的接触，并把电容器两极板间距离变为原来的两倍。试求：(1)极板间距变化后电容器的电容；(2)电容器能量的增量。

解　(1) 根据平板电容器电容的表达式，及变化后极板间距 $d'=2d$，可得

$$C = \varepsilon_0 \frac{S}{2d}$$

是变化前电容器的电容 $C_0 = \varepsilon_0 \dfrac{S}{d}$ 的一半。

(2) 与电源保持接触，则极板间电势差不变，间距改变前后电容器的能量 W_0、W 分别为

$$W_0 = \frac{1}{2}C_0U^2 \qquad W = \frac{1}{2}CU^2 = \frac{1}{4}C_0U^2$$

电容器能量的增量为

$$\Delta W = W - W_0 = \frac{1}{4}C_0U^2 - \frac{1}{2}C_0U^2 = -\frac{1}{4}C_0U^2 = -\frac{\varepsilon_0 SU^2}{4d}$$

式中的负号说明：电压一定时，极板间距变大，电容减小，电容器容储存的能量减少。

例题 6-20　有一平板电容器，极板面积为 S，极板间距为 d，使电容器充电达两极板间电势差为 U，然后使电容器与电源断开，并把一面积也为 S，厚度为 d' 的金属板平行于极板插入两极板之间，如图 6-31所示。试求：(1)插入金属板后电容器的电容；(2)插入金属板前后电容器能量的变化。

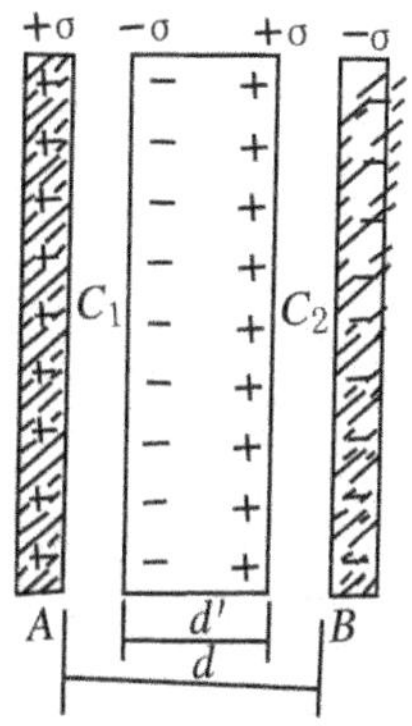

图 6-31　例 6-21 用图

解　(1) 设电容器两个极板 A、B 上电荷面密度分别为 $+\sigma$ 和 $-\sigma$，插入金属板后，金属板处于静电平衡状态，可以证明(证明从略，读者自己可利用高斯定理证出)金属板两侧分别感应出面密度为 $-\sigma$、$+\sigma$的电荷。金属板内部场强为零，两侧电场与插入金属板前相同。则两极板间电势差为

$$U_{AB}=E(d-d')=\frac{\sigma}{\varepsilon_0}(d-d')$$

根据电容器电容的公式,可得插入金属板后电容器的电容为

$$C=\frac{q}{U_{AB}}=\frac{\sigma S}{U_{AB}}=\frac{\varepsilon_0 S}{d-d'}$$

可见,插入金属板后电容器的电容变大了,与原电容 $C_0=\frac{\varepsilon_0 S}{d}$ 比较,相当于极板间距缩小了 d' 的距离。另外,由结果看出,此时电容器的电容值与金属板离极板距离无关。

(2) 充电后与电源断开,极板上电荷保持不变,即极板上电荷仍为 $q=C_0U$。则插入金属板前后电容器的能量 W_0、W 分别为

$$W_0=\frac{1}{2}\frac{q^2}{C_0}=\frac{1}{2}C_0U^2=\frac{\varepsilon_0 SU^2}{2d}$$

$$W=\frac{1}{2}\frac{q^2}{C}=\frac{1}{2}\frac{C_0^2U^2}{C}=\frac{\varepsilon_0 SU^2(d-d')}{2d^2}$$

电容器能量的增量为

$$\Delta W=W-W_0=-\frac{\varepsilon_0 SU^2 d'}{2d^2}$$

6.8.3 电容器的串联和并联

在实际使用时,除了要考虑电容器的电容值之外,还要考虑它的耐压值。实际电容器中两极板间都会充入电介质,如果加在两极板上的电压超出电容器的耐压值,电容器中的电介质就会被击穿,电容器就会被损坏。

如果单独一个电容器的电容值或耐压值不能满足电路需要时,我们常常把几个电容器连接起来使用,按照连接的方式不同,可分为电容器的串联和并联。

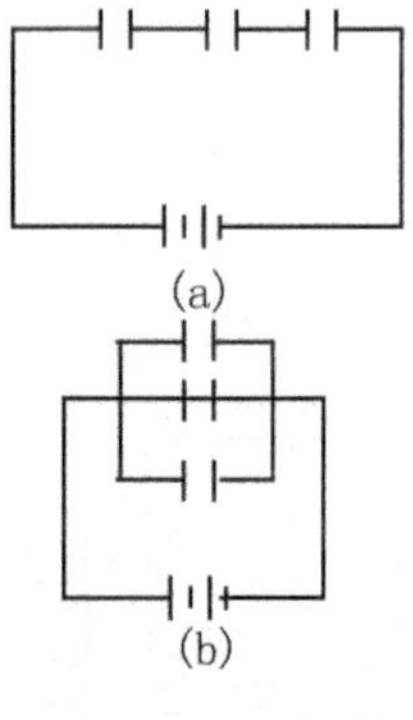

图 6-32 电容器的串、并联

1. 电容器的串联

电容器的串联是指电容器的正极板和下一个电容器的负极板连接,形成首尾相连的形式,两端的电容器分别与电源的正、负极连接,如图 6-32(a)所示。

根据静电平衡原理,电容器串联时,串联的每一个电容器的极板都有相同的电量 q,每个电容器上电压的和等于电源电压。设 C 为串联后的总电容,则有

$$\frac{1}{C}=\frac{U}{q}=\frac{U_1+U_2+\cdots+U_n}{q}=\frac{1}{C_1}+\frac{1}{C_2}+\cdots+\frac{1}{C_n}=\sum\frac{1}{C_i} \quad (6\text{-}42)$$

即串联等效电容器电容的倒数等于每个电容器电容的倒数之和。通过电容器的串联可用提高电容器的耐压值,但电容器的电容值减小。

2. 电容器的并联

电容器的并联是指电容器的正极板和正极板连接,并与电源正极相连,负极板与负极板连接,并与电源负极相连,如图 6-32(b)所示。

电容器并联时,并联的每一个电容器都具有相同的电压,并与电源电压相同,每个电容器极板上的电量和等于总电量 q。设 C 为并联后的总电容,则有

$$C=\frac{q}{U}=\frac{q_1+q_2+\cdots+q_n}{U}=C_1+C_2+\cdots+C_n=\sum C_i \tag{6-43}$$

即并联等效电容器电容等于每个电容器电容之和。通过电容器的并联可以增大电容器的电容，每个电容器承受的电压与单独使用时相同。

练习题

1. 例6-20中，若保持与电源接触的同时把电容器两极板间距离变为原来的一半。试求：(1)极板间距变化后电容器的电容；(2)电容器能量的增量。

2. 例6-21中，若$U=300\ \text{V}$，$S=3.0\times10^{-2}\ \text{m}^2$，$d=3.0\times10^{-3}\ \text{m}$，$d'=1.0\times10^{-3}\ \text{m}$。试求：(1)插入金属板后电容器的电容；(2)插入金属板前后电容器能量的变化。

6.9 静电场中的电介质

除导体外，电场中其他一切能与电场发生相互影响的物质都可以称为电介质。电介质与导体相比较，突出的特点是电介质中没有可以自由移动的电子。电介质的这一特点是由其微观分子结构决定的，在电介质内，原子核对核外电子的束缚力很强，原子中的电子、分子中的离子只能在原子的范围内移动，因此电介质不具备导电能力。本节主要研究电场对电介质的影响及电介质中静电场的特点。

6.9.1 静电场中的电介质

1. 电介质的种类

电介质的分子内部有两类电荷，即正电荷和负电荷，从分子中电荷在外电场中受力的角度来看，可以将所有正电荷(分子一般由多个原子组成，每个原子核内都有正电荷)看作集中在一点上，将所有的负电荷(所有的电子都带有负电荷)看作集中在另一点上，这两个点分别称为正、负电荷的中心，这样，一个分子在外电场中可以等效为一个电偶极子。

试验表明，电介质分子有两类，一类分子的正、负电荷的中心相互重合，即电偶极子的电矩为零，这类分子称为无极分子；另一类分子的正、负电荷的中心不重合，称为有极分子。相应地，按照组成电介质分子的特点把电介质分为两大类，一类是由无极分子构成的电介质，称为无极分子电介质，如He、O_2等；另一类是由有极分子构成的电介质，称为有极分子电介质，如HCl、SO_2等。

虽然电介质分子中有正、负电荷的中心，正、负电荷的中心也不完全重合，从微观上看，分子对外呈现电性，但由于分子的电矩方向杂乱无序，所以在宏观上看，整个电介质并不表现出电性。

2. 电介质的极化

如果把电介质放入电场中，分子中正、负电荷的中心会在外电场的作用下产生新的分布，从而使电介质表面呈现出电性，这种现象称为电介质的极化现象。由于电介质极化而使表面带的电荷称为极化电荷，因极化电荷被束缚在分子范围内，所以极化电荷也称束缚电荷。

有极分子和无极分子在极化时，微观机制并不相同，如图6-33所示。在

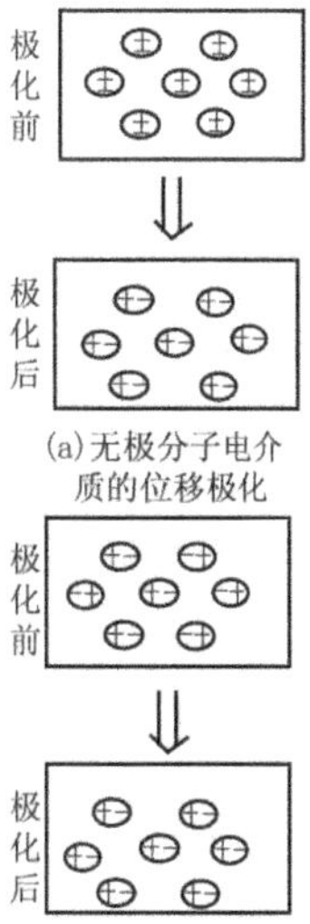

(a)无极分子电介质的位移极化

(b)有极分子电介质的位移极化

图6-33 电介质的极化

外场的作用下，无极分子的正、负电荷中心产生了微小的位移，从而使分子显现出电性，这种由于正、负电荷中心的移动而产生的极化现象称为位移极化；在外场的作用下，有极分子的电偶极子的电矩方向发生偏转，取向趋于一致，从而使介质表面显现出电性，这种由于分子电矩取向转变而产生的极化现象称为转向极化。

从图 6-33 可以看出，无论是哪种极化方式，其宏观效应是相同的，即在介质的表面能够显现出电性，产生极化电荷。

6.9.2 电介质中的静电场

1. 电介质中的场强

介质极化时产生的极化电荷同样能够激发电场，也可称为附加电场，附加电场的方向总是与原电场的方向相反，如图 6-34 所示。电介质中的电场是原电场和附加电场的叠加，用 $\boldsymbol{E}_0$ 表示原电场，用 $\boldsymbol{E}'$ 表示附加电场，试验表明，介质中电场的场强 $\boldsymbol{E}$ 为

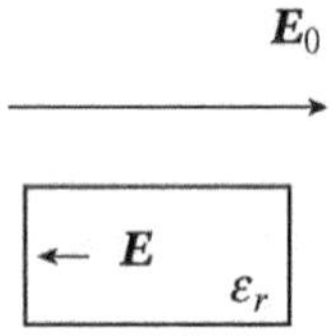

图 6-34 电介质中的电场

$$\boldsymbol{E}=\boldsymbol{E}_0+\boldsymbol{E}'=\frac{1}{\varepsilon_r}\boldsymbol{E}_0 \tag{6-44}$$

式中，ε_r 称为电介质的相对介电常数，其值等于介质的介电常数 ε 除以真空中的介电常数 ε_0，即 $\varepsilon_r=\frac{\varepsilon}{\varepsilon_0}$。一般的，$\varepsilon_r>1$，所以，介质中电场的场强大小要小于原电场场强的大小，即 $|\boldsymbol{E}|<|\boldsymbol{E}_0|$。

2. 电位移矢量

如图 6-35 所示，设原电场场强为 $\boldsymbol{E}_0$，相对介电常数分别为 ε_{r1}、ε_{r2} 的两个介质中电场的场强分别为 $\boldsymbol{E}_1$、$\boldsymbol{E}_2$，则有

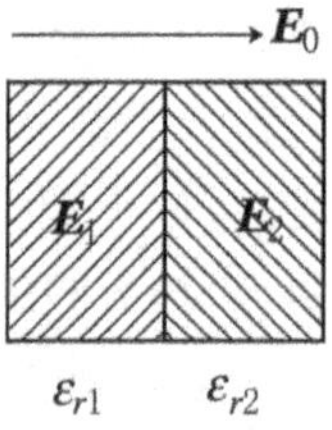

图 6-35 电位移矢量

$$\boldsymbol{E}_1=\frac{1}{\varepsilon_{r1}}\boldsymbol{E}_0$$

$$\boldsymbol{E}_2=\frac{1}{\varepsilon_{r2}}\boldsymbol{E}_0$$

可见，即使在同样的原电场中，不同电介质中的场强也各不相同，描述此时的电场场强分布是比较复杂的，为了避免这点，我们引入一个新的物理量——电位移矢量，用 $\boldsymbol{D}$ 表示，在各向同性的介质中，$\boldsymbol{D}$ 与场强 $\boldsymbol{E}$ 的关系为

$$\boldsymbol{D}=\varepsilon\boldsymbol{E}=\varepsilon_r\varepsilon_0\boldsymbol{E}=\varepsilon_r\varepsilon_0\frac{\boldsymbol{E}_0}{\varepsilon_r}=\varepsilon_0\boldsymbol{E}_0$$

可见，无论是在哪种介质中，电位移矢量是处处相同的，电位移矢量的引入给描述电介质中静电场的分布情况带来很大的方便。

3. 电介质中的高斯定理

若用电位移矢量代替场强来表达静电场中的高斯定理，则有

$$\oint\!\!\!\oint_S \boldsymbol{D}\cdot\mathrm{d}\boldsymbol{S}=\oint\!\!\!\oint_S \varepsilon_0\boldsymbol{E}_0\cdot\mathrm{d}\boldsymbol{S}=\varepsilon_0\oint\!\!\!\oint_S \boldsymbol{E}_0\cdot\mathrm{d}\boldsymbol{S}=\varepsilon_0\,\frac{1}{\varepsilon_0}\sum q_i=\sum q_i$$

即

$$\oint\!\!\!\oint_S \boldsymbol{D}\cdot\mathrm{d}\boldsymbol{S}=\sum q_i \tag{6-45}$$

式中，q_i 为激发原电场的电荷，称为自由电荷。式(6-45)表明：在静电场中通过任意闭合

曲面的电位移通量等于闭合曲面内包围的自由电荷的代数和，此即是电介质中的高斯定理。

6.9.3　静电场的能量

如平板电容器内部充满介电常数为 ε 的电介质，根据电容器电容的定义，可求得此时的电容

$$C=\frac{q}{U}=\frac{\sigma S}{Ed}$$

根据 $E=\frac{E_0}{\varepsilon_r}$ 及 $E_0=\frac{\sigma}{\varepsilon_0}$，带入上式化简得

$$C=\varepsilon\frac{S}{d} \tag{6-46}$$

可见，在电容器中充入电介质，电容增加，因此，电介质的介电常数 ε 有时也称为电介质的电容率。电介质不仅能够改变电容器的电容值，还可以改变电容器内储存的能量。例如，对于两板之间充满介电常数为 ε 的电介质的平行板电容器，储存的电场能量公式仍为 $W=\frac{1}{2}CU^2$，但式中的 $C=\varepsilon\frac{S}{d}$。同时考虑 $U=Ed$，则有

$$W=\frac{1}{2}\varepsilon\frac{S}{d}(Ed)^2=\frac{1}{2}\varepsilon SdE^2 \tag{6-47}$$

平行板电容器的体积为 $V=Sd$，结合式(6-47)，可得单位体积中的电场能，即电场能量密度，用 w_e 表示，则为

$$w_e=\frac{W}{V}=\frac{1}{2}\varepsilon E^2 \tag{6-48}$$

根据电位移矢量大小 $D=\varepsilon E$，并带入式(6-48)，可得电场能量密度的另一种形式

$$w_e=\frac{W}{V}=\frac{1}{2}DE \tag{6-49}$$

式(6-48)和式(6-49)都是电场能量密度的计算式，其中式(6-48)仅在各向同性的静电场中适用，式(6-49)是计算电场能量密度的普遍公式，不论电场均匀与否，也不论电场是静电场还是变化电场，都适用。对于任意电场计算其能量时，可以先根据式(6-49)计算电场能量密度，然后再在整个电场中对电场能量密度积分，即

$$W_e=\iiint_V w_e\,\mathrm{d}v=\frac{1}{2}\iiint_V DE\,\mathrm{d}v \tag{6-50}$$

例题 6-21　有一平板电容器，极板面积为 S，极板间距为 d，极板间原来为真空，现在两极板间充满相对介电常数为 ε_r 的电介质。试求：(1) 充入介质后电容器的电容；(2) 如果电容器一直与电压为 U 的电源连接，试求电容器内电能的增量。

解　(1) 根据有电介质时平行板电容器的电容公式，得

$$C=\varepsilon\frac{S}{d}=\varepsilon_r\varepsilon_0\frac{S}{d}$$

(2) 根据电容器能量公式，放入介质前电容器的能量 W_0 和放入介质后的电容器能量 W 分别为

$$W_0=\frac{1}{2}C_0U^2=\frac{S\varepsilon_0}{2d}U^2$$

$$W=\frac{1}{2}CU^2=\frac{S\varepsilon_0\varepsilon_r}{2d}U^2$$

能量的增量为 $\Delta W=W-W_0=\frac{S\varepsilon_0}{2d}U^2(\varepsilon_r-1)$

练习题

试用电场能量密度公式及积分运算求例题 6-21(2)的问题。

第7章　恒定磁场

静止的电荷在其周围激发静电场，运动的电荷在其周围不仅会激发电场，还会激发磁场。电荷的定向运动形成电流，因此运动电荷周围的磁场可以说是电流的磁场，方向、强度都不随时间变化的电流称为恒定电流，恒定电流激发的磁场称为恒定磁场。本章主要研究恒定磁场如何描述，恒定磁场与激发它的电流之间的关系，磁场对放入其中的运动电荷或电流的作用，以及磁场和磁介质之间的相互作用。本章的主要学习方法是与第12章的知识进行类比。

7.1　磁感应强度　磁场的高斯定理

磁感应强度是描述磁场强弱的物理量。本节主要介绍磁感应强度的定义及物理意义，然后介绍磁通量的概念，并在此基础上讨论磁场的高斯定理。

7.1.1　磁场　磁感应强度

1. 磁现象　磁场

早在公元前，人们就已观测到天然磁石吸铁的现象，我国是最早认识并应用磁现象的国家。在春秋和战国时期(约公元前3世纪)，就有了“慈石”“司南”等的记载，北宋时期(11世纪)，我国的科学家沈括发明了航海用的指南针，并发现了地磁偏角。1819年，丹麦的科学家奥斯特发现放在载流导线附近的磁针会偏转，这个实验表明，在通电导线的周围和磁铁周围一样，存在磁场。1822年，安培提出了磁性的本质，指出天然磁铁周围的磁场和电流周围的磁场在本质上具有一致性，从而把天然磁铁周围的磁场和电流周围的磁场统一起来。

2. 磁感应强度

电场可以传递电荷间的电力，磁场可以传递磁力，磁场和电场一样，是一种客观存在的特殊物质。为了描述电场的强弱和方向，我们引入电场强度这一物理量；同样，为了描述磁场的强弱和方向，我们也引入一个物理量——磁感应强度，用 $\boldsymbol{B}$ 表示。

电场中，电场强度是根据电荷在电场中受力情况来定义的，场强 $\boldsymbol{E}=\dfrac{\boldsymbol{F}}{q_0}$，同样的，在磁场中磁感应强度也是根据运动电荷在磁场中的受力情况来定义的。

首先，根据放入磁场中小磁针的指向来确定磁感应强度的方向。放入磁场中某点的一个可以自由转动的小磁针，因两极受到方向相反的磁场力作用而转动，当小磁针静止时，磁针 N 极（北极）的指向我们规定为磁场中该点的磁感应强度 $\boldsymbol{B}$ 的方向。

然后，确定磁感应强度大小的关系。实验发现：(1)一个电量为 q 的电荷，以速度 $\boldsymbol{v}$ 进入磁场，当该电荷的运动方向与磁感应强度的方向平行时，电荷运动速度不变，这说明电荷此时不受磁场力，如图 7-1 所示；(2)当电荷运动方向和磁感应强度方向不平行时，电荷的运动速度发生变化，这说明电荷受到磁场力的作用。而且磁场力方向总是与电荷的运动方向垂直，大小随电荷的运动方向变化而变化，实验发现，当此电荷运动方向与磁感应强度方向垂直时，磁场力最大，我们用 $\boldsymbol{F}_{\mathrm{m}}$ 表示这个最大的磁场力，如图 7-2 所示；(3)当电荷的运动速度方向与磁感应强度方向垂直时，电荷的受力大小与电荷的电量及运动速率都成正比，即在磁场中的某点，运动电荷所受的最大磁场力 $\boldsymbol{F}_{\mathrm{m}}$ 的大小与电荷电量、运动速率大小乘积 qv 的比值为确定的量值，可见，这个比值只与磁场的性质有关，而与运动电荷无关，所以，我们定义它为反映磁场强弱性质的物理量——磁感应强度的大小即

$$B=\frac{F_{\mathrm{m}}}{qv} \tag{7-1}$$

式(7-1)为磁感应强度大小的定义式。进一步研究还发现，对于正电荷而言，在磁场中某点的 $\boldsymbol{F}_{\mathrm{m}}\times\boldsymbol{v}$ 方向与用小磁针判断的方向是一致的，所以，可以用正电荷的 $\boldsymbol{F}_{\mathrm{m}}\times\boldsymbol{v}$ 方向来判断磁场中磁感应强度方向。

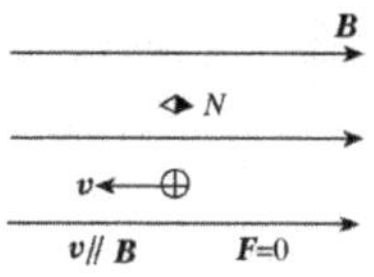

图 7-1　$\boldsymbol{v}/\!/\boldsymbol{B}$

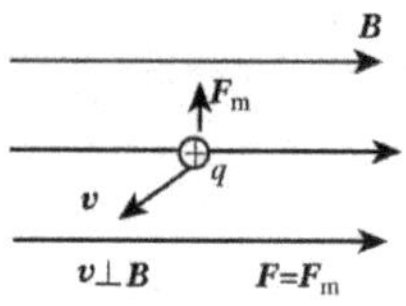

图 7-2　$\boldsymbol{v}\perp B$

在国际单位制(SI)中，磁感应强度的单位为特斯拉，简称特(T)

$$1\mathrm{T}=1\mathrm{N}\cdot\mathrm{s}\cdot\mathrm{C}^{-1}\cdot\mathrm{m}^{-1}=1\mathrm{N}\cdot\mathrm{A}^{-1}\cdot\mathrm{m}^{-1}$$

工程上，还常用高斯(Gs)作为磁感应强度的单位

$$1\mathrm{T}=10^{4}\mathrm{Gs}$$

特斯拉是个比较大的单位，地球表面的磁场方向是由地球的南极指向北极（地球的南极是地磁场的北极），地磁场强弱随位置而变化，地球两极磁场最强，磁感应强度大小约为 6×10^{-4} T。赤道的磁场最弱，磁感应强度大小约为 3×10^{-4} T。一般永久性磁铁的磁感应强度约为10^{-2} T，大型的电磁铁能产生约为 2T 的磁场，由于超导材料的应用，已能获得高达 1 000T的强磁场。

磁感应强度 $\boldsymbol{B}$ 是描述磁场中各点强弱和方向的物理量，通常 $\boldsymbol{B}$ 是场点位置的函数。若场中各点的磁感应强度 $\boldsymbol{B}$ 都相同，则场称为匀强磁场。恒定磁场中 $\boldsymbol{B}$ 仅随空间位置变化，而不随时间变化。

7.1.2　磁感应线　磁通量

1. 磁感应线

类似于用电场线形象地描述电场一样，磁场中也可以引入磁感应线（也称 $\boldsymbol{B}$ 线）来形象

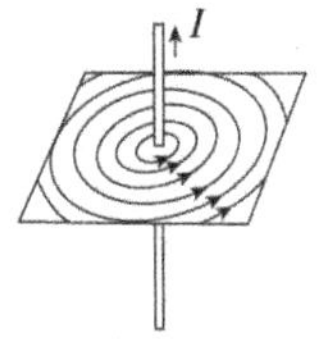

(a)长直电流磁场

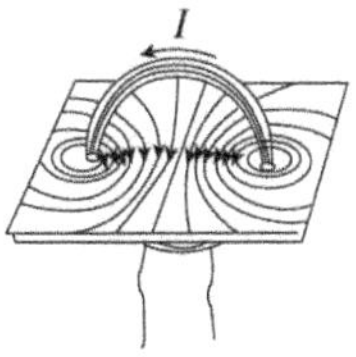

(b)圆电流磁场

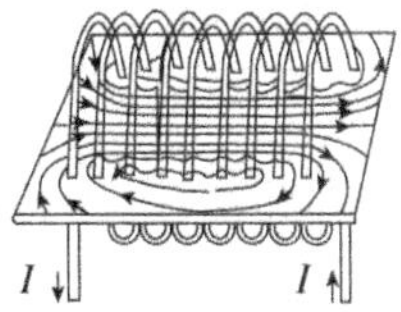

(c)直螺线管磁场

图7-3 几种电流磁场的磁感应线分布情况

地描述磁场的分布情况。磁感应线也是在磁场中所画的假象曲线，同样，我们规定：(1)磁感应线的切线方向与该点磁感应强度的方向一致；(2)通过磁场中某点处垂直于 $\boldsymbol{B}$ 的单位面积的磁感应线条数，等于该处磁感应强度大小的量值。因此，磁感应线密的地方磁感应强度大，磁感应线疏的地方磁感应强度小。图7-3给出了几种电流磁场的磁感应线分布情况。

从图7-3可以看出，磁感应线具有如下几个特点。

(1)任意两条磁感应线不会相交。这点与电场线一致，也是由磁场中某点磁感应强度方向的唯一性决定的。

(2)每条磁感应线都是环绕电流的闭合曲线。这点与电场线不一样，电场线不闭合。磁感应线是闭合曲线说明磁场是涡旋场，磁感应线无头无尾说明磁场是无源场。

(3)磁感应线的环绕方向与电流方向之间可以用右手螺旋表示。若拇指指向为电流方向，则四指环绕方向为磁感应线方向；若四指环绕方向为电流方向，则拇指指向是磁感应线的方向。

2. 磁通量

通过磁场中任一给定面积的磁感应线条数称为通过该面积的磁感应通量，简称磁通量，用 Φ_m 表示。磁通量的计算方法与电通量的计算方法类似：

(1) 匀强磁场中，通过与 $\boldsymbol{B}$ 方向垂直、面积为 S 平面的磁通量，如图7-4(a)所示。

$$\Phi_m = BS \tag{7-2}$$

(2) 匀强磁场中，通过法向与 $\boldsymbol{B}$ 方向夹角为 θ、面积为 S 平面的磁通量，如图7-4(b)所示。

$$\Phi_m = \boldsymbol{B} \cdot \boldsymbol{S} = BS\cos\theta \tag{7-3}$$

(3) 非匀强磁场中，或者通过面积为 S 曲面的磁通量，如图7-4(c)所示。

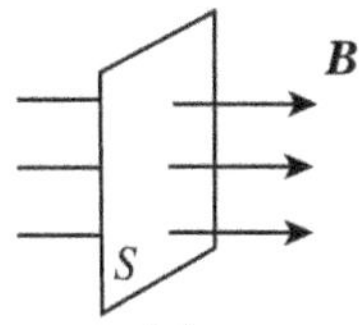

(a)

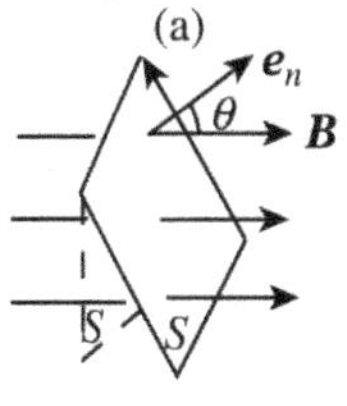

(b)

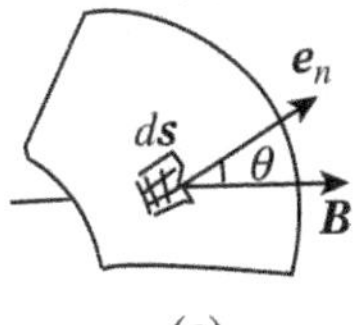

(c)

图7-4 磁通量

在曲面上任取面积元 $d\boldsymbol{S}$，面积元所在处磁感应强度 $\boldsymbol{B}$ 与面元法向夹角 θ，由于面积元很小，可以认为面元所在处为匀强磁场，面元可以认为是平面。根据式(7-3)，可得此面元的磁通量为

$$d\Phi_m = \boldsymbol{B} \cdot d\boldsymbol{S} = B\cos\theta dS$$

整个曲面的磁通量应为所有面元磁通量的和，即

$$\Phi_m = \iint_S \boldsymbol{B} \cdot d\boldsymbol{S} = \iint_S B\cos\theta dS \tag{7-4}$$

在国际单位制中，磁通量的单位为韦伯(Wb)，$1Wb = 1T \cdot m^2$。

例题7-1 真空中有一垂直纸面向里的匀强磁场，磁感应强度的大小为 $B=0.02T$。试求：图7-5中所示平面 $abcd$ 的磁通量。

解 由题意可知，这属于匀强磁场，平面与磁感应强度方向垂直的情况，设平面法向为垂直纸面向里，则有

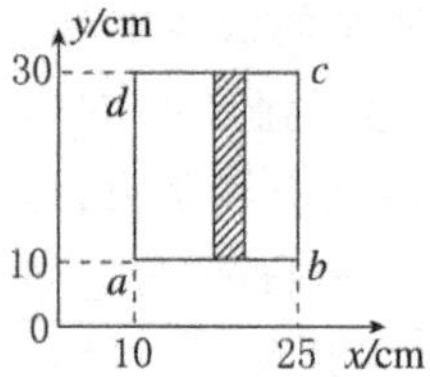

图 7-5 例 7-1 用图

$$\Phi_m = BS = 0.02 \times (0.25 - 0.1) \times (0.3 - 0.1) = 6.0 \times 10^{-4}\,\text{Wb}$$

例题 7-2 若在图 7-5 中，磁感应强度方向仍为垂直纸面向里，但磁场不是匀强磁场，大小随坐标的变化关系为 $B = \frac{0.02}{x}$T。试求：通过平面 $abcd$ 的磁通量。

解 由题意可知，这属于非匀强磁场，且平面与磁感应强度方向垂直的情况。根据磁感应强度的变化特点，在平面上取面元 d$\boldsymbol{S}$ 如图 7-5 中阴影所示，设面元法向为垂直纸面向里，通过此面元的磁通量为

$$d\Phi_m = \boldsymbol{B} \cdot d\boldsymbol{S} = B dS = \frac{0.02}{x} \times 0.2 dx$$

通过整个平面的磁通量为

$$\begin{aligned}\Phi_m &= \iint_S B\cos\theta dS = 4 \times 10^{-3} \int_{0.1}^{0.25} \frac{1}{x} dx \\ &= 4 \times 10^{-3} \ln 2.5 = 3.67 \times 10^{-3}\,\text{Wb}\end{aligned}$$

7.1.3 磁场中的高斯定理

由于磁感应线是闭合的曲线，因此对于磁场中任一闭合曲面，若有磁感应线从闭合曲面上某处穿入，该线必定会从闭合曲面的另一处穿出，如图 7-6 所示。同计算电场中闭合曲面的通量类似，我们规定曲面的法向指向曲面的外侧，因此磁感应线穿入曲面时磁通量为负，磁感应线穿出曲面时磁通量为正。对于磁场中闭合曲面，穿入和穿出曲面的磁感应线条数一样多，因此，通过此闭合曲面的磁通量为零。即

$$\oiint_S \boldsymbol{B} \cdot d\boldsymbol{S} = 0 \tag{7-5}$$

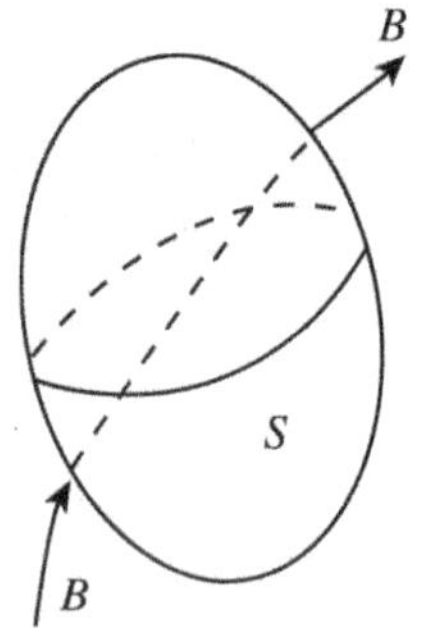

图 7-6 磁场高斯定理

式(7-5)称为磁场高斯定理，此式说明，在磁场中，穿过任意闭合曲面的总磁通量等于零。

磁场的高斯定理是描述磁场性质的重要定理，由于闭合曲面可以是任意形状，任意大小，而这任意形状、任意大小的闭合曲面的磁通量都为零，说明磁场中任意一个小的区域，要么没有磁感应线通过，要么即使有磁感应线通过，则该线也必定是闭合的，因此，磁场的高斯定理说明了磁感应线是无头无尾的闭合线，这说明磁场是无源场；相对应的，静电场中的高斯定理 $\oiint_S \boldsymbol{D} \cdot d\boldsymbol{S} = \sum q_i$ 说明了静电场的场强线不闭合，静电场是有源场，静电场的“源”就是电场线发出的地方，即电荷。静电场之所以是有源场，是因为自然界中有单独存在的自由正电荷和自由负电荷；而在自然界中至今还没有发现单独存在的磁极，所以磁场是无源场。

练习题

在例 7-2 题中，若磁感应强度随坐标变化的函数关系为 $B = \frac{0.02}{y}$T，题目中其他已知条件不变。试求：通过平面 $abcd$ 的磁通量。

7.2　毕奥-萨伐尔定律

从前文我们知道，磁感应强度是描述磁场强弱的物理量。那么，磁感应强度的大小和方向与哪些因素有关呢？本节即介绍反映这一规律的定律——毕奥-萨伐尔定律。

7.2.1　磁场叠加原理

在电场中，任意形状的带电体所激发的电场场强，可以看作是许多个电荷元单独存在时在该点激发场强的叠加，称为电场场强叠加原理。同样，实验证明，在磁场中也存在叠加原理。为求任意一个电流在其周围激发磁场中某点的磁感应强度，可以把电流分割成一个个首尾相连的小线元，称为电流元，用 $I\mathrm{d}\boldsymbol{l}$ 表示（其中，I 为电流元中的电流强度；$\mathrm{d}\boldsymbol{l}$ 是矢量，其大小为在载流导线上所取的线元长度，方向与电流的流向一致），电流元在场点激发的磁感应强度用 $\mathrm{d}\boldsymbol{B}$ 表示，则整个电流在该点激发的磁感应强度为

$$\boldsymbol{B}=\int_L \mathrm{d}\boldsymbol{B} \tag{7-6}$$

式(7-6)称为磁场叠加原理，此式表明：整个载流导线在场点激发的磁感应强度等于每段电流元在该点激发的磁感应强度的矢量和。式中积分号下面的 L 表示对整个载流导线进行积分。

7.2.2　毕奥-萨伐尔定律

由磁场叠加原理可知，电流元在磁场中激发的磁感应强度 $\mathrm{d}\boldsymbol{B}$ 是很重要的物理量。19 世纪 20 年代，毕奥和萨伐尔对电流产生的磁场分布情况作了大量的实验，并和数学家拉普拉斯一起研究和分析了大量的实验资料，最终归纳出电流回路中任一电流元产生磁场的公式，该公式给出了电流元与它产生磁场的磁感应强度之间的关系，称为毕奥-萨伐尔定律，具体内容为：真空中，电流元 $I\mathrm{d}\boldsymbol{l}$ 在给定点 P 处产生的磁感应强度 $\mathrm{d}\boldsymbol{B}$ 的大小与电流元 $I\mathrm{d}\boldsymbol{l}$ 的大小成正比，与电流元和它到场点 P 的矢径 $\boldsymbol{r}$ 间的夹角 θ 的正弦成正比，与 $\boldsymbol{r}$ 大小的平方成反比。$\mathrm{d}\boldsymbol{B}$ 的方向垂直于 $I\mathrm{d}\boldsymbol{l}$ 与 $\boldsymbol{r}$ 所组成的平面，且指向矢积 $I\mathrm{d}\boldsymbol{l}\times\boldsymbol{r}$ 的方向。若各量采用国际单位制中单位，毕奥-萨伐尔定律的数学表达式为

$$\mathrm{d}\boldsymbol{B}=\frac{\mu_0}{4\pi}\frac{I\mathrm{d}\boldsymbol{l}\times\boldsymbol{r}}{r^3} \tag{7-7}$$

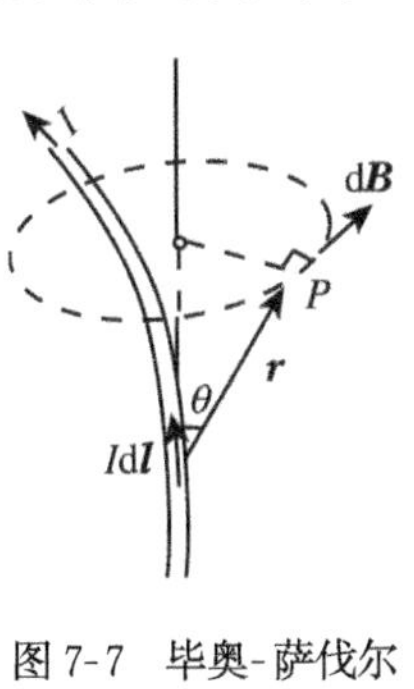

图 7-7　毕奥-萨伐尔定律

式中，$\mu_0=4\pi\times10^{-7}\,\mathrm{T\cdot m\cdot A^{-1}}$（或 $\mathrm{H\cdot m^{-1}}$），称为真空中的磁导率。此式为矢量式，由此式可以写出 $\mathrm{d}B$ 的大小为

$$\mathrm{d}B=\frac{\mu_0}{4\pi}\frac{I\mathrm{d}l\sin\theta}{r^2} \tag{7-8}$$

式中，θ 为电流元方向与它到场点 P 的矢径 $\boldsymbol{r}$ 间的夹角，如图 7-7 所示。$\mathrm{d}\boldsymbol{B}$ 的方向由 $I\mathrm{d}\boldsymbol{l}\times\boldsymbol{r}$ 的方向确定，具体确定方法为：右手四指由 $I\mathrm{d}\boldsymbol{l}$ 的方向沿小于 180°角的方向绕向 $\boldsymbol{r}$ 方向，拇指指向即为 $\mathrm{d}\boldsymbol{B}$ 的方向，如图 7-7 所示。

把毕奥-萨伐尔定律的表达式带入到磁场叠加原理,则任意载流导线激发的磁场中任一点的磁感应强度为

$$\boldsymbol{B}=\int_L \frac{\mu_0}{4\pi}\frac{I\mathrm{d}\boldsymbol{l}\times\boldsymbol{r}}{r^3} \tag{7-9}$$

由于在实验中无法得到单独的电流元,因此毕奥-萨伐尔定律正确与否无法通过实验来直接验证,但是,根据此定理计算出的通电导线在磁场中某点产生的磁感应强度与实验测得的值吻合得很好,这间接地证实了毕奥-萨伐尔定律的正确性。

7.2.3 毕奥-萨伐尔定律的应用

理论上讲,应用毕奥-萨伐尔定律与磁场叠加原理相结合,可以求解任意形状载流导线所产生磁场的磁感应强度,但实际上,由于式(7-9)是一个矢量积分式,计算比较复杂,所以仅可以计算形状规则的载流导线所产生磁场的磁感应强度。在具体应用时,一般的步骤为

(1)在载流导线上取电流元,写出电流元的表达式及电流元在场点产生的磁感应强度 $\mathrm{d}\boldsymbol{B}$ 的大小表达式。

(2)判断各电流元对应的 $\mathrm{d}\boldsymbol{B}$ 方向是否在同一条直线上,如果各 $\mathrm{d}\boldsymbol{B}$ 方向不在同一条直线上,则建立合适的坐标系,写出 $\mathrm{d}\boldsymbol{B}$ 在各坐标轴上的分量 $\mathrm{d}B_x$、$\mathrm{d}B_y$、$\mathrm{d}B_z$。

(3)对各分量积分求得整个磁感应强度在该方向的分量 $B_x=\int_L \mathrm{d}B_x$、$B_y=\int_L \mathrm{d}B_y$、$B_z=\int_L \mathrm{d}B_z$。

(4)写出整个载流导线在场点磁感应强度的矢量表达形式 $\boldsymbol{B}=B_x\boldsymbol{i}+B_y\boldsymbol{j}+B_z\boldsymbol{k}$。

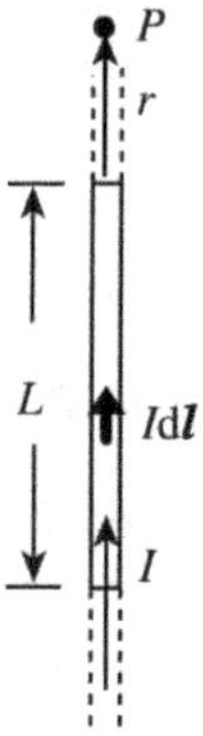

图 7-8 例 7-3 用图

例题 7-3 试求真空中载流直导线(也称直电流)在其延长线上一点 P 处的磁感应强度。设导线中通有电流 I,直导线长度为 L。如图 7-8 所示。

解 在载流导线上取电流元 $I\mathrm{d}\boldsymbol{l}$,根据毕奥-萨伐尔定律,电荷元在 P 点产生磁感应强度大小 $\mathrm{d}B=\frac{\mu_0}{4\pi}\frac{I\mathrm{d}l\sin\theta}{r^2}$,由图 7-8 可知,电流元 $I\mathrm{d}\boldsymbol{l}$ 方向与它到场点 P 的矢径 $\boldsymbol{r}$ 间的夹角 $\theta=0°$,则

$$\mathrm{d}B=\frac{\mu_0}{4\pi}\frac{I\mathrm{d}l\sin\theta}{r^2}=\frac{\mu_0}{4\pi}\frac{I\mathrm{d}l\sin 0°}{r^2}=0$$

根据场强叠加原理 $\boldsymbol{B}=\int_L \mathrm{d}\boldsymbol{B}$,可得整个直电流在其延长线上各点的磁感应强度为

$$B=\int_L \mathrm{d}B=0$$

容易证明,在直导线的反向延长线上磁感应强度仍然为零,即,载流直导线在自己的延长线上产生的磁感应强度处处为零。

例题 7-4 试求真空中通电长直导线附近一点 P 处的磁感应强度。设导线中通有电流 I,P 点到长直导线的垂直距离为 d,P 点与直导线两端的连线与直导线电流方向夹角分别

为β_1、β_2，如图 7-9 所示。

解　在长直导线上任取一电流元 $Id\boldsymbol{l}$，此电流元在 P 点产生的磁感应强度 $d\boldsymbol{B}$ 的大小为

$$dB=\frac{\mu_0}{4\pi}\frac{Idl\sin\beta}{r^2}$$

$d\boldsymbol{B}$ 的方向为垂直纸面向里，我们用⊗表示。由于各 $d\boldsymbol{B}$ 的方向相同，所以，整个载流导线在 P 点的磁感应强度 $\boldsymbol{B}$ 方向也为垂直纸面向里。根据磁场叠加原理，$\boldsymbol{B}$ 的大小为

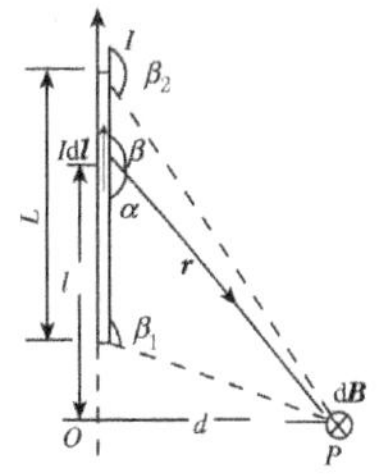

图 7-9　例 7-4 用图

$$B=\int_L\frac{\mu_0}{4\pi}\frac{Idl\sin\beta}{r^2}$$

由图 7-9 可知，$\sin\beta=\sin\alpha=\dfrac{d}{r}$，所以 $r=\dfrac{d}{\sin\beta}=d\csc\beta$；由 $\tan\alpha=\dfrac{d}{l}$，有 $l=-d\cot\beta$，则 $dl=d\csc^2\beta d\beta$。带入上式，并统一积分变量，得

$$B=\int_L\frac{\mu_0}{4\pi}\frac{Idl\sin\beta}{r^2}=\frac{\mu_0 I}{4\pi}\int_{\beta_1}^{\beta_2}\frac{d\csc^2\beta d\beta}{d^2\csc^2\beta}\sin\beta=-\frac{\mu_0 I}{4\pi d}\cos\beta\Big|_{\beta_1}^{\beta_2}$$

$$=\frac{\mu_0 I}{4\pi d}(\cos\beta_1-\cos\beta_2)$$

如果载流导线为“无限长”，或者导线的长度 L 远大于 P 点到直导线的垂直距离 d，则 $\beta_1\to 0$，$\beta_2\to\pi$，代入上式，得无限长直导线附近磁感应强度大小为

$$B=\frac{\mu_0 I}{4\pi d}(1+1)=\frac{\mu_0 I}{2\pi d}$$

方向都是沿着以直导线为轴线的圆周的切线方向，且与直电流成右手螺旋关系。从此式可看出，在无限长直导线的磁场中，磁感应强度的大小与直导线内通有的电流强度成正比，与场点到直电流的距离成反比，电流强度越大，场点距离直电流越近，磁感应强度越大。到直导线垂直距离相同的点磁感应强度的大小是相同的，这些相同的点构成的面为以直导线为轴线的圆柱面，因此我们说，无限长直导线的磁场具有轴对称性。

例题 7-5　试求真空中载流圆线圈（也称圆电流）在其环心处磁感应强度。设圆电流的半径为 R，通有电流 I，如图 7-10 所示。

解　在圆电流上任取一电流元 $Id\boldsymbol{l}$，根据毕奥-萨伐尔定律，此电流元在 P 的产生的磁感应强度 $d\boldsymbol{B}$ 的大小为

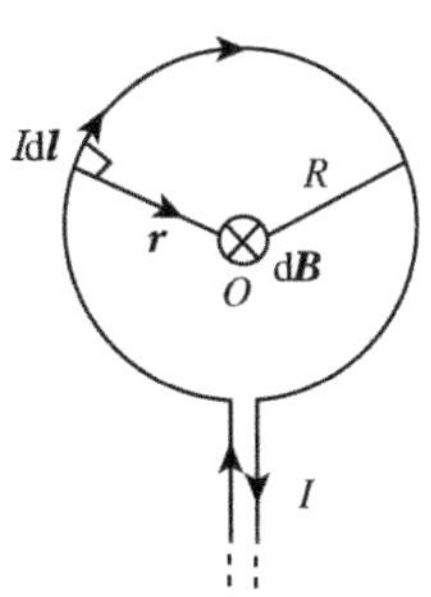

图 7-10　例 7-5 用图

$$dB=\frac{\mu_0}{4\pi}\frac{Idl\sin\beta}{r^2}=\frac{\mu_0}{4\pi}\frac{Idl\sin 90^\circ}{R^2}=\frac{\mu_0 I}{4\pi R^2}dl$$

$d\boldsymbol{B}$ 的方向为垂直纸面向里，我们用⊗表示。由于各 $d\boldsymbol{B}$ 的方向相同，所以，整个圆电流在 P 点的磁感应强度 $\boldsymbol{B}$ 方向也为垂直纸面向里。根据磁场叠加原理，$\boldsymbol{B}$ 的大小为

$$B=\int_L\frac{\mu_0 I}{4\pi R^2}dl=\frac{\mu_0 I}{4\pi R^2}\int_0^{2\pi R}dl=\frac{\mu_0 I}{4\pi R^2}\cdot 2\pi R=\frac{\mu_0 I}{2R}$$

磁感应强度的大小与电流强度成正比，与圆电流的半径成反比。

从以上三例可以看出，电流磁场中的磁感应强度仅与产生磁场电流的电流强度、电流形状及场点的位置有关，所以磁感应强度是描述

磁场性质的物理量。

磁场叠加原理不仅适用于单个电流的磁场，实验表明，如果一个磁场是由几个电流共同激发而产生的，则该磁场中某点的磁感应强度等于各电流单独存在时在该点产生的磁感应强度的矢量和，即

$$\boldsymbol{B}=\sum \boldsymbol{B}_i$$

例题 7-6 真空中一无限长直导线，通有电流 I，导线的中部被弯成半径为 R 半圆形状，如图 7-11 所示。试求：半圆圆心 O 处的磁感应强度。

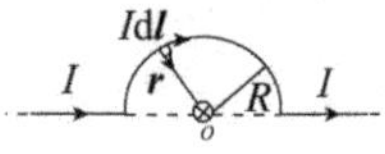

图 7-11 例 7-6 用图

解 由图 7-11 可知，无限长直导线可以分成三部分，即两个半无限长直导线和一个半圆环，根据磁场叠加原理，圆心 O 处的磁感应强度由三部分叠加而成，即

$$\boldsymbol{B}=\boldsymbol{B}_1+\boldsymbol{B}_2+\boldsymbol{B}_3$$

式中，$\boldsymbol{B}_1$、$\boldsymbol{B}_2$ 分别表示两段半无限长直电流在 O 点的磁感应强度。由于 O 点在两段直电流的延长线上，根据例题 7-3 结果可知 $\boldsymbol{B}_1=\boldsymbol{B}_2=0$，则 $\boldsymbol{B}=\boldsymbol{B}_3$。

在圆电流上任取一电流元 $I\mathrm{d}\boldsymbol{l}$，根据毕奥-萨伐尔定律，此电流元在 $\boldsymbol{O}$ 的产生的磁感应强度 $\mathrm{d}\boldsymbol{B}$ 的大小为

$$\mathrm{d}B=\frac{\mu_0}{4\pi}\frac{I\mathrm{d}l\sin\beta}{r^2}=\frac{\mu_0}{4\pi}\frac{I\mathrm{d}l\sin 90^\circ}{R^2}=\frac{\mu_0 I}{4\pi R^2}\mathrm{d}l$$

$\mathrm{d}\boldsymbol{B}$ 的方向为垂直纸面向里，可以用⊗表示。由于各 $\mathrm{d}\boldsymbol{B}$ 的方向相同，所以，整个圆电流在 O 点的磁感应强度 $\boldsymbol{B}_3$ 方向也为垂直纸面向里。根据磁场叠加原理，$\boldsymbol{B}$ 的大小为

$$B=B_3=\int_L\frac{\mu_0 I}{4\pi R^2}\mathrm{d}l=\frac{\mu_0 I}{4\pi R^2}\int_0^{\pi R}\mathrm{d}l=\frac{\mu_0 I}{4\pi R^2}\cdot\pi R=\frac{\mu_0 I}{4R}$$

$\boldsymbol{B}$ 的方向为垂直纸面向里。

比较例题 7-5 结果和例题 7-6 中 $\boldsymbol{B}_3$ 的结果，可以看出，在电流强度和圆环半径相同的情况下，通电圆电流在其圆心处的磁感应强度与圆电流的长度成正比。磁感应强度的方向与圆电流间符合右手螺旋关系。

练习题

1. 真空中，一通有电流强度为 $I=10\mathrm{A}$ 的直导线被弯成如图 7-12 所示的边长为 1 m 的正方形形状。试求：正方形中心处的磁感应强度的大小和方向。

2. 真空中一无限长直导线，通有电流 $I=5\mathrm{A}$，导线的中部被弯成半径为 $R=0.5$ m 的四分之一圆环形状，如图 7-13 所示。试求：圆心 O 处的磁感应强度。

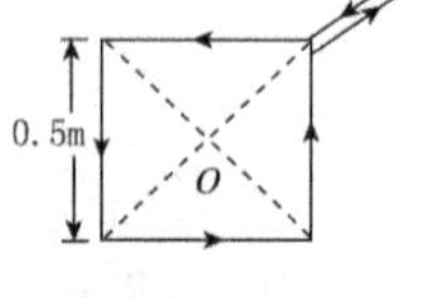

图 7-12 练习(1)用图

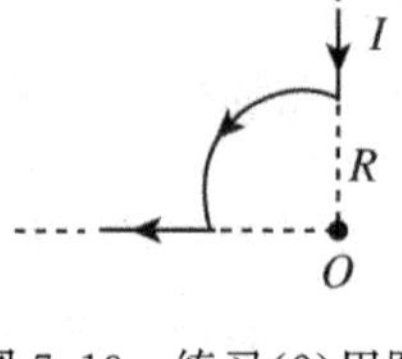

图 7-13 练习(2)用图

7.3　安培环路定理及其应用

在静电场中，有两个重要的定理：静电场中的高斯定理 $\oiint_S \boldsymbol{D}\cdot \mathrm{d}\boldsymbol{S}=\sum q_i$，此定理反映了静电场为有源场；静电场的环路定理 $\oint \boldsymbol{E}\cdot \mathrm{d}\boldsymbol{l}=0$，此定理反映了静电场为无旋场，保守力场。同样，在磁场中也有这样两个重要的定理：磁场高斯定理 $\oiint_S \boldsymbol{B}\cdot \mathrm{d}\boldsymbol{S}=0$，此定理反映了磁场为无源场；那么，磁场中的环路定理形式是什么样的，它又反映了磁场的什么性质呢？这是本节主要研究的问题。

7.3.1　安培环路定理

环路定理研究的是描述场的物理量沿任意回路的线积分情况。静电场的环路定理研究场强 $\boldsymbol{E}$ 沿环路的积分 $\oint \boldsymbol{E}\cdot \mathrm{d}\boldsymbol{l}$，即 $\boldsymbol{E}$ 的环流规律；相应地，磁场中的环路定理研究磁感应强度 $\boldsymbol{B}$ 沿闭合环路的积分 $\oint \boldsymbol{B}\cdot \mathrm{d}\boldsymbol{l}$，即 $\boldsymbol{B}$ 的环流规律。下面以无限长直导线磁场为例研究 $\boldsymbol{B}$ 的环流。

如图 7-14(a)所示，由前面分析可知，长直导线周围的磁感应线是一族以导线为中心的同心圆，在同一条磁感应线上磁感应强度的大小相同，都为

$$B=\frac{\mu_0 I}{2\pi r}$$

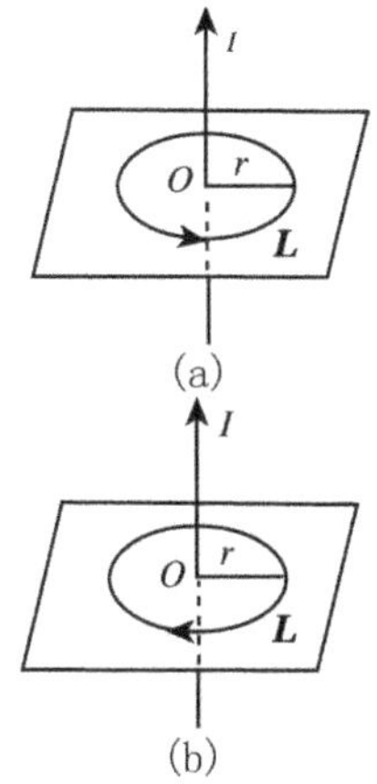

图 7-14　环路定理

式中，I 为直电流的电流强度；r 为场点到直电流的距离，也就是场点所在处磁感应线的半径。我们选取此条磁感应线为闭合回路，在此回路上计算 $\boldsymbol{B}$ 的环流，在此环路上任意点磁感应强度的方向与回路的线元方向一致，则

$$\oint \boldsymbol{B}\cdot \mathrm{d}\boldsymbol{l}=\oint_L \boldsymbol{B}\cos 0^\circ \mathrm{d}\boldsymbol{l}=\oint_L \frac{\mu_0 I}{2\pi r}\mathrm{d}l=\frac{\mu_0 I}{2\pi r}\cdot 2\pi r=\mu_0 I$$

如果积分回路方向选择与磁感应线绕行方向相反的方向，如图 7-14(b)所示。则

$$\oint \boldsymbol{B}\cdot \mathrm{d}\boldsymbol{l}=\oint_L B\cos \pi \mathrm{d}l=-\oint_L \frac{\mu_0 I}{2\pi r}\mathrm{d}l=-\frac{\mu_0 I}{2\pi r}\cdot 2\pi r=\mu_0(-I)$$

以上两种情况的结论可以概括为：磁感应强度 $\boldsymbol{B}$ 沿闭合路径的线积分等于穿过该回路的电流乘以 μ_0，当回路绕行方向与电流流向之间符合右手螺旋关系时电流值为正，当回路绕行方向与电流流向之间不符合右手螺旋关系时电流值为负。

可以证明(证明从略)，如果选取的积分回路不是上述的同心圆，而是任意的一条包围电流的闭合曲线，上述结果仍然成立，也就是说，环流 $\oint \boldsymbol{B}\cdot \mathrm{d}\boldsymbol{l}$ 的量值，仅与积分回路内所包围的电流强度 I 和 μ_0 有关，而与积分回路的形状无关。而且经过进一步的仔细研究，物理学

家安培发现，上述结论可以推广到任意形状的恒定电流产生的磁场中，如果积分回路中没有包围电流，则令 $I=0$ 即可；如果积分回路中包围多个电流，则 I 为回路内包围电流的代数和（电流流向与积分回路方向符合右手螺旋关系时电流值为正，电流流向与积分回路方向不符合右手螺旋关系时电流值为负）。总结以上，即为磁场中的安培环路定理：真空中，磁感应强度 $\boldsymbol{B}$ 沿闭合路径的环流，等于此闭合路径内包围电流代数和的 μ_0 倍。数学表达式为

$$\oint \boldsymbol{B} \cdot \mathrm{d}\boldsymbol{l}=\mu_0 \sum I_i \tag{7-10}$$

对于安培环路定理的理解，需要注意以下几点：

(1) 式(7-10)表述的安培环路定理仅适用于恒定电流产生的恒定磁场。恒定电流总是闭合的，因此安培环路定理仅适用于闭合电流或无限长电流产生的磁场，而对于任意的一段有限长不闭合的电流产生的磁场此式不成立，如果不是恒定磁场，此式需进行修改。

(2) 静电场中 $\boldsymbol{E}$ 的环流为零，说明电场线不闭合，静电场是无旋场。磁场中 $\boldsymbol{B}$ 的环流不为零，说明磁场中磁感应线是闭合的，因此磁场是有旋场。其实，反过来讲，静电场中 $\boldsymbol{E}$ 的环流之所以为零正是因为电场线不闭合，而磁场中 $\boldsymbol{B}$ 的环流不为零也正是因为磁感应线闭合。另外，$\boldsymbol{B}$ 的环流不为零，说明磁场不是保守力场，在磁场中不能引入势能的概念，磁场和静电场是本质上不同的两种场。

(3) 式(7-10)中等式右侧的 I_i 为闭合曲线包围的电流代数和，当电流与回路方向符合右手螺旋关系时电流为正，否则为负。此式表明，磁场中 $\boldsymbol{B}$ 的环流仅与回路内包围的电流有关，而与回路外的电流无关。回路外的电流会影响回路上的 $\boldsymbol{B}$，但不会影响 $\boldsymbol{B}$ 的环流。

7.3.2 安培环路定理的应用

在静电场中，应用高斯定理可以计算一些具有对称性分布电场的场强，而且应用高斯定理计算问题往往比应用叠加原理计算容易得多。同样，在磁场中，可以应用安培环路定理计算一些具有对称性分布磁场的磁感应强度，而且应用安培环路定理计算问题也要比应用毕奥-萨伐尔定律及磁场叠加原理要容易一些。

与应用高斯定理计算场强分布一样，在磁场中应用安培环路定理计算磁感应强度也是有适用情况的，即仅适用于磁感应强度分布具有对称性的磁场。应用时大致可以按如下步骤进行：

(1) 分析问题中磁感应强度分布的对称性，明确 $\boldsymbol{B}$ 的大小和方向分布的特点，选取合适的闭合积分回路。回路的“合适”体现在两方面，一是待求磁感应强度的场点应该在回路上；二是回路切线方向与 $\boldsymbol{B}$ 方向平行或垂直，且在平行的那部分回路上，$\boldsymbol{B}$ 的大小要处处相等（如果能够实现回路切向处与 $\boldsymbol{B}$ 方向平行，则属于适用情况的第一种，无限长直电流的磁场即是这种情况；如果仅能实现回路切向在部分区域与 $\boldsymbol{B}$ 方向平行，其他区域两者为垂直关系，则属于适用情况的第二种，直螺线管内部的磁场即属于这种情况）。只有选取了这样的回路，才能在定理左侧积分化简时把 B 从积分号中提出来，从而把积分方程变为代数方程，以方便运算。如果所讨论的磁场中无法选择满足上述要求的积分回路，则该磁场中无法应用环路定理求解磁感应强度 $\boldsymbol{B}$。

(2) 计算积分式 $\oint_L \boldsymbol{B} \cdot \mathrm{d}\boldsymbol{l}$。

(3) 计算回路内包围电流的代数和，即$\sum I_i$。

(4) 根据安培环路定理$\oint_L \boldsymbol{B}\cdot \mathrm{d}\boldsymbol{l}=\mu_0\sum I_i$，带入上面(2)、(3)两步的结果，写出含有 $\boldsymbol{B}$ 大小的代数方程，并解方程求 $\boldsymbol{B}$。

例题 7-7　试求真空中无限长圆柱面电流的磁场分布情况。设圆柱面的截面半径为 R，电流在圆柱截面上均匀分布，电流强度为 I，如图 7-15 所示。

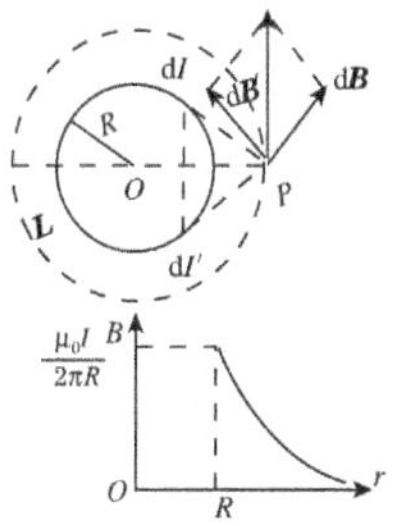

图 7-15　圆柱面电流的磁场

解　根据圆柱面的截面图分析磁场的对称性。如图，连接场点 P 与截面的圆心 O，则直线 OP 将电流分成关于 OP 对称的两部分。在圆柱面上取细长的直电流 $\mathrm{d}I$，$\mathrm{d}I$ 在 P 点产生的磁感应强度为 $\mathrm{d}\boldsymbol{B}$，在圆柱面上取另一直电流 $\mathrm{d}I'$ 与 $\mathrm{d}I$ 关于 OP 对称，$\mathrm{d}I'$ 在 P 点产生的磁感应强度为 $\mathrm{d}\boldsymbol{B}'$。根据图 7-15 可知，$\mathrm{d}\boldsymbol{B}$ 与 $\mathrm{d}\boldsymbol{B}'$ 在平行于 OP 方向上相互抵销，两者的矢量和垂直于 OP，即沿圆周的切线方向。由于整个圆柱面电流都可以取如 $\mathrm{d}I'$ 和 $\mathrm{d}I$ 一样的成对细长电流，所以整个圆柱面电流在 P 点的磁感应强度方向沿圆周的切线方向。由于电流分布的对称性，容易得出，到 O 点距离与 P 点到 O 点距离相同各点的磁感应强度 $\boldsymbol{B}$ 的大小相同，即磁感应强度的分布关于圆柱面的轴成轴对称。选择过 P 点，且以 O 点为圆心的圆周为闭合的积分回路，且使积分路径方向与该处磁感应线的绕行方向一致。则

$$\oint_L \boldsymbol{B}\cdot \mathrm{d}\boldsymbol{l}=\oint_L B\cos\theta \mathrm{d}l=B\oint_L \mathrm{d}l=B\cdot 2\pi r$$

如果 P 点在圆柱面的外侧，则回路内包围电流的代数和为$\sum \boldsymbol{I}_i=I$；如果 P 点在圆柱面的内侧，则回路内包围电流的代数和为$\sum \boldsymbol{I}_i=0$。

根据安培环路定理$\oint_L \boldsymbol{B}\cdot \mathrm{d}\boldsymbol{l}=\mu_0\sum I_i$，并代入上述结果，得

$$B\cdot 2\pi r=\mu_0 I \qquad (r\geqslant R)$$

$$B\cdot 2\pi r=0 \qquad (r<R)$$

解方程，得圆柱面内外的磁感应强度的大小为

$$B=\frac{\mu_0 I}{2\pi r} \qquad (r\geqslant R)$$

$$B=0 \qquad (r<R)$$

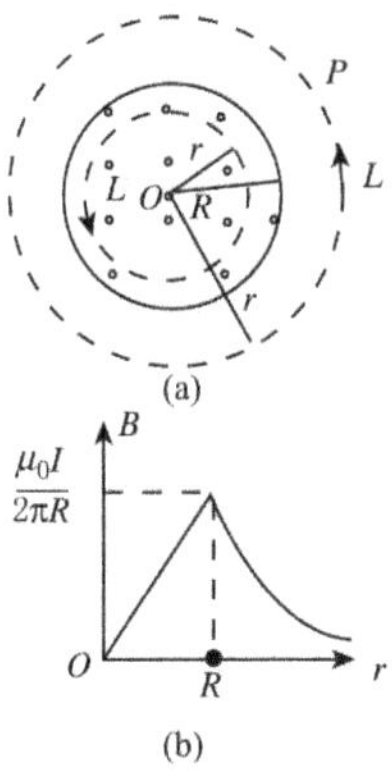

图 7-16　载流圆柱体的磁场

磁感应强度的方向为：迎着电流的流向看去，磁感应线绕行方向沿逆时针方向。

磁感应强度随场点到轴线距离变化的关系曲线如图 7-15 所示。从图中可知，圆柱面以内没有磁场，圆柱面以外，磁感应强度的大小与圆柱面中电流强度成正比，与场点到轴线距离的平方成反比，磁场的分布情况与无限长直电流的磁场情况一样。

例题 7-8　试求真空中无限长载流圆柱体内外的磁场分布情况。设圆柱体截面半径为 R，电流在圆柱截面上均匀分布，电流强度为 I，如图 7-16 所示。

解 采取与例题 7-7 类似的取成对电流的方法，可得载流圆柱体内外的磁场分布也具有轴对称性，在以截面圆心为圆心的圆周上，各点磁感应强度的大小相同，方向都沿圆周的切线方向。选取这样的过场点 P、半径为 r 的圆周为闭合的积分路径，并设积分路径的绕行方向与电流成右手螺旋关系，即积分路径与该处磁感应线方向一致，则有

$$\oint_L \boldsymbol{B}\cdot \mathrm{d}\boldsymbol{l}=\oint_L B\cos\theta \mathrm{d}l=B\oint_L \mathrm{d}l=B\cdot 2\pi r$$

回路内包围电流的代数和为

$$\sum \boldsymbol{I}_i=I \qquad (r\geqslant R)$$

$$\sum \boldsymbol{I}_i=\frac{\pi r^2}{\pi R^2}I=\frac{Ir^2}{R^2} \qquad (r<R)$$

根据安培环路定理 $\oint_L \boldsymbol{B}\cdot \mathrm{d}\boldsymbol{l}=\mu_0\sum I_i$，代入上述结果，得

$$B\cdot 2\pi r=\mu_0 I \qquad (r\geqslant R)$$

$$B\cdot 2\pi r=\frac{Ir^2}{R^2} \qquad (r<R)$$

解方程，得圆柱体内外磁感应强度的大小为

$$B=\frac{\mu_0 I}{2\pi r} \qquad (r\geqslant R)$$

$$B=\frac{\mu_0 Ir}{2\pi R^2} \qquad (r<R)$$

磁感应强度的方向为：迎着电流的流向看去，磁感应线绕行方向沿逆时针方向。

在圆柱体内，磁感应强度的大小与场点到轴线的距离成正比，在圆柱体外，磁感应强度的大小与场点到轴线距离的平方成反比，$B-r$ 关系曲线如图 7-16 所示。

例题 7-9 试求真空中长直载流螺线管内部的磁场分布情况，设螺线管长度为 L，截面半径为 R，且 $L\gg R$，螺线管每单位长度绕有 n 匝线圈，每匝线圈中的电流强度都为 I。如图 7-17所示。

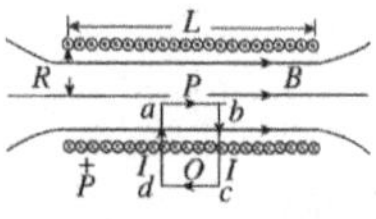

图 7-17 长直螺线管的磁场

解 根据图 7-3(c)可知，长直螺线管内部磁感应线是平行且等间距的，即长直螺线管内部为匀强磁场，磁感应强度大小处处相等，磁感应强度方向处处与螺线管的轴线平行。螺线管磁场的截面图如图 7-17 所示。

根据磁场分布的对称性，我们选择如图所示的矩形 $abcda$ 为积分回路，回路的绕行方向在 ab 段与磁感线方向一致。回路的 bc 和 da 段与磁感应线垂直，cd 段在螺线管外部，对应的磁感应强度为零，则沿此回路 $\boldsymbol{B}$ 的环流为

$$\begin{aligned}\oint_L \boldsymbol{B}\cdot \mathrm{d}\boldsymbol{l} &= \int_a^b B\cos\theta \mathrm{d}l+\int_b^c B\cos\theta' \mathrm{d}l+\int_c^d B\cos\theta'' \mathrm{d}l+\int_d^a B\cos\theta''' \mathrm{d}l \\ &=\int_a^b B\cos\theta \mathrm{d}l=B\,\overline{ab}\end{aligned}$$

回路内包围电流的代数和为

$$\sum I_i=n\,\overline{ab}I$$

根据安培环路定理 $\oint_L \boldsymbol{B}\cdot \mathrm{d}\boldsymbol{l}=\mu_0\sum I_i$，代入上述结果，得

$$B\overline{ab}=\mu_0 n\overline{ab}I$$

解方程,得螺线管内磁感应强度的大小为

$$B=\mu_0 nI$$

根据结果中没有场点位置的因素可知,螺线管内部任意一点的 B 值确实大小相同,磁场为匀强磁场。利用长直螺线管获得匀强磁场是实验室中常采用的方法。

练习题

1. 试用安培环路定理计算真空中无限长直载流导线周围的磁场分布情况。设电流强度为 I。

2. 在例题 7-9 中,若已知 $n=10$ 匝/cm,$I=10\text{A}$。试求长直螺线管内部的磁感应强度的大小。

7.4　磁场对载流导线的作用

运动的电荷在磁场中要受到磁场力的作用,电荷的定向运动形成电流,因此电流在磁场中也会受到磁场力的作用,本节主要介绍载流导线在磁场中的受力情况。

7.4.1　安培定律

导体中电流是导体中的自由电子宏观定向运动形成,作定向运动的电子在磁场中受到洛伦兹力作用,并通过碰撞把力传给了导体,因而载流导体在磁场中会受到磁场力的作用。这个力首先是由安培发现并进行了一系列的实验研究后给出了定量的关系,因此这个力称为安培力,反映安培力定量关系的规律称为安培定律:位于磁场中某点处的电流元 $I\mathrm{d}\boldsymbol{l}$ 所受的安培力 $\mathrm{d}\boldsymbol{F}$ 的大小,与电流元中的电流强度 I 成正比,与电流元的长度 $\mathrm{d}l$ 成正比,与磁场的磁感应强度 $\boldsymbol{B}$ 的大小成正比,与 $I\mathrm{d}\boldsymbol{l}$ 方向和 $\boldsymbol{B}$ 方向夹角 θ 的正弦成正比;$\mathrm{d}\boldsymbol{F}$ 的方向垂直于 $I\mathrm{d}\boldsymbol{l}$ 和 $\boldsymbol{B}$ 所确定的平面,与 $I\mathrm{d}\boldsymbol{l}\times\boldsymbol{B}$ 的方向一致。如果各量采用国际单位制中的单位,安培定律的数学表达式为

$$\mathrm{d}\boldsymbol{F}=I\mathrm{d}\boldsymbol{l}\times\boldsymbol{B} \tag{7-11}$$

根据式(7-19)可知,电流元受力 $\mathrm{d}\boldsymbol{F}$ 的大小为

$$\mathrm{d}F=BI\mathrm{d}l\sin\theta \tag{7-12}$$

式中,θ 为 $I\mathrm{d}\boldsymbol{l}$ 方向和 $\boldsymbol{B}$ 方向的夹角。由此式可以看出:当电流元方向与磁场方向平行时,电流元所受的安培力为零;当电流元方向与磁场方向垂直时,电流元受的安培力最大。

根据式(7-11),电流元受力 $\mathrm{d}\boldsymbol{F}$ 方向通过右手定则来判断:右手四指由 $I\mathrm{d}\boldsymbol{l}$ 方向沿小于 $180°$角方向绕到 $\boldsymbol{B}$ 的方向,拇指指向即为安培力的方向。

7.4.2　磁场对载流导线的作用

安培定律给出的是电流元受的安培力,如果要计算一个给定形状的载流导线在磁场中所受的安培力,则需要对每个电流元所受的安培力沿载流导线求矢量积分,即

$$F=\int_L dF=\int_L I\,dl\times B \tag{7-13}$$

式(7-13)是矢量积分式,在具体使用时,应先判断各电流元所受安培力 d**F** 方向是否在同一条直线上,如果各力不在同一条直线上,则需要建立合适的坐标系,把 d**F** 在坐标轴上进行分解,然后对各坐标轴上的分量积分得到载流导线受力在该方向的分量,最后再写出整个载流导线受安培力的矢量形式。

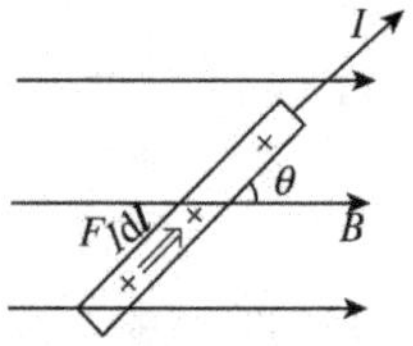

图 7-18　例 7-10 用图

例题 7-10　如图 7-18 所示,在匀强磁场 **B** 中放置一长度为 L、通有电流强度为 I 的直导线,导线与磁感应强度方向夹角为 θ。试求:直导线受的安培力。

解　在直导线上取电流元 $I\mathrm{d}\boldsymbol{l}$,如图 7-18 所示,各电流元受安培力 d**F** 方向一致,都是垂直纸面向里,d**F** 大小为

$$dF=BIdl\sin\theta$$

整个载流导线受力为

$$F=\int_L dF=\int_L BIdl\sin\theta=BI\sin\theta\int_L dl=BIL\sin\theta$$

如果导线与 **B** 平行,$\theta=0°$,则 $F=0$;如果导线与 **B** 垂直,$\theta=90°$,则 $F=BIL$,此结果与中学所学公式相同。

例题 7-11　如图 7-19 所示,一段半径为 R 的半圆形导线,通有电流 I,导线放置于匀强磁场 **B** 中,且磁场与导线平面垂直。试求:半圆形导线受的安培力。

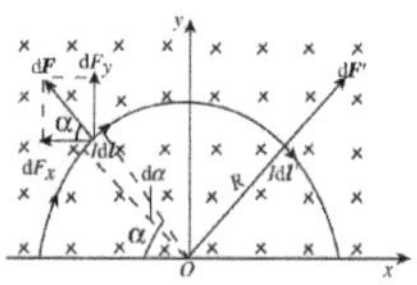

图 7-19　例 7-11 用图

解　在半圆形导线上取电流元 $I\mathrm{d}\boldsymbol{l}$,电流元受安培力 d**F** 方向如图所示,各 d**F** 方向不同,建立如图坐标系。在导线上另取与 $I\mathrm{d}\boldsymbol{l}$ 关于 Oy 轴对称的电流元 $I\mathrm{d}\boldsymbol{l}'$,$I\mathrm{d}\boldsymbol{l}'$受磁场力 d**F**′,根据电流元的对称性可知,d**F** 与 d**F**′在 Ox 轴的分量由于方向相反,互相抵消。整个载流导线都可以取成这样的成对电流元,因此整个载流导线受力在 Ox 轴方向的分量互相抵消,即 $F_x=0$,则

$$F=F_y=\int_L dF\sin\alpha$$

根据安培定律 $dF=BIdl\sin\theta=BIdl(\theta=90°)$,及图中几何关系 $dl=Rd\alpha$,带入上式有

$$F=\int_L BIR\sin\alpha d\alpha=BIR\int_0^{\pi}\sin\alpha d\alpha=2BIR$$

安培力的方向沿 Oy 轴正向。

在例 7-11 中,半圆形导线受安培力与连接圆弧两端的直径受力相同,此结论可以推广到任意放入匀强磁场中的弯曲导线受力情况,即在匀强磁场中,任意形状的弯曲通电导线受的磁场力,与连接此导线起点和终端的直导线受力相同。

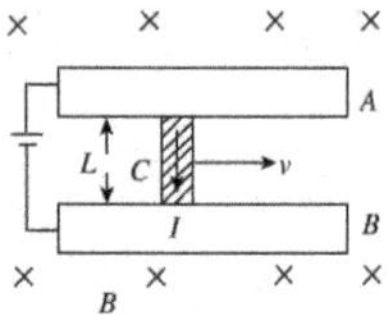

图 7-20　磁力轨道炮

根据通电导体在磁场中受磁场力的原理,可以制作出磁力推动装置,目前处于实验研制阶段的磁力轨道炮就是其中一例。图 7-20 为磁力轨道炮的工作原理图,图中 A、B 为通电导轨,C 为可以在导轨上自由滑动的滑块(炮弹的模型),整个导轨平面置于垂直方向的匀强磁场中。由图可知,滑块 C 中电流从上而下,根据安培定律,滑块受力为水平向右,C 在安培力的作用下将加速向右滑动,最终以较大的速度脱离

轨道发射出去。普通的火炮由于受到材料和结构的限制，发射的弹丸速度一般不超过 $2\ \mathrm{km\cdot s^{-1}}$，而磁力轨道炮在 20 世纪 90 年代就已经能将质量为 2 kg 的弹丸加速到 $3\ \mathrm{km\cdot s^{-1}}$，因此磁力轨道炮是一种颇具吸引力的武器。当前轨道炮还需要解决的问题是由于强电流而产生的烧蚀等技术问题。随着高温超导材料的实现，磁力轨道炮必将成为一种具有影响力的武器。

7.4.3 电流单位“安培”的定义

设有两根相互平行放置的无限长直导线 AB、CD，相距为 d，通有分别为 I_1、I_2 同方向的电流，如图 7-21 所示。我们研究这两根直导线之间相互作用的安培力。根据毕奥—萨伐尔定律可知，直导线 AB 在直导线 CD 处产生的磁感应强度的大小为

$$B_1=\frac{\mu_0 I_1}{2\pi d}$$

方向垂直纸面向里。在直导线 CD 上取电流元 $I_2\mathrm{d}\boldsymbol{l}_2$，该电流元所安培力 $\mathrm{d}\boldsymbol{F}_2$ 大小为

$$\mathrm{d}F_2=B_1 I_2\mathrm{d}l_2=\frac{\mu_0 I_1}{2\pi d}I_2\mathrm{d}l_2$$

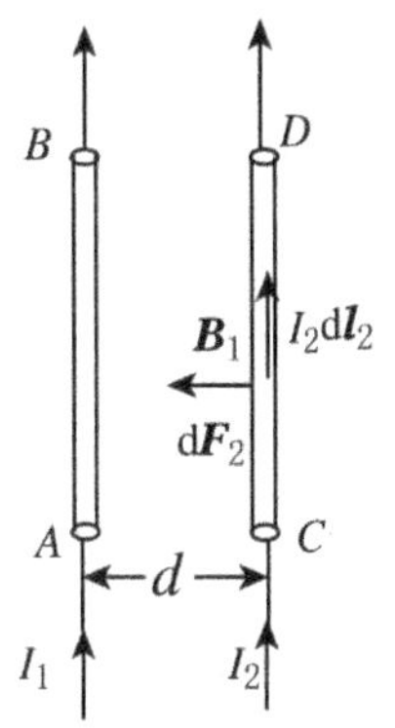

图 7-21 电流单位“安培”的定义

$\mathrm{d}\boldsymbol{F}_2$ 的方向在两平行导线所在的平面内，且垂直指向 AB。载流导线 CD 每单位长度所受的安培力大小为

$$\frac{\mathrm{d}F_2}{\mathrm{d}l_2}=\frac{\mu_0 I_1 I_2}{2\pi d} \tag{7-14}$$

这个力是直导线 AB 产生的磁场施加的力，因此也可以说，此力是载流导线 AB 作用于载流导线 CD 的力。

同理可得直导线 AB 每单位长度所受的安培力的大小也为

$$\frac{\mathrm{d}F_1}{\mathrm{d}l_1}=\frac{\mu_0 I_2 I_1}{2\pi d}$$

此力的方向为垂直指向导线 CD，同样，此力也可以说是载流导线 CD 作用于载流导线 AB 的力。

总结以上可知，两平行直导线通有同向电流时，两导线通过磁场的作用而相互吸引。可以推知，当两直导线通有电流方向相反时，两直导线间的作用力是相互排斥。相互吸引的力与相互排斥的力大小相等，都与电流强度的乘积成正比，与导线间的距离成反比。

在式(7-14)中，若令：两导线间距离 $d=1\ \mathrm{m}$，两导线通有的电流强度相同，即 $I_1=I_2=I$，则当导线单位长度上受安培力大小为 $\frac{\mathrm{d}F}{\mathrm{d}l}=2\times10^{-7}\mathrm{N}$ 时，有 $2\times10^{-7}=\frac{\mu_0 I^2}{2\pi}$，可得此时两导线中通有的电流强度应为 $I=1\mathrm{A}$。在国际单位制中，电流强度的基本单位——安培即是根据式(7-14)进行定义的：放在真空中的两条无限长平行直导线，各通有相同的恒定电流，当两导线相距 1 m，导线上单位长度受力为 $2\times10^{-7}\mathrm{N}$ 时，每条导线中通有的电流强度即为 1A。

练习题

1. 如图 7-22 所示，正方形线圈边长 $a=0.5\ \mathrm{m}$，通有电流强度 $I=10\mathrm{A}$，匀强磁场 $B=0.2\mathrm{T}$，线圈平面与磁场方向平行。试求：正方形线圈各边受的安培力的大小及方向。

2. 通有电流 I 的长直导线在一个平面内被弯成如图 7-23 所示形状，放置于磁感应强度大小为 B 的匀强磁场中，磁场方向与导线平面垂直。试求：导线受的安培力（R 已知）。

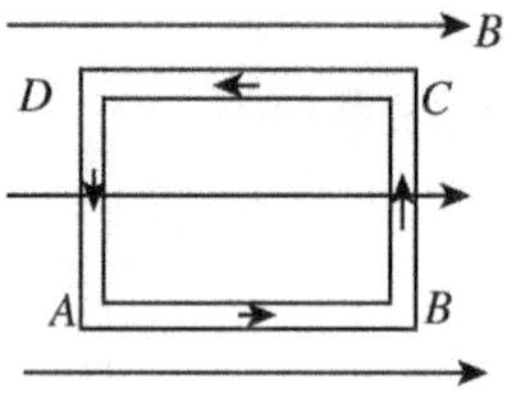

图 7-22　练习题 1 用图

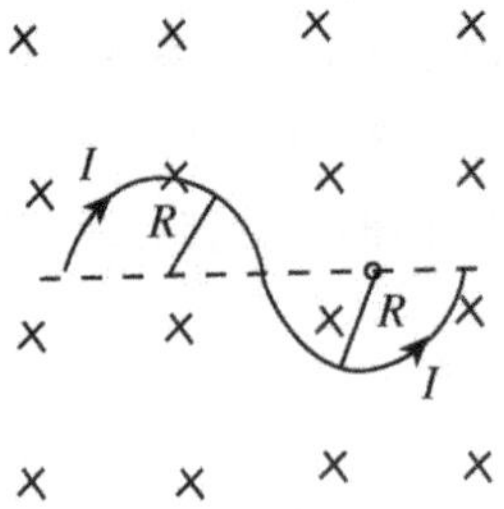

图 7-23　练习题 2 用图

7.5　磁介质中的磁场

通过前面的学习我们知道，放入电场中的电介质会受到电场的影响而产生极化现象，反过来，极化的电介质又会影响电场的分布。类似地，放入磁场中的磁介质也会受到磁场的影响而使内部状态发生变化，这种现象称为磁介质的磁化现象，反过来，磁化的磁介质也会影响磁场的分布。本节主要研究磁介质的磁化机制及磁介质中磁场的特点。

7.5.1　磁介质及其分类

凡处于磁场中与磁场发生相互作用的物质都可以称为磁介质。磁介质放入磁场中为什么会被磁场磁化呢？这要从磁介质的微观结构谈起。

1. 分子电流

物质的基本组成单位是分子或原子，而分子、原子是由原子核及核外电子组成，原子核外电子时刻绕原子核在作高速运动。电荷的定向运动会形成电流，同样电子的绕核运动也会形成等效的圆电流，这个电流存在于原子或分子的内部，称为分子电流。我们知道，圆电流会在其周围激发磁场，同样，分子电流也在其周围激发磁场，每个分子电流相当于一个小磁针，有其对应的 N 极和 S 极。

一般情况下，物质内部大量的分子电流方向是杂乱无章的，相应地，分子电流产生的磁场方向也是随机的，它们的磁场相互抵消，因此，整个物体宏观上对外不显磁性，如图 7-24 所示。研究表明，天然磁铁之所以对外显示出磁性，是其内部分子电流取向趋于一致所致，分子电流的取向越一致，磁铁显示的磁场越强，如图7-25所示。

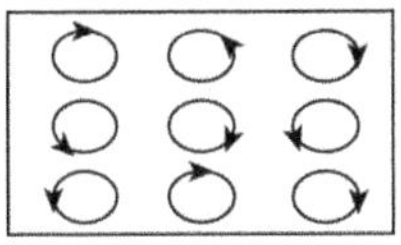

图 7-24　分子电流

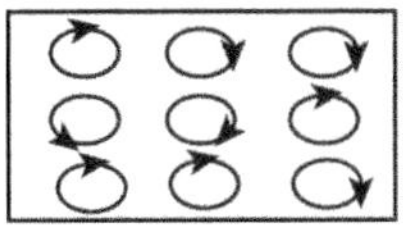

图 7-25　天然磁铁的分子电流

2. 磁介质的磁化

由前面内容可知，放入磁场中的载流线圈在磁力矩的作用下，会发生偏转。同样，当磁介质放入磁场中时，分子电流在外磁场的作用下，也会发生偏转，如图 7-26 所示，从而使分子电流的方向趋向一致，这相当于在介质内产生了一个宏观的电流，这种宏观的等效电流称为磁化电流，相对应的，激发原磁场的电流称为传导电流。磁化电流也会激发磁场，这个由磁化电流激发的磁场称为附加磁场，附加磁场使磁介质对外显现出磁性。

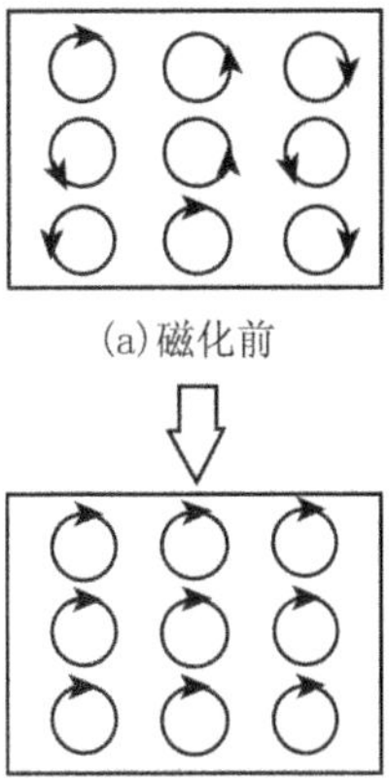

(a) 磁化前

(b) 磁化后

图 7-26　磁介质的磁化

磁化现象使磁介质宏观上显现出磁性，根据附加磁场与原磁场之间的方向关系，磁介质可以分为以下几类。

(1) 抗磁质：磁化后产生附加磁场 $\boldsymbol{B}'$ 的方向与原磁场 $\boldsymbol{B}_0$ 的方向相反的磁介质，称为抗磁质，如汞、铜、铅、锌等。

(2) 顺磁质：磁化后产生附加磁场 $\boldsymbol{B}'$ 的方向与原磁场 $\boldsymbol{B}_0$ 的方向相同的磁介质，称为顺磁质，如锰、铬、铂、氧等。

(3) 铁磁质：磁化后产生附加磁场 $\boldsymbol{B}'$ 的方向与原磁场 $\boldsymbol{B}_0$ 的方向相同，且附加磁场远大于原磁场的磁介质，称为铁磁质，如铁、钴、镍等。

从以上分析可知，磁介质被磁化时产生的附加磁场不一定总是与原磁场方向相反，磁介质的种类不同，磁化后产生附加磁场的情况也不同。实验表明，不同的物质对磁场的影响差异很大，这与电介质的极化情况有所区别。

7.5.2　磁介质中的磁场

1. 磁介质中的磁感应强度

若均匀磁介质处于磁感应强度为 $\boldsymbol{B}_0$ 的外磁场中，磁介质被磁化而产生磁感应强度为 $\boldsymbol{B}'$ 的附加磁场，则磁介质中磁场的磁感应强度应为原磁场磁感应强度 $\boldsymbol{B}_0$ 与附加磁场磁感应强度 $\boldsymbol{B}'$ 的矢量和，即

$$\boldsymbol{B}=\boldsymbol{B}_0+\boldsymbol{B}' \tag{7-15}$$

不同的磁介质，$\boldsymbol{B}'$ 的大小和方向差别很大，为了便于讨论磁介质被磁化的情况，与电场中我们引入电介质的介电常数一样，在磁场中我们引入磁导率这一描述磁介质性质的物理量，用 μ 表示。某种磁介质的磁导率 μ 与真空中的磁导率 μ_0 的比值，称为该介质的相对磁导率，用 μ_r 表示，即

$$\mu_r=\frac{\mu}{\mu_0} \tag{7-16}$$

抗磁质和顺磁质的相对磁导率都约等于 1，而且都是只与介质情况有关而与外场无关

的常数，其中，抗磁质 $\mu_r<1$，顺磁质 $\mu_r>1$；铁磁质的相对磁导率远大于 1，即 $\mu_r\gg1$（$\mu_r\approx10^3\sim10^4$），而且是一个比较复杂的量。

当磁场中充满某种均匀磁介质时，磁介质中的磁场磁感应强度 $\boldsymbol{B}$ 与原磁场磁感应强度 $\boldsymbol{B}_0$ 之间的大小关系为

$$B=\mu_r B_0 \tag{7-17}$$

由式(7-17)可知：在抗磁质中，$B<B_0$，附加磁场与原磁场方向相反；在顺磁质中，$B>B_0$；附加磁场与原磁场方向相同；在铁磁质中，$B\gg B_0$，附加磁场与原磁场方向相同。其中，由于在抗磁质和顺磁质中，$B\approx B_0$，所以抗磁质和顺磁质又统称为弱磁质；铁磁质对磁场的影响比较复杂，主要表现为：(1)铁磁质放入磁场中后，会使磁场增强 $10^3\sim10^4$ 倍；(2)在撤去原磁场后，铁磁质中仍能保留部分磁性。

2. 磁介质中的环路定理

在电场中，为了便于讨论不同电介质中的电场情况，我们引入了电位移矢量 $\boldsymbol{D}=\varepsilon\boldsymbol{E}=\varepsilon_r\varepsilon_0\boldsymbol{E}=\varepsilon_0\boldsymbol{E}_0$，引入电位移矢量后，静电场中的高斯定理可以写成

$$\oiint_S \boldsymbol{D}\cdot \mathrm{d}\boldsymbol{S}=\sum q_i$$

同样，在磁场中，为了便于讨论不同磁介质中的磁场情况，我们引入磁场强度这一物理量，并定义磁场强度 $\boldsymbol{H}$ 为

$$\boldsymbol{H}=\frac{\boldsymbol{B}}{\mu}=\frac{\mu_r\boldsymbol{B}_0}{\mu}=\frac{\boldsymbol{B}_0}{\mu_0} \tag{7-18}$$

在国际单位制中，磁场强度的单位为安培/米（A · m^{-1}）。如果用磁场强度表示磁场中的环路定理，则为

$$\oint_L \boldsymbol{H}\cdot \mathrm{d}\boldsymbol{l}=\oint_L \frac{\boldsymbol{B}_0}{\mu_0}\cdot \mathrm{d}\boldsymbol{l}=\frac{1}{\mu_0}\oint_L \boldsymbol{B}_0\cdot \mathrm{d}\boldsymbol{l}$$

式中，$\boldsymbol{B}_0$ 沿闭合回路的积分为真空时磁感应强度的环流，其值应等于环路内包围的传导电流的代数和乘以真空的磁导率，即 $\mu_0\sum I_i$，代入上式，有

$$\oint_L \boldsymbol{H}\cdot \mathrm{d}\boldsymbol{l}=\sum I_i \tag{7-19}$$

式(7-19)表明：在恒定磁场中，磁场强度矢量 $\boldsymbol{H}$ 沿任意闭合回路的线积分（即 $\boldsymbol{H}$ 的环流）等于包围在环路内各传导电流的代数和，而与磁化电流无关，这称为有磁介质时的安培环路定理。

第 8 章　电磁感应

运动的电荷在其周围激发磁场，反过来，利用磁场能否产生电流呢？对于这一问题的研究，引出了电磁感应现象的发现。本章主要研究电磁感应现象的基本规律及其应用，两类感应电动势、自感和互感、磁场的能量等问题。

8.1　电磁感应的基本定律

从 1822 年起，英国物理学家法拉第经过 10 年坚持不懈的努力，终于在 1831 年从实验中发现了电磁感应现象，并从中总结出了电磁感应定律，1833 年，楞次从实验中发现了感应电流方向与产生感应电流磁场变化之间的关系，总结出楞次规律。本节即主要研究反映电磁感应现象的这两个基本规律。

8.1.1　电磁感应现象

电磁感应现象是在实验中发现的，在这些实验中，比较典型的两个实验如图 8-1 所示。两个实验的实验装置及现象如下。

(1) 在图 8-1(a)所示装置中，当磁棒移近并插入线圈时，与线圈串联的电流计指针发生偏转，表示线圈中有电流通过；当磁棒拔出线圈时，电流计指针发生反向偏转，线圈中电流方向相反；无论磁棒插入还是拔出线圈，磁棒相对于线圈的速度越快，电流计指针偏转越大，即线圈中电流越大。

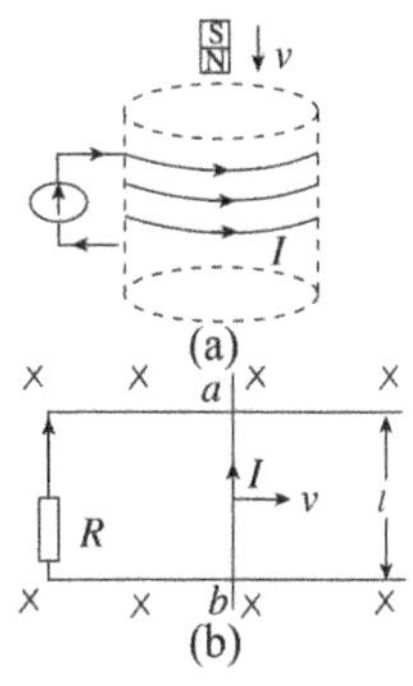

图 8-1　电磁感应现象

(2) 在图 8-1(b)所示装置中，当金属杆 ab 在金属框架上向右滑动时，回路中的电流计指针偏转，说明回路中有电流通过；当金属杆在金属框架上向左滑动时，电流计的指针发生反向偏转，即回路中有反向电流通过；无论金属棒是向右还是向左滑动，都有金属杆滑动的速度越大，电流计指针偏转越大，表明回路中电流越大。

通过这两个实验，可以发现，无论是回路静止，磁场变化，还是磁场不变化，回路(或其中的一部分)运动，在回路中都产生了电流，这种电流称为感应电流，相对应的，称形成感应电流的电动势为感应电动势，产生感应电流、感应电动势的这种现象称为电磁感应现象。对实验现象进一步分析，我们发现，无论是磁场变化，还是回路运动，其实质都是通过导体回路的磁通量发生了变化，因此，通过回路的磁通量发生变化是电磁感应现象产生的原因和条件。

8.1.2 楞次定律

楞次通过大量的实验，总结出感应电流方向与回路磁通量变化之间的关系，称为楞次定律。闭合回路中产生的感应电流具有确定的方向，它总是使感应电流所产生的通过回路面积的磁通量，去补偿或者反抗引起感应电流的磁通量的变化。此定律中，“补偿”和“反抗”两个词反映出同一个实质，即感应电流的效果总是反抗引起感应电流的原因，这是能量守恒定律在电磁感应现象中的体现。

在图 8-1(a)中，磁棒以 N 极移近或者插入线圈时，线圈回路中磁场增强，磁通量增加，根据楞次定律，感应电流的磁场应反抗原磁场磁通量的变化，则感应电流的磁场方向应与原磁场的方向相反，即感应电流的磁场方向 N 极向上，因此，根据右手螺旋定则可知，感应电流方向应如图 8-1(a)中方向所示；当磁棒拔出线圈时，线圈回路中磁场减弱，磁通量减小，根据楞次定律，感应电流的磁场应补偿原磁场磁通量的变化，则感应电流的磁场方向应与原磁场的方向相同，即感应电流的磁场方向 N 极向下，因此，根据右手螺旋定则可知，感应电流方向应与图 8-1(a)中所示方向相反，这即解释了磁棒插入和拔出线圈时，回路中电流计指针偏转方向不同的现象。

在图 8-1(b)中，金属杆 ab 向右侧滑动时，回路包围面积增加，磁通量增加，根据楞次定律，感应电流的磁场应反抗原磁场磁通量的变化，则感应电流的磁场方向应与原磁场的方向相反，即感应电流的磁场方向垂直纸面向外，因此，根据右手螺旋定则可知，感应电流方向应如图 8-1(b)中方向所示；金属杆向左侧滑动时，回路所包围的面积减小，磁通量减小，根据楞次定律，感应电流的磁场应补偿原磁场磁通量的变化，则感应电流的磁场方向应与原磁场的方向相同，即感应电流的磁场方向垂直纸面向里，因此，根据右手螺旋定则可知，感应电流方向应与图 8-1(b)中所示方向相反。

例题 8-1 试判断下列情况下，线圈回路中能否产生感应电流，如果产生感应电流，其方向如何？(1) 线圈沿与载流导线平行的方向运动，如图 8-2(a)所示；(2)线圈处于匀强磁场中，线圈形状由圆形变为椭圆形，如图 8-2(b)所示；(3)磁棒以 S 极插入线圈，如图 8-2(c)所示。

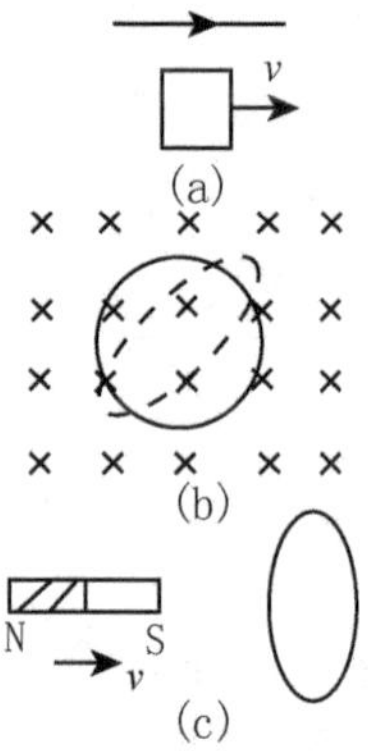

图 8-2 例 8-1 用图

解 (1)根据直电流磁场的特点可知，如果线圈沿平行直导线的方向运动，则线圈所在区域磁场情况相同，线圈回路中磁通量不变，根据电磁感应现象产生的条件可知，不会发生电磁感应现象，线圈中没有感应电流产生。

(2) 根据几何知识可知，当线圈形状由圆形变为椭圆形时，线圈包围面积减小，则通过回路的磁通量减小，会有感应电流产生。根据楞次定律，感应电流的磁场应补偿原磁场磁通量的减小，则感应电流的磁场应与原磁场方向相同，即感应电流的磁场方向垂直纸面向里，根据右手螺旋定则可知，感应电流方向应沿顺时针方向。

(3) 当磁棒以 S 极插入线圈时，线圈中磁场增强，磁通量增加，线圈回路中会有感应电流产生。根据楞次定律，感应电流的磁场应反抗原磁场磁通量的增加，则感应电流的磁场应与原磁场方向相反，即感应电流的磁场方向为左侧为 S 极，根据右手螺旋定则可知，感应电流方向在面向我们的一侧应自上而下。

楞次定律仅给出了感应电流方向与磁通量变化之间的关系。需要指出的是，发生电磁感应现象时，一定会有感应电动势产生，但不一定会有相应的感应电流，只有回路闭合时，才有感应电流，因此，对于电磁感应现象我们还需进一步深入研究。

8.1.3　法拉第电磁感应定律

感应电动势与磁通量变化之间的定量关系是由法拉第在实验的基础上总结出来的，称为法拉第电磁感应定律：不论任何原因使通过回路面积的磁通量发生变化时，回路中产生的感应电动势都与通过回路的磁通量对时间的变化率成正比。当所涉及的物理量都采用国际单位制(SI)中单位时，此定律的数学表达式可以写为

$$\varepsilon_i = -\frac{\mathrm{d}\Phi_\mathrm{m}}{\mathrm{d}t} \tag{8-1}$$

式中，Φ_m 表示通过闭合回路的磁通量；负号用来表示感应电动势的方向，是楞次定律的数学表示(根据法拉第电磁感应定律判断感应电动势方向的步骤比较烦琐，在此不作深入讨论)。一般地，在求解实际问题时，可以先用法拉第电磁感应定律计算感应电动势的大小，然后再根据楞次定律确定感应电流的方向。

若回路是由 N 匝线圈串联而成的，每匝线圈的磁通量发生变化时都会产生感应电动势，若每匝线圈磁通量对时间的变化率相同，则每匝线圈中产生的感应电动势相同，因此，在 N 匝线圈串联组成的回路中，总的感应电动势为

$$\varepsilon_i = -N\frac{\mathrm{d}\Phi_\mathrm{m}}{\mathrm{d}t} = -\frac{\mathrm{d}(N\Phi_\mathrm{m})}{\mathrm{d}t} = -\frac{\mathrm{d}\Psi_\mathrm{m}}{\mathrm{d}t} \tag{8-2}$$

式中，$\Psi_\mathrm{m} = N\Phi_\mathrm{m}$，为线圈的磁通链数。

例题 8-2　一无限长载流直导线通有正弦交流电 $I = 10\sin(100\pi t)$ A，在直导线旁平行放置一矩形线圈，线圈长 $b = 20$ cm，宽 $a = 10$ cm，线圈平面与直导线在同一平面内，线圈左边距离直导线 $d = 10$ cm，如图 8-3 所示。试求：线圈中产生的感应电动势。

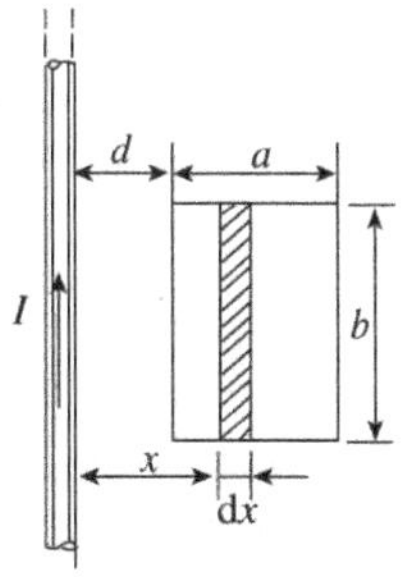

图 8-3　例 8-2 用图

解　线圈所在位置不是匀强磁场，为计算线圈包围面积的磁通量，我们可以在线圈中取面积元 $\mathrm{d}S = b\mathrm{d}x$，如图 8-3 所示，则通过此面积元的磁通量可以写为

$$\mathrm{d}\Phi_\mathrm{m} = B\mathrm{d}S = Bb\mathrm{d}x$$

式中 B 为载流直导线在面积元 $\mathrm{d}S$ 处产生的磁感应强度大小

$$B = \frac{\mu_0 I}{2\pi x}$$

代入上式，有

$$\mathrm{d}\Phi_\mathrm{m} = \frac{\mu_0 I b}{2\pi x}\mathrm{d}x$$

在 t 时刻，通过整个线圈包围面积的磁通量为

$$\Phi_m=\int_S \mathrm{d}\Phi_m=\int_d^{d+a}\frac{\mu_0 Ib}{2\pi x}\mathrm{d}x=\frac{\mu_0 Ib}{2\pi}\ln\left(\frac{d+a}{d}\right)$$

由于载流导线中电流 I 随时间变化，因此线圈中磁通量 Φ_m 也随时间变化，线圈中有感应电动势产生，根据法拉第电磁感应定律，可得此感应电动势为

$$\begin{aligned}\varepsilon_i&=-\frac{\mathrm{d}\Phi_m}{\mathrm{d}t}=-\frac{\mu_0 b}{2\pi}\ln\left(\frac{d+a}{d}\right)\frac{\mathrm{d}I}{\mathrm{d}t}=-500\mu_0 b\ln\left(\frac{d+a}{d}\right)\cos(100\pi t)\\&=-8.71\times10^{-5}\cos(100\pi t)\mathrm{V}\end{aligned}$$

从上式可知，线圈中感应电动势随时间按余弦规律变化，其方向也随时间做周期性的顺时针或逆时针的变化。

8.1.4 感应电流和感应电量

如果闭合回路的电阻为 R，则在回路中的感应电流为

$$I_i=\frac{\varepsilon_i}{R}=-\frac{1}{R}\frac{\mathrm{d}\Phi_m}{\mathrm{d}t} \tag{8-3}$$

根据电流强度的定义：电流强度等于单位时间内通过导体横截面的电荷量，即 $I=\frac{\mathrm{d}q}{\mathrm{d}t}$，可计算出在 $t_1\sim t_2$ 时间段内，通过回路任意截面的感应电荷量为

$$\begin{aligned}q&=\int_{t_1}^{t_2}I_i\mathrm{d}t=-\frac{1}{R}\int_{t_1}^{t_2}\frac{\mathrm{d}\Phi_m}{\mathrm{d}t}\mathrm{d}t=-\frac{1}{R}\int_{\Phi_{m1}}^{\Phi_{m2}}\mathrm{d}\Phi_m\\&=\frac{1}{R}(\Phi_{m1}-\Phi_{m2})\end{aligned} \tag{8-4}$$

式中，Φ_{m1}、Φ_{m2}分别是 t_1、t_2 时刻通过闭合回路中的磁通量。由式(8-4)可知：在一段时间内通过闭合回路某一截面的电荷量与这段时间内回路所包围面积的磁通量的变化量成正比，而与磁通量对时间的变化率无关，这一点与感应电动势和感应电流有所不同。

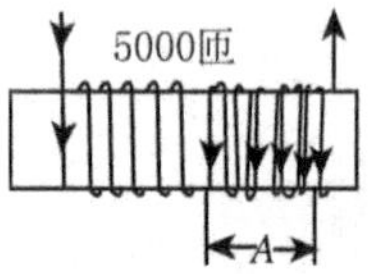

图 8-4 例 8-3 用图

例题 8-3 如图 8-4 所示，一长直螺线管，单位长度的匝数为 $n=5\,000$，螺线管的截面积为 $S=2.0\times10^{-3}\ \mathrm{m}^2$，其内导线中通有电流随时间的变化规律为 $I=I_0-0.2t\mathrm{A}$。另有一线圈 A 绕在螺线管外，线圈共有 5 匝，总电阻为 $R=2.0\ \Omega$。试求：(1)线圈 A 中的感应电动势；(2)线圈 A 中的感应电流。

解 (1) 线圈 A 中的磁通链数为

$$\Psi_m=N\Phi_m=NBS=5\mu_0 nIS$$

根据法拉第电磁感应定律，得线圈中感应电动势的大小为

$$\varepsilon_i=\left|-\frac{\mathrm{d}\Psi_m}{\mathrm{d}t}\right|=5\mu_0 nS\left|\frac{\mathrm{d}I}{\mathrm{d}t}\right|=\mu_0 nS=4\pi\times10^{-7}\times5\,000\times2.0\times10^{-3}=1.26\times10^{-5}\mathrm{V}$$

(2) 根据感应电流 $I_i=\frac{\varepsilon_i}{R}$，得感应电流的大小为

$$I_i=\frac{\varepsilon_i}{R}=\frac{1.26\times10^{-5}}{2.0}=6.3\times10^{-6}\mathrm{A}$$

根据楞次定律判断感应电流方向的步骤如下：首先，根据电流随时间变化的关系可知，随着时间的增加电流值减小，因而线圈 A 中的磁场减弱；然后，根据楞次定律可知，线圈 A 中感

应电流的磁场应补偿其内磁通量的减小，因而感应电流的磁场应与直螺线管内电流的磁场方向一致，即水平向右；最后，根据右手螺旋关系可知，感应电流方向应为在面向我们一侧自上而下。

练习题

1. 试判断下列情况下，线圈回路中能否产生感应电流，如果产生感应电流，其方向如何？(1)若图 8-2(a)中，线圈沿与载流导线垂直且远离导线的方向运动；(2)若图 8-2(b)中，线圈保持原形状不变，但在垂直于磁场的平面内逆时针转动；(3)若图 8-2(c)中，磁棒以 N 极插入线圈。

2. 在例 8-3 中，若螺线管中电流随时间的变化关系为 $I=I_0+0.2tA$。试求：线圈 A 中感应电动势及感应电流。

8.2　感生电动势和动生电动势

通过前面的学习，我们知道回路包围面积的磁通量发生变化时，会有电磁感应现象发生，相应的会产生感应电动势。根据引起回路磁通量变化的原因，可以把感应电动势分为两种：感生电动势和动生电动势。本节主要介绍这两种感应电动势产生的原因及求解方法。

8.2.1　动生电动势

磁场不变，由于导体在磁场中运动而产生的感应电动势称为动生电动势。

1. 动生电动势的产生原因

如图 8-5(a)所示，导体 ab 向右侧滑动时，导体内的电子随导体一起向右侧以速度 $\boldsymbol{v}$ 运动，电子会受到磁场的洛伦兹力作用

$$\boldsymbol{F}=-e\boldsymbol{v}\times\boldsymbol{B}$$

洛伦兹力的方向沿 ab 导体由 b 指向 a，电子将向导体 a 端运动，放大此段导体如图 8-5(b)所示。如果导体 ab 与回路断开，则导体 a 端聚集大量电子而带负电，导体 b 端将因失去电子而带正电，

导体 b 端的电势高于 a 端电势，两者的电势差即为动生电动势。

2. 动生电动势的计算公式

电子在导体 a 端的聚集不会无休止地进行下去。在图 8-5 中，导体 a、b 两端存在电势差，在导体内相应地会形成了一个电场，电场场强 $\boldsymbol{E}$ 方向由 b 端指向 a 端，导体内的电子将再受电场力的作用，电场力 $\boldsymbol{F}_e$ 的方向由 a 端指向 b 端，与电子所受的洛伦兹力 $\boldsymbol{F}$ 的方向相反。当电场力 $\boldsymbol{F}_e$ 的大小与洛伦兹力 $\boldsymbol{F}$ 的大小相等时，导体内电子将停止向 a 端的定向移动，这时导体 ab 的两端形成稳定的电势差，如果把导体 ab 视为电源，则这个稳定的电势差即为电源的电动势，也就是我们所说的动生电动势。

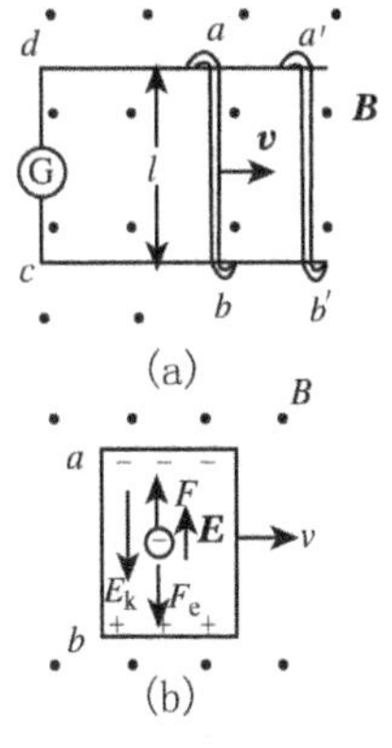

图 8-5　动生电动势的产生

根据电路知识我们知道，在电路中，静电力使得正电荷从电源正极向负极运动，形成电流；而在电源内部，需要靠非静电力使正电荷从电源负极向正极运动，从而维持电源电动势的稳定。在导体 ab 中，这个非静电力即为洛伦兹力，是洛伦兹力在导体 ab 内建立了一个非静电场，非静电场场强方向为由 a 端指向 b 端，正是这个非静电场使电子从导体 b 端运动到 a 端。设非静电场场强为 $\boldsymbol{E}_k$，根据前面分析，有

$$-e\boldsymbol{E}_k = -e\boldsymbol{v}\times\boldsymbol{B}$$

非静电场场强为

$$\boldsymbol{E}_k = \boldsymbol{v}\times\boldsymbol{B} \tag{8-5}$$

根据场强与电势的积分关系，可得动生电动势为

$$\varepsilon_i = \int_a^b (\boldsymbol{v}\times\boldsymbol{B})\cdot \mathrm{d}\boldsymbol{l} \tag{8-6}$$

式(8-6)虽然是由特例推得，但可以证明，它适用于任何一般情况，式(8-6)即为动生电动势的计算公式。通过此式计算的动生电动势为代数值，如果结果为正，则积分上限所对应的位置为高电势端，动生电动势的方向为由积分下限所对应的位置指向积分上限所对应的位置，如果计算结果为负，则情况相反。另外，动生电动势的方向也可以根据 $\boldsymbol{v}\times\boldsymbol{B}$ 进行大致的判断。

根据式(8-6)计算动生电动势，基本步骤如下：

(1) 在导体上选取线元 $\mathrm{d}\boldsymbol{l}$，$\mathrm{d}\boldsymbol{l}$ 方向可以任意选定；

(2) 判定 $\boldsymbol{v}\times\boldsymbol{B}$ 的方向($\boldsymbol{v}\times\boldsymbol{B}$ 的方向即为动生电动势的方向)；

(3) 计算线元 $\mathrm{d}\boldsymbol{l}$ 上 $(\boldsymbol{v}\times\boldsymbol{B})\cdot\mathrm{d}\boldsymbol{l}$ 的大小 $vB\sin\theta\cos\alpha\mathrm{d}l$。其中 θ 为 $\boldsymbol{v}$ 与 $\boldsymbol{B}$ 正向的夹角，α 为 $\boldsymbol{v}\times\boldsymbol{B}$ 方向与 $\mathrm{d}\boldsymbol{l}$ 方向的夹角；

(4) 积分计算整个导体产生的动生电动势，并根据结果判断动生电动势的方向。

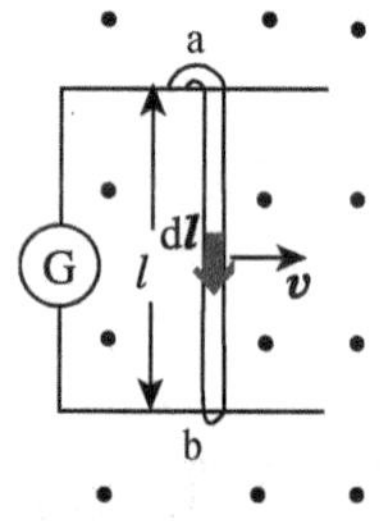

图 8-6　例 8-4 用图

例题 8-4　试用动生电动势的公式计算图 8-5(a)情况中导体 ab 两端产生的动生电动势。

解　在导体 ab 上选取线元 $\mathrm{d}\boldsymbol{l}$，如图 8-6 所示。$\boldsymbol{v}\times\boldsymbol{B}$ 方向为沿导体由 a 指向 b 端，则$\alpha=0°$，根据 $\boldsymbol{v}\perp\boldsymbol{B}$ 可知 $\theta=90°$，则$(\boldsymbol{v}\times\boldsymbol{B})\cdot\mathrm{d}\boldsymbol{l}$ 的大小为

$$vB\sin\theta\cos\alpha\mathrm{d}l = vB\mathrm{d}l$$

整个导体产生的动生电动势为

$$\varepsilon_i = \int_a^b (\boldsymbol{v}\times\boldsymbol{B})\cdot\mathrm{d}\boldsymbol{l} = \int_0^l vB\,\mathrm{d}l = vBl$$

结果为正，说明 b 端为高电势端，动生电动势的方向为由 a 指向 b。此结果与根据 $\boldsymbol{v}\times\boldsymbol{B}$ 判断的结果、根据楞次定律判断的结果、根据中学的右手法则判断的结果都是一致的。

例题 8-5　如图 8-7 所示，长度为 L 的金属棒，在磁感应强度为 $\boldsymbol{B}$ 的匀强磁场中以角速度 ω 在与磁场方向垂直的平面内绕棒的一端 O 点匀速转动。试求：金属棒上产生的动生电动势。

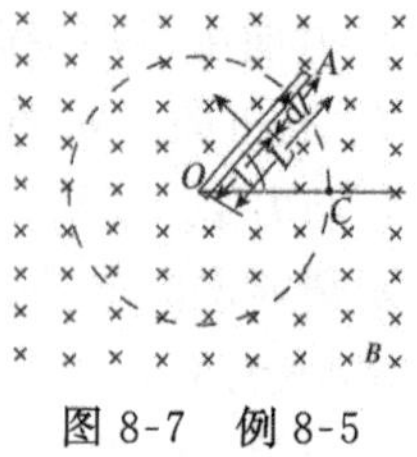

图 8-7　例 8-5 用图

解　此题有两种解法。

方法一：用动生电动势公式计算。

在金属棒上选取线元 $\mathrm{d}\boldsymbol{l}$，如图 8-7 所示。

$\mathrm{d}\boldsymbol{l}$ 上 $\boldsymbol{v}\times\boldsymbol{B}$ 方向为沿金属棒由 A 指向 O，则 $\alpha=180°$，根据 $\boldsymbol{v}\perp\boldsymbol{B}$ 可知 $\theta=90°$，则 $(\boldsymbol{v}\times\boldsymbol{B})\cdot\mathrm{d}\boldsymbol{l}$ 的大小为

$$vB\sin\theta\cos\alpha\mathrm{d}l=-vB\mathrm{d}l$$

式中，v 为 $\mathrm{d}\boldsymbol{l}$ 运动速度的大小，其值为

$$v=l\omega$$

代入上式，并积分得整个导体产生的动生电动势为

$$\varepsilon_i=\int_O^A(\boldsymbol{v}\times\boldsymbol{B})\cdot\mathrm{d}\boldsymbol{l}=\int_0^L-vB\mathrm{d}l=\int_0^L-\omega lB\mathrm{d}l=-\frac{1}{2}B\omega L^2$$

结果为负，说明 A 端为低电势端，动生电动势的方向为由 A 指向 O。此结果与根据 $\boldsymbol{v}\times\boldsymbol{B}$ 判断的结果相同。

方法二：根据法拉第电磁感应定律计算。

假设有一固定不动导体 OCA 与 OA 构成一闭合回路，CA 为圆弧形导轨，通过回路的磁通量为

$$\Phi_\mathrm{m}=BS=B\cdot\frac{1}{2}\theta L^2$$

OA 绕 O 点转动时，θ 随时间变化，关系为 $\theta=\omega t$，因而通过假想回路面积的磁通量随时间变化，根据法拉第电磁感应定律，得感应电动势的大小为

$$\varepsilon_i=\left|-\frac{\mathrm{d}\Phi_\mathrm{m}}{\mathrm{d}t}\right|=\left|-\frac{1}{2}BL^2\frac{\mathrm{d}\theta}{\mathrm{d}t}\right|=\frac{1}{2}B\omega L^2$$

OA 转动时，回路面积的磁通量增加，根据楞次定律，感应电流的磁场方向与原磁场方向相反，则在 OA 段感应电流应从 A 点流向 O 点，对于闭合回路而言，OA 段相当于电源，因此感应电动势方向应为由 A 指向 O，这与用动生电动势方法所得的结果是一致的。

一般地，导体运动时产生的动生电动势都可以用法拉第电磁感应定律和动生电动式两种方法计算，在计算时，使用哪种方法更为简便要视具体情况而定。

***3. 交流电的产生**

(1) 发电机原理

在匀强磁场中匀速转动的线圈内产生的动生电动势和感应电流都是随时间变化的正弦函数，一般称为正弦交流电（简称交流），俗称交流电。

图 8-8 为交流电发电机的装置示意图。一个 N 匝刚性金属线圈 $abcd$ 在磁感应强度为 $\boldsymbol{B}$ 的匀强磁场中绕中心轴 OO' 以角速度 ω 匀速转动，线圈 ab 边长为 l_1，bc 边长为 l_2，设某时刻线圈法向与磁感应强度方向的夹角为 θ。

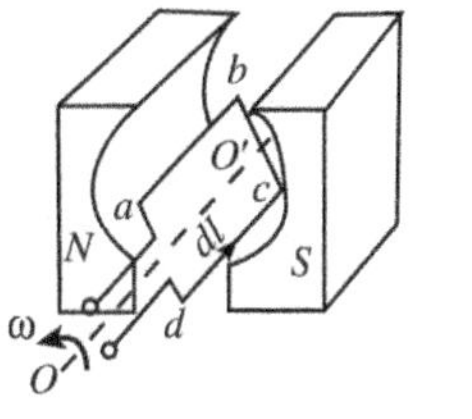

图 8-8 交流发电机

线圈转动时，只有 ab、cd 两边切割磁感应线，而 bc、da 两边不切割磁感应线，因此，只有 ab、cd 两边产生动生电动势。先计算 cd 边产生的动生电动势，在 cd 边上取线元 $\mathrm{d}\boldsymbol{l}$，$\mathrm{d}\boldsymbol{l}$ 方向由 d 指向 c，$\mathrm{d}\boldsymbol{l}$ 上 $\boldsymbol{v}\times\boldsymbol{B}$ 方向为由 d 指向 c，则 $\alpha=0°$，$(\boldsymbol{v}\times\boldsymbol{B})\cdot\mathrm{d}\boldsymbol{l}$ 的大小为

$$vB\sin\theta\cos\alpha\mathrm{d}l=vB\sin\theta\mathrm{d}l$$

式中，v 为 $\mathrm{d}\boldsymbol{l}$ 运动速度的大小，其值为

$$v=\frac{1}{2}l_2\omega$$

代入上式，并积分得 cd 产生的动生电动势为

$$\varepsilon_i=\int_d^c(\boldsymbol{v}\times\boldsymbol{B})\cdot d\boldsymbol{l}=\int_0^{l_1}\frac{1}{2}\omega l_2 B\sin\theta dl=\frac{1}{2}B\omega l_1 l_2\sin\theta=\frac{1}{2}B\omega S\sin\theta$$

式中，S 为线圈平面的面积 $S=l_1l_2$。容易分析，线圈 ab 边产生的动生电动势的大小与 cd 边产生的动生电动势的大小相等，方向为由 b 指向 a。对于整个线圈，两边上产生的动生电动势串联连接，因此整个 N 匝线圈产生的动生电动势为

$$\varepsilon_i=N(\varepsilon_{iab}+\varepsilon_{icd})=N\times 2\times\frac{1}{2}B\omega S\sin\theta=NBS\omega\sin\theta$$

式中，θ 为某时刻线圈法向与磁感应强度方向的夹角，设开始时二者夹角为零，则$\theta=\omega t$，代入上式，有

$$\varepsilon_i=NBS\omega\sin\omega t$$

式中，B、S、ω 都是常量，令 $\varepsilon_m=NBS\omega$，称为电动势的峰值，则上式可写为

$$\varepsilon_i=\varepsilon_m\sin\omega t \tag{8-7}$$

实际工作中，电源电动势常称为电源电压，用 u 表示，相应的电源电压的峰值表示为 U_m，则式(8-7)可表示为

$$u=U_m\sin\omega t \tag{8-8}$$

如果回路内只含有电阻 R，根据欧姆定律，回路中的感应电流为

$$I_i=I_m\sin\omega t=\frac{U_m}{R}\sin\omega t \tag{8-9}$$

I_m 称为感应电流的峰值。

由式(8-7)和式(8-9)可以看出，发电机的动生电动势和感应电流随时间都是按正弦规律变化的，正弦交流电的命名正是由此而来。当线圈平面与磁场方向平行时，动生电动势有最大值 U_m；当线圈平面与磁场方向垂直时，动生电动势有最小值为零。根据这两式可以得到正弦交流电的周期 T(单位：秒)、频率 γ(单位：赫兹)分别为

$$T=\frac{2\pi}{\omega}\qquad\qquad \gamma=\frac{\omega}{2\pi} \tag{8-10}$$

我国工农业生产和生活用的交流电的周期是 0.02 秒(s)，频率是 50 赫兹(Hz)，国外有些国家交流电的频率采用 60 赫兹。

发电厂里交流发电机的结构基本相同，都是由产生动生电动势的线圈(通常称为电枢)和产生磁场的磁极组成。实际发电时，有两种发电方式，一种是电枢转动，磁极不动，称为旋转电枢式发电机；另一种是磁极转动，电枢不动，称为旋转磁极式发电机。旋转电枢式发电机提供的电压一般不超过 500 V，旋转磁极式发电机能够提供几千到几万伏的高压，输出功率可高达几十万千瓦，我国大多数的发电机都是旋转磁极式的。

(2) 三相交流电

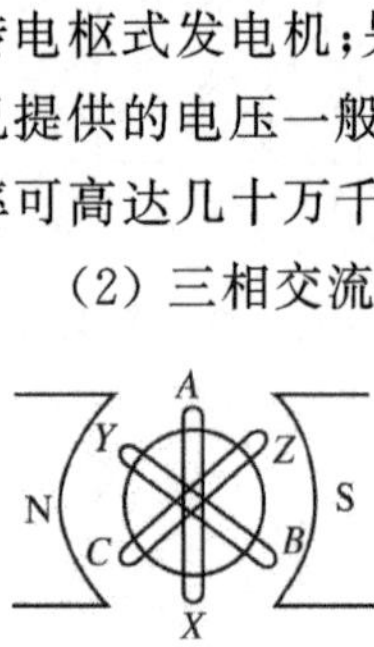

图 8-9　三相发电机

当磁场中只有一组线圈旋转时，电路中只产生一个交流电，如果磁场中同时有三组相同的线圈以相同的角速度旋转，则电路中会产生三个相同交流电，称为三相交流电，其中每组线圈产生的交流电称为一相，我国现在的发电厂一般提供的都是三相交流电。图 8-9 是三相交流发电机的示意图。铁心上固定着三个相同的线圈 AX、BY、CZ，线圈的始端分别为 A、B、C，末端分别是 X、Y、Z，线圈平面间相互成 120°角。

当磁场匀速旋转时，三组线圈就产生三个峰值和周期相同的交流电动势，因为这三组线圈平面间成 120°角，所以三个交流电动势并不同时达到最大值，而是以相差三分之一周期时间的规律先后达到最大值。采用三相发电的优点很多，如同时产生三相电可以提高发电效率，再如实际从发电厂向外输电时往往把三相电的低压线并成一根线使用，这样可以节省大量的金属材料。

8.2.2 感生电动势

导体不动，由于磁场变化而产生的感应电动势称为感生电动势。

动生电动势的产生可以用洛伦兹力来解释，产生感生电动势的原因是什么？

1. 感生电动势的产生原因

试验表明，感生电动势的产生完全决定于回路内磁场的变化，而与导体的种类和性质无关。麦克斯韦分析了一些电磁感应现象之后，在 1861 年提出了感生电场的概念：变化的磁场在其周围空间激发了一种新的电场，这种电场称为感生电场，这种感生电场作用于放置在空间的导体回路时，在回路中产生感生电动势，并形成感应电流。感生电场与静电场的相同之处是它们都对位于其中的电荷有力的作用，作用力的大小都等于对应的场强与电荷电量的乘积，正电荷受力方向都与对应的场强方向一致，负电荷受力都与对应的场强方向相反。感生电场与静电场的不同之处在于：一是静电场是由静止的电荷激发，而感生电场是由变化的磁场激发；二是静电场是保守力场，电场线始于正电荷，止于负电荷，电场线不闭合。而感生电场是非保守力场，电场线无头无尾，是闭合的，像水的涡旋一样，因此这种电场又称为涡旋电场。正是由于磁场的变化产生感生电场，导体中的自由电子在感生电场的作用下发生定向运动，形成感应电流，相应地产生了感生电动势。如用 $\boldsymbol{E}_i$ 表示感生电场的场强，则沿任一闭合回路的感生电动势为

$$\varepsilon_i = \oint_L \boldsymbol{E}_i \cdot \mathrm{d}\boldsymbol{l} = -\frac{\mathrm{d}\Phi_\mathrm{m}}{\mathrm{d}t} \tag{8-11}$$

由式(8-11)可知，在感生电场中，场强 $\boldsymbol{E}_i$ 的环流并不为零，即

$$\oint_L \boldsymbol{E}_i \cdot \mathrm{d}\boldsymbol{l} \neq 0$$

通过前面的学习我们知道，在静电场中场强 $\boldsymbol{E}$ 的环流等于零，即

$$\oint_L \boldsymbol{E} \cdot \mathrm{d}\boldsymbol{l} = 0$$

比较以上两式，可见，静电场与感生电场在本质上是不同的两种场。静电场是有源无旋场，而感生电场是无源有旋场。

感生电场的存在现在已被大量的实验事实所证实，并在实际中有着广泛的应用。

***2. 感生电场的应用**

(1) 电子感应加速器

电子感应加速器是利用感生电场加速电子，以获得高能电子束的一种装置。图 8-10 为其构造示意图。在圆柱形电磁铁的两极间的空隙中安置一个环形的真空室，电磁铁通有频率为几十赫兹的强交变电流，使得在环形真空室内产生强的交变磁场，而交变磁场又在真空室内产生感生电场。

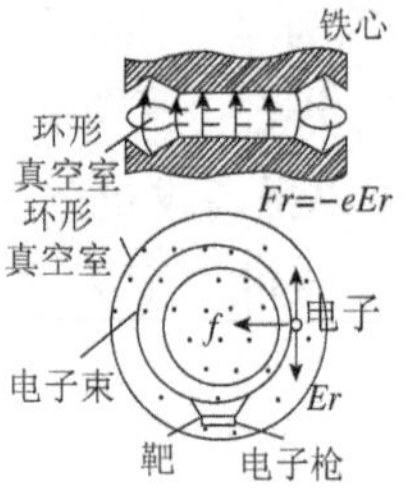

图 8-10　电子感应加速器

用电子枪向真空室内注入电子，电子在真空室内一方面受磁场的洛伦兹力的作用而作圆周运动，另一方面受感生电场的作用而在运动轨迹的切线方向得到加速。

由于电磁铁中通有的是交变电流，因而真空室内的磁场和感生电场都是周期性变化的。在电流变化的一个周期内，如果感生电场施加给电子的电场力方向与电子的绕行方向相同，电子能够得到加速，如果两者方向相反，则电子反而会被减速，因此，每次电子注入真空室得到加速后，必须在加速电场方向改变前引出真空室。虽然电子在真空室内的时间很短暂，但由于电子注入真空室之前的速度比较大，在电流的一个周期内电子已经绕行几十万圈并一直得到电场的加速，所以从真空室引出的电子的能量是相当高的，可达数百兆电子伏的能量。如果用这样的电子束轰击靶，可产生硬 X 射线及人工 γ 射线，这些射线可以用于医疗或工业探伤。

(2) 涡旋电流

如果大块的导体处于随时间变化的磁场中，变化的磁场在导体中产生感生电场，相应的导体内有感生电动势，由于导体自成回路，因此导体中将出现感应电流，电流线呈涡旋状，称为涡旋电流(简称涡电流)。由于导体的电阻很小，因此涡电流很大，进而产生很大的焦耳热，这就是感应加热的原理。例如，在冶金工业中，在熔化容易氧化的或难熔的金属(如钛、铌、钼等)时，常将待冶炼的金属放在真空室中的坩埚中，用高频交流电激发高频交流磁场，使坩埚内的金属因感生电动势而产生很大的涡电流，进而产生巨大的焦耳热而熔化。利用涡电流进行冶炼，可以有效地防止其他冶炼方式中存在的灰尘等有害杂质混入金属，同时，由于坩埚是放置在真空室中，没有空气，因此可以有效地防止金属在冶炼过程中的氧化等问题的发生，提高冶炼的质量。又如，现代厨房电器之一——电磁炉也是根据涡电流能产生较大焦耳热的原理制成的，电磁炉通有交变电流，交变电流在锅底形成交变的磁场，交变的磁场在铁锅底及食物中形成感生电场，产生涡电流，同样由于电阻小，因而涡电流大，产生的焦耳热大，能够很快加热食物，而且这种方法可以使食物均匀受热。

涡电流产生的焦耳热有时也会给我们带来不必要的麻烦。例如，在变压器中，为了增强耦合程度，我们常常在线圈中加入铁心，但由于感生电场在铁心中产生涡电流，涡电流的焦耳热消耗了部分电能，降低了变压器的效率，而且会因铁心过热而使变压器不能正常工作。为了减小涡电流焦耳热的影响，一般变压器的铁心都不采用整块的材料，而是用相互绝缘的金属薄片(如硅钢片)或细条叠合而成，这些薄片的电阻远大于整块导体的电阻，因而相应的涡电流减小，进而降低了能量耗损，也有效地降低了涡电流的热效应，保证了变压器正常工作。同样，电机的铁心常做成薄片叠加在一起，也是这个原因。

练习题

1. 在例题 8-4 中，若导体的运动方向与磁感应强度方向夹角为 θ，如图 8-11 所示。试求动生电动势的大小和方向。

2. 均匀磁场方向垂直纸面向里，磁感应强度的大小为 $B=0.5\text{T}$，如图 8-12 所示。导体由两段长度相同的直导线组成，$\overline{ab}=\overline{bc}=0.2\ \text{m}$，导体的运动方向在纸面内且竖直向上，速度大小 $v=2\ \text{m/s}$。试求：导体中产生动生电动势的大小和方向。

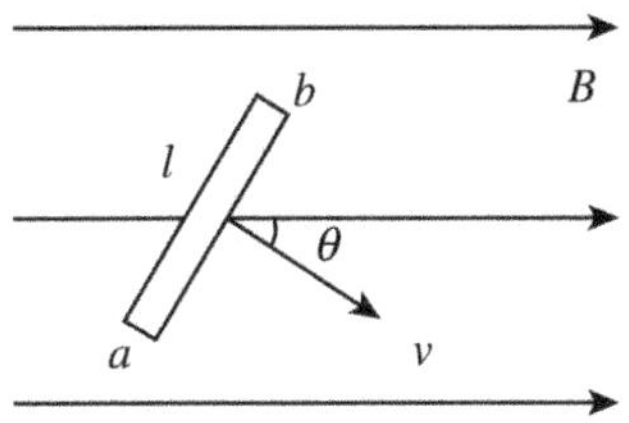

图 8-11　练习(1)用图

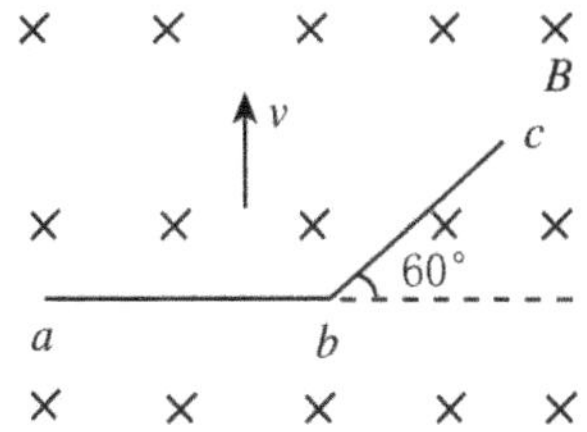

图 8-12　练习(2)用图

8.3　自感和互感

自感和互感现象是在电工和无线电技术中有着广泛应用的两种特殊电磁感应现象。本节主要研究自感、互感现象产生的原因，讨论自感电动势、自感系数、互感电动势、互感系数与哪些因素有关及自感和互感现象的应用等问题。

8.3.1　自感系数和自感电动势

1. 自感现象

当线圈中通有电流时，电流产生的磁场在线圈自身也会有磁通量产生，当线圈中电流变化时，线圈中磁通量也随之变化，进而发生电磁感应现象，这种由于回路自身电流变化而在自己回路中产生电磁感应现象的现象，称为自感现象。

2. 自感电动势

回路中由于自感现象而产生的感应电动势称为自感电动势，用 ε_L 表示。不同的线圈产生自感现象的能力是不同的，下面我们以没有铁心的长直螺线管为例，研究自感电动势与哪些因素有关。设螺线管长度为 l，截面面积为 S，管上绕有 N 匝线圈，线圈中通有电流 I。根据安培环路定理，长直螺线管内部磁场是匀强磁场，磁感应强度 B 的大小为

$$B=\mu_0 nI=\frac{\mu_0 NI}{l}$$

N 匝线圈的磁通链数为

$$\Psi_{\mathrm{m}}=N\Phi_{\mathrm{m}}=NBS=\frac{\mu_0 N^2 SI}{l}$$

根据法拉第电磁感应定律，当线圈中电流 I 随时间变化时，长直螺线管中产生的自感电动势为

$$\varepsilon_L=-\frac{\mathrm{d}\Psi_{\mathrm{m}}}{\mathrm{d}t}=-\frac{\mu_0 N^2 S}{l}\frac{\mathrm{d}I}{\mathrm{d}t}$$

式中，μ_0、N、S、l 都为常量，令 $L=\frac{\mu_0 N^2 S}{l}$，则上式可以写为

$$\varepsilon_L=-L\frac{\mathrm{d}I}{\mathrm{d}t} \tag{8-12}$$

式(8-12)虽然是从长直螺线管情况得出的，但此结果可以推广到任意回路因自身电流变

化而产生自感电动势的情况，此式表明：(1)自感电动势的大小与回路中电流对时间的变化率成正比，回路中电流变化得越快，电流对时间的变化率越大，自感电动势越大；(2)当电流随时间增加时，$\frac{dI}{dt}>0$，$\varepsilon_L<0$，即自感电动势与电路中原来电流的方向相反，当电流随时间减小时，$\frac{dI}{dt}<0$，$\varepsilon_L>0$，即自感电动势与电路中原来电流的方向相同；(3)自感电动势的大小与和电路结构有关的常量 L 成正比。

3. 自感系数

在式(8-12)中，当回路中电流随时间的变化率一定时，自感电动势的大小仅由 L 决定，而 $L=\frac{\mu_0 N^2 S}{l}$，是一个只与回路特点有关的常量，所以，L 能够反映回路产生自感电动势能力的大小，我们称常量 L 为回路的自感系数(简称自感)。自感系数和电阻、电容一样，也是电路的一个参数，L 的大小与回路的几何形状、匝数、介质情况等因数有关。

根据法拉第电磁感应定律及自感电动势的公式(8-12)，有

$$\varepsilon_L=-\frac{d\Psi_m}{dt}=-L\frac{dI}{dt}$$

可得自感系数

$$L=\frac{d\Psi_m}{dI} \tag{8-13}$$

式(8-13)称为自感系数的定义式，此式表明，自感系数在数值上等于回路的电流变化为一单位时，在回路本身所围面积内引起的磁通链数的改变值。如果在回路周围附近没有铁磁质，根据第 13 章知识可知，回路所在处磁感应强度大小与回路电流成正比，即 $B\propto I$，如果回路的几何形状不变，则回路所围面积的磁通链数与磁感应强度成正比，即 $\Psi_m\propto B$，因此，回路的磁通链数正比于回路的电流，即 $\Psi_m\propto I$，由于磁通链数与电流呈线性关系，所以可得

$$\frac{d\Psi_m}{dI}=\frac{\Psi_m}{I}$$

代入式(8-13)，可得一个常用的计算自感系数的公式

$$L=\frac{\Psi_m}{I} \tag{8-14}$$

即回路的自感系数在数值上等于回路磁通链数与回路电流的比值。

在国际单位制中，自感系数的单位为亨利(简称亨)，用 H 表示。

$$1\text{H}=1\ \frac{\text{Wb}}{\text{A}}$$

由于亨利的单位比较大，实际工作中还常用毫亨($1\text{mH}=1\times10^{-3}\text{H}$)和微亨($1\mu\text{H}=1\times10^{-6}\text{H}$)作为自感系数的单位。

计算自感系数的基本步骤如下：

(1) 假设回路中通有电流 I；

(2) 计算通有电流 I 时，回路中的磁通链数 Ψ_m；

(3) 根据式 $L=\frac{\Psi_m}{I}$ 计算自感系数。

例题 8-6 一长直螺线管，长为 l，共 N 匝，横截面半径为 R，管中介质的磁导率为 μ_0。试求：此螺线管的自感系数。

解 设长直螺线管通有电流 I，根据第 13 章安培环路定理可知，螺线管内是匀强磁场，磁感应强度的大小为

$$B=\mu_0 nI=\frac{\mu_0 NI}{l}$$

N 匝线圈的磁通链数为

$$\Psi_m=N\Phi_m=NBS=\frac{\mu_0 N^2 \pi R^2 I}{l}$$

根据自感系数计算公式(8-14)，可得长直螺线管的自感系数为

$$L=\frac{\Psi_m}{I}=\frac{\mu_0 N^2 \pi R^2}{l}$$

此结果与前面讨论自感电动势时所设的常数 $L=\frac{\mu_0 N^2 \pi R^2}{l}$ 形式相同，这也可以说明，在计算自感系数时，使用公式 $L=\frac{\Phi_m}{I}$ 与使用公式 $L=\frac{d\Phi_m}{dI}$ 都是可以的。由结果可知：自感系数与电流无关，仅与回路的几何形状、匝数、磁介质情况等因素有关。

例题 8-7 一长直螺线管，长为 $l=20$ cm，共 5 000 匝，横截面半径为 $R=4$ cm，通有电流 $I=10$ A，管中介质的磁导率为 μ_0，现断开电源。试求以下两种情况中螺线管的自感电动势的大小。(1)电流在 0.1 s 内降低为零；(2)电流在 0.01 s 内降低为零。

解 由例题 8-6 可知，此螺线管的自感系数为

$$L=\frac{\mu_0 N^2 \pi R^2}{l}=\frac{4\pi\times10^{-7}\times5\ 000^2\times\pi\times0.04^2}{0.2}=8\pi^2\times10^{-2}\ \text{H}$$

(1) 电流在 0.1 s 内由 10 A 降低为零，则电流随时间的变化率 $\frac{dI}{dt}=-100$，根据自感电动势 $\varepsilon_L=-L\frac{dI}{dt}$，得此时螺线管中的自感电动势为

$$\varepsilon_L=-L\frac{dI}{dt}=-8\pi^2\times10^{-2}\times(-100)=78.88\ \text{V}$$

(2) 电流在 0.01 s 内由 10A 降低为零，电流随时间的变化率 $\frac{dI}{dt}=-1\ 000$，根据自感电动势 $\varepsilon_L=-L\frac{dI}{dt}$，得此时螺线管中的自感电动势为

$$\varepsilon_L=-L\frac{dI}{dt}=-8\pi^2\times10^{-2}\times(-1\ 000)=788.8\text{V}$$

可见，在自感系数一定时，自感电动势的大小与电流对时间变化率成正比，电流变化得越快，自感电动势越大。

自感现象在各种电器设备和无线电技术中有着广泛的应用。日光灯管的镇流器就是利用线圈自感现象的例子。如图 8-13 所示，电路的主要组成部分是日光灯管、镇流器和起辉器。灯管内充有稀薄的水银蒸气，灯管内壁上涂有荧光粉，当水银蒸气导电时，就发出紫外线，使灯管壁上的荧光粉发出柔和的白光。起辉器的结构如图 8-14 所示，小玻璃泡内安置两个电极，其中固定不动的电极称为静触片，另一个电极是由膨胀系数不同的双金属制成的

U 形触片，玻璃泡的内部充满氖气。激发水银蒸气所需电压远大于电源电压 220 V，而在日光灯管正常发光时，为了不使灯管中电流过大而烧毁灯管，灯管两端的电压又要远低于电源电压 220 V，这一矛盾的解决依靠的就是镇流器的自感现象。镇流器是一个带铁心的多匝线圈，当电源开关闭合后，由于水银蒸气高压才能导电，此时灯管相当于开路状态，因此电源电压加在起辉器的两个电极之间，两极间存在的强电场使起辉器中的氖气产生放电现象而发出辉光，辉光产生的热量使 U 形触片膨胀，由于双金属的膨胀系数不同，因而 U 形触片伸直并与静触片接触，电路连通。电路连通后，起辉器两极间电压降低，氖气停止放电，U 形触片冷却回缩，两触片分离，电路自动断开。在电路突然断开的瞬间，镇流器中电流急剧下降，自感现象使镇流器两端产生一个瞬间的高电压，根据楞次定律，感应电动势阻碍原电场的变化，因而这个高电压的方向与电源电压方向相同，感应电压与电源电压一起加在灯管两端，使灯管内的水银蒸气开始导电，放出紫外线，进而使荧光粉发光，灯管被点亮。灯管正常工作后，由于市电是交变电流，所以镇流器中始终存在自感现象，产生的自感电动势总是阻碍电源电动势的变化，因而镇流器这时起到了降压限流的作用，从而保证灯管的正常工作。

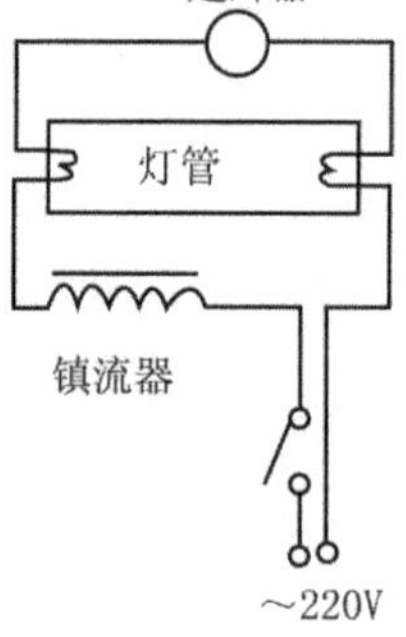

图 8-13　日光灯管的电路

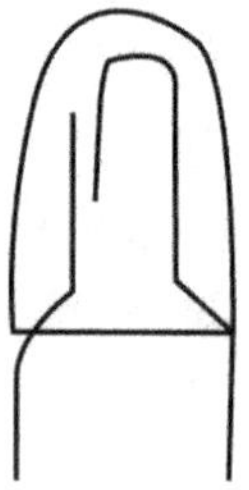

图 8-14　起辉器的结构

8.3.2　互感系数和互感电动势

1. 互感现象

设有两个邻近的闭合线圈 1 和线圈 2，线圈 1 中通有电流 I_1，线圈 2 中没有电流，如图 8-15所示。线圈 1 中的电流在其附近产生磁场，则线圈 2 中将有磁感应线通过，相应的有磁通量产生，用 Φ_{21} 表示。当线圈 1 中的电流 I_1 发生变化时，线圈 2 中的磁通量 Φ_{21} 也将发生变化，根据法拉第电磁感应定律，线圈 2 中将有电磁感应现象发生，产生感应电动势；若线圈 1 中没有电流，而线圈 2 中通有电流 I_2，则线圈 2 中电流产生的磁场在线圈 1 中也有磁通量，用 Φ_{12} 表示，同样，当线圈 2 中的电流 I_2 变化时，在线圈 1 中也会有电磁感应现象发生，产生感应电动势。像上述这样，因载流线圈中电流变化而在对方回路中产生感应电动势的现象称为互感现象，相应的感应电动势称为互感电动势。

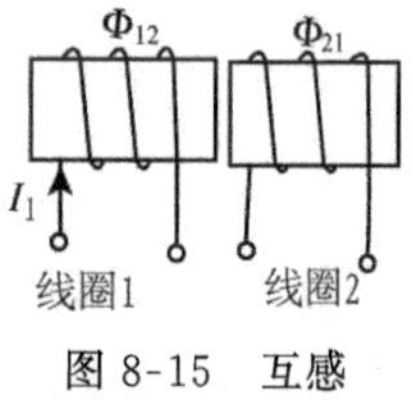

图 8-15　互感电动势

2. 互感电动势

为简便起见，我们以同轴的密绕在一起的两个长度都为 l、截面积都为 S、管中磁介质的

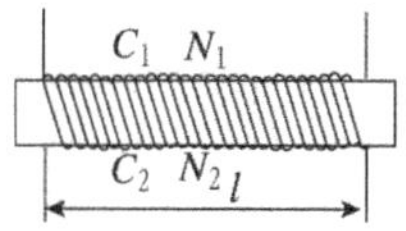

图 8-16　两个同轴直螺线管的互感

磁导率都为 μ_0 的直螺线管为例研究互感电动势与哪些因素有关。如图 8-16所示，螺线管 C_1 的匝数为 N_1，螺线管 C_2 的匝数为 N_2，当螺线管 C_1 中通有电流 I_1 时，螺线管 C_2 中磁场的磁感应强度为

$$B_{21}=\mu_0\frac{N_1}{l}I_1$$

C_2 磁通链数为

$$\Psi_{21}=N_2\Phi_{21}=N_2B_{21}S=\mu_0\frac{N_1N_2}{l}SI_1$$

根据法拉第电磁感应定律，螺线管 C_1 中的电流 I_1 随时间变化时，在螺线管 C_2 中产生的互感电动势为

$$\varepsilon_{21}=-\frac{\mathrm{d}\Psi_{21}}{\mathrm{d}I_1}=-\mu_0\frac{N_1N_2}{l}S\frac{\mathrm{d}I_1}{\mathrm{d}t}$$

式中，μ_0、N_1、N_2、l、S 都是常数，令 $M_{21}=\mu_0\frac{N_1N_2}{l}S$，则上式可写为

$$\varepsilon_{21}=-M_{21}\frac{\mathrm{d}I_1}{\mathrm{d}t} \tag{8-15}$$

同理可得，当螺线管 C_2 中的电流 I_2 随时间变化时，在螺线管 C_1 中产生的互感电动势为

$$\varepsilon_{12}=-M_{12}\frac{\mathrm{d}I_2}{\mathrm{d}t} \tag{8-16}$$

式中，$M_{12}=\mu_0\frac{N_1N_2}{l}S$。

由式(8-15)和式(8-16)可知：互感电动势的大小与回路中电流随时间的变化率成正比，电流随时间变化的越快，产生的互感电动势的绝对值越大，这与自感电动势的特点是一致的；互感电动势的大小与回路的形状、大小等因素有关，与和回路相关的常量 M_{21}（或 M_{12}）成正比，M_{21}（或 M_{12}）的值越大，互感电动势的绝对值越大，这点与自感电动势的特点也是类似的。

3. 互感系数

前面分析中，常数 M_{21}（或 M_{12}）是一个比例系数，其值与回路的几何形状、相对位置及周围磁介质的磁导率有关，且 $M_{21}=M_{12}$（可以证明，对于任意形状的两个回路，此关系都是成立的，证明在此从略）。从式(8-15)和式(8-16)可看出，比例系数 M_{21}（或 M_{12}）反应了回路产生互感电动势能力的大小，称为两个回路的互感系数，简称互感，统一用 M 表述。互感系数的单位与自感系数相同。

如果两个回路的相对位置保持不变，而且在其周围没有铁磁性物质，则两个回路的互感系数在数值上等于其中一个回路中通有单位电流时另一个回路中的磁通链数，即

$$M=\frac{\Psi_{21}}{I_1}\quad 或\quad M=\frac{\Psi_{12}}{I_2} \tag{8-17}$$

与自感系数一样，互感系数也不易计算，一般情况下都是通过实验来测定，我们只能计算特殊情况下的互感系数。计算互感系数的基本步骤及如下：

(1) 假设其中一个回路中通有电流 I_1；

(2) 计算通有电流 I_1 时，另一个回路中的磁通链数 Ψ_{21}；

(3) 根据式 $M=\dfrac{\Psi_{21}}{I_1}$ 计算互感系数。

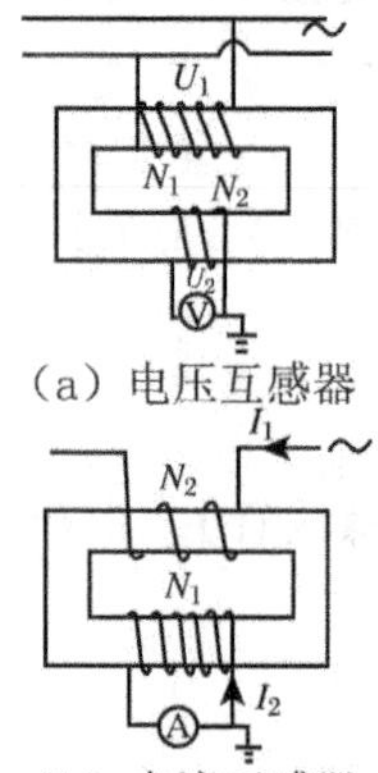

(a) 电压互感器

(b) 电流互感器

图 8-17　互感器

通过互感现象可以实现能量或信号从一个线圈向另一个线圈的传递，因而互感现象在工业和电子技术中的应用也很广泛，例如利用互感原理制成变压器、感应圈、互感器等。图 8-17 是互感器的原理图，互感器的主要组成部分是绕在同一个铁心上的两个匝数不同的线圈。图 8-17(a)为电压互感器的使用原理图，电压互感器实际上是一个降压变压器，常在测量交流高压时与小量程电压表配合使用，使用时，互感器上的匝数多的线圈 N_1 与高压线路并联，互感器上的匝数少的线圈 N_2 与电压表并联，则待测高压 U_1 与电压表读数 U_2 之间的关系为

$$U_1=\frac{N_1}{N_2}U_2$$

图 8-17(b)为电流互感器使用原理图，电流互感器实际上是一个升压变压器，常在测量大电流时与小量程电流表配合使用，使用时，互感器上匝数少的线圈 N_2 与被测电流串联，互感器上的匝数多的线圈 N_1 与电流表串联，则待测大电流 I_1 与电流表读数 I_2 之间的关系为

$$I_1=\frac{N_1}{N_2}I_2$$

在有些情况下，自感和互感现象也会给生活和工作带来不便，例如，自感较大的电路，当电键断开的瞬间，由于产生的自感电动势很大，在开路处形成一个较高的电压，此高压常常大到使空气被击穿而导电，产生火花或电弧，造成设备的损坏，甚至引起火灾；再如，在高频电路中，电路元件之间的互感会严重干扰电路的正常工作等。在这种情况下，必须尽量采取措施避免自感和互感现象的发生，比如为了不让电阻产生自感，电阻丝经常采用双股反向绕制；再如，在高频电路中对电子元件的性能及元件之间的摆放位置都有具体的规定，为了减小元件之间的互感，要使元件尽可能相互远离、互相垂直放置等。

8.3.3　自感系数和互感系数之间的关系

根据前面分析可知，长直螺线管的自感系数为 $L=\dfrac{\mu_0 N^2\pi R^2}{l}$，则长度都为 l、截面积都为 S、内部真空、线圈匝数分别为 N_1 和 N_2 的两个长直螺线管的自感系数分别为

$$L_1=\frac{\mu_0 {N_1}^2\pi R^2}{l}=\frac{\mu_0 {N_1}^2 S}{l}$$

$$L_2=\frac{\mu_0 {N_2}^2\pi R^2}{l}=\frac{\mu_0 {N_2}^2 S}{l}$$

而如果把这两个长直螺线管如图 8-18 一样绕制在一起，两螺线管之间的互感系数为

$$M=M_{21}=M_{12}=\mu_0\frac{N_1N_2}{l}S$$

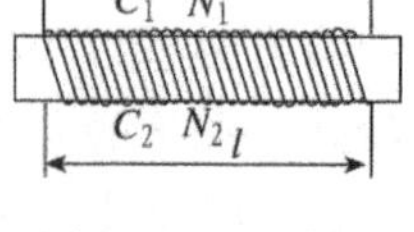

图 8-18　互感器

由以上三式，可得自感系数和互感系数之间有如下关系

$$M=\sqrt{L_1L_2}$$

必须说明的是：上式是在两个线圈严格密绕(即一个回路中电流

所产生的磁感应线全部穿过另一个回路)的情况下得出的，对于一般情况，上式应修改为

$$M=k\sqrt{L_1L_2} \tag{8-18}$$

式中，k 称为电路的耦合系数，k 值视两个回路之间磁耦合的程度而定，$0\leqslant k\leqslant 1$。

练习题

1. 在一个长度为 0.4 m，截面直径为 4 cm 的纸筒上密绕线圈，制成一个自感系数为 9mH 的螺线管。试求：线圈绕制的匝数。

2. 一长直螺线管长 25 cm，截面半径为 1 cm，共有 400 匝线圈，通有电流强度为 10A 的电流。试求：(1)螺线管内部的磁感应强度的大小；(2)螺线管的磁通链数；(3)当线圈的电流以每秒 100 安培的速率变化时，螺线管内产生的自感电动势。

8.4 磁场的能量

带电导体周围存在电场，电场中储存有电场能量，电场的能量是电场建立过程中外力克服静电场力所做的功转化而来；同样，载流导体的周围存在磁场，磁场中也储存有磁场能量，磁场的能量是磁场建立过程中电源克服自感电动势所做的功转化而来。本节主要介绍磁场能量的计算公式及相关规律。

我们以长度为 l、截面积为 S、密绕 N 匝线圈的直螺线管为例，研究螺线管中磁场建立过程中电源克服自感电动势所做的功，从而得出磁场能量的关系式。

为便于讨论，我们设螺线管周围不存在铁磁质，如图 8-19 所示。当电键合上之后，线圈中电流将逐渐增加，最后达到稳定值 I_0。在此过程中，螺线管中的电流随时间变化，因而产生自感现象，根据楞次定律，自感电动势的方向应与电源电动势的方向相反，自感电动势阻碍螺线管中电流增加，如果欲使螺线管中电流继续增加，则电源必须克服自感电动势做功；另一方面，螺线管中的电流随时间增加，则螺线管中的磁场逐渐增强，相应的磁场能量也逐渐增加，增加的磁场能量即来自于电源克服自感电动势所做的功。设螺线管的自感系数为 L，则电流增加过程中螺线管中的自感电动势为

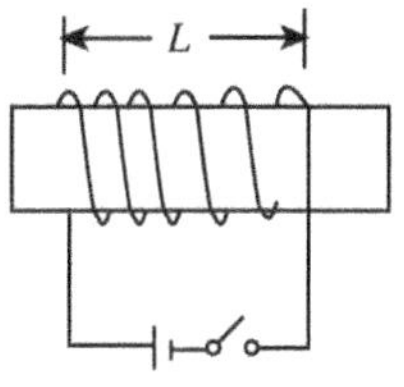

图 8-19　磁场能量

$$\varepsilon_L=-L\frac{\mathrm{d}I}{\mathrm{d}t}$$

式中，I 为螺线管中某一瞬时的电流值。根据焦耳定律，在 $\mathrm{d}t$ 时间内，电源克服自感电动势所做的功为

$$\mathrm{d}A=-\varepsilon_L I\,\mathrm{d}t=LI\mathrm{d}I$$

式中，负号表示电源电动势与自感电动势方向相反。在整个电流增加过程中，或者说磁场建立过程中，电源所作的总功为

$$A=\int_0^{I_0}\mathrm{d}A=\int_0^{I_0}LI\mathrm{d}I=\frac{1}{2}LI_0^2$$

电源所做的功全部转化为螺线管中磁场的能量，则螺线管中磁场的能量为

$$W_m=\frac{1}{2}LI_0^2 \tag{8-19}$$

由式(8-19)可以看出,长直螺线管中的磁场能量与螺线管的自感系数、螺线管中通有的电流强度有关,自感系数越大,通有的电流强度越大,其内储存的能量越大。

考虑长直螺线管的自感系数 $L=\frac{\mu_0 N^2 S}{l}$,通有电流 I_0 时相应磁场的磁感应强度 $B=\mu_0 n I_0=\mu_0 \frac{N}{l}I_0$,代入式(8-19)可得

$$W_m=\frac{1}{2}LI_0^2=\frac{1}{2}\frac{\mu_0 N^2 S}{l}\left(\frac{Bl}{\mu_0 N}\right)^2=\frac{1}{2}\frac{B^2}{\mu_0}lS$$

式中,lS 为螺线管的体积,用 V 表示,则 $V=lS$,代入上式,得螺线管中单位体积的磁场能量为

$$w_m=\frac{W_m}{V}=\frac{1}{2}\frac{B^2}{\mu_0}$$

若螺线管内不是真空,而是充满磁导率为 μ 的磁介质,则此式可修改为

$$w_m=\frac{W_m}{V}=\frac{1}{2}\frac{B^2}{\mu} \tag{8-20}$$

式(8-20)称为磁场能量体密度公式,此式虽然是由长直螺线管情况推导得来,但可以证明(证明从略),此式广泛适用于其他任何情况的磁场。另外,考虑磁场中可能存在不同的磁介质,根据磁场强度大小 H 和磁感应强度大小 B 之间的关系,$B=\mu H$,代入式(8-20)中,可得实际计算中常用的磁场能量体密度公式

$$w_m=\frac{1}{2}BH \tag{8-21}$$

对于非均匀磁场,如果磁场分布已知,则可求得磁场中某处的磁场能量体密度,进而对磁场能量体密度体积分得整个磁场的能量为

$$W_m=\int_V w_m \mathrm{d}V=\int_V \frac{1}{2}BH\mathrm{d}V \tag{8-22}$$

***例题 8-8** 一无限长同轴电缆,内外半径分别为 R_1、R_2,电缆中通有电流强度为 I,两导体之间充满磁导率为 μ 的磁介质。试求:电缆单位长度内储存的磁场能量。

解 根据安培环路定理可知,电缆中的磁场被限制在两个导体之间,且在 $R_1\leqslant r\leqslant R_2$ 的区域磁感应强度的大小为

$$B=\frac{\mu I}{2\pi r}$$

磁场强度大小为

$$H=\frac{B}{\mu}=\frac{I}{2\pi r}$$

则磁场能量体密度为

$$w_m=\frac{1}{2}BH=\frac{1}{2}\cdot\frac{\mu I}{2\pi r}\cdot\frac{I}{2\pi r}=\frac{1}{8}\frac{\mu I^2}{\pi^2 r^2}$$

由此式可知,到轴线等距离处磁场能量密度相同,因此在电缆中取底面内半径为 r,宽度为 $\mathrm{d}r$,高为 1 m 的同轴圆柱体为体积元,对应体积为 $\mathrm{d}V=2\pi r\mathrm{d}r$。对磁场能量体密度进行

体积分,得单位长度内电缆中的磁场能量为

$$W_{\mathrm{m}}=\int_V w_{\mathrm{m}}\mathrm{d}V=\int_{R_1}^{R_2}\frac{\mu I^2}{8\pi^2 r^2}\cdot 2\pi r\mathrm{d}r=\frac{\mu I^2}{4\pi}\ln\frac{R_2}{R_1}$$

练习题

地磁场在北极地区和赤道地区的磁感应强度大小分别为 6×10^{-4}T 和 3×10^{-4}T。设地表附近的磁导率为 μ_0,地磁场近似认为是匀强磁场,试求:(1)北极地区 1 立方米内的磁场能量;(2)赤道地区 1 立方米内的磁场能量;(3)两者的比值如何。

8.5　麦克斯韦方程组

通过前面的学习,我们知道,静止的电荷能够在其周围激发静电场,运动电荷形成的电流能够在其周围激发磁场,变化的磁场能够在其周围激发电场。由此,人们很自然地思考问题的另一方面:变化的电场能够在其周围激发磁场吗?电场和磁场本质上到底有着怎样的联系呢?19 世纪末,经过大量的科学实践和探索,人们总结出了许多电磁现象的重要规律,麦克斯韦在前人研究的基础上,大胆提出“涡旋电场”和“位移电流”的概念,揭示了电场和磁场的本质内在联系,把电场和磁场统一为电磁场,并总结归纳出电磁场中普遍适用的四个基本方程——麦克斯韦方程组。本节主要介绍这四个方程的形式及方程所反映的物理意义。

8.5.1　电场中的高斯定理

存在电介质时,静电场中的高斯定理数学表达式为

$$\oiint_S \boldsymbol{D}\cdot\mathrm{d}\boldsymbol{S}=\sum q_i \tag{8-23}$$

即通过任意闭合曲面的电位移通量等于该曲面所包围的自由电荷的代数和。这是麦克斯韦方程组中的第一个方程,此方程不仅在静电场中成立,即使在电荷和电场都随时间变化时仍然成立。此定理反映了电场是有源场这一性质。

8.5.2　磁场中的高斯定理

磁场中高斯定理是麦克斯韦方程组中的第二个方程,其数学表达式为

$$\oiint_S \boldsymbol{B}\cdot\mathrm{d}\boldsymbol{S}=0 \tag{8-24}$$

即磁场中,通过任意闭合曲面的磁通量等于零。同样,此定理不仅在不随时间变化的恒定磁场中成立,即使在随时间变化的非恒定磁场中仍然成立。此定理反映了磁场是无源场的性质。

8.5.3　电场中的环路定理

电场分两类,一类是自由电荷激发的静电场,另一类是变化磁场激发的感生电场。通过前

面的学习我们知道：由静止电荷激发的静电场中场强线是不闭合的，场强沿闭合回路的积分为零，即静电场的环路定理为$\oint_l \boldsymbol{E}\cdot \mathrm{d}\boldsymbol{l}=0$；由变化磁场产生的感应电场中场强线则是闭合的，因而在这个涡旋电场中场强沿闭合回路的积分不为零，即$\oint_l \boldsymbol{E}\cdot \mathrm{d}l\neq 0$。如何把这两种电场的环路定理形式统一，进而得出麦克斯韦方程组中的第三个方程呢？我们从涡旋电场的环路定理着手研究。

根据场强与电势的关系我们知道，场强沿路经积分应等于对应的电势差，即电动势，在涡旋电场中，此电动势是磁场变化产生的，因而是感应电动势；根据法拉第电磁感应定律，此感应电动势应等于回路中磁通量随时间的变化率的负值，因而有

$$\oint_l \boldsymbol{E}\cdot \mathrm{d}\boldsymbol{l}=-\frac{\mathrm{d}\Phi_{\mathrm{m}}}{\mathrm{d}t}$$

根据磁通量$\Phi_{\mathrm{m}}=\iint_S \boldsymbol{B}\cdot \mathrm{d}\boldsymbol{S}$，代入上式，并整理有

$$\oint_l \boldsymbol{E}\cdot \mathrm{d}\boldsymbol{l}=-\iint_S \frac{\partial \boldsymbol{B}}{\partial t}\cdot \mathrm{d}\boldsymbol{S} \tag{8-25}$$

如果式(8-25)中$\frac{\partial \boldsymbol{B}}{\partial t}=0$，即磁场为恒定磁场，则有$\oint_l \boldsymbol{E}\cdot \mathrm{d}\boldsymbol{l}=0$，此结论与静电场中的环路定理形式一致，此时可以把电场理解为完全是由自由电荷激发的。可见，式(8-25)可以概括静电场和涡旋电场两种情况，因而式(8-25)即为麦克斯韦方程组中的第三个方程，此式表明：在任何电场中，电场强度沿任意闭合曲线的线积分等于通过此曲线包围面积的磁通量对时间变化率的负值。电场中的环路定理反映了静电场是无旋场、而涡旋电场是有旋场这一性质。

8.5.4 磁场中的环路定理

1. 恒定磁场中的环路定理

存在磁介质时，恒定磁场中磁场强度沿任意闭合曲线的积分等于通过该曲线所包围任意曲面的电流的代数和，这称为恒定磁场的环路定理，其数学表达式为

$$\oint_l \boldsymbol{H}\cdot \mathrm{d}\boldsymbol{l}=\sum I_i$$

式中，等式右侧的电流为电荷定向运动形成的，称为传导电流，为了与后面要讨论的电流(位移电流)加以区分，我们用I_c表示传导电流。传导电流等于传导电流体密度(通过曲面单位面积的电流)$\boldsymbol{j}_c$(其方向与电流的流向相同)在面S上的积分，即$I_c=\iint_S \boldsymbol{j}_c\cdot \mathrm{d}\boldsymbol{S}$，代入上式，恒定磁场中的环路定理可以写成

$$\oint_l \boldsymbol{H}\cdot \mathrm{d}\boldsymbol{l}=\iint_S \boldsymbol{j}_c\cdot \mathrm{d}\boldsymbol{S}$$

2. 位移电流

除了恒定电流能够在其周围激发磁场之外，事实证明，自然界中还存在另外一种磁场，即变化的电场激发的磁场，为了描述变化电场所激发磁场中的环路定理，麦克斯韦提出了位移电流的假设。

图 8-20 所示为电容器充放电电路，在电容器充放电过程中，电路中电流是随时间变化的，而且电容器之间是没有传导电流通过的。在回路中任取一个环绕电流的回路 $\boldsymbol{L}$，对于此闭合回路，在其左侧和右侧能够分别取以此回路为边界的曲面 S_1 和 S_2，而对于曲面 S_1 应用环路定理，有

$$\oint_l \boldsymbol{H} \cdot \mathrm{d}\boldsymbol{l} = \iint_{S_1} \boldsymbol{j}_c \cdot \mathrm{d}\boldsymbol{S} = \boldsymbol{I}_c$$

对于曲面 S_2 应用环路定理，及电容器内没有传导电流存在，即 $I_c=0$，有

$$\oint_l \boldsymbol{H} \cdot \mathrm{d}\boldsymbol{l} = \iint_{S_2} \boldsymbol{j}_c \cdot \mathrm{d}\boldsymbol{S} = 0$$

可见，虽然是同一回路，但对于回路对应的不同曲面，环路定理有不同的结果，这与安培环路定理的内容是矛盾的，因而可知，在电容器这样电流随时间变化的非恒定磁场中，安培环路定理是不适用的，必须进行适当的修正。

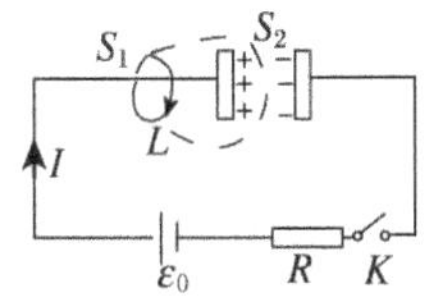

图 8-20　电容器的充放电电路

由前面分析可知，图 8-20 中环路定理不适用的原因是在电容器区域电流是不连续的，因而对安培环路定理进行修正时，应从电容器的特点入手。根据电流的定义，可知电容器极板上电荷随时间的变化率应等于电路中电流强度值，即

$$I_c = \frac{\mathrm{d}q}{\mathrm{d}t}$$

电容器极板间电场的电位移矢量的大小与电荷之间的关系为

$$D = \varepsilon E = \sigma = \frac{q}{S}$$

式中，σ 为电容器极板上电荷的面密度。由此二式可得

$$I_c = \frac{\mathrm{d}q}{\mathrm{d}t} = S\,\frac{\mathrm{d}D}{\mathrm{d}t}$$

对此式我们可以这样理解：在电容器的两极板间，虽然没有传导电流通过，但其间变化的电场却可以等效为一个电流。这个等效的电流与电位移对时间的变化率有关，因而麦克斯韦称此电流为位移电流，并令位移电流体密度 $\boldsymbol{j}_d = \frac{\mathrm{d}\boldsymbol{D}}{\mathrm{d}t}$。当电容器充电时，极板间电场增强，位移电流体密度的方向与场的方向一致，也与电路中电流的方向一致；当电容器放电时，极板间电场减弱，位移电流体密度的方向与场的方向相反，也与电路中电流的方向一致。位移电流用 I_d 表示，在电容器这样的匀强电场中，位移电流的大小 $I_d = j_d S = S \cdot \frac{\mathrm{d}\boldsymbol{D}}{\mathrm{d}t}$，其值与电路中传导电流值相等。对于任意的由变化电场产生的位移电流，位移电流应等于位移电流体密度在面 $\boldsymbol{S}$ 上的积分，即

$$I_d = \iint_S \boldsymbol{j}_d \cdot \mathrm{d}\boldsymbol{S} = \iint_S \frac{\partial \boldsymbol{D}}{\partial t} \cdot \mathrm{d}\boldsymbol{S}$$

3. 磁场中的环路定理

总结以上可知：(1)在非恒定磁场中，虽然对应的传导电流不一定连续，但若考虑传导电流和位移电流的和 $I=I_c+I_d$，则电流是连续的；(2)位移电流与传导电流一样，也会在其周围激发磁场，根据位移电流与变化电场的关系可知，磁场实际上是变化电场激发的。麦克斯韦运用这种思

想把恒定磁场中的安培环路定理中的电流重新定义为传导电流与位移电流的和，进而把恒定磁场中的安培环路定理推广到任意磁场中，得出麦克斯韦方程组中的第四个方程，即

$$\oint_l \boldsymbol{H} \cdot \mathrm{d}\boldsymbol{l} = I_c + I_d = \int_S \boldsymbol{j}_c \cdot \mathrm{d}\boldsymbol{S} + \int_S \frac{\partial \boldsymbol{D}}{\partial t} \cdot \mathrm{d}\boldsymbol{S} \tag{8-26}$$

位移电流的概念虽然是作为一种假设提出的，但其正确性已经被大量的实验事实所证实。位移电流的引入深刻地揭示了电场和磁场间的密切联系，即不仅变化的磁场可以激发电场，变化的电场也同样在其周围激发磁场，这反映了自然现象的对称性，反映了电场和磁场的统一性。

以上四个方程合称为麦克斯韦方程组的积分形式，整理如下：

$$\oiint_S \boldsymbol{D} \cdot \mathrm{d}\boldsymbol{S} = \sum q_i$$

$$\oiint_S \boldsymbol{B} \cdot \mathrm{d}\boldsymbol{S} = 0$$

$$\oint_l \boldsymbol{E} \cdot \mathrm{d}\boldsymbol{l} = -\iint_S \frac{\partial \boldsymbol{B}}{\partial t} \cdot \mathrm{d}\boldsymbol{S}$$

$$\oint_l \boldsymbol{H} \cdot \mathrm{d}\boldsymbol{l} = \boldsymbol{I}_c + I_d = \iint_S \boldsymbol{j}_c \cdot \mathrm{d}\boldsymbol{S} + \iint_S \frac{\partial \boldsymbol{D}}{\partial t} \cdot \mathrm{d}\boldsymbol{S}$$

有介质存在时，磁感应强度 $\boldsymbol{B}$ 与电场强度 $\boldsymbol{E}$ 都与介质的情况有关，所以只有以上几个方程是不完备的，还需要补充几个方程，即

$$\boldsymbol{D} = \varepsilon_0 \varepsilon_r \boldsymbol{E} = \varepsilon \boldsymbol{E}$$

$$\boldsymbol{B} = \mu_0 \mu_r \boldsymbol{H} = \mu \boldsymbol{H}$$

$$\boldsymbol{j}_c = \sigma \boldsymbol{E}$$

式中，ε、μ、σ 分别是介质的介电常数、磁导率和电导率。

通过数学变化，可以根据麦克斯韦方程组的积分形式得出其微分形式如下：

$$\nabla \cdot \boldsymbol{D} = \rho$$

$$\nabla \cdot \boldsymbol{B} = 0$$

$$\nabla \times \boldsymbol{E} = -\frac{\partial \boldsymbol{B}}{\partial t}$$

$$\nabla \times \boldsymbol{H} = \boldsymbol{j}_c + \frac{\partial \boldsymbol{D}}{\partial t}$$

式中，$\nabla \cdot \boldsymbol{D}$ 称为电位移的散度；$\nabla \cdot \boldsymbol{B}$ 称为磁感应强度的散度；$\nabla \times \boldsymbol{E}$ 成为电场强度的旋度；$\nabla \times \boldsymbol{H}$ 称为磁场强度的旋度。

麦克斯韦方程组是电磁场中的基本方程组，当电荷、电流给定时，根据麦克斯韦方程组结合电磁场的初始条件及边界条件即可以确定电磁场的具体分布及变化情况。

*8.5.5 电磁波

根据麦克斯韦方程组我们知道，变化的电场和磁场彼此并不孤立，变化的电场可以在其周围空间激发磁场，而变化的磁场同样可以在其周围空间激发电场，变化的电场和磁场在空间传播开去便会形成电磁波。1864 年，麦克斯韦根据他的电磁场理论预言了电磁波的存在，这个预言在他去世九年后的 1887 年被赫兹通过实验给以证实，而且，现在电磁波技术已广泛地应

用于科学技术和社会生产的各个领域。

1. 电磁波的特点

(1) 电磁波与机械波不同，电磁波的传播是变化的电场和变化的磁场互相激发，使电磁场在空间由近及远地传播开来，因此电磁波的传播不需要介质。

(2) 电磁波一旦产生，就能独立地向前传播，即使切断波源，已经产生的电磁波仍然继续向前传播。

(3) 电磁波是横波，组成电磁波的电场和磁场矢量方向都与波的传播方向垂直，且电场和磁场矢量随时间变化是同相位的，其传播情况可以通过图 8-21 给予说明。

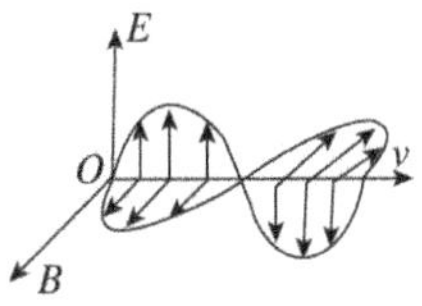

图 8-21　电磁波的横波特点

(4) 电磁波的传播速度大小为

$$v=\frac{1}{\sqrt{\mu\varepsilon}} \tag{8-27}$$

在真空中，$\varepsilon=\varepsilon_0=8.85\times10^{-12}\,\mathrm{C^2\cdot N^{-1}\cdot m^{-2}}$，$\mu=\mu_0=4\pi\times10^{-7}\,\mathrm{T\cdot m\cdot A^{-1}}$，代入上式，得真空中电磁波速度的大小为

$$v=\frac{1}{\sqrt{\mu\varepsilon}}=c=3.0\times10^8\ \mathrm{m\cdot s^{-1}}$$

2. 电磁波谱

电磁波的频率范围很大，相应地，波长范围也很大，把电磁波按照其频率或波长的顺序进行排列，便形成电磁波谱。各类电磁波虽然本质相同，但由于波长的不同，它们的传播以及与物质间的相互作用也会表现出不同的特点。一般地，按照波长由大至小的顺序电磁波可分为以下几个波段。

(1) 无线电波

波长范围$10^{-3}\sim10^4$ m。无线电波是电磁波谱中波长最大的一个波段，其间又可细分为长波、中波、短波、超短波和微波等波段。无线电波因其波长大，绕射本领偏强，因而常用于通信、广播、电视、导航和雷达等方面，具体划分及使用方法如表 8-1所示。

表 8-1　无线电波波段的划分

波段	波长范围	频率范围	特点及用途
长波	100 *m*～1 *km*	3～300 *kHz*	绕射能力强，地面衰减小，穿透海水能力强，信号稳定可靠。主要用于导航及岸对远洋舰艇、潜艇的通信
中波	1～0.1 *km*	300～3000 *kHz*	衰减较大，传播距离较短，信号稳定。主要用于国内广播、导航
短波	10～100 *m*	3～30 *MHz*	衰减明显，用天波传播时传播距离较大，但受电离层影响，信号不稳定。主要用于广播、通信等方面
超短波	1～10 *m*	30～300 *MHz*	绕射能力差，采用直射传播，距离一般为视线距离，受外界干扰小，信号稳定可靠。常用于通信、雷达、电视信号传输等方面
微波	0.1～100 *cm*	0.3～300 *GHz*	绕射能力更差，采用直射传播，信号稳定。常用于接力通信、卫星通信、雷达通信等方面。热效应好，可用于加热

(2) 红外线

波长范围 $7.6\times10^{-7}\sim10^{-3}$ m。红外光是不可见光，频率较大，穿透性不好，因而常用于军事侦察、预警防盗等方面。

(3) 可见光

波长范围 $4.0\times10^{-7}\sim7.6\times10^{-7}$ m，波长范围较小。这些电磁波能够引起人的视觉，不同的波长对应于不同的颜色，人眼对其中的黄绿光(波长 5.5×10^{-7} m)最为敏感。

(4) 紫外线

波长范围 $4.0\times10^{-8}\sim4.0\times10^{-7}$ m。波长小，频率高，相应的能量大，因而有明显的杀菌消毒等作用，常用于医疗、农业等方面。

(5) X 射线

波长范围 $10^{-12}\sim10^{-8}$ m，又称伦琴射线。具有很强的穿透能力，因而在医疗上广泛地应用于透视和病理检查等方面，另外，工业上也常用 X 射线进行金属探伤和晶体分析。

(6) γ 射线

波长比 X 射线更小，穿透能力更强，常用于研究原子核的结构。原子武器爆炸时会产生大量的 γ 射线，它是原子武器的主要杀伤因素之一。

第 9 章　量子物理初步

量子物理的知识很丰富，而且目前也正显示着蓬勃的发展前景。作为一种初步介绍，本章主要介绍热辐射现象及普朗克量子概念的引入，光电效应现象及爱因斯坦的解释，以及实物粒子的波粒二象性等量子物理的初步知识，同时对于量子物理知识的应用也作以简单介绍。

9.1　热辐射　普朗克量子假说

热辐射是自然界中普遍存在的一种现象，本节主要介绍热辐射现象的基本规律及应用，然后介绍普朗克量子假说提出的历史背景及物理意义。

9.1.1　热辐射

实验测得，任何物体在任何温度下都会向外界辐射电磁波，而且所辐射电磁波的能量按波长分布与物体的温度有关，称为热辐射。例如，室温情况下的一块铁是时时刻刻向外辐射电磁波的，只是由于辐射强度小而不被我们所感知；如果把它加热到 600 K，就可以感觉到它的热辐射了，因为我们能感觉到它辐射出来的热量；如果把它加热到更高的温度，不仅可以感觉到它的热辐射，而且能够看到它的热辐射，因为这时能看到它发出的红光；进一步加热它，使它温度升高到 1 800 K，将看到它发出的白光。可见，热辐射的确与物体的温度息息相关。

为了定量描述物体热辐射的强弱及进一步探讨热辐射的规律，我们引入以下几个物理量。

1. 总辐出度

物体单位时间内向外辐射的能量总和称为总辐出度，也可称为物体的辐射功率，用 $M_{\Sigma}(T)$ 表示。国际单位制中，总辐出度的单位为瓦(W)。

2. 辐出度

单位时间内从物体单位面积上向外辐射的能量称为辐出度，用 $M(T)$ 表示。国际单位制中，辐出度的单位为瓦每平方米($\mathrm{W \cdot m^{-2}}$)。

3. 单色辐出度

单位时间内从物体单位面积上向外辐射的波长在 λ 附近单位波长间隔内的能量称为单色辐出度，用 $M_\lambda(T)$ 表示。国际单位制中，单色辐出度的单位为瓦每立方米（$\mathrm{W \cdot m^{-3}}$）。

9.1.2 热辐射的规律

1. 绝对黑体

为研究热辐射的规律，我们需要建立一个绝对黑体的模型。如果一个物体可以在任何温度下，对入射的任何波长的电磁波都能完全吸收，我们即可称其为绝对黑体。绝对黑体是一种理想模型，自然界中并不真正存在，即使是最黑的煤烟也只能吸收 99％的入射光。但可以模拟出此模型，如图 9-1 所示，在一个密闭的空腔上开一个小孔，当有一束电磁波由小孔射入空腔时，电磁波经空腔内壁的多次反射吸收，几乎没有剩余的电磁波可以从小孔逸出。可见，从吸收辐射的角度来看，此空腔的确可以视为一个绝对的黑体。加热空腔，则内壁辐射的电磁波也会经过多次反射后由小孔射出，所以小孔的辐射可以视为绝对黑体的辐射，我们可以通过分析小孔辐射的特点来总结热辐射的规律。

2. 维恩位移定律

实验发现，在任何温度下黑体向外辐射的电磁波都包含各种波长，但辐射的能量并非在所有波长上均匀分布，不同波长的单色辐出度不同，如图 9-2 所示。单色辐出度最大的电磁波的波长称为峰值波长，用 λ_m 表示。由图 9-2 可以看出，峰值波长随黑体的温度的升高而向短波方向移动。1893 年，德国物理学家维恩根据实验确定了峰值波长与黑体温度成反比的关系，即

$$T\lambda_m = b \tag{9-1}$$

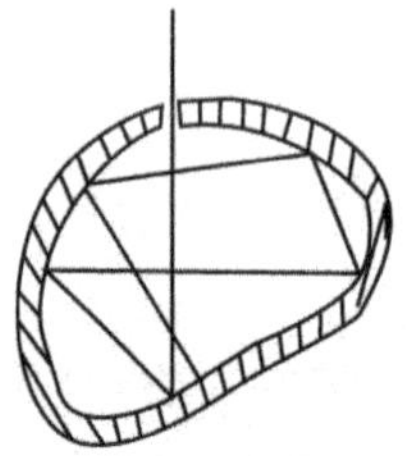

图 9-1 绝对黑体模型

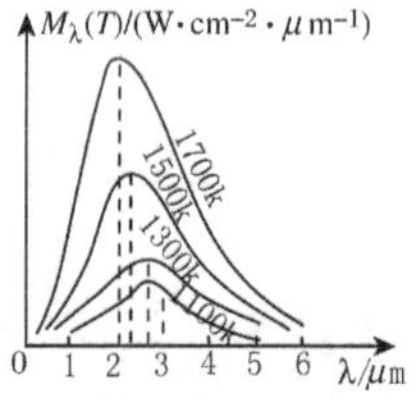

图 9-2 黑体辐射实验曲线

式(9-1)所反应的规律即称为维恩位移定律。式中，$b = 2.897 \times 10^{-3}\,\mathrm{m \cdot K}$，是与温度无关的常量。

维恩位移定律在现代冶金和天文测量中都有重要的应用。在冶金中可以通过探测炉火辐射电磁波的峰值波长来估算炉火的温度，在天文测量中可以通过探测遥远星体辐射电磁波的峰值波长来估算星体表面的温度。

例题 9-1 通过探测可知，太阳辐射的峰值波长为 $\lambda_m = 510\ \mathrm{nm}$。太阳可视为黑体，试估算太阳表面的温度。

解 根据维恩位移定律 $T\lambda_m = b$，可知

$$T = \frac{b}{\lambda_m} = \frac{2.897 \times 10^{-3}}{510 \times 10^{-9}} = 5\ 680\mathrm{K}$$

3. 斯特藩-玻尔兹曼定律

根据单色辐出度和辐出度的定义可知，在某一温度下黑体单色辐出度的总和应为黑体在该温度下的辐出度，即

$$M(T)=\int_0^{\infty} M_{\lambda}(T)\mathrm{d}\lambda \tag{9-2}$$

在图 9-2 中，某一温度下黑体的辐出度对应于该条曲线下的面积。由图可知，黑体温度越高，对应曲线下面积越大，即辐出度越大。1879 年，奥地利物理学家斯特藩根据实验得出黑体辐出度与温度的关系为

$$M(T)=\sigma T^4 \tag{9-3}$$

式中，$\sigma=5.67\times10^{-8}\,\mathrm{W\cdot m^{-2}\cdot K^{-4}}$，是与温度无关的常量，称为斯特藩常量。1884 年，奥地利物理学家波尔兹曼根据热力学理论对式(9-3)做了理论性的证明。因而，式(9-3)称为斯特藩-玻尔兹曼定律。

例题 9-2　已知如例题 9-1。(1)试估算单位时间内太阳表面单位面积向外辐射的能量；(2)已知太阳半径为 $R=6.96\times10^8$ m，试求单位时间内太阳向外辐射的总能量。

解　(1) 单位时间单位面积向外辐射的能量即为辐出度，根据斯特藩—玻尔兹曼定律 $M(T)=\sigma T^4$，可知

$$M(T)=\sigma T^4=5.67\times10^{-8}\times(5\,680)^4=5.9\times10^6\,\mathrm{W\cdot m^{-2}}$$

(2) 单位时间内辐射的总能量即为总辐出度，则有

$$M_{\Sigma}(T)=M(T)S_{太}=4\pi R^2M(T)=3.59\times10^{25}\,\mathrm{W}$$

9.1.3　普朗克量子假说

前面介绍的两个定律给出了黑体辐射的实验规律，但都没有给出图 9-2 中实验曲线所对应的函数具体表达式。19 世纪末 20 世纪初，许多物理学家都试图找出这条实验曲线对应的函数关系，其中最具代表性的有如下两个。

1. 维恩公式

1896 年，维恩根据辐射按波长的分布与麦克斯韦分子速率分布相类似，由理论推导得出实验曲线对应的函数表达式为

$$M_{\lambda}(T)=C_1\lambda^{-5}\mathrm{e}^{-\frac{C_2}{\lambda T}}$$

式中，C_1、C_2 为常数。根据此表达式所做的函数曲线在短波区域与实验曲线比较接近，但在长波区域与实验曲线偏差较大，如图 9-3 所示。所以这不是一个理想的表达式。

2. 瑞利-金斯公式

1900 年，瑞利和金斯根据经典电磁学理论和线性谐振子能量按自由度均分的思想，由理论推导得出曲线对应的函数表达式为

$$M_{\lambda}(T)=C_3\lambda^{-4}T$$

式中，C_3 为常数。根据此表达式所做的函数曲线在长波区域与实验曲线比较接近，但在短波区域与实验曲线偏差较大，如图 9-4 所示。尤其是在紫外区域，根据此表达式可知，单色辐出度与波长的四次方成反比，这意味着，当$\lambda\to0$时，$M_{\lambda}(T)\to\infty$，显然是令人无法理解的，因而物理学史上称这一现象为“紫外灾难”。

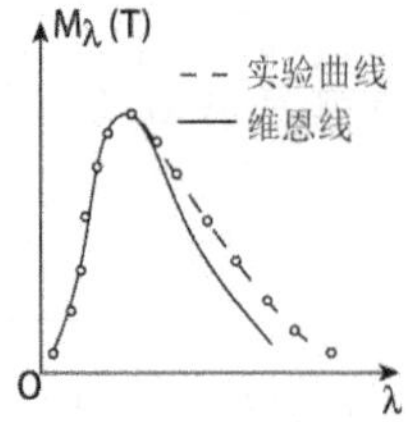

图 9-3　维恩公式与实验曲线的吻合情况

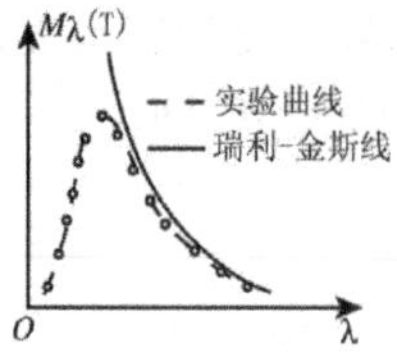

图 9-4　瑞利-金斯公式与实验曲线的吻合情况

3. 普朗克公式及普朗克量子假说

1900 年,德国物理学家普朗克结合前两者的公式,运用数学的糅合方案得出了与实验曲线吻合很好的普朗克公式

$$M_\lambda(T)=2\pi hc^2\lambda^{-5}\frac{1}{e^{\frac{hc}{\lambda kT}}-1} \tag{9-4}$$

式中,c 为真空中的光速,k 为波尔兹曼常数,h 为普朗克常量,其值为

$$h=(6.6256\pm0.0005)\times10^{-34}\,\mathrm{J\cdot s}$$

为了推导此式,普朗克作了一个与经典物理完全相反的假设,即能量不是连续变化的,而是只能取一些分立值,这些分立值的最小值为 ε(称为能量子),其他能量都是这个最小值的整数倍,即能量只能取如下数值

$$\varepsilon,2\varepsilon,3\varepsilon,\cdots,n\varepsilon,\cdots$$

式中,$\varepsilon=h\gamma$(γ 为谐振子的频率),n 为正整数。

普朗克能量子假说打破了经典物理认为能量是连续的观念,这是一个革命性的发现,人类随着普朗克量子假说的问世而进入了一个全新的量子时代。普朗克常量 h 是一个重要的常数,它是量子物理和经典物理的分水岭,具有划时代的意义。1918 年,普朗克因其对量子理论所做出的卓越贡献而获得诺贝尔物理学奖。

练习题

实验测得北极星辐射的峰值波长为 350 nm。试求:(1)北极星表面的温度;(2)单位时间内北极星单位面积上向外辐射的能量。

9.2　光电效应

光电效应现象是 1886—1887 年,德国物理学家赫兹在作电磁波实验时偶然发现的。光电效应现象的研究对光的本性的认识以及量子理论的发展都起到了非常重要的作用。本节主要介绍光电效应现象的基本规律,爱因斯坦对光电效应的解释,以及光的波粒二象性。

9.2.1　光电效应现象及其规律

1. 光电效应实验装置及现象

研究光电效应现象规律的试验装置如图 9-5 所示,图中 S 是一个真空的玻璃容器,K

为金属平板做成的阴极,A 为阳极。A、K 分别与电池组的两极相连。当光通过石英窗口 m(石英对紫外光的吸收很小)照射到金属阴极 K 表面时,阴极 K 则会有光电子逸出,光电子经加速电场加速由阴极 K 飞向阳极 A,从而在电路中形成电流,这种现象称为光电效应现象。相应地,这种电流称为光电流,光电流的强弱可以通过回路中电流计进行测量。

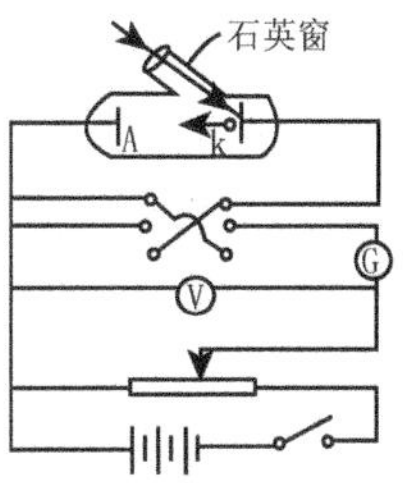

图 9-5　光电效应实验装置

2. 实验规律

通过此实验,可以总结光电效应现象的基本规律如下:

(1) 当阴极材料给定时,只有入射光的频率大于某一固定值 γ_0 时,才会有光电子产生。如果入射光频率不满足要求,则无论入射光强度多大,照射时间有多长,都不会有光电子产生。因而,γ_0 称为截止频率,或红限频率。不同的金属材料对应的红限频率不同。

(2) 当入射光的频率大于红限频率时,回路中的光电流即刻便会产生,时间滞后不超过 10^{-9} s。

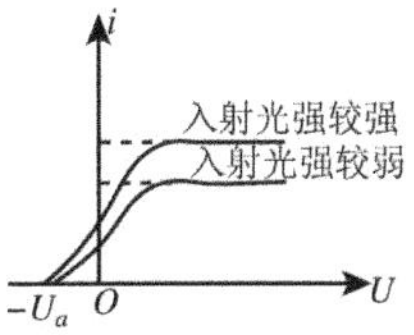

图 9-6　光电效应伏安特性曲线

(3) 入射光频率大于红限频率时,回路中的光电流强度 i 与入射光的强度及回路中加速电压 U 之间的关系可以通过图 9-6 加以反映。由图 9-6 可以看出,光电流随加速电压的增大而增大。但当加速电压增大到某一量值后,光电流达到一个最大值就不再增加了,这个光电流的最大值称为饱和电流,饱和电流的大小与入射光强度成正比。

(4) 由图 9-6 还可以看出,降低加速电压,光电流也随之降低。但当加速电压为零时,光电流并不为零,这表明从阴极 K 逸出的光电子具有初动能。实验表明,光电子的初动能与入射光的频率正比;当回路中加速电压为负值,并达到一定值时,回路中彻底没有光电流,此时的电压称为遏止电势差,用 U_a 表示。

上述的几条实验规律与经典理论存在着尖锐的矛盾。依据经典波动理论,当光入射到金属表面时,构成光波的电磁场使金属中的电子作受迫振动,这些受迫振动的电子从光波中吸收能量,电子吸收的能量足够大时,才可以脱离金属而成为光电子。因而,从光入射至有光电子从金属表面逸出应需要时间,这与光电效应实验中光电子瞬时产生的事实相矛盾;另外,根据波动理论,无论入射光频率如何,只要光入射的时间足够长,电子吸收能量的时间足够长,一定能够使其积攒足够的能量而脱离金属的束缚,形成光电子。这与光电效应现象中红限频率的存在相矛盾。总之,依据经典理论是无法解释光电效应现象的。

1905 年,德国物理学家爱因斯坦在普朗克能量子假说的基础上提出了光子假说,给出光电效应方程,对光电效应现象给予了合理的解释。

9.2.2　爱因斯坦光电效应方程

1. 光子假说

爱因斯坦提出:光是一粒一粒以光速运动的粒子流,这些光粒子称为光量子,简称光子。每一个光子的能量是一份能量的最小值,即 $\varepsilon=h\gamma$。

2. 光电效应方程

按照光子假说,光电效应现象可以做如下解释:当光子入射到金属阴极表面时,一个光子的能量瞬间被金属中的一个电子一次性地全部吸收,电子吸收的能量一部分用来克服金

属原子核束缚力做功,其余部分则转换成为光电子的初动能。根据能量守恒可得:

$$h\gamma=A+\frac{1}{2}mv^2 \tag{9-5}$$

此式即为爱因斯坦的光电效应方程。式中,A 为光电子从金属表面逸出过程中克服金属原子核束缚力所做的功,称为逸出功。逸出功由金属材料的性质决定。

由式(9-5)可以看出,只有入射光光子的能量大于金属的逸出功时,光电子才可能从金属的表面逸出。根据爱因斯坦光子假说,光子的能量由其频率决定,因而入射光的频率必须大于某一固定值时,才可能发生光电效应现象。这某一固定的频率值即是前面介绍的红限频率。根据以上分析可知,逸出功与红限频率的关系为

$$\gamma_0=\frac{A}{h} \tag{9-6}$$

与红限频率对应的光的波长称为红限波长,用 λ_0 表示。不同金属的逸出功不同,因而红限频率和红限波长也不同,表 9-1 中给出了几种常见金属材料的逸出功、红限频率和红限波长值。

表 9-1　金属的逸出功和红限频率、红限波长

金属	铯	铷	钾	钠	钙	钨
逸出功 A/eV	1.94	2.13	2.25	2.29	3.20	4.54
红限频率 $\gamma_0/\times10^{14}\ Hz$	4.69	5.15	5.43	5.53	7.73	10.95
红限波长 λ_0/nm	640	583	551	542	388	274

根据光电效应方程可以看出,若入射光强度大,则意味着入射光子的个数多,而光子的能量是被金属中的电子一次性吸收的,因而光子个数多意味着从金属表面逸出的光电子的个数也多,因而电路中的光电流也应该大;另外电子对光子能量的一次性吸收也可以解释光电效应现象的瞬时性问题。

根据光电效应方程还可以看出,入射光强度一定时,光子的个数是固定的,从金属表面逸出的光电子的个数也是固定的。此时若加大回路中的加速电压,则开始阶段回路中光电流会因为从阴极逸出光电子到达阳极比例的增大而增大,但加速电压大到一定值时,从阴极逸出的光电子全部到达了阳极,那么,无论再怎样增大加速电压,回路中的光电流都不会再增大了,这即解释了饱和电流存在的原因。

根据光电效应方程还可以看出,如果入射光频率大于红限频率,则必然会发生光电效应现象。此时即使回路中的加速电压 U=0,但由于光电子具有初动能,它也很可能运动至阳极 A 而形成光电流。只有当回路中加反向电压,且电压值达到一定程度,光电子的初动能完全用于克服反向加速电场做功,从而使光电子不能到达阳极时,回路中才不会有光电流。这个反向电压即是前面所说的遏止电势差,根据以上分析可知

$$\mathrm{eU_a}=\frac{1}{2}\mathrm{mv^2}=\mathrm{h\gamma-A} \tag{9-7}$$

例题 9-3　钾的逸出功是 2.25eV,试求:(1)钾的红限频率;(2)当用波长为$\lambda=300$ nm 的紫外光照射时,回路中的遏止电势差。

解　(1) 根据逸出功和红限频率的关系,有

$$\gamma_0=\frac{A}{h}=\frac{2.25\times1.60\times10^{-19}}{6.63\times10^{-34}}=5.43\times10^{14}\ \text{Hz}$$

(2) 根据光电效应方程 $h\gamma=A+\frac{1}{2}mv^2$，可得光电子的初动能为

$$\begin{aligned}\frac{1}{2}mv^2=h\gamma-A&=6.63\times10^{-34}\times\frac{3\times10^8}{300\times10^{-9}}-2.25\times1.6\times10^{-19}\\&=3.03\times10^{-19}\ \text{J}\end{aligned}$$

根据遏止电势差与光电子初动能之间的关系 $eU_a=\frac{1}{2}mv^2$，可得遏止电势差为

$$U_a=\frac{1}{2}mv^2/e=\frac{3.03\times10^{-19}}{1.6\times10^{-19}}=1.89\text{V}$$

光电效应的应用极为广泛。例如，利用光电效应制作光电管、光电倍增管、电视摄像管等光电器件。这些光电器件在电子信息领域是不可缺少的。

9.2.3 光的波粒二象性

爱因斯坦的光量子假说表明光具有粒子性，那么，当光照射在物体上时，对物体应有压力作用。1901 年，俄国物理学家列别捷夫用精密的实验测出了光对物体的压力作用(尽管这个压力的数量级很小)。1922—1923 年，美国物理学家康普顿及我国的科学家吴有训研究了金属、石墨等物质散射后的 X 射线光谱，发现了康普顿效应(在同一散射角下，波长变化与散射物质无关)，再次证明了光具有粒子性这一假说的正确性。日常生活中光的干涉、衍射等现象又证明了光具有波动性。因此 1905 年，人们对于光本性的认识统一为：光具有波粒二象性。在某些情况下，光的波动性显得相对突出，而在另外一些情况下，光的粒子性显得相对突出。

既然光既具有波动性，又具有粒子性，那么我们很自然地会想到这样一个问题：这两种性质之间是否具有一定的联系呢？根据狭义相对论物质质量和能量之间的关系 $E=mc^2$，光子具有能量 $E=h\gamma$，则必然对应一定的质量，结合二式，可得光子的质量为

$$m=\frac{h\gamma}{c^2} \tag{9-8}$$

进而可得光子的动量为

$$p=mc=\frac{h\gamma}{c}=\frac{h}{\lambda} \tag{9-9}$$

式(9-8)和式(9-9)巧妙地把描述波的特征物理量(频率、波长)与描述粒子的特征物理量(质量、动量)巧妙地结合在一起，深刻地揭示了光具有波粒二象性的本质。

练习题

钨的光电效应红限波长为 274 nm。试求：(1)钨电子的逸出功；(2)当用$\lambda=200$ nm 的紫外光照射时，回路中的遏止电势差。

9.3 实物粒子的波粒二象性

1924 年,法国物理学家德布罗意受到光的波粒二象性的启发,大胆地提出:不仅光具有波粒二象性,一切实物粒子如电子、原子、分子等也都具有波粒二象性。本节主要介绍实物粒子的波粒二象性,以及微观粒子的不确定关系。

9.3.1 德布罗意公式

实物粒子对应的波称为德布罗意波,或者称为物质波。德布罗意按照对称的观点,用类比的方法,把反映光波粒二象性的表达式(9-8)和表达式(9-9)推广到实物粒子,给出质量为 m、速率为 v 实物粒子对应的物质波的波长和频率分别为

$$\lambda=\frac{h}{p}=\frac{h}{mv} \tag{9-10}$$

$$\gamma=\frac{mc^2}{h}=\frac{E}{h} \tag{9-11}$$

式(9-10)和式(9-11)统称为德布罗意公式。

例题 9-4 有一动能为 100eV 的电子束。试求:此电子对应物质波的波长。

解 由于电子速率远小于光的速度,因而可以按照经典力学的动能公式 $E_k=\frac{1}{2}mv^2$,计算电子的速率为

$$v=\sqrt{\frac{2E_k}{m}}=\sqrt{\frac{2\times100\times1.60\times10^{-19}}{9.1\times10^{-31}}}=5.9\times10^6\ \mathrm{m\cdot s^{-1}}$$

根据实物粒子的波长公式,有

$$\lambda=\frac{h}{mv}=\frac{6.63\times10^{-34}}{9.1\times10^{-31}\times5.9\times10^6}=0.12\ \mathrm{nm}$$

可见,电子波的波长很小。不过,此值虽然小,电子的波动性也是可以通过实验加以证明的。

9.3.2 电子衍射实验

根据第 10 章波的衍射知识可知,只有当波长与狭缝的尺寸相比拟时才能观察到明显的波的衍射现象。电子波的波长比较小,选用什么样的狭缝合适呢?比较电子波的波长和原子的大小或固体中相邻原子间的距离可知,它们具有相同的数量级。于是人们思考:能否用金属表面上规则排列的原子作为衍射光栅来观察电子波的衍射现象呢?

1927 年,美国物理学家戴维孙和革末合作,把低能电子束打在镍单晶表面时,观察到了电子的衍射现象,证实了电子具有波动性。同年,英国物理学家汤姆孙做了高能电子经铝箔的衍射实验,观察到电子波的衍射图样与 X 射线的衍射图样极其相似,而且根据波的衍射知识,利用电子波的衍射图样计算出电子波的波长与德布罗意公式计算值也相符合,这充分证实了物质波的存在。

实物粒子的波动性在科学技术中的应用很广泛。例如,电子显微镜就是根据电子的波动性制成的,由于电子波的波长远小于普通光波的波长,因而电子显微镜的分辨率远大于普通光学显微镜的分辨率。物质波的应用正在显示其广阔的发展前景。

从根本上讲,波动是所有物质的一种客观属性。对于宏观物体而言,物质波的波长与物体的尺度相比较,显得微乎其微,它的波动性不显著,因而可以忽略它的这方面属性。

例题 9-5　试求:质量为 $m=1\ \mathrm{g}$,运动速率为 $v=300\ \mathrm{m\cdot s^{-1}}$ 物体的物质波波长。

解　根据实物粒子的波长公式,有

$$\lambda=\frac{h}{mv}=\frac{6.63\times10^{-34}}{1\times10^{-3}\times300}=2.21\times10^{-24}\ \mathrm{nm}$$

由此结果可以看出,宏观物体的物质波长与物体的尺度相比,相差悬殊。而且这么短的波长也很难通过实验给予测量,因而宏观物体只能表现出粒子性。只有在原子的尺度里,实物粒子的波动性才能表现出来。

9.3.3　实物粒子的波粒二象性

人们对于电子单缝衍射实验进行深入分析发现,不但一束电子通过单缝可以在照相底片上形成单缝衍射图样。而且,如果减弱电子束的强度,甚至是使电子几乎一个一个地射向单缝,经过足够长的时间后,也同样会在照相底片上形成单缝衍射图样。这表明,电子波并不一定需要大量电子集体加以体现,即使单个电子同样具有波动性。而在前面我们学习波动一章内容时得出:波是大量质元有一定相位联系的集体振动。可见,实物粒子的波与经典物理中的波有所区别。

1929 年,德国物理学家玻恩用统计的观点分析了电子衍射实验,提出物质波是概率波的观点。他提出:电子等微观粒子呈现出来的波动性,反映了粒子运动的一种统计规律,或者说,电子波是大量电子的统计行为。在电子衍射实验中,无论是让电子大量地射向单缝,还是让电子一个一个地射向单缝,只要电子的数量足够,他们都要遵从统计规律,都会呈现衍射图样。衍射条纹是电子撞击照相底片的足迹,衍射极大处,电子到达的最多,或者说,电子到达此处的概率最大;衍射极小处,电子到达的最少,或者说,电子到达此处的概率最小。即底片上某处波的强度与该点附近体积中电子到达的概率成正比,因而,玻恩把物质波称为概率波。

综上所述,实物粒子不是经典意义下的波,也不是经典意义下的粒子。但它又同时具有波动性和粒子性。它的波动性和粒子性在统计的意义下得到了统一。这正是波粒二象性的真正含义。

9.3.4　不确定关系

在经典力学中,一个质点在任何时刻都具有完全确定的位置、动量、能量等,把这一结论推广到微观粒子,似乎也是正确的。但根据前面的分析我们知道,微观粒子的波动性表现不可以忽略,而且根据玻恩的观点,微观粒子的波是一种概率波,那么意味着某时刻微观粒子的位置、动量、能量等具有一定程度的不确定性。1927 年,德国物理学家海森堡分析了大量的电子单缝衍射实验后,提出了以他的名字命名的不确定关系(也称测不准关系):

$$\Delta x \Delta p_x \geqslant \frac{\eta}{2}, \Delta y \Delta p_y \geqslant \frac{\eta}{2}, \Delta z \Delta p_z \geqslant \frac{\eta}{2} \tag{9-12}$$

式中，Δx、Δy、Δz 分别为粒子坐标在 x、y、z 轴的不确定量；Δp_x、Δp_y、Δp_z 分别为粒子动量在 x、y、z 轴的不确定量；$\eta=\frac{h}{2\pi}$称为折合普朗克常量。

$$\Delta E \Delta t \geqslant \frac{\eta}{2} \tag{9-13}$$

式中，ΔE 为粒子能量的不确定量，将其应用于原子系统即为该态原子的能级宽度；Δt 为时间的不确定量，将其应用于原子系统即为原子在该能级的平均寿命。

式(9-12)和式(9-13)表达的不确定关系反映了微观粒子运动的基本规律。在微观领域中，粒子的状态不可能同时用确定的坐标和动量来描述，也不可能同时用确定的能量和时间来描述。我们在追求一个量值的精确的同时，必然意味着另一个量值的不精确。不确定关系是微观领域的客观规律，它可以通过量子力学知识给予严格的证明(证明在此从略)，也是现在我们处理微观领域问题(无论是定性分析还是定量粗略计算)都不可缺少的关系。这种不确定关系在宏观领域仍然适用，只是在宏观领域这种不确定量相对很小。因而在宏观领域我们可以忽略这一不确定关系。

例题 9-6 氢原子中基态电子的位置不确定量可按原子的大小估计，即 $\Delta x=1.0\times 10^{-10}$ m。试求：电子速率的不确定量 Δv。

解 根据不确定关系的第一个表达式 $\Delta x \Delta p_x \geqslant \frac{\eta}{2}$，及 $\eta=\frac{h}{2\pi}$，可知电子动量的不确定量为

$$\Delta p_x \geqslant \frac{\eta}{2\Delta x}=\frac{6.63\times 10^{-34}}{4\times 3.14\times 10^{-10}}=5.28\times 10^{-25}$$

根据动量与速度的关系 $p=mv$，可知电子速率的不确定量为

$$\Delta v=\frac{\Delta p_x}{m} \geqslant \frac{5.28\times 10^{-25}}{9.1\times 10^{-31}}=5.8\times 10^{5}\ \mathrm{m\cdot s^{-1}}$$

氢原子中基态电子的速率约为$10^{6}\ \mathrm{m\cdot s^{-1}}$，比较速率的不确定量与速率值可知，电子速率的不确定性较大。

练习题

1. 试求：由静止经过电势差 $U=150$ V 加速的电子的德布罗意波长。(不考虑相对论效应)

2. 设子弹的质量为 10 g，枪口的直径为 5 mm。试求：子弹从枪口射出时，在枪口直径方向速率的不确定量。

第 10 章　气体动理论

气体动理论也称分子物理学，开始于 19 世纪，20 世纪 20 年代形成完整的理论，期间做出主要贡献的有麦克斯韦、吉布斯、爱因斯坦、玻尔兹曼等人。本章主要介绍热力学系统、平衡态等概念，并从物质的微观结构出发讨论平衡态下理想气体的压强、温度、内能公式，揭示理想气体宏观参量的微观本质，讨论平衡态下理想气体所遵循的几个统计规律。

10.1　热力学系统　平衡态　理想气体状态方程

热力学系统是气体动理论的主要研究对象，理想气体状态方程是研究热力学系统的基本方程。本节首先介绍几个与热力学系统相关的基本的概念和物理量，然后重点讨论理想气体状态方程的内容及应用。

10.1.1　热力学系统

力学中，我们经常将所讨论的单个物体或多个物体整体同周围的其他物体隔离开来进行分析、研究，并把这个研究对象称为“系统”。同样，在热学领域，我们把研究对象（由大量分子或原子组成的宏观物体）称为热力学系统（简称系统），系统以外的物体统称为外界（或环境）。例如，研究气缸内气体的体积、温度等变化时，气体是系统，而气缸、活塞等为外界。

一般地，系统与外界之间既有能量交换（如做功、热传递等），又有物质交换（如扩散、泄漏等），根据系统与外界进行能量和物质交换的特点可把系统分为孤立系统、封闭系统和开放系统三类。孤立系统是指与外界既无能量交换，又无物质交换，与外界完全隔绝的系统；封闭系统是指与外界仅有能量交换，而无物质交换的系统；开放系统是指与外界既有能量交换，又有物质交换的系统。

10.1.2　平衡态和状态参量

热力学系统的宏观状态可分为平衡态和非平衡态。一个不受外界条件影响的系统，无论其初始状态如何，经过足够长的时间后，必将达到一个宏观性质不再随时间变化的稳定状态，一般称这样的状态为平衡态。反之，就称为非平衡态。

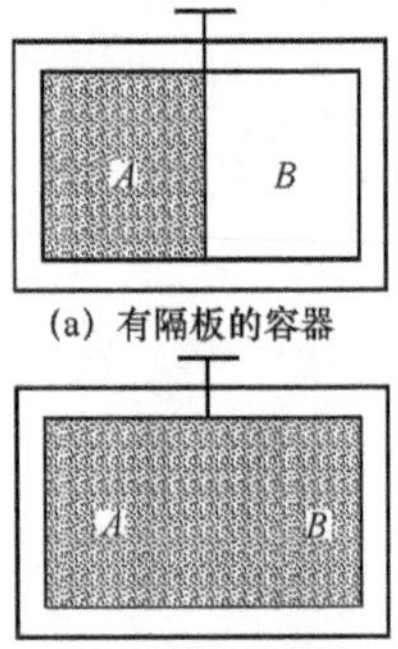

(a) 有隔板的容器

(b) 无隔板的容器

图 10-1　封闭容器

如图 10-1(a)所示，有一个封闭容器，用隔板分成 A、B 两室。初始，A 室充满某种气体，B 室真空。如果把隔板抽走，则 A 室中气体逐渐向 B 室运动，如图 10-1(b)所示。开始时，A、B 两室中气体各处的压强、密度等并不相同，而且随时间不断地变化，这样的状态即为非平衡态。经过一段足够长的时间后，整个容器中气体的压强、密度等必定会达到处处一致，如果再没有外界的影响，则容器中气体将保持此状态不变，这时容器内气体所处的状态即为平衡态。

关于平衡态需要注意以下几点：

(1) 平衡态仅指系统的宏观性质不随时间变化，但组成系统的微观粒子无规则热运动并没有停止，因此，热力学中的平衡态是一种热动平衡态，简称热平衡，这种平衡与力学中的平衡是不同的。

(2) 平衡态是一种理想状态，是在一定条件下对实际情况的理想抽象。事物是普遍联系的，因而真正的“不受外界影响”的孤立系统在实际中是不存在的。在实际问题中，如果系统所受外界的影响可以忽略，当系统处于相对稳定情况时，可近似认为该系统处于平衡态。

(3) 平衡态不同于系统受恒定外界影响所达到的定态。例如将一根金属棒的一端放在温度保持恒定的沸水中，另一端放在温度保持恒定的冰水中，经过一段时间，金属棒也能达到宏观性质不变的稳定状态，这种状态称为定态。定态并不是平衡态，因为虽然金属棒的宏观状态稳定，但它一直处在外界影响之下，不断有热量沿金属棒从高温热源端传递到低温热源端。

当系统处在平衡态时，其宏观性质可用一组相互独立的宏观量描述，这一组宏观量称为状态参量。例如，一定质量的化学纯气体处在平衡态时，一般选择气体的压强 p、体积 V 和温度 T 这三个物理量作为其状态参量。

压强是指气体作用于容器器壁并指向器壁单位面积上的垂直作用力，是气体分子对器壁碰撞的宏观表现。在国际单位制中，压强的单位是帕斯卡，简称帕(Pa)，它与大气压(atm)和毫米汞高(mmHg)的关系为

$$1\text{atm}=1.013\times10^{5}\text{Pa}=760\text{mmHg}$$

体积是指气体分子热运动所能到达的空间，通常就是容器的容积。应该注意的是由于气体分子间距较大(相对分子自身尺度而言)，气体体积与气体所有分子自身体积的总和是不同的，后者一般仅占前者的几千分之一。在国际单位制中，体积的单位是立方米(m^3)，它与升(L)的关系为

$$1\text{L}=10^{-3}\ \text{m}^3$$

温度在概念上比较复杂，宏观上，可简单地认为温度是物体冷热程度的量度，它来源于日常生活中人们对物体的冷热感觉，但从分子运动论的观点看，它与物体内部大量分子热运动的剧烈程度有关(这点在后面将给予介绍)。温度的分度方法称为温标，常用的温标有两种：在国际单位制中，采用热力学温标(也称开尔文温标)，符号是 T，单位是 K；生活中常用摄氏温标，符号是 t，单位是℃，两者之间的关系为

$$t=T-273.15$$

10.1.3 理想气体状态方程

实验证明，当系统处于平衡态时，描述该状态的各状态参量之间存在着确定的函数关系，我们把反映气体的 p、V、T 关系的式子称为气体的状态方程。一般气体，在压强不太大（与大气压相比）和温度不太高（与室温相比）的条件下，状态参量之间有如下关系

$$pV=\frac{M}{M_{mol}}RT \tag{10-1}$$

式中，M 为气体的质量；M_{mol} 为该气体的摩尔质量（如以克为单位，气体的摩尔质量在数值上等于气体的分子量）；R 称为摩尔气体常量，根据标准状态下一摩尔气体的相关状态量，可求出，在国际单位制中

$$R=\frac{1.013\times10^{5}\ \mathrm{N\cdot m^{-2}}\times22.4\times10^{-3}\ \mathrm{m^{3}\cdot mol^{-1}}}{273.15\mathrm{K}}=8.31\mathrm{J\cdot mol^{-1}\cdot K^{-1}}$$

当 T 为常量时，式(10-1)变为玻意耳－马略特定律（$pV=$常量）；p 为常量时，此式变为盖－吕萨克定律（$V/T=$常量）；当 V 为常量时，此式变为查理定律（$p/T=$常量）。实际上，对于不同气体来说，这三条定律的适用范围是不同的，在任何情况下都服从上述三定律的气体是没有的，我们把任何情况下都遵守这三定律的气体称为理想气体。如同力学中我们提出质点的概念一样，理想气体也是一个抽象化的理想模型，实际气体，如氮、氢、氧、氦等，在平常温度下，当压强较低时，可以近似地看作为理想气体。

状态方程是描述系统平衡态特性的基本方程，对于不同的系统，状态方程的形式以及方程中相关的状态参量可能是不同的，公式(10-1)中，M/M_{mol}表示的是气体的摩尔数，若用 N 表示气体分子总数，N_0 表示每摩尔气体分子数（阿伏伽德罗常数，$N_0=6.022\times10^{23}\mathrm{mol^{-1}}$），则气体的摩尔数可表示为 N/N_0。因此，理想气体状态方程也可写成

$$pV=\frac{N}{N_0}RT \tag{10-2}$$

例题 10-1 一柴油机的汽缸容积为 83L。压缩前缸内空气的温度为 37℃，压强为 0.8 atm，用活塞压缩后，气体体积变为原来的 1/17（此值称为汽缸的压缩比），压强变为 4.2×10^{6} Pa。试求：(1)压缩后气体的温度（假设气体可视为理想气体）；(2)如果此时把柴油喷入气缸，将会发生怎样的情况？

解 (1) 根据理想气体状态方程，考虑气体摩尔数不变，对于压缩前后两个状态有

$$\frac{p_1V_1}{T_1}=\frac{p_2V_2}{T_2}$$

由已知 $p_1=8.0\times10^{4}$ Pa，$T_1=310$ K，$p_2=4.2\times10^{6}$ Pa，$\frac{V_2}{V_1}=\frac{1}{17}$，所以

$$T_2=\frac{p_2V_2T_1}{p_1V_1}=945.5\ \mathrm{K}$$

(2) 此温度远远超过柴油的燃点，因此若喷入柴油，则柴油将立即燃烧爆炸，形成高压气体，进而推动活塞对外做功。

例题 10-2 一钢瓶内装有质量为 0.10 kg 的氧气，压强为 1.6×10^{6} Pa，温度为 320 K。因为瓶壁漏气，经过一段时间后，瓶内氧气压强降为原来的 5/8，温度为 300 K。试求：(1)氧气瓶的容积；(2)漏去了多少氧气？（氧气可视为理想气体）

解 (1) 根据理想气体状态方程,对于气体的初始状态,有

$$p_1V_1=\frac{M}{M_{\mathrm{mol}}}RT_1$$

由已知 $p_1=1.6\times10^6$ Pa,$M=0.10$ kg,$M_{\mathrm{mol}}=0.032$ kg,$T_1=320$ K,得氧气瓶的容积

$$V_1=\frac{M}{M_{\mathrm{mol}}p_1}RT_1=\frac{0.10\times8.31\times320}{0.032\times1.6\times10^6}=5.19\times10^{-3}\ \mathrm{m^3}$$

(2) 设漏气后瓶内气体质量为 M_2,由已知 $p_2=\frac{5}{8}p_1$,$T_2=300\mathrm{K}$,$V_2=V_1$,有

$$M_2=\frac{M_{\mathrm{mol}}p_2V_2}{RT_2}=\frac{0.032\times\frac{5}{8}\times1.6\times10^6\times5.19\times10^{-3}}{8.31\times300}=6.67\times10^{-2}\ \mathrm{kg}$$

所以,漏去气体的质量为

$$\Delta M=M-M_2=(0.10-6.67\times10^{-2})=3.33\times10^{-2}\ \mathrm{kg}$$

在例题 10-1 中,汽缸内气体质量不变,系统为封闭系统,因而可以对系统过程的始末状态列理想气体方程;而在例题 10-2 中,钢瓶内氧气的质量在减少,系统为开放系统,对于开放系统,只能对某个状态列理想气体状态方程,而不能对过程的始末列状态方程。

练习题

1. 一密闭容器体积为 831 $\mathrm{cm^3}$,内装有质量为 0.875 g 的某种碳、氧化合物气体,测得气体温度为 320 K,压强为 1.0×10^5 Pa。试求这是哪种气体?

2. 一高压钢瓶内装有 30 升压强为 1.0×10^7 Pa 的氧气,每天用去 300 升压强为 1.0×10^5 Pa 的氧气。规定钢瓶内氧气压强不能降到 1.0×10^6 Pa 以下,以免开启阀门时混进空气,试求这瓶氧气使用多少天后需要重新充气?

10.2 理想气体的压强公式

压强是理想气体三个状态参量中的一个,本节将根据理想气体微观模型及碰撞相关知识,推倒得出理想气体压强公式,进而根据压强公式揭示气体状态参量——压强的微观本质。

10.2.1 理想气体微观模型

在前文中,我们引入了理想气体的模型,从宏观角度介绍了理想气体模型应具备的特点。我们知道,气体由大量微观粒子组成,因此其宏观性质与其微观结构应是相对应的,从气体分子热运动的基本特征出发,我们认为理想气体的微观模型应有以下特点。

(1) 与分子间的距离相比较,气体分子本身的大小可以忽略不计,这点保证了气体的气态特征。在标准状态下,气体分子间距平均数量级为 10^{-9} m,而分子自身线度(直径)的数量级为 10^{-10} m,因此分析时,可把气体分子视为质点,它们的运动遵从牛顿运动定律。

(2) 除碰撞的瞬间外,分子间的作用力可以忽略不计。分子间距数量级为 10^{-9} m,分子力作用最大距离的数量级为 10^{-9} m,因此除了碰撞瞬间外,分子间作用力可忽略不计。另

外，因分子质量小，分子所受重力也小，只有研究分子在重力场中的分布情况时才考虑重力，其他情况下分子重力也可忽略不计。

(3) 分子间相互碰撞以及分子与容器壁的碰撞都可视为完全弹性碰撞。这种假设的实质是：碰撞前后分子的动量守恒、动能守恒。这种假设也是合理的，因为若碰撞不是完全弹性的，那么分子的动能将因碰撞而减小，而分子碰撞的频率是每秒几十亿次，这样，经过一段时间，所有分子的动能都将为零，分子运动将完全停止，显然这是与实验事实不符的。

综上所述，理想气体的微观模型是：自由地、无规则地运动着的弹性质点的集合。

提出理想气体微观模型是为了从微观角度寻找宏观状态参量的微观本质。在具体运用时，鉴于分子热运动大量、无规则的特点，我们还需做出统计假设：

(1) 若忽略重力影响，气体处于平衡态时，分子将均匀地分布于容器之中，即分子数密度(单位体积内分子数)n 处处相等。

$$n=\Delta N/\Delta V=N/V$$

式中，ΔN 表示体积 ΔV 中的分子个数，N 表示整个体积 V 中的分子总数。

(2) 气体性质与方向无关，在平衡态时，气体中向各个方向运动的分子数目都是相等的，分子速度在各个方向分量、各种平均值也都是相等的，即

$$\overline{v_x}=\overline{v_y}=\overline{v_z}\,;\overline{v_x^2}=\overline{v_y^2}=\overline{v_z^2}\,;$$

又因　$\overline{v^2}=\overline{v_x^2}+\overline{v_y^2}+\overline{v_z^2}$，所以

$$\overline{v_x^2}=\overline{v_y^2}=\overline{v_z^2}=\frac{1}{3}\overline{v^2} \tag{10-3}$$

10.2.2　理想气体压强公式

压强是描述气体状态的一个重要宏观参量。气体压强来自于大量分子无规则热运动过程中对器壁的碰撞。每个分子与器壁碰撞时，都会对器壁施加一个冲力，单个分子碰撞产生的冲力有大有小，且不连续，但由于组成气体的分子数量是巨大的，因而器壁受到的作用力宏观上则表现为持续而稳定，这犹如密集的雨点打在雨伞上而使我们感受到一个持续的压力一样。

为简便起见，下面以密闭于一长方形容器内的理想气体为例，讨论理想气体的压强公式。设长方形容器的边长分别为 l_1、l_2、l_3，其内充满 N 个质量为 m 的同类理想气体分子，如图 10-2(a)所示。平衡态时，器壁上各处压强相同，所以我们任选其中一个面，例如与 x 轴垂直的 A_1 面，计算此面所受压强。

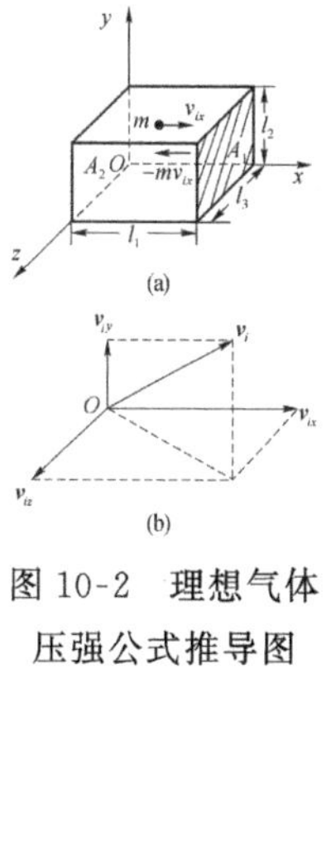

图 10-2　理想气体压强公式推导图

首先，讨论单个气体分子在一次碰撞中对 A_1 面的作用。任选第 i 个分子，设其速度为 $\boldsymbol{v}_i$，在直角坐标系中

$$\boldsymbol{v}_i=v_{ix}\boldsymbol{i}+v_{iy}\boldsymbol{j}+v_{iz}\boldsymbol{k}$$

当第 i 个分子以速度 v_{ix} 与 A_1 面发生碰撞时，由于碰撞是完全弹性的，因此，i 分子将以速度 $-v_{ix}$ 被弹回。根据动量定理，碰撞过程中第 i 个分子在 X 方向受器壁施加的冲量为

$$I_{ix}=(-mv_{ix})-(mv_{ix})=-2mv_{ix}$$

则器壁 A_1 面受第 i 个分子施加的冲量为 $2mv_{ix}$。

然后,讨论单位时间内单个分子对 A_1 面的作用。第 i 个分子与 A_1 面发生连续两次碰撞之间的时间间隔等于第 i 个分子在 A_1、A_2 面之间往返一次的运动时间$\frac{2l_1}{v_{ix}}$,因此,单位时间内第 i 个分子施加给 A_1 面的冲量为 $\frac{2mv_{ix}}{\frac{2l_1}{v_{ix}}}=\frac{mv_{ix}^2}{l_1}$,根据冲量的定义,该冲量即为第 i 个分子对 A_1 面的平均冲力,用 $\overline{F}_{ix}$ 表示,则 $\overline{F}_{ix}=\frac{mv_{ix}^2}{l_1}$。

最后,讨论容器中所有分子对 A_1 面的作用。A_1 面所受平均力 $\overline{F}$ 的大小应等于所有分子施加给 A_1 面平均冲力的总和,即

$$\overline{F}_x=\sum\overline{F}_{ix}=\sum_{i=1}^{N}\frac{mv_{ix}^2}{l_1}=\frac{m}{l_1}\sum_{i=1}^{N}v_{ix}^2$$

由压强定义,有

$$p=\frac{\overline{F}_x}{l_2l_3}=\frac{m}{l_1l_2l_3}\sum_{i=1}^{N}v_{ix}^2=\frac{mN}{l_1l_2l_3}\left(\frac{\sum_{i=1}^{N}v_{ix}^2}{N}\right)=mn\overline{v_x^2}$$

式中,$n=\frac{N}{l_1l_2l_3}=\frac{N}{V}$,为单位体积内的分子个数,即分子数密度;为 N 个分子沿 x 方向速度分量平方的平均值,根据统计假设式(10-3),上式可写成

$$p=\frac{1}{3}nm\overline{v^2} \tag{10-4}$$

令 $\overline{\varepsilon}_k=\frac{1}{2}m\overline{v^2}$($\overline{\varepsilon}_k$表示气体分子的平动动能的平均值,简称为分子的平均平动动能),则上式也可写成

$$p=\frac{2}{3}n\overline{\varepsilon}_k \tag{10-5}$$

式(10-4)和式(10-5)虽然是以长方形容器内气体为例推导得出的,但可以证明,此结论适用于任意形状容器内的气体情况,此二式都称为理想气体的压强公式。从式中可以看出,理想气体的压强正比于气体分子数密度 n 和平均平动动能 $\overline{\varepsilon}_k$。此现象的微观解释为:n 越大,说明单位体积内分子的数目越大,单位时间内碰撞器壁的分子个数越多,因此 p 越大;$\overline{\varepsilon}_k$ 越大,说明气体分子热运动越剧烈,分子的速率越大,分子与器壁碰撞时施加给器壁的力量越大,因此 p 越大。

压强公式建立了宏观量 p 与微观量$\overline{v^2}$和 $\overline{\varepsilon}_k$ 之间的关系,表明压强是大量微观量的宏观统计结果,是个统计量。由于单个分子对器壁的碰撞是不连续的,碰撞产生的力不稳定,只有大量气体分子的集体行为才能表现出稳定的宏观量,因此,讨论个别或少量分子的压强是无意义的。

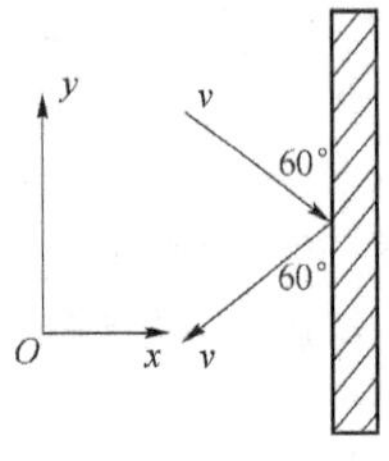

图 10-3 例题 10-3 用图

例题 10-3 如图 10-3 所示,真空中有一束氢分子以 $v=1.0\times10^3\ \text{m}\cdot\text{s}^{-1}$的速率射向平板,已知氢分子速度方向与平板成 60°的夹角,每秒内有 1.0×10^{23}个氢分子射向平板,平板面积为 $2.0\ \text{cm}^2$。假设氢分子与平板发生完全弹性碰撞,试求氢分子束作用于平板的压强(氢分子质量 $m=2.02\times10^{-26}$ kg)。

解　根据动量定理，单个氢分子与平板碰撞时受到的冲量为

$$I=-(mv_x)-mv_x=-2mv\sin60^\circ$$

平板受到的冲量为

$$I'=2mv\sin60^\circ$$

根据冲量的定义，单位时间内平板受到的冲力

$$\overline{F}=NI'$$

则根据压强定义，有

$$p=\frac{\overline{F}}{S}=\frac{NI'}{S}=\frac{1.0\times10^{23}\times2\times2.02\times10^{-26}\times1.0\times10^{3}\times\frac{\sqrt{3}}{2}}{2.0\times10^{-4}}$$
$$=1.75\times10^{4}\,\text{Pa}$$

例题 10-4　一容器内贮有温度为 300K、压强为一个大气压的理想气体。试求：(1)该容器内气体的分子数密度；(2)气体分子的平均平动动能。

解　(1) 根据理想气体状态方程 $pV=\frac{N}{N_0}RT$，有

$$n=\frac{N}{V}=\frac{pN_0}{RT}=\frac{1.013\times10^{5}\times6.022\times10^{23}}{8.31\times300}=2.45\times10^{25}\ \text{m}^{-3}$$

(2) 根据理想气体压强公式 $p=\frac{2}{3}n\bar{\varepsilon}_k$，有

$$\bar{\varepsilon}_k=\frac{3p}{2n}=\frac{3\times1.013\times10^{5}}{2\times2.45\times10^{25}}=6.20\times10^{-21}\ \text{J}$$

练习题

1. 一容器容积为 1.54 L，内部充满质量为 2 g、压强为 1.013×10^5 Pa 的氧气。试求此氧气分子的平均平动动能。

2. 一容器内贮有一定量的氧气，测得其压强为 1.013×10^5 Pa，温度为 300 K，试求：(1)氧气的分子数密度；(2)若容器为边长 0.30 m 的立方体，当一个分子下降的高度等于容器边长时，它的重力势能的改变量 $|\Delta\varepsilon_p|$ 与该分子平均平动动能 $\bar{\varepsilon}_k$ 之比。

10.3　理想气体的温度公式

本节我们将由理想气体状态方程及压强公式出发，推导理想气体温度公式，进而揭示气体的另一个宏观状态参量——温度的微观本质。

10.3.1　理想气体温度公式

根据理想气体状态方程 $pV=\frac{N}{N_0}RT$，有

$$p=\frac{N}{V}\frac{R}{N_0}T$$

式中，$\frac{N}{V}=n$，为气体分子数密度；$N_0=6.022\times10^{23}\,\mathrm{mol^{-1}}$，为阿伏伽德罗常数。令 $k=\frac{R}{N_0}=1.38\times10^{-23}\,\mathrm{J\cdot k^{-1}}$，$k$ 为玻尔兹曼常量，则此式可写为

$$p=nkT \tag{10-6}$$

式(10-6)是理想气体状态方程的第三种形式。将式(10-6)与理想气体压强公式 $p=\frac{2}{3}n\bar{\varepsilon}_k$ 相比较，可得

$$\bar{\varepsilon}_k=\frac{3}{2}kT \tag{10-7}$$

式(10-7)称为理想气体温度公式。此式表明：理想气体的宏观状态参量温度仅与气体分子热运动的平均平动动能有关，温度是分子平均平动动能的量度，这即是温度的微观本质。这表明，气体分子热运动程度越剧烈，分子平均平动动能越大，气体的温度也就越高，如果两种气体温度相同，则它们分子的平均平动动能也必然相同。

值得注意的是，分子平均平动动能是大量分子热运动的统计结果，是集体表现，因此，对于单个分子或少量分子，说它们的温度是没有意义的；另外，由温度公式可知，热力学温度零度对应于气体分子平均平动动能的零值，然而，实际上分子的热运动是永不停息的，因此，热力学温度零度是永远也不可能达到的。而且，对于实际气体而言，在温度未达到热力学温度零度以前，已变成液体或固体，公式(10-7)早就不再适用。近代物理实验还表明，即使是在热力学温度零度时，组成固体点阵的粒子也还是保持着某种振动的能量，称为零点能量。

10.3.2 气体分子的方均根速率

根据式(10-7)和气体分子平均平动动能公式 $\bar{\varepsilon}_k=\frac{1}{2}m\overline{v^2}$，可求得气体分子的方均根速率为

$$\sqrt{\overline{v^2}}=\sqrt{\frac{3kT}{m}}=\sqrt{\frac{3RT}{M_{\mathrm{mol}}}} \tag{10-8}$$

式中，m 为气体分子的质量；M_{mol} 为气体的摩尔质量。

方均根速率是气体分子速率的一种平均值。根据理想气体温度公式我们知道，在相同的温度下，不同气体的平均平动动能是相等的。但由式(10-8)可以看出，方均根速率不仅与气体的温度有关，而且还与气体的摩尔质量有关，因此，温度相同时，不同的气体分子方均根速率并不相等。在 0℃时，氢的方均根速率为1 845 $\mathrm{m\cdot s^{-1}}$，氧为 461 $\mathrm{m\cdot s^{-1}}$，氮为 493 $\mathrm{m\cdot s^{-1}}$。

例题 10-5 容器内贮有一定量温度为 27℃、压强为 1.38×10^5 Pa 的氧气。试求：(1)氧气的分子数密度；(2)1 $\mathrm{m^3}$ 内氧分子总的平均平动动能；(3)氧气分子的方均根速率。

解 (1) 根据理想气体状态方程的第三种形式 $p=nkT$，有

$$n=\frac{p}{kT}=\frac{1.38\times10^5}{1.38\times10^{-23}\times300}=3.33\times10^{25}\ \mathrm{m^{-3}}$$

(2) 根据理想气体温度公式 $\bar{\varepsilon}_k=\frac{3}{2}kT$，可求得 1 $\mathrm{m^3}$ 内分子总的平均平动动能为

$$\begin{aligned}\overline{E}_k&=n\bar{\varepsilon}_k=\frac{3}{2}nkT=\frac{3\times3.33\times10^{25}\times1.38\times10^{-23}\times300}{2}\\&=2.07\times10^5\ \mathrm{J}\end{aligned}$$

(3) 根据方均根速率 $\sqrt{\overline{v^2}}=\sqrt{\dfrac{3RT}{M_{mol}}}$，有

$$\sqrt{\overline{v^2}}=\sqrt{\frac{3\times 8.31\times 300}{32\times 10^{-3}}}=4.83\times 10^2\ \mathrm{m\cdot s^{-1}}$$

练习题

1. 容器内贮有温度为 400 K、压强为 10 大气压的氮气。试求：(1)气体分子数密度；(2)分子的平均平动动能；(3)氮分子的质量。

2. 容积相同的两个容器中分别装有温度相同的 2 mol 氢气和 1 mol 氮气。试求两种气体：(1)分子数密度之比；(2)压强之比；(3)分子平均平动动能之比；(4)方均根速率之比。

10.4　能量按自由度均分定理　理想气体内能

本节将对理想气体温度公式作进一步的分析和推广，进而得出理想气体在平衡态下分子能量所遵循的统计规律，并讨论影响理想气体内能的因素，得出能量按自由度均分定理，从而得到理想气体的内能公式。

前面讨论气体分子运动时把分子视为质点，它只有平动问题。实际上，气体分子具有一定的大小和比较复杂的结构，不能在所有的问题中都把它视为质点，比如研究分子能量问题时，分子除平动外，还可能会有整体的转动以及分子内原子的振动，相应地，分子不仅有平动动能，还可能存在转动动能和振动动能。为讨论分子各种运动形式能量的统计规律，先介绍物体自由度的概念。

10.4.1　自由度

确定一个物体的空间位置所需要的独立坐标个数，称为这个物体的自由度，用字母 i 表示。

一个质点在空间运动，描述它的位置需要 x、y、z 三个独立坐标，因此它的自由度 $i=3$；若一个质点被限制在一个平面内运动，则描述它的位置需要 x、y 两个独立的坐标，因此它的自由度 $i=2$；若一个质点被限制在一条直线上运动，则它的自由度 $i=1$。可见，自由度是描述物体运动自由程度的物理量。

对于气体分子，单原子分子(如 He、Ne 等)可以看作是一个能够在空间自由运动的质点，因此它的自由度是 3，如图 10-4(a)所示；双原子分子(如 O_2、H_2 等)如果不考虑原子间的振动，可以看作是两个质点组成的哑铃形状的刚性分子，如图 10-4(b)所示，确定它的位置需要五个独立坐标，所以 $i=5$。这五个坐标是这样分配的：先用三个坐标 x、y、z 用来确定其质心 C(或其中一个原子)的位置，由于两个原子的连线还可以在空间转动，所以再用两个独立的方位角量坐标 α、β 来确定两个原子连线的方位，可见 5 个自由度中 3 个是平动自由度，2 个是转动自由度；如果考虑双原子分子原子间的振动，即分子为非刚性的，则还需要一个坐标来确定原子间的距离，即需要再加一个振动自由度，这时分子的自由度是 6；刚性多原子分子(如 CO_2、NO_2 等)除了具有 3 个平动自由度、2 个转动自由度外，还要加一个分子绕轴自转的自由度，即 $i=6$，如图 10-4(c)所示。如果考

虑原子间的振动，非刚性的多原子分子的自由度会更复杂一些，在此从略。在本教材中，若无特殊说明，双原子分子、多原子分子都视为刚性的。

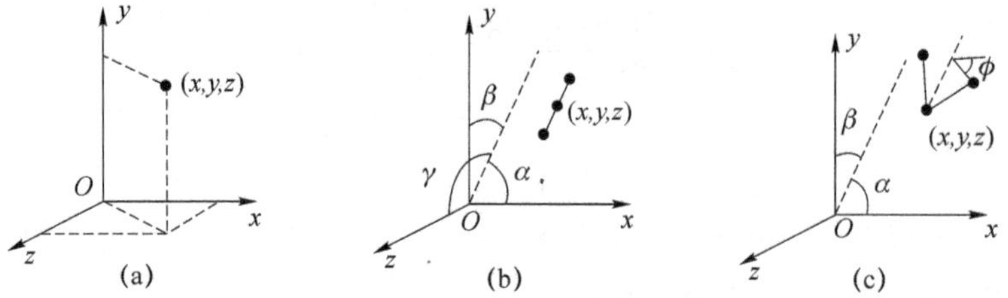

图 10-4　气体分子的自由度

常温下，大多数气体分子属于刚性分子。其自由度可计为

$$i=t+r \tag{10-9}$$

式中，t 为平动自由度，r 为转动自由度。

10.4.2　能量按自由度均分定理

根据理想气体温度公式 $\bar{\varepsilon}_k=\frac{3}{2}kT$ 及平均平动动能的定义 $\bar{\varepsilon}_k=\frac{1}{2}m\bar{v^2}$，有

$$\frac{1}{2}m\bar{v^2}=\frac{3}{2}kT$$

又因 $\bar{v_x^2}=\bar{v_y^2}=\bar{v_z^2}=\frac{1}{3}\bar{v^2}$，则

$$\frac{1}{2}m\bar{v_x^2}=\frac{1}{2}m\bar{v_y^2}=\frac{1}{2}m\bar{v_z^2}=\frac{1}{2}kT$$

此式表明，分子的平均平动动能 $\frac{3}{2}kT$ 平均地分配给三个平动自由度，每个自由度的能量都是 $\frac{1}{2}kT$。

这个结论可以推广到分子转动和振动情况，所针对的研究对象也可以推广到温度为 T 的平衡状态下的其他物质(包括气体、液体和固体)。即：在平衡态下，分子的每一个自由度都具有相同的平均动能，均为 $\frac{1}{2}kT$，这就是能量按自由度均分定理。按照此定理，温度为 T 时，自由度为 i 的气体的分子平均总动能为

$$\bar{\varepsilon}_k=\frac{i}{2}kT \tag{10-10}$$

由式(10-10)可知，气体种类不同，分子的自由度不同，因而，即使气体的温度相同，分子的平均总动能也是不同的，分子的自由度越大，平均总动能越大。单原子分子、刚性双原子分子、刚性多原子分子的平均总动能分别是 $\frac{3}{2}kT$、$\frac{5}{2}kT$ 和 $\frac{6}{2}kT$。

能量按自由度均分的微观解释为：气体由大量的无规则热运动的分子组成，分子作无规则运动时，彼此之间进行着频繁的碰撞，系统由非平衡态向平衡态的过渡过程中，频繁碰撞实现了能量从一个分子到另一个分子的传递，实现了一种形式的能量向另一种形式能量的转化，实现了一个自由度能量向另一个自由度能量的转移，当系统达到平衡态时，能量就按自由度均匀分配了。

能量按自由度均分定理是对大量分子的统计平均结果，对于单个分子而言，由于它作的是无规则热运动，相应的动能随时间改变，并不一定等于$\frac{i}{2}kT$，而且它的动能也不一定按自由度均分。因而，对单个分子说能量按自由度均分是没有意义的。

10.4.3　理想气体的内能

在热学中，气体的内能是指气体所有分子各种形式的动能（平动动能、转动动能和振动动能）以及分子之间相互作用势能的总和。对于理想气体，分子间相互作用可以忽略不计，因而不存在分子间相互作用的势能，所以理想气体的内能就是所有分子各种无规则热运动的动能总和。

根据式(10-10)可知，一个自由度为 i 的理想气体分子的平均总动能为$\frac{i}{2}kT$，1 mol 理想气体的分子数为 N_0（阿伏伽得罗常数），则 1 mol 理想气体的内能为

$$E_{mol}=\frac{i}{2}N_0kT=\frac{i}{2}RT$$

质量为 M，摩尔质量为 M_{mol} 的理想气体的内能为

$$E=\frac{M}{M_{mol}}\frac{i}{2}RT \tag{10-11}$$

式(10-11)表明，对于给定的理想气体，其内能只与温度有关，而与气体的体积和压强无关，内能是温度的单值函数。无论气体经过什么样的过程，只要其温度不变，内能就不变。当温度改变 ΔT 时，相应内能改变量为

$$\Delta E=\frac{M}{M_{mol}}\frac{i}{2}R\Delta T \tag{10-12}$$

例题 10-6　一容器内贮有温度为 273K、质量为 16g 的氧气。试求：(1)一个氧气分子的平均平动动能、平均转动动能和平均总动能；(2)容器内氧气的内能。

解　(1)根据分子平均总动能公式$\frac{i}{2}kT$，且氧气分子的平动自由度 $t=3$，转动自由度 $r=2$，有

分子平均平动动能$\bar{\varepsilon}_{kt}=\frac{t}{2}kT=\frac{3}{2}\times 1.38\times 10^{-23}\times 273=5.65\times 10^{-21}$ J

分子平均转动动能$\bar{\varepsilon}_{kr}=\frac{r}{2}kT=\frac{2}{2}\times 1.38\times 10^{-23}\times 273=3.77\times 10^{-21}$ J

分子平均总动能$\bar{\varepsilon}_{k}=\frac{i}{2}kT=\frac{5}{2}\times 1.38\times 10^{-23}\times 273=9.42\times 10^{-21}$ J

(2)根据理想气体内能公式 $E=\frac{M}{M_{mol}}\frac{i}{2}RT$，有

$$E=\frac{16\times 10^{-3}}{32\times 10^{-3}}\times\frac{5}{2}\times 8.31\times 273=2.84\times 10^{3}\text{ J}$$

例题 10-7　当温度为 300 K 时，试求：(1)1 mol 氢气的内能；(2)1 mol 氦气的内能；(3)2 mol二氧化碳温度升高 1℃时内能的增量。

解 根据理想气体内能公式 $E=\frac{M}{M_{\mathrm{mol}}}\frac{i}{2}RT$，且氢气的自由度 $i=5$(刚性双原子分子)，氦气自由度 $i=3$(单原子分子)，有

(1) $E=1\times\frac{5}{2}\times8.31\times300=6.23\times10^3\ \mathrm{J}$

(2) $E=1\times\frac{3}{2}\times8.31\times300=3.74\times10^3\ \mathrm{J}$

(3) 根据理想气体内能增量公式 $\Delta E=\frac{M}{M_{\mathrm{mol}}}\frac{i}{2}R\Delta T$，且二氧化碳的自由度 $i=6$(刚性多原子分子)，有

$$\Delta E=2\times\frac{6}{2}\times8.31\times1=49.9\ \mathrm{J}$$

练习题

1. 容器内贮有 1 mol 温度为 400 K 的氯气，试求：(1)容器内氯气的内能；(2)温度降低 10℃时气体的内能增量。

2. 当气体温度为 300 K 时，试求二氧化碳分子平均平动动能、平均转动动能和平均总动能。

10.5 麦克斯韦速率分布律

前面讨论过程中，我们一直用分子的方均根速率代替分子的速率，实际上，在平衡态下，气体分子以各种速度运动着，由于分子间的相互碰撞，每个分子速度的大小和方向也都在不断地改变着。若在某一特定的时刻去观察某一个特定分子的速度，由于其大小和方向都具有偶然性，所以这种观察是很难做到的，也是没有意义的。然而对于大量分子的总体来说，它们的速度分布却遵从一定的统计规律，这个规律最早是由英国物理学家麦克斯韦从理论上得到证明，称为麦克斯韦速度分布律(此规律现已被实验所证实，在实际中也有广泛的应用)，如果不考虑分子的速度方向，则称为麦克斯韦速率分布律。为简便起见，在此我们仅讨论速率分布律。

10.5.1 速率分布和分布函数

研究气体分子速率分布规律需要用统计方法。我们研究的基本思路是：首先，将气体分子速率范围 0～∞分成许多速率间隔 Δv 相等的区间。例如0～100 $\mathrm{m\cdot s^{-1}}$ 为一个区间，100～200 $\mathrm{m\cdot s^{-1}}$为下一个区间等等；然后，通过实验或理论推导找出分布在各个速率区间内的分子个数 ΔN，并求出该区间内分子数 ΔN 与气体分子总数 N 的比值；最后，分析、比较各区间内分子数占总分子数的比率情况，以及哪个区间内分子最多，分子数比率最高等，从中寻找分子速率分布的规律。表 10-1 给出了实验测得的氧分子在 0℃时速率的分布情况。

从表 10-1 可以看出，运动速率在 300～400 $\mathrm{m\cdot s^{-1}}$ 的分子占总分子数的比率最高，达 21.4%；速率比这大的或比这小的分子数比率都依次递减；速率在 900 $\mathrm{m\cdot s^{-1}}$ 以上的分子

数比率最低，达 0.9%；速率在 100 $m \cdot s^{-1}$ 以下的分子数比率次之，达 1.4%。在大量分子的热运动中，像上述这样低速率和高速率的分子数少而中等速率分子数偏多的现象普遍存在，这就是分子速率分布的统计规律。

表 10-1　氧分子　在 0℃ 时速率的分布情况

速率区间 ($m \cdot s^{-1}$)	分子数的百分率 ($\Delta N/N$)%	速率区间 ($m \cdot s^{-1}$)	分子数的百分率 ($\Delta N/N$)%
100 以下	1.4	500～600	15.1
100～200	8.1	600～700	9.2
200～300	16.5	700～800	4.8
300～400	21.4	800～900	2.0
400～500	20.6	900 以上	0.9

如果以速率 v 为横坐标，以 $\Delta N/(N\Delta v)$——单位速率区间内的分子数比率为纵坐标，则表 10-1 给出的速率分布情况可表示为图 10-5(*a*)所示的直方图。为了把速率分布情况更精确的表示出来，我们可以把速率间隔尽可能的画小，使得 $\Delta v \to 0$，并将速率间隔和间隔内的分子数分别表示为 dv 和 dN，这时如果再以速率 v 为横坐标，以 $dN/(Ndv)$ 为纵坐标作图，将得到一条平滑的曲线，称为气体分子速率分布曲线，如图 10-5(*b*)所示。

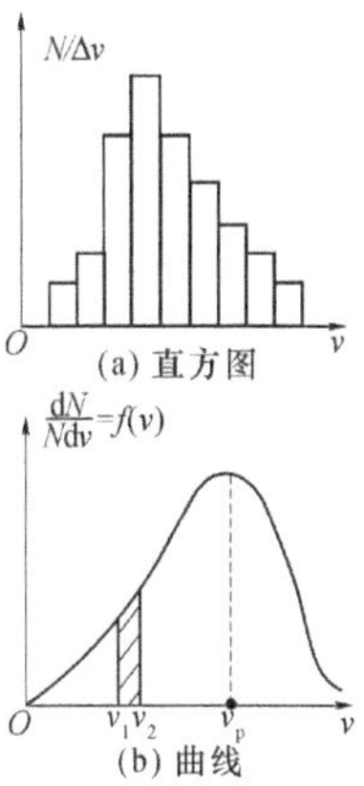

图 10-5　气体分子速率

如果将分子速率分布曲线所表达的 $dN/(Ndv)$ 与 v 之间的关系写出函数形式 f(v)，即

$$f(v)=\frac{1}{N}\frac{dN}{dv} \tag{10-13}$$

f(v)称为气体分子的速率分布函数，它表示了在速率 v 附近的单位速率区间内气体分子数占总分子数的比率(百分比)，这即是速率分布函数的物理意义。由速率分布函数的意义可知，速率介于 v_1 与 v_2 之间的分子数占总分子数的比率为

$$\int_{v_1}^{v_2} f(v)dv=\frac{\Delta N}{N} \tag{10-14}$$

此值相当于速率分布曲线下画有斜线的小长方形的面积。速率分布曲线下的总面积则表示了分布在速率 0～∞整个速率区间内的分子占总分子数的比率，其值应为百分之百，即等于 1，这是分布曲线的归一化条件，即

$$\int_{0}^{\infty} f(v)dv=1 \tag{10-15}$$

归一化条件是所有分布函数应满足的条件。

例题 10-8　试阐明下列各式的含义：(1)$Nf(v)\mathrm{d}v$；(2)$\int_{v}^{v+\mathrm{d}v} f(v)\mathrm{d}v$。

解　根据速率分布函数 $f(v)$的意义，有

(1) $Nf(v)\mathrm{d}v$ 表达了速率 v 附近，速率区间为 $\mathrm{d}v$ 内的分子数目；

(2) $\int_{v}^{v+dv} f(v)dv$ 表达了速率介于 v 与 $v+dv$ 之间的分子数占总分子数的比率。

10.5.2 麦克斯韦速率分布函数

如果知道 $f(v)$的具体形式，我们则可求出例题 10-8 中几个式子的结果，1859 年麦克斯韦从理论上导出 $f(v)$的表达式：

$$f(v)=4\pi\left(\frac{m}{2\pi kT}\right)^{\frac{3}{2}} e^{-\frac{mv^2}{2kT}} v^2 \tag{10-16}$$

式中，m 为一个气体分子的质量，k 为玻尔兹曼常量，T 为热力学温度，此式称为麦克斯韦速率分布函数。根据麦克斯韦速率分布函数作的 $f(v)-v$ 曲线称为麦克斯韦速率分布曲线，该曲线基本上与由实验数据所作曲线图 10-5(b)相吻合。

（注：由于计算难度较大，所以本教材不再根据麦克斯韦速率分布函数对例题 10-8 的结果进行求解）

10.5.3 三种速率

根据麦克斯韦速率分布函数还可求出反映分子热运动状态常用的三种统计速率（推导过程从略）。

1. 最概然速率 v_p

分布函数 $f(v)$极大值对应的速率称为最概然速率（也称最可几速率），其值对应于分布曲线最高点的横坐标值，如图 10-5(b)所示。最概然速率的意义是：平衡态下，速率在 v_p 附近的单位区间内的气体分子数占总分子数的比率最大；用概率表示为，对于所有相同的速率区间而言，某个分子的速率取值落在含有 v_p 的那个速率区间的概率最大。

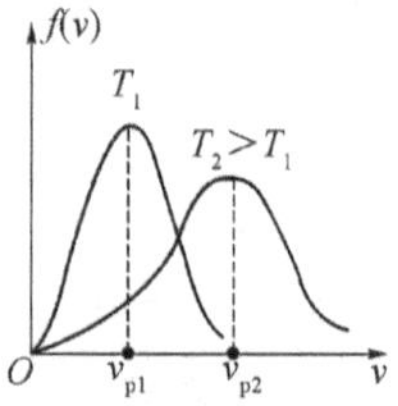

(a) 最概然速率与温度的关系

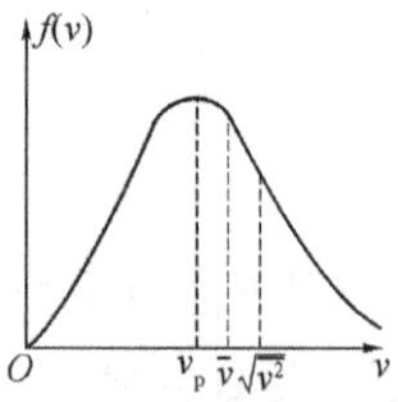

(b) 3种速率的比较

图 10-6 最概然速率及其关系

根据函数极值条件$\frac{df(v)}{dv}=0$，可求得最概然速率 v_p 为

$$v_p=\sqrt{\frac{2kT}{m}}=\sqrt{\frac{2RT}{M_{mol}}}\approx 1.41\sqrt{\frac{RT}{M_{mol}}} \tag{10-17}$$

由式(10-17)可以看出：最概然速率与气体的温度有关，与气体的种类也有关。其他条件相同时，气体温度越高，最概然速率越大，对应分布曲线的最高点向高速区域移动，使得曲线变宽，由于归一化条件的限制，即曲线下面积还应等于 1，此时曲线将变得平坦一些。如图 10-6(a)所示。此现象的微观解释为：气体温度升高，则气体分子热运动变的剧烈，因此分子运动的速率普遍增大，最概然速率也随之增大。

2. 平均速率 $\bar{v}$

大量分子速率的算术平均值称为平均速率。根据平均值的定义 $\bar{v}=\frac{\sum v_i \Delta N_i}{N}$，可求得平均速率 $\bar{v}$ 为

$$\bar{v}=\sqrt{\frac{8kT}{\pi m}}=\sqrt{\frac{8RT}{\pi M_{mol}}}\approx 1.60\sqrt{\frac{RT}{M_{mol}}} \tag{10-18}$$

3. 方均根速率 $\sqrt{\overline{v^2}}$

大量分子速率平方平均值的平方根称为方均根速率。根据平均值的定义$\overline{v^2}=\frac{\Sigma v_i^2 \Delta N_i}{N}$，可求得方均根速率为

$$\sqrt{\overline{v^2}}=\sqrt{\frac{3kT}{m}}=\sqrt{\frac{3RT}{M_{\mathrm{mol}}}}\approx 1.73\sqrt{\frac{RT}{M_{\mathrm{mol}}}} \tag{10-19}$$

由式(10-18)和式(10-19)可以看出：平均速率和方均根速率也与气体的温度及气体的种类有关，其他条件一定时，平均速率及方均根速率都随气体温度的升高而增大。同样，这些现象仍然是气体分子热运动剧烈程度与温度的关系所致。

以上三种速率各有不同的含义，用处也各有不同，最概然速率常在讨论气体分子速率分布等问题时使用，平均速率常在讨论气体分子碰撞等问题时使用，而方均根速率常在讨论气体分子平均平动动能等问题时使用。在室温下，这三种速率都在每秒数百米左右，数值由小到大分别为 v_{p}、$\bar{v}$、$\sqrt{\overline{v^2}}$，比值为 1.41 ∶ 1.60 ∶ 1.73。

例题 10-9　试求温度为 300K 时氮气分子的三种统计速率。

解　根据三种速率公式以及氮气的 $M_{\mathrm{mol}}=2.8\times10^{-2}$ kg，有

$$v_{\mathrm{p}}=\sqrt{\frac{2RT}{M_{\mathrm{mol}}}}=\sqrt{\frac{2\times8.31\times300}{2.8\times10^{-2}}}=4.22\times10^{2}\ \mathrm{m\cdot s^{-1}}$$

$$\bar{v}=\sqrt{\frac{8RT}{\pi M_{\mathrm{mol}}}}=\sqrt{\frac{8\times8.31\times300}{3.14\times2.8\times10^{-2}}}=4.76\times10^{2}\ \mathrm{m\cdot s^{-1}}$$

$$\sqrt{\overline{v^2}}=\sqrt{\frac{3RT}{M_{\mathrm{mol}}}}=\sqrt{\frac{3\times8.31\times300}{2.8\times10^{-2}}}=5.17\times10^{2}\ \mathrm{m\cdot s^{-1}}$$

以上讨论的三种速率都是对大量气体分子进行的统计计算结果，只对大量气体分子有意义，如果对于单个气体分子谈以上三种速率，是没有意义的。

练习题

1. 试阐明下列各式的含义：(1) $f(v)\mathrm{d}v$；(2) $\int_{300}^{500} Nf(v)\mathrm{d}v$。

2. 求温度为 300 K 时氧气分子的三种统计速率。

第 11 章　热力学基础

热力学是研究系统状态变化过程中热量和功转换基本规律的科学。对于热力学的研究起始于 19 世纪 40 年代，期间作出主要贡献的有焦耳、卡诺、克劳修斯等人。本章主要介绍反映系统在状态变化过程中热量与功的转换关系和转换条件的基本规律，热力学第一定律是关于转换关系的规律，热力学第二定律是关于转换条件的规律。

11.1　准静态过程　功

准静态过程是一个理想的气体状态变化过程。本节首先介绍准静态过程的定义及特点，然后以准静态过程为例，讨论体积发生变化时，气体对外做功的计算公式。

11.1.1　准静态过程

从第 10 章的学习我们知道，当系统达到平衡态时，其状态可用一组状态参量来描述。平衡态除了可以由一组状态参量描述之外，还常用状态图（$p-V$ 图、$p-T$ 图或 $V-T$ 图）中的一个点表示。如图 11-1 所示，系统的某一个平衡态对应于一组状态参量，而一组状态参量对应于图中一点，平衡态与图中的点是一一对应关系。图中 A、B 两点即分别描述了两个不同的平衡态。

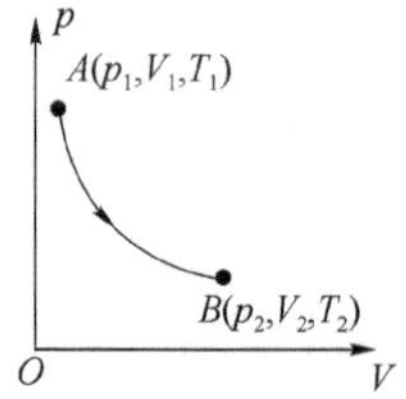

图 11-1　准静态过程

当系统的外界条件发生变化时，气体的状态也会发生变化。气体从一个状态不断地变化到另一个状态，所经历的是一系列状态变化过程。如果此过程进展的速度比较缓慢，或者速度虽然快，但系统所经历的一系列中间状态都可以看成平衡态，这样的变化过程称为平衡过程，也称准静态过程。一个准静态过程对应于状态图中的一段曲线，称为过程曲线，如图 11-1 所示（曲线上箭头表示过程的进行方向）。如果在状态变化过程中，系统所经历的中间状态有非平衡态，则这个过程称为非静态过程，非平衡态不能用状态参量来描述，因而非静态过程不能用 $p-V$ 图中的过程曲线描述。

关于准静态过程的理解需要注意以下几点：

（1）准静态过程是理想过程。

系统从某一平衡态到达另一平衡态，首先应是原来的平衡态被破坏，出现非平衡态，经过一段时间后再到达另一平衡态。因此严格地说，准静态过程在实际中并不存在，准静态过程只是对实际过程的理想化抽象，是一种理想模型。我们通过对这一理想模型的研究得出规律，再进一步探讨实际的非静态过程的规律。

(2) 一个过程能否看做是准静态过程，需视具体情况而定。

若系统的外界条件(如压强、体积或温度等)发生一微小变化所经历的时间相对稍长，例如压缩气缸内气体使其状态发生变化，气缸内气体状态由不平衡到平衡所需时间只有 10^{-4} s，相对而言，压缩时间要长的多，气缸内气体有充分的时间达到平衡态，因此，这样的过程可视为准静态过程。在实际问题中，只要过程进行得不是非常快(如爆炸过程)，一般情况下都可以视为准静态过程。本章如无特殊说明，讨论的也都是准静态过程。

(3) 准静态过程所遵循的规律。

准静态过程中的每个状态都是平衡态，因而对过程中的每个状态都可以使用理想气体状态方程进行分析。另外，准静态过程对应的过程曲线有其对应的曲线方程，通过这些曲线方程我们还可以讨论过程中系统的热量和功的转化关系。

11.1.2　功

在准静态过程中，系统对外界做功可以进行定量计算。宏观过程的功用 A 表示，微观过程的功用 $\mathrm{d}A$ 表示。为了讨论方便，我们规定系统对外做功时功为正，外界对系统做功时功为负，用 $-A$ 或 $-\mathrm{d}A$ 表示。下面以气体体积变化(如体积膨胀)为例，计算由于系统体积变化，系统压力所做的功，我们称此功为体积功。

如图 11-2 所示，气缸内贮有压强为 p、体积为 V 的某种理想气体，设活塞的面积为 S，且活塞与气缸壁的摩擦不计。若活塞缓慢地移动一微小距离 $\mathrm{d}l$，气体体积则发生一微小变化 $\mathrm{d}V=S\mathrm{d}l$，由于气体体积变化微小，可以认为在这一微小过程中气体压强处处均匀且没有变化，因此根据功的定义，在这一微小过程中，气体压力做功为

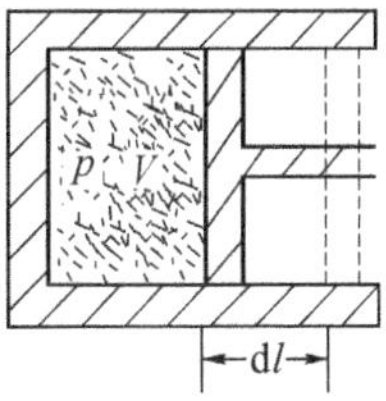

图 11-2　气体做功

$$\mathrm{d}A=F\mathrm{d}l=pS\mathrm{d}l=p\mathrm{d}V$$

若气体体积膨胀，$\mathrm{d}V>0$，则 $\mathrm{d}A>0$，系统对外界做功；若气体体积压缩，$\mathrm{d}V<0$，则 $\mathrm{d}A<0$，外界对系统做功，或者说系统对外界做负功。

系统从状态 $a(p_1、V_1、T_1)$ 经准静态过程变化到状态 $b(p_2、V_2、T_2)$，系统对外界作的总功为

$$A=\int_a^b \mathrm{d}A=\int_{V_1}^{V_2} p\mathrm{d}V \tag{11-1}$$

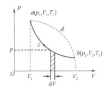

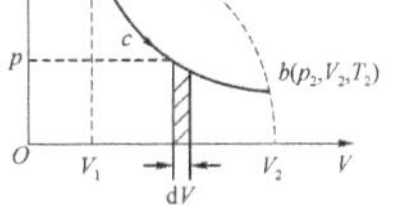

图 11-3　体积功

体积功除了可以用式(11-1)求出之外，还可以从 $p-V$ 图上看出来。$p-V$ 图中的一条过程曲线对应于一个 p 随 V 变化的函数关系，根据函数的意义，气体体积发生微小变化时，所做的功 $\mathrm{d}A=p\mathrm{d}V$ 的值应等于过程曲线下对应的有阴影的窄条面积，系统从状态 $a(p_1、V_1、T_1)$ 到状态 $b(p_2、V_2、T_2)$ 的整个过程中，对外界作的总功值应为从状态 a 到状态 b 区域曲线下面积，如图 11-3 所示。

从图 11-3 中还可以看出，对于相同的始末状态(如 a、b 状态)，如系统经过不同的过程(如 acb 和 adb 过程)，曲线下的面积是不同的，因而系统对外做功也不同，所以，功是一个过

程量，系统由一个状态变化到另一个状态时所做的功不仅与系统的始、末状态有关，还与系统所经历的过程有关。

例题 11-1 气缸内贮有质量为 32 g 的氧气，气体经过过程 abc（如图 11-4 所示）从状态 a 变化到状态 c，设 $p_a=3.0\times10^5$ Pa，$p_c=1.0\times10^5$ Pa，$V_a=1.0\times10^{-2}$ m^3，$V_c=3.0\times10^{-2}$ m^3。试求：此过程中系统对外界所做的功。

解 此题有两种解法

方法一：

根据式(11-1)，考虑此功应分两段计算，有

$$A=\int_a^c dA=\int_a^b p\,dV+\int_b^c p\,dV=0+p_c(V_c-V_a)=2\times10^3\ \text{J}$$

$A>0$，系统对外做功。

方法二：

根据系统对外做功等于对应过程曲线下面积，则

$$A=p_c(V_c-V_a)=2\times10^3\ \text{J}$$

例题 11-2 在例题 11-1 中，气体经过图中直线对应过程由 a 态到 c 态。试求：此过程中系统对外界所做的功。

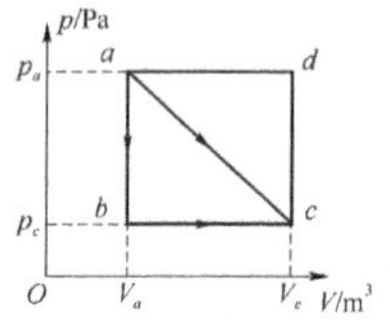

图 11-4 例题 11-1 用图

解 方法一：

根据图 11-4，可得压强 p 随体积 V 变化的函数关系为

$$p=4\times10^5-1.0\times10^7V$$

此过程系统做功为

$$A=\int_a^c p\,dV=\int_{1.0\times10^{-2}}^{3.0\times10^{-2}}(4\times10^5-1.0\times10^7V)dV$$
$$=4.0\times10^3\ \text{J}$$

方法二：

根据系统对外做功等于对应过程曲线下面积，则有

$$A=\frac{1}{2}(p_a+p_c)(V_c-V_a)=\frac{1}{2}\times10^5\times10^{-2}(3.0+1.0)(3.0-1.0)$$
$$=4.0\times10^3\ \text{J}$$

练习题

1. 例题 11-1 中，若系统从状态 a 经过 adc 到达状态 c，如图 11-4 所示。试用两种方法求此过程中系统对外做的功。

2. 例题 11-1 中，若系统从状态 a 经过 $abcda$ 返回状态 a，如图 11-4 所示。试用两种方法求此过程中系统对外做的功。

11.2 热量 热力学第一定律

通过 11.1 节的学习我们知道，当系统对外做功时，气体体积会发生变化，而由理想气体状态方程可知，系统体积变化会引起温度的变化，又因为理想气体的内能是温度的单值函

数，可见，做功是改变系统内能的一种方式。改变系统内能的另一种方式是利用与系统有温度差的外界向系统传递热量。本节首先介绍做功和热量传递在改变系统内能方面的异同，然后主要介绍反映做功、进行热量传递、以及系统内能变化之间关系的规律——热力学第一定律。

11.2.1　热量

将系统通过导热垫放置在火炉上，使系统的温度升高，进而可以改变系统的内能。这种利用温差在系统与外界之间传递能量的方式叫热传导，简称传热（也称热交换），以传热方式交换的能量称为热量。

在国际单位制中，热量、内能和功的单位都为焦耳（J），历史上热量还有一个单位称为卡（Cal），它与焦耳的关系为

$$1\text{Cal}=4.18\ \text{J}$$

应该注意，做功与传递热量在对内能的改变上具有等效性，但他们在本质上存在差异。做功是通过宏观的有规则运动（如活塞的机械运动等）来完成的，它是把宏观的有序运动能量转化为微观分子的无序运动能量；而热传递是通过微观的分子无规则运动来完成的，是外界分子无序运动能量与系统内分子无序运动能量之间的转换。例如火炉上的水温度升高是由于火炉中的高温燃料和空气分子通过碰撞将热运动能量传递给导热壁分子，导热壁分子又经过碰撞将能量传递给水分子，使水温升高，从而实现了一种无序能量向另一种无序能量的转换。

那么，系统对外界做功、系统与外界交换热量与系统内能的增量之间存在什么关系呢？热力学第一定律反映了三者之间的转换关系。

11.2.2　热力学第一定律

假如有一热力学系统从状态Ⅰ变化到状态Ⅱ，相应地，它的内能从 E_1 变化到 E_2，实验表明，在此过程中，系统从外界吸收热量 Q、系统内能的增加量 $\Delta E=E_2-E_1$ 和系统对外界做功 A 三者之间的关系为

$$Q=\Delta E+A=(E_2-E_1)+A \tag{11-2}$$

式（11-2）称为热力学第一定律。定律表明：外界向系统传递的热量中的一部分用于系统对外做功，另一部分用于增加系统的内能。显然，热力学第一定律是包括热量在内的能量守恒定律。

式（11-2）中，规定外界向系统传递热量（或系统从外界吸收热量）时，Q 为正，系统向外界放出热量时，Q 为负；系统对外界做功时，A 为正，外界对系统做功时，A 为负。

当系统的状态有微小变化时，热力学第一定律的表达式为

$$\mathrm{d}Q=\mathrm{d}E+\mathrm{d}A \tag{11-3}$$

功是过程量，由热力学第一定律可知，热量也是过程量。

热力学第一定律是一条实验定律。在它建立之前，有人企图设计一种永动机，使系统状态经过变化后，又回到原始状态（$\Delta E=E_2-E_1=0$），同时在这一过程中，无须外界供给任何能量（$Q=0$），系统却能对外界做功，这类永动机称为第一类永动机，此类的尝试最终都以失败而告终，这也证明了热力学第一定律的正确性。

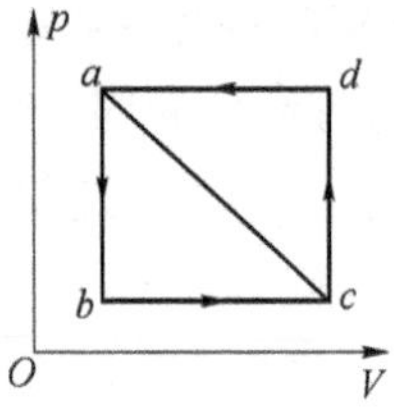

图 11-5 例题 11-3 用图

例题 11-3 如图 11-5 所示，一系统经过程 abc 从 a 态到达 c 态，此过程中系统从外界吸收热量为 300 J，同时对外界做功为 100 J。试求：(1)此过程中系统内能的增量；(2)若系统从 c 态经 cda 过程返回 a 态，此过程中外界对系统做功为 200 J，系统是吸收热量还是放出热量，热量值是多少。

解 (1) 根据热力学第一定律 $Q=\Delta E+A$，有

$$\Delta E=Q-A=300-100=200\ \mathrm{J}$$

$\Delta E>0$，此过程中系统内能增加；

(2) 根据热力学第一定律 $Q=\Delta E+A$，及第一问的结果 $\Delta E=E_c-E_a=200\ \mathrm{J}$，有

$$Q'=\Delta E'+A'=(E_a-E_c)+A'=-200-200=-400\ \mathrm{J}$$

$Q'<0$，此过程中系统向外界放出热量。

练习题

1. 在例题 11-3 中，若系统从 a 态出发经过程 $abcda$ 再回到 a 态，由例题 11-3 结论分析此过程中系统内能的增量、对外做功情况以及系统从外界吸收热量情况。

2. 已知如例题 11-3，若系统从 c 态经过程 ca(图中直线对应过程)到达 a 态。试求此过程中：(1)系统对外界做功；(2)系统内能的增量；(3)系统吸收的热量。

11.3 理想气体的等值过程

热力学第一定律适用于任意始末状态确定的热力学系统(包括气体、液体或固体)所进行的过程，本节用热力学第一定律及理想气体状态方程讨论理想气体的几个等值过程。所谓等值过程，就是指系统状态变化过程中，有一个状态参量保持不变的准静态过程。我们以密闭于气缸内质量为 M 的理想气体为例，讨论等体、等压、等温这三个等值过程中热量、功和内能变化的特点。

11.3.1 等体过程

等体过程的特征是气体的体积保持不变，即 $V=$常量，或者 $\mathrm{d}V=0$。在 $p-V$ 图中，等体过程对应于一条平行于 Op 轴的线段，称为等体线，如图 11-6 所示。

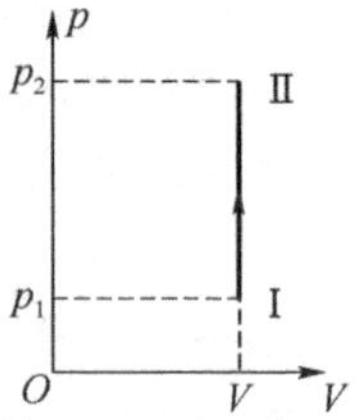

图 11-6 等体过程曲线

如果把气缸的活塞固定不动，对气体缓缓加热，则可以实现系统的等体升温过程。根据理想气体状态方程 $pV=\dfrac{M}{M_{\mathrm{mol}}}RT$ 可知，在等体升温过程中，系统会经历一个准静态等体过程使气体压强、温度分别由 p_1、T_1 增大到 p_2、T_2。

根据等体过程特点 $\mathrm{d}V=0$，可知此过程中系统做功为

$$A=\int_{\mathrm{I}}^{\mathrm{II}} p\mathrm{d}V=0 \tag{11-4}$$

根据热力学第一定律，$Q=\Delta E+A$，有

$$Q=\Delta E=(E_2-E_1)=\frac{M}{M_{mol}}\frac{i}{2}R(T_2-T_1) \tag{11-5}$$

即在等体过程中，若系统从外界吸收热量，则吸收的热量将全部用来增加系统的内能；若系统向外界放出热量，则其值等于系统内能的减少值。

例题 11-4　一容器内贮有质量为 32 g 的氧气，经历等体过程后，气体的温度由 300 K 升高到 310 K。试求此过程中：(1)系统对外界所做的功；(2)气体内能的增量；(3)系统从外界吸热还是放热，数值为多大。

解　(1) 根据 $V=$常量，或者 $dV=0$，有

$$A=0$$

(2) 根据 $\Delta E=\frac{M}{M_{mol}}\frac{i}{2}R(T_2-T_1)$，并考虑氧气 $i=5$，有

$$\Delta E=\frac{32\times10^{-3}}{32\times10^{-3}}\times\frac{5}{2}\times8.31\times(310-300)=207.75\ \text{J}$$

(3) 根据热力学第一定律 $Q=\Delta E+A$，有

$$Q=\Delta E+A=207.75+0=207.75\ \text{J}$$

即系统从外界吸收热量，并把热量全部用来增加系统的内能。

11.3.2　等压过程

等压过程的特征是气体的压强保持不变，即 $p=$常量，或者 $dP=0$。在 $p-V$ 图中，等压过程对应于一条平行于 OV 轴的线段，称为等压线，如图 11-7 所示。

如果使气缸的活塞可以自由活动，对气体缓缓加热，同时保证气体对活塞的压强不变，则可以实现等压升温过程。在等压升温过程中，根据理想气体状态方程 $pV=\frac{M}{M_{mol}}RT$ 可知，系统会经历一个准静态过程使气体体积、温度分别由 V_1、T_1 增大到 V_2、T_2。

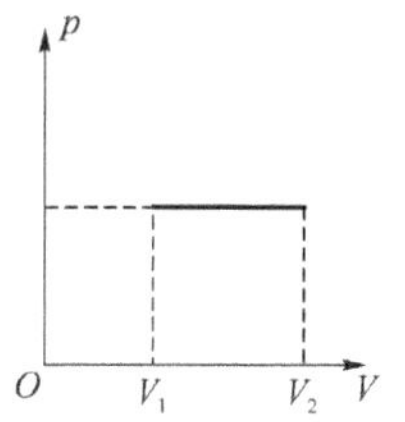

图 11-7　等体过程曲线

根据等压过程特点 $dp=0$，可知此过程中系统做功为

$$A=\int_{\text{I}}^{\text{II}} p\,dV=p(V_2-V_1) \tag{11-6}$$

根据热力学第一定律，$Q=\Delta E+A$，及理想气体状态方程，有

$$\begin{aligned}Q&=\Delta E+p(V_2-V_1)\\&=\frac{M}{M_{mol}}\frac{i}{2}R(T_2-T_1)+\frac{M}{M_{mol}}R(T_2-T_1)\\&=\frac{M}{M_{mol}}\left(\frac{i}{2}R+R\right)(T_2-T_1)\end{aligned} \tag{11-7}$$

即在等压过程中，系统从外界吸收热量，一部分用来增加系统的内能，另一部分用来转化为系统对外界做的功。

例题 11-5　气缸内贮有质量为 28 g、温度为 27℃、一大气压的氮气，经历一个等压膨胀过程使体积变为原来的两倍。试求此过程中：(1)系统对外做功；(2)气体内能的增量；(3)系统从外界吸热还是放热，数值为多大。

解　(1) 根据理想气体状态方程 $pV=\frac{M}{M_{mol}}RT$，可得初始气体体积为

$$V_1=\frac{M}{M_{mol}}\frac{1}{p}RT_1=\frac{28\times10^{-3}\times8.31\times300}{28\times10^{-3}\times1.013\times10^5}=2.46\times10^{-2}\ m^3$$

根据等压过程系统对外做功 $A=P(V_2-V_1)$，及系统体积变化 $V_2-V_1=V_1$，有

$$A=p(V_2-V_1)=1.013\times10^5\times2.46\times10^{-2}=2.49\times10^3\ J$$

(2) 由理想气体状态方程 $pV=\frac{M}{M_{mol}}RT$，及 $p=$常量，有 $\frac{V_1}{T_1}=\frac{V_2}{T_2}$。根据已知有 $V_2=2V_1$，有

$$T_2=2T_1=600\ K$$

根据 $\Delta E=\frac{M}{M_{mol}}\frac{i}{2}R(T_2-T_1)$，并考虑氧气 $i=5$，有

$$\Delta E=\frac{28\times10^{-3}}{28\times10^{-3}}\times\frac{5}{2}\times8.31\times(600-300)=6.23\times10^3\ J$$

(3) 根据热力学第一定律 $Q=\Delta E+A$，有

$$Q=\Delta E+A=6.23\times10^3+2.49\times10^3=8.72\times10^3\ J$$

即系统从外界吸收热量，并把一部分用来增加系统的内能，另一部分用来转化为系统对外界做的功。

11.3.3 等温过程

等温过程的特征是气体的温度保持不变，即 $T=$常量，或者 $dT=0$。在 $p-V$ 图中，等温过程对应于一条在第一象限内的等轴双曲线，称为等温线，如图 11-8 所示。

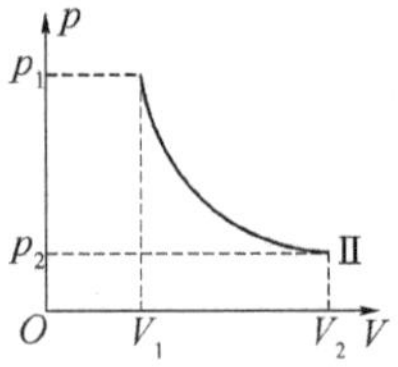

图 11-8 等温过程曲线

如果使气缸内气体与一恒温热源保持良好的接触，则系统温度会保持与热源温度一致，恒定不变，即经历一个等温过程。则根据理想气体状态方程可知，如果使系统压强升高，系统体积膨胀；如果使系统压强降低，系统体积将压缩。

根据理想气体状态方程 $pV=\frac{M}{M_{mol}}RT$，有 $p=\frac{M}{M_{mol}}RT\frac{1}{V}$，因此，等温过程中气体对外做功为

$$A=\int_{I}^{II}p\mathrm{d}V=\int_{V_1}^{V_2}\frac{M}{M_{mol}}RT\frac{1}{V}\mathrm{d}V=\frac{M}{M_{mol}}RT\ln\frac{V_2}{V_1}\qquad(11\text{-}8)$$

根据等温过程特征 $T=$常量，或者 $dT=0$，可知等温过程中系统内能的增量为

$$\Delta E=\frac{M}{M_{mol}}\frac{i}{2}R(T_2-T_1)=0\qquad(11\text{-}9)$$

根据热力学第一定律，$Q=\Delta E+A$，有

$$Q=\Delta E+A=\frac{M}{M_{mol}}RT\ln\frac{V_2}{V_1}\qquad(11\text{-}10)$$

即在等温过程中，系统从外界吸收的热量全部用来转换为系统对外界做的功；反之，若外界对系统做功，则系统全部用来转换为向外界放出的热量。

例题 11-6 容器内贮有质量为 44 g、温度为 300 K 的二氧化碳气体，经历等温压缩过程，使体积变为原来的一半。试求：(1)外界对系统做的功；(2)系统内能的增量；(3)系统吸收的热量。

解　(1) 根据等温过程系统对外做功的公式 $A=\frac{M}{M_{mol}}RT\ln\frac{V_2}{V_1}$，有

$$A=1\times 8.31\times 300\times \ln\frac{1}{2}=-1.73\times 10^3\ \mathrm{J}$$

式中的负号表示在此过程中外界对系统做功；

(2) 根据等温过程特点 $T=$常量，有

$$\Delta E=\frac{M}{M_{mol}}\frac{i}{2}R(T_2-T_1)=0$$

(3) 根据热力学第一定律 $Q=\Delta E+A$，有

$$Q=\Delta E+A=-1.73\times 10^3\ \mathrm{J}$$

即外界对系统做功，系统把这部分功转化为向外界放出的热量。

练习题

1. 一摩尔二氧化碳气体从 300 K 温度升高到 350 K。试求在下列过程中系统吸收了多少热量？内能增能多少？系统对外做功多少？(1)体积保持不变；(2)压强保持不变。

2. 在温度保持不变的情况下，把 500 J 的热量传递给 2 mol 的氧气。试求：(1)系统对外做功；(2)系统内能的增量；(3)系统吸收的热量。

11.4　气体的摩尔热容量

从前面内容可知，在理想气体的等压、等体过程中，系统吸收的热量分别是 $Q=\frac{M}{M_{mol}}\left(\frac{i}{2}R+R\right)\Delta T$ 和 $Q=\frac{M}{M_{mol}}\frac{i}{2}R\Delta T$，即系统吸收的热量都是与气体的温度变化成正比，而且对于不同的等值过程，这个比例系数不同，这个比例系数反映了系统温度变化为 1 K 时，吸热或放热的多少，即反映了系统的容热本领，我们称之为热容量。

11.4.1　热容量　摩尔热容量

1. 热容量

系统在某一微小过程中吸收热量 $\mathrm{d}Q$ 与温度变化 $\mathrm{d}T$ 的比值称为系统在该过程的热容量，用 C 表示。即

$$C=\frac{\mathrm{d}Q}{\mathrm{d}T} \tag{11-11}$$

热容量是工程中常用的一个物理量，单位是 $\mathrm{J\cdot K^{-1}}$。

2. 比热容

单位质量的物质在某一微小过程中吸收的热量 $\mathrm{d}Q$ 与温度变化 $\mathrm{d}T$ 的比值称为系统在该过程中的比热容，用 $C_{比}$ 表示，单位为 $\mathrm{J\cdot K^{-1}\cdot kg^{-1}}$。由定义可知，热容量与比热容的关系为

$$C=MC_{比} \tag{11-12}$$

3. 摩尔热容量

一摩尔物质在某一过程中吸收的热量 dQ 与温度变化 dT 的比值称为系统在该过程的摩尔热容量，用 C_m 表示，单位为 J·K^{-1}·mol^{-1}。由定义可知，摩尔热容量与热容量的关系为

$$C=\frac{M}{M_{\text{mol}}}C_m \tag{11-13}$$

式中，M 为物质的质量；M_{mol} 为物质的摩尔质量；比值 $\frac{M}{M_{\text{mol}}}$ 为相应的物质的量(摩尔数)。

热量是过程量，因此热容量也是过程量，不同的过程，热容量的值不同，下面讨论等体过程和等压过程的摩尔热容量。

11.4.2 理想气体的摩尔热容量

1. 理想气体的定体摩尔热容量

一摩尔气体在等体过程中吸收的热量 dQ 与温度变化 dT 的比值，称为定体摩尔热容量，用 C_V 表示。即

$$C_V=\left(\frac{\mathrm{d}Q}{\mathrm{d}T}\right)_V$$

根据等体过程 dQ=dE，而对于一摩尔理想气体 $\mathrm{d}E=\frac{i}{2}R\mathrm{d}T$，代入上式，得理想气体定体摩尔热容量为

$$C_V=\frac{i}{2}R \tag{11-14}$$

式中，i 为气体分子的自由度；R 为常量。由式(11-14)可知，理想气体定体摩尔热容量仅与分子自由度有关，而与气体的状态无关。对于单原子分子气体，$i=3$，$C_V=\frac{3}{2}R$；对于刚性双原子分子气体，$i=5$，$C_V=\frac{5}{2}R$；对于刚性多原子分子气体，$i=6$，$C_V=3R$。

质量为 M、摩尔质量为 M_{mol} 的理想气体在等体过程中吸收的热量若用定体摩尔热容量表示，则为

$$Q=\frac{M}{M_{\text{mol}}}C_V\Delta T \tag{11-15}$$

用定体摩尔热容量表示的理想气体内能为

$$E=\frac{M}{M_{\text{mol}}}C_V T \tag{11-16}$$

温度变化为 ΔT 时，系统内能的增量为

$$\Delta E=\frac{M}{M_{\text{mol}}}C_V\Delta T \tag{11-17}$$

例题 11-7 在体积不变的情况下，把 500 J 的热量传递给 2mol 的氧气。试求：(1)系统对外做功；(2)系统内能的增量；(3)系统的温度增加量。

解 (1) 根据等体过程的特点 dV=0，dA=0，有

$$A=\int \mathrm{d}A=0$$

(2) 根据热力学第一定律 $Q=\Delta E+A$，有系统内能增加量为

$$\Delta E=Q-A=Q=500\ \text{J}$$

(3) 根据 $\Delta E=\frac{M}{M_{mol}}C_V\Delta T$，及氧气为双原子分子气体，$C_V=\frac{5}{2}$，可得系统温度增加量为

$$\Delta T=\frac{\Delta E}{\frac{M}{M_{mol}}C_V}=\frac{500}{2\times\frac{5}{2}\times 8.31}=12\text{K}$$

2. 理想气体的定压摩尔热容量

一摩尔气体在等压过程中吸收的热量 $\mathrm{d}Q$ 与温度变化 $\mathrm{d}T$ 的比值，称为定压摩尔热容量，用 C_p 表示。即

$$C_p=\left(\frac{\mathrm{d}Q}{\mathrm{d}T}\right)_p \tag{11-18}$$

根据等压过程中系统在一微小过程中吸收的热量 $\mathrm{d}Q=\mathrm{d}E+\mathrm{d}A=\mathrm{d}E+p\mathrm{d}V$，及一摩尔理想气体 $\mathrm{d}E=\frac{i}{2}R\mathrm{d}T$，可得 $\mathrm{d}Q=\frac{i}{2}R\mathrm{d}T+p\mathrm{d}V$；又根据理想气体状态方程 $pV=\frac{M}{M_{mol}}RT$，可得一摩尔理想气体在等压过程中 $p\mathrm{d}V=R\mathrm{d}T$，代入上式，有 $\mathrm{d}Q=\frac{i}{2}R\mathrm{d}T+R\mathrm{d}T=(\frac{i}{2}R+R)\mathrm{d}T$，根据摩尔热容量的定义式，可得理想气体定压摩尔热容量为

$$C_p=\frac{i}{2}R+R \tag{11-19}$$

可见，理想气体定压摩尔热容量也仅与分子自由度有关，而与气体的状态无关。对于单原子分子气体，$i=3$，$C_p=\frac{5}{2}R$；对于刚性双原子分子气体，$i=5$，$C_p=\frac{7}{2}R$；对于刚性多原子分子气体，$i=6$，$C_p=\frac{9}{2}R$。

质量为 M、摩尔质量为 M_{mol} 的理想气体在等压过程中吸收热量若用定压摩尔热容量表示，则为

$$Q=\frac{M}{M_{mol}}C_p\Delta T \tag{11-20}$$

比较定体摩尔热容量和定压摩尔热容量，有

$$C_p=C_V+R \tag{11-21}$$

式(11-21)称为迈耶公式，此式表明理想气体的定压摩尔热容量比定体摩尔热容量大一个恒量 R，也就是说，1 mol 理想气体，温度升高 1K 时，在等压过程中吸收的热量要比在等体过程中吸收的热量多 8.31 J，这部分多出的热量用来转换为气体膨胀时对外做功。

例题 11-8　在压强不变的情况下，把 500 J 的热量传递给 2 mol 的氧气。试求：(1)系统温度的增加量；(2)系统内能的增加量；(3)系统对外做的功。

解　(1) 根据定压摩尔热容量与等压过程中系统吸收的热量关系$Q=\frac{M}{M_{mol}}C_p\Delta T$，有

$$\Delta T=\frac{Q}{\frac{M}{M_{mol}}C_p}=\frac{500}{2\times\left(\frac{5}{2}R+R\right)}=8.60\text{K}$$

(2) 根据 $\Delta E=\frac{M}{M_{\text{mol}}}C_V\Delta T$，有

$$\Delta E=\frac{M}{M_{\text{mol}}}C_V\Delta T=2\times\frac{5}{2}\times 8.31\times 8.60=357.3\ \text{J}$$

(3) 根据热力学第一定律 $Q=\Delta E+A$，有

$$A=Q-\Delta E=500-357.3=142.7\ \text{J}$$

系统吸收的热量一部分用来增加系统的内能，一部分转换为气体膨胀时对外做功。

3. 比热容比

系统的定压摩尔热容量 C_p 与定体摩尔热容量 C_V 的比值，称为系统的比热容比，工程上常称为绝热系数(原因将在下节内容中给予介绍)，用 γ 表示，即

$$\gamma=\frac{C_p}{C_V} \tag{11-22}$$

对于理想气体，由于 $C_p=\frac{i}{2}R+R$，$C_V=\frac{i}{2}R$，所以有

$$\gamma=\frac{\frac{i}{2}R+R}{\frac{i}{2}R}=\frac{i+2}{i} \tag{11-23}$$

此式说明，理想气体的比热容比只与分子的自由度有关，而与气体状态无关，且 $\gamma>1$。对于单原子分子气体，$\gamma=\frac{5}{3}=1.67$；对于刚性双原子分子气体，$\gamma=\frac{7}{5}=1.40$；对于刚性多原子分子气体，$\gamma=\frac{8}{6}=1.33$。

热量是过程量，因此定体摩尔热容量和定压摩尔热容都是过程量，比热容比也是过程量。对于理想气体，最常用的是定体摩尔热容量和定压摩尔热容量，而对于固体，虽然也有这两种热容量，但由于它们体积膨胀系数比气体小得多，所以因膨胀对外做功也可以忽略不计，这两种热容量的实际差值很小，一般不予区别，可以使用其中的任意一个即可。

11.5 绝热过程

11.5.1 绝热过程的特征

绝热过程也是工程上常用的一个准静态过程。在系统不与外界交换热量的条件下所经历的状态变化过程称为绝热过程。绝热过程的特点是 $Q=0$，或 $\mathrm{d}Q=0$。

在实际工作中，如果系统被良好的绝缘材料包围，或过程进行的过快，系统来不及和外界交换热量，如内燃机中气体的爆炸过程等，都可近似认为是绝热过程。

根据理想气体内能 $E=\frac{M}{M_{\text{mol}}}C_VT$ 可知，绝热过程中，系统内能的增加量为

$$\Delta E=\frac{M}{M_{\text{mol}}}C_V\Delta T$$

根据热力学第一定律 $Q=\Delta E+A$，及绝热过程特点 $Q=0$ 可知，绝热过程中，系统对外界做功为

$$A=-\Delta E=-\frac{M}{M_{\text{mol}}}C_V\Delta T \tag{11-24}$$

11.5.2 绝热过程方程　绝热曲线

由式(11-24)可知，在绝热过程中，若系统对外界做功，系统体积增加，同时，由于系统内能减少，系统的温度会降低，另外，根据理想气体状态方程可知，此时系统的压强也将随之降低。可见，在绝热过程中，系统的三个状态参量压强、体积和温度都是变化的，可以证明(证明过程从略)三者之间的关系为

$$pV^{\gamma}=\text{恒量} \tag{11-25}$$

利用理想气体状态方程消去上式中的 p 或 V 可得

$$V^{\gamma-1}T=\text{恒量} \tag{11-26}$$

$$p^{\gamma-1}T^{-\gamma}=\text{恒量} \tag{11-27}$$

以上三式均称为理想气体绝热过程方程。式中：γ 称为为理想气体的绝热系数，此系数也就是理想气体的比热容比 $\gamma=\dfrac{C_p}{C_V}$，比热容比又称为绝热系数正是由于绝热方程的存在；三个方程中的“恒量”各为不同值，在实际应用中，使用哪个方程要视具体情况而定。

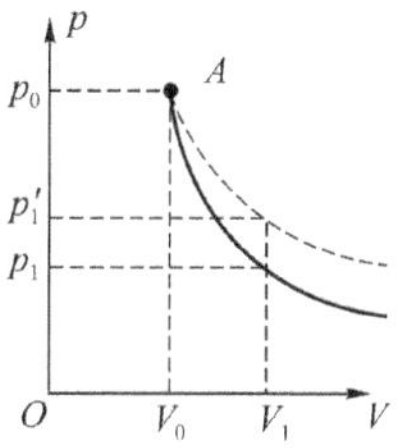

图 11-9　绝热曲线

在 $p-V$ 图中，绝热过程对应的过程曲线称为绝热线。如图 11-9 所示。图中实线为绝热线，虚线为等温线，从图中可以看出，通过 A 点的绝热线比等温线陡。这点也是容易理解的：在等温过程中，压强的减小仅是体积增大所至；而在绝热过程中，压强的减小，一方面是体积增大所至，另一方面还是温度降低所至，因此体积变化相同时，绝热线对应的压强变化 $\Delta p=p_0-p_1$ 要大于等温线对应的压强变化$\Delta p'=p_0-p'_1$，所以，绝热线比等温线要陡。

例题 11-9　1 mol 二氧化碳气体，由状态 a 经历一个绝热过程到达状态 b，已知 $V_a=4\text{ L}$，$V_b=0.5\text{ L}$，$T_a=500\text{ K}$。试求：(1)b 态时系统的温度；(2)系统内能的增量；(3)系统对外做的功。

解　(1) 根据绝热过程方程 $V^{\gamma-1}T=$恒量，仅考虑 a、b 两个状态有

$$V_a^{\gamma-1}T_a=V_b^{\gamma-1}T_b$$

由已知 $V_a=4\text{ L}$，$V_b=0.5\text{ L}$，$T_a=500\text{ K}$，二氧化碳为多原子分子气体，自由度 $i=6$，$\gamma=\dfrac{i+2}{i}=\dfrac{4}{3}$，代入上式，得

$$T_b=1\,000\text{ K}$$

(2) 根据理想气体内能增量公式 $\Delta E=\dfrac{M}{M_{\text{mol}}}\dfrac{i}{2}R\Delta T$，得此过程中系统内能增量为

$$\begin{aligned}\Delta E&=\frac{M}{M_{\text{mol}}}\frac{i}{2}R(T_b-T_a)\\&=1\times\frac{6}{2}\times 8.31\times(1\,000-500)\end{aligned}$$

$$= 1.25 \times 10^4 \text{ J}$$

(3)根据绝热过程特点,有

$$A = -\Delta E = -1.25 \times 10^4 \text{ J}$$

系统内能增加,外界对系统做功。

为了便于比较,帮助记忆,现将理想气体几个准静态过程的相关知识整理如表 11-1 所示。

表 11-1 理想气体几个典型准静态过程

过程名称 / 相关知识	等体过程	等压过程	等温过程	绝热过程
过程特征	V=常量 或 $dV=0$	p=常量 或 $dp=0$	T=常量 或 $dT=0$	Q=0 或 $dQ=0$
过程曲线	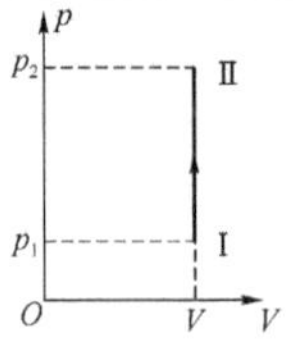	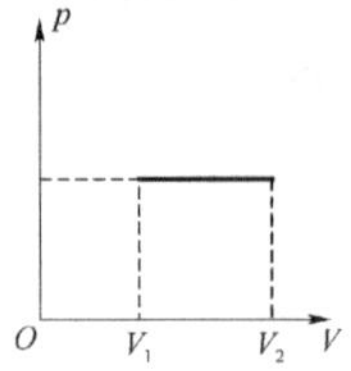	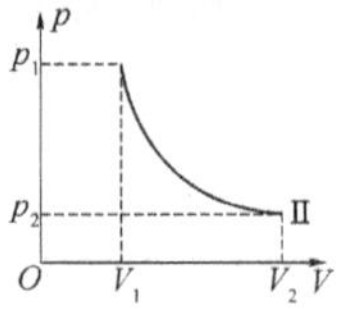	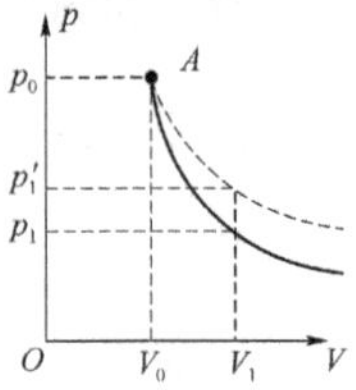
对外做功	0	$p(V_2-V_1)$	$\frac{M}{M_{mol}}RTln\frac{V_2}{V_1}$	$-\frac{M}{M_{mol}}C_V\Delta T$
内能增量	$\frac{M}{M_{mol}}\frac{i}{2}R\Delta T$	$\frac{M}{M_{mol}}\frac{i}{2}R\Delta T$	0	$\frac{M}{M_{mol}}C_V\Delta T$
吸收热量	$\frac{M}{M_{mol}}\frac{i}{2}R\Delta T$	$\frac{M}{M_{mol}}(\frac{i}{2}R+R)\Delta T$	$\frac{M}{M_{mol}}RTln\frac{V_2}{V_1}$	0

练习题

2 *mol* 二氧化碳气体,由状态 a 经历一个绝热过程到达状态 b,已知 $V_a=2\ L$,$V_b=16\ L$,$T_a=300\ K$。试求:(1)b 态时系统的温度;(2)系统内能的增量;(3)系统对外做的功。

11.6 循环过程

由前面的学习我们知道,利用系统的准静态过程可以实现热量和功之间的相互转化,例如利用气体等温膨胀、等压膨胀、绝热膨胀等过程都能实现系统对外做功的目的;再比如利用气体等温压缩、等压压缩等过程可以实现功到热量的转换。但这些功以及热量的获得都是一次性的,而在生产实践上,我们常常需要持续的功或者获得持续的热量,即希望系统对外做一次功或放出一次热量之后,能够回到初始状态,从而实现系统第二次对外做功或放出热量,如此周而复始,使系统源源不断地对外做功或放出热量。如果要实现系统对外的连续做功,或者实现系统连续不断的把功转换为向外放出的热量等目的,则需要利用循环过程。本节首先介绍循环过程的定义及分类,然后重点讨论正循环的特点以及影响热机效率的因素,并介绍几种典型的热机循环,最后介绍逆循环的特点及典型的逆循环。

11.6.1　循环过程

系统从某一状态出发，经过一系列状态变化过程之后，又回到原来出发时的状态，这样的过程称为循环过程，简称循环。循环工作的物质称为工作物质，简称工质。

由于循环过程的始末状态相同，而内能是状态的单值函数，所以循环过程的重要特征是：系统经过一次循环，其内能保持不变，即 $\Delta E=0$。

如果循环过程经历的每一个状态都是平衡态，则循环过程是个准静态过程，根据前面知识可知，准静态过程在 $p-V$ 图中对应于一条曲线，循环过程中，系统由初始状态出发，最终会返回初始状态，因此在 $p-V$ 图中循环过程对应于一条闭合曲线，根据这条闭合曲线的进行方向，循环过程可分为正循环和逆循环。

11.6.2　正循环　热机效率

1. 正循环　热机效率

对应的过程曲线沿顺时针方向进行的循环过程称为正循环，如图 11-10所示。

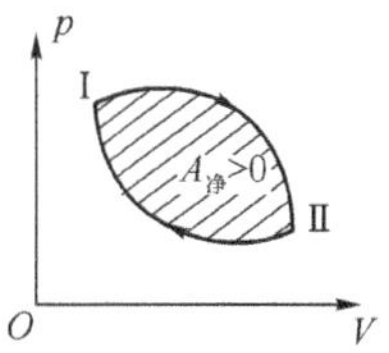

图 11-10　正循环循环曲线

由图可知，在正循环中，系统膨胀过程对外界做的功 A_1，大于压缩过程外界对系统做的功 A_2，即在整个循环过程中，系统对外作净功 $A_净=A_1-A_2>0$，在数值上此功等于循环曲线包围的面积。由于循环过程 $\Delta E=0$，根据热力学第一定律可知，系统从外界吸收的热量 Q_1 应大于系统向外界放出的热量 Q_2，两者的差值应等于系统对外界作的净功，即 $Q_1-Q_2=A_净$。

可见，在一次完整的正循环中，系统从外界吸收热量，并对外做功，即正循环实现了热到功的转换。通过正循环把热量持续地转化为功的机器，称为热机。蒸汽机、内燃机（包括汽油机、柴油机）、汽轮机、喷气发动机等就是一些实际的热机。从理论上说，要使循环过程所经历的每一个状态都是平衡态，那么需要热源的温度必须随时能够调节，或者需要大量的不同温度的热源，从而使系统温度缓慢变化，这在实际中是无法实现的，实际的热机一般需要两个热源，我们分别称为高温热源和低温热源。热机工作时，工作物质从高温热源吸收热量（Q_1），使系统内能增加，然后，其中一部分内能在系统对外做功（$A_净$）时转化为机械能，另一部分内能转化为向低温热源放出的热量（Q_2）。如图 11-11 所示，热机工作时，能量转化关系为

$$Q_1=Q_2+A_净 \tag{11-28}$$

式中，Q_1、Q_2 分别表示系统吸收和放出热量的绝对值。

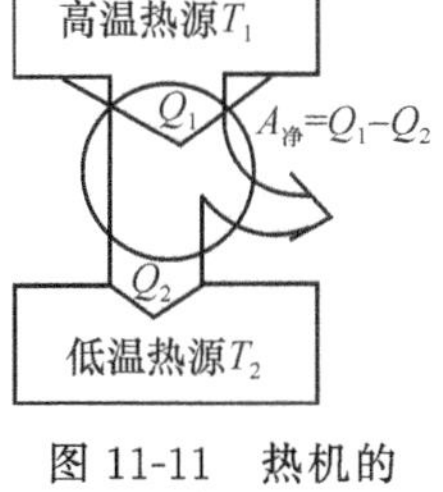

图 11-11　热机的能量转换关系

在实际问题中，我们希望热机能够尽可能多地把从高温热源吸收的热量转化为对外做的功，因此我们定义热机效率为

$$\eta=\frac{A_净}{Q_1}=\frac{Q_1-Q_2}{Q_1}=1-\frac{Q_2}{Q_1} \tag{11-29}$$

式中，Q_1 表示工作物质从高温热源吸收热量总和的绝对值；Q_2 表示工作物质向低温热源放出热量总和的绝对值；$A_净$ 表示系统对外作的净功。热机效率是热机的一个主要性能指标，对于热机，我们希望效率越大越好。

2. 奥托循环

奥托循环是车辆常采用的一种循环,小汽车、摩托车等汽油内燃机一般都采用此循环。

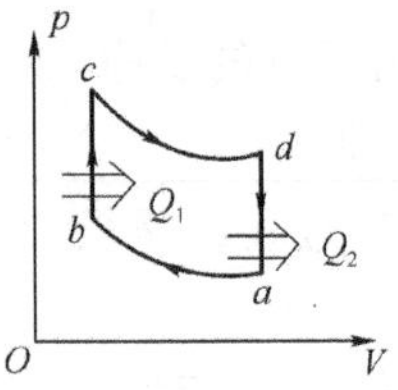

图 11-12　奥托循环

奥托循环过程如图 11-12 所示:ab 段表示绝热压缩过程;bc 段表示等体升温过程;cd 段表示绝热膨胀过程;da 段表示等体降温过程。下面我们对各过程分别进行分析,进而讨论此循环的热机效率。

ab 段:系统与外界无热量交换;由于体积压缩,工作物质温度升高,内能增加;外界对系统做功。

bc 段:体积不变,系统对外做功为零;温度升高,工作物质内能增加;系统从外界吸收热量,根据等体过程公式,得系统从高温热源吸收的热量为

$$Q_1=\frac{M}{M_{mol}}\frac{i}{2}R(T_c-T_b) \tag{11-30}$$

cd 段:系统与外界无热量交换;体积膨胀,系统对外做功;工作物质温度降低,内能减少。

da 段:体积不变,系统对外做功为零;温度降低,工作物质内能减少;系统向外界放出热量,根据等体过程吸热公式,得系统向低温热源放出的热量为

$$Q_2=\frac{M}{M_{mol}}\frac{i}{2}R(T_d-T_a) \tag{11-31}$$

(注:式中 Q_2 为放出热量的绝对值,由图 11-12 可知 d 点对应的温度 T_d 高于 a 点对应的温度 T_a)

根据热机效率 $\eta=1-\frac{Q_2}{Q_1}$,把式(11-30)和式(11-31)代入,可得奥托循环的效率为

$$\eta=1-\frac{Q_2}{Q_1}=1-\frac{T_d-T_a}{T_c-T_b} \tag{11-32}$$

考虑 ab、cd 两段绝热过程,根据过程方程有

$$V_a^{\gamma-1}-T_a=V_b^{\gamma-1}-T_b;V_c^{\gamma-1}-T_c=V_d^{\gamma-1}-T_d$$

由于 $V_a=V_d$、$V_c=V_b$,有 $\frac{T_d-T_a}{T_c-T_b}=\left(\frac{V_b}{V_a}\right)^{\gamma-1}$,代入式(11-32)有

$$\eta=1-\left(\frac{V_b}{V_a}\right)^{\gamma-1}=1-\frac{1}{\varepsilon^{\gamma-1}} \tag{11-33}$$

式中:$\varepsilon=\frac{V_a}{V_b}$,称为内燃机的压缩比。可见,奥托循环的效率完全由压缩比决定,并且随压缩比的增大而增大,因此提高压缩比是提高汽油内燃机效率的重要途径。

但如果压缩比做的过大,内燃机活塞工作时会因活塞运动距离大而不平稳,增大磨损,且产生较大的噪声,所以一般汽油机的压缩比取 5~7。设 $\varepsilon=7$,$\gamma=1.4$,可得热机效率为 $\eta\approx55\%$,这是理论值,实际中若考虑磨损等因素,汽油机的效率一般仅为 25% 左右。

19 世纪初,蒸汽机在工业上有了广泛的应用,但当时蒸汽机的效率很低,只有 3%~5%,因此,许多科学家和工程师都在努力寻找提高热机效率的途径和方法。当时,人们已经认识到要完成循环过程至少需要两个热源。1824 年,年仅 28 岁的法国青年工程师卡诺从水通过落差产生动力得到启发,发表了论文《关于活力动力的见解》,从理论上提出了在两个温度一定的热源之间工作的热机效率所能达到的极限(理论分析在此不作介绍),并给出了一个理想的循环模型:卡诺循环。按卡诺正循环工作的热机称为卡诺热机。

3. 卡诺循环

若工作物质只与温度恒定的两个热源接触，那么，可以推测循环过程在与热源接触时经历的应为等温过程，设高温热源的温度为 T_1、低温热源的温度为 T_2；而循环过程处在在两个热源之间时，即从一个热源变到另一个热源的过程应为绝热过程，此时系统与外界无热量交换。图 11-13 给出了卡诺正循环的循环曲线。其中 ab 段表示等温膨胀过程；bc 段表示绝热膨胀过程；cd 段表示等温压缩过程；da 表示绝热压缩过程。下面对各过程分别进行分析，进而讨论此循环的热机效率。

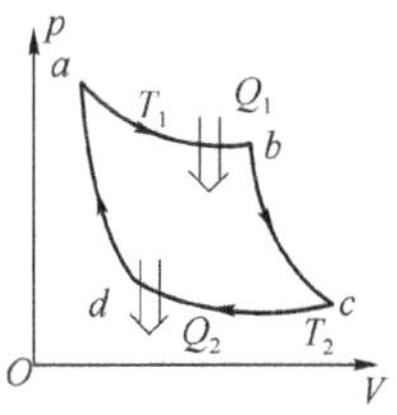

图 11-13　卡诺正循环

ab 段：工作物质与高温热源 T_1 接触，经历等温膨胀过程，体积由 V_a 变到 V_b，系统对外做功；温度不变，则系统内能增量为零；根据等温过程特点可知，系统从高温热源吸收的热量为

$$Q_1=\frac{M}{M_{mol}}RT_1 ln\frac{V_b}{V_a} \tag{11-34}$$

bc 段：工作物质与高温热源分开，系统与外界无热量交换；系统体积膨胀，对外界做功；根据绝热过程特点可知，此过程中工作物质内能减少，温度由高温热源的温度 T_1 降到低温热源的温度 T_2。

cd 段：工作物质与低温热源 T_2 接触，经历等温压缩过程，体积由 V_c 变到 V_d，外界对系统做功；温度不变，系统内能增量为零；根据等温过程特点，系统向低温热源放出的热量为

$$Q_2=\frac{M}{M_{mol}}RT_2 ln\frac{V_c}{V_d} \tag{11-35}$$

（注：式中 Q_2 为放出热量的绝对值，由图 11-13 可知 c 点对应的体积 V_c 大于 d 点对应的体积 V_d）

da 段：工作物质与低温热源分开，系统与外界无热量交换；经历绝热压缩过程，外界对系统做功；系统内能增加，温度由低温热源的温度 T_2 升高到高温热源的温度 T_1。

把式(11-34)和式(11-35)代入到热机效率公式，得卡诺热机效率为

$$\eta=1-\frac{Q_2}{Q_1}=1-\frac{T_2 ln\frac{V_c}{V_d}}{T_1 ln\frac{V_b}{V_a}} \tag{11-36}$$

考虑 bc、da 两个绝热过程，有 $V_b^{\gamma-1}T_1=V_c^{\gamma-1}T_2$，$V_d^{\gamma-1}T_2=V_a^{\gamma-1}T_1$，由此二式，可得$\frac{V_c}{V_d}=\frac{V_b}{V_a}$，把此结果代入式(11-36)得

$$\eta=1-\frac{T_2}{T_1} \tag{11-37}$$

式(11-37)即为卡诺热机效率公式，式中 T_1、T_2 分别表示高温、低温热源的温度。由此式可以看出，卡诺热机的效率仅与两个热源的温度有关，与工作物质的种类、机器的结构无关。高温热源温度越高，低温热源温度越低，热机效率越高，因此提高卡诺热机效率的唯一方法就是增大两个热源的温度差值；另外，由于不能实现 $T_2=0$（此点曾在前面给于说明，如果温度为零，则意味着系统内能为零）或 $T_1=\infty$，所以卡诺热机的效率总是小于 1；同时，由于卡诺热机是工作在两个热源之间的最理想的热机，所以，其他任何工作在两个热源之间的热机的效率都小于 1。

例题 11-10 一个卡诺热机在温度分别为 300 K 和 800 K 的两个热源之间工作。试求：(1)此热机的效率；(2)若高温热源的温度提高 100 K，热机效率的变化；(3)若低温热源的温度降低 100 K，热机效率的变化。

解 (1) 根据卡诺热机效率 $\eta=1-\frac{T_2}{T_1}$，由已知 $T_1=800\ \mathrm{K}$、$T_2=300\ \mathrm{K}$ 有

$$\eta=1-\frac{300}{800}=62.5\%$$

(2) 根据卡诺热机效率公式，及 $T_1=800+100=900\ \mathrm{K}$、$T_2=300\ \mathrm{K}$ 有

$$\eta=1-\frac{300}{900}=66.7\%$$

$$\Delta\eta=66.7\%-62.5\%=4.2\%$$

(3)根据卡诺热机效率公式，及 $T_1=800\ \mathrm{K}$、$T_2=300-100=200\ \mathrm{K}$ 有

$$\eta=1-\frac{200}{800}=75\%$$

$$\Delta\eta=75\%-62.5\%=12.5\%$$

可见，在改变热机效率方面，温度变化量相同的情况下，降低低温热源温度产生的效果更明显，但实际中这种方法是不经济的，因为一般热机都以室外为低温热源，而如果降低此热源的温度，则意味着要增设附属设备。实际中一般都把提高高温热源温度作为提高热机效率的方法，例如内燃机汽油爆炸时的温度高达 1 530℃。

例题 11-11 一卡诺热机，高温热源的温度为 400 K，低温热源的温度为 300 K。试求：(1)此热机的效率；(2)若此热机循环一次对外作的净功为 3×10^3 J，工作物质需要从高温热源吸收多少热量，向低温热源放出多少热量；(3)若保持低温热源的温度不变，且仍使热机工作在与上面相同的两条绝热线之间，但希望此热机循环一次对外作的净功为 4×10^3 J，那么如何调整高温热源的温度。

解 (1) 根据卡诺热机效率 $\eta=1-\frac{T_2}{T_1}$，由已知 $T_1=400\ \mathrm{K}$、$T_2=300\ \mathrm{K}$ 有

$$\eta=1-\frac{300}{400}=25\%$$

(2) 根据热机效率定义式 $\eta=\frac{A_{净}}{Q_1}$，由已知 $A_{净}=3\times10^3$ J，得吸收热量为

$$Q_1=\frac{A_{净}}{\eta}=\frac{3\times10^3}{25\%}=1.2\times10^4\ \mathrm{J}$$

根据热机循环过程能量关系 $Q_1=Q_2+A_{净}$，得向低温热源放出热量为

$$Q_2=Q_1-A_{净}=1.2\times10^4-3\times10^3=9\times10^3\ \mathrm{J}$$

(3) 由已知保持低温热源温度不变，保持两条绝热线不变，可知循环一次热机向低温热源放出的热量应保持不变，即 $Q'_2=Q_2=9\times10^3$ J；根据 $Q_1=Q_2+A_{净}$，得新的热机循环一次从高温热源吸收的热量为

$$Q'_1=Q'_2+A'_{净}=9\times10^3+4\times10^3=1.3\times10^4\ \mathrm{J}$$

因此新的热机效率为 $\eta'=\frac{A'_{净}}{Q'_1}=\frac{4\times10^3}{1.3\times10^4}=30.8\%$，根据卡诺热机 $\eta'=1-\frac{T_2}{T'_1}$，及已知 $T_2=300\ \mathrm{K}$，得新的热机高温热源的温度为

$$T'_1=\frac{T_2}{1-\eta'}=434\ \mathrm{K}$$

＊4. 狄塞尔循环

狄塞尔循环也是一种常用的循环，船舶、拖拉机等使用的柴油机基本都采用这种循环模型。循环的构成如图 11-14 所示。

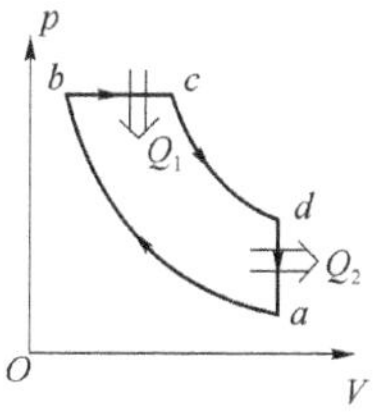

图 11-14　狄塞尔循环

ab 段为绝热压缩过程。系统与外界无热量交换；外界对系统做功；系统内能增加，温度升高。

bc 段为等压膨胀过程。系统体积增加，系统对外界做功；温度升高，系统内能增加；根据等压过程特点，系统从外界吸收的热量为

$$Q_1=\frac{M}{M_{\mathrm{mol}}}\left(\frac{i}{2}R+R\right)(T_c-T_b) \tag{11-38}$$

cd 段为绝热膨胀过程。系统与外界无热量交换；体积膨胀，系统对外做功；系统内能减少，温度降低。

da 段为等体放热过程。系统对外做功为零；由于压强降低，温度随之降低，系统内能减少；根据等体过程特点，系统向外界放出热量为

$$Q_2=\frac{M}{M_{\mathrm{mol}}}\frac{i}{2}R(T_d-T_a) \tag{11-39}$$

（注：式中 Q_2 为放出热量的绝对值，由图 11-14 可知 d 点对应的温度 T_d 高于 a 点对应的温度 T_a）

根据热机效率 $\eta=1-\frac{Q_2}{Q_1}$，把式(11-38)和式(11-39)代入可得狄塞尔循环的效率为

$$\eta=1-\frac{Q_2}{Q_1}=1-\frac{1}{\gamma}\frac{T_d-T_a}{T_c-T_b} \tag{11-40}$$

由于 $\gamma>1$，比较式(11-40)和式(11-32)可知，一般柴油机的效率要高于汽油机的效率。

11.6.3　逆循环　制冷系数

1. 逆循环　制冷系数

对应的过程曲线沿逆时针方向进行的循环过程称为逆循环，如图 11-15 所示。

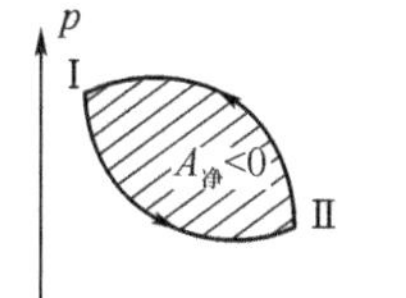

图 11-15　逆循环循环曲线

由图可知，在逆循环过程中，系统膨胀时对外界做的功 A_1，小于压缩过程中外界对系统做的功 A_2，经历一次循环过程，系统对外作净功 $A_净=A_1-A_2<0$，即实际上是外界对系统做功，此功在数值上等于循环曲线所包围的面积。由于循环过程 $\Delta E=0$，根据热力学第一定律可知，系统向外界放出的热量 Q_1，应大于系统从外界吸收的热量 Q_2，二者的差值应等于系统对外作净功的绝对值（也用 $A_净$ 表示），即 $Q_1-Q_2=A_净$。

可见，在逆循环中，利用外界对系统做功，工作物质可以从低温热源吸收热量，并把此热量和功一并转化为向高温热源放出的热量，即逆循环实现了功到热的转换。逆循环能够使低温热源的温度更低，所以，依照逆循环工作的设备称为制冷机，冰箱、空调等就是一些实际的制冷机。图 11-16给出了制冷机的能量转换关系。

$$Q_1=Q_2+A_净 \tag{11-41}$$

式中，Q_1、Q_2 分别表示系统放出和吸收热量的绝对值。

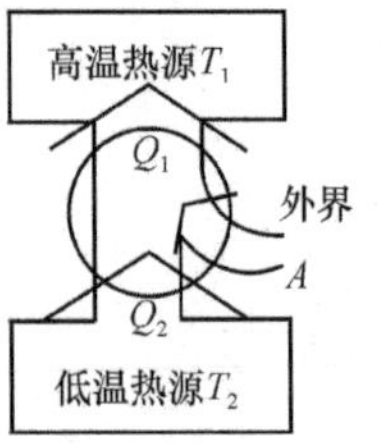

图 11-16　制冷机的能量转换关系

在实际问题中，我们希望制冷机做功越小、从低温热源吸收的热量越多越好，因此我们定义制冷机的制冷系数为

$$e=\frac{Q_2}{A_{净}}=\frac{Q_2}{Q_1-Q_2} \tag{11-42}$$

式中，Q_2 表示工作物质从低温热源吸收热量总和的绝对值；Q_1 表示工作物质向高温热源放出热量总和的绝对值；$A_{净}$ 表示外界对系统作的净功的绝对值。制冷系数是制冷机的一个主要性能指标，对于制冷机，我们希望制冷系数越大越好。

2. 卡诺制冷机及其制冷系数

若卡诺循环按逆时针方向进行，则构成卡诺制冷机，其过程曲线如图11-17所示。由等温膨胀、绝热压缩、等温压缩、绝热膨胀四个过程组成，下面对四个具体过程进行分析，进而求得此制冷机的制冷系数。

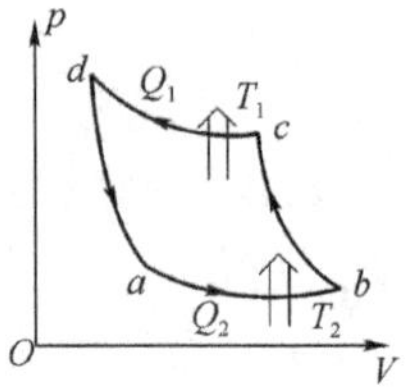

图 11-17　卡诺逆循环

ab 段：工作物质与低温热源接触，等温膨胀，系统内能不变，且对外做功，根据热力学第一定律，系统应从低温热源吸收热量

$$Q_2=\frac{M}{M_{\text{mol}}}RT_2\ln\frac{V_b}{V_a} \tag{11-43}$$

bc 段：工作物质与低温热源脱离，绝热压缩，系统与外界无热量交换，外界对系统做功，系统内能增加，温度升高。

cd 段：工作物质与高温热源接触，等温压缩，系统内能不变，且外界对系统做功，系统向高温热源放出热量

$$Q_1=\frac{M}{M_{\text{mol}}}RT_1\ln\frac{V_c}{V_d} \tag{11-44}$$

（注：Q_1 为放出热量的绝对值，且由图 11-17 可知 c 态体积 V_c 大于 d 态体积 V_d）

da 段：工作物质与高温热源脱离，绝热膨胀，系统与外界无热量交换，系统对外界做功，系统内能减少，温度降低。

把式(11-43)和式(11-44)代入制冷系数公式，有

$$e=\frac{Q_2}{Q_1-Q_2}=\frac{\dfrac{M}{M_{\text{mol}}}RT_2\ln\dfrac{V_b}{V_a}}{\dfrac{M}{M_{\text{mol}}}RT_1\ln\dfrac{V_c}{V_d}-\dfrac{M}{M_{\text{mol}}}RT_2\ln\dfrac{V_b}{V_a}}$$

考虑 bc、da 两个绝热过程，且在卡诺循环中$\frac{V_b}{V_a}=\frac{V_c}{V_d}$，则上式化简为

$$e=\frac{T_2}{T_1-T_2} \tag{11-45}$$

式(11-45)即为卡诺制冷机的制冷系数公式，由此式可知，制冷系数也仅与高温、低温热源的温度有关。

例题 11-12　一工作在温度分别为-13℃和 27℃的两个恒温热源之间的卡诺制冷机，功率为 1.0 kW。试求：(1)此制冷机的制冷系数；(2)每分钟此制冷机从冷库中吸收的热量；(3)每分钟向冷库外空气中释放的热量。

解　(1) 根据卡诺制冷机制冷系数 $e=\dfrac{T_2}{T_1-T_2}$，已知 $T_1=300\ \text{K}$、$T_2=260\ \text{K}$，有

$$e=\frac{260}{300-260}=6.5$$

(2) 根据制冷系数的定义式 $e=\dfrac{Q_2}{A_{净}}$，由已知功率 $P=1.0\times10^3\ \text{W}\cdot\text{s}^{-1}$，有

$$Q_2=eA_{净}=ep_t=6.5\times1.0\times10^3\times60=3.9\times10^5\ \text{J}$$

(3) 根据制冷机中能量关系 $Q_1=Q_2+A_{净}$，有

$$Q_1=3.9\times10^5+1.0\times10^3\times60=4.5\times10^5\ \text{J}$$

根据制冷机的原理制成的供热装置称为热泵，空调机即是一种典型的热泵。在寒冷的冬季，室内温度高，作为系统工作的高温热源，室外温度低，作为系统工作的低温热源。空调机工作时，利用电能做功，工作物质进行逆循环，并且选择室外进行其等温膨胀过程，从室外低温热源吸收热量，然后把吸收的热量及电能做的功一并转换为向室内释放的热量，达到供热取暖的作用。另外，由前面分析可知，热泵供热获得的热量大于消耗的电功，所以采用空调取暖比用电炉子、电暖气等设备要经济一些；在炎热的夏季，室内温度低，作为系统工作的低温热源，室外温度高，作为系统工作的高温热源。空调机工作时，同样利用电能做功，使工作物质进行逆循环，并且选择室内进行其等温膨胀过程，从室内这一高温热源吸收热量，然后把吸收的热量及电能的功一并转换为向室外放出的热量，达到给室内降温的目的。

3. 家用冰箱的循环

家用电冰箱也是常用的一种制冷机，常用的制冷剂(制冷机中的工作物质)有氟利昂、氨等。图 11-18 表示了电冰箱工作循环过程的示意图，图 11-19 表示了冰箱工作循环过程对应的 $p-V$ 图。

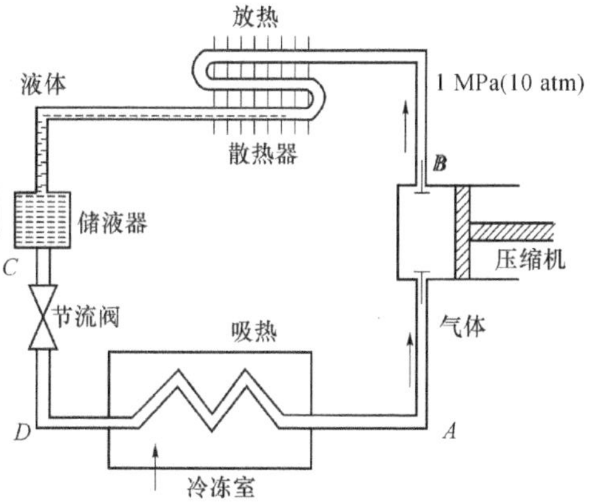

图 11-18　电冰箱的工作示意图

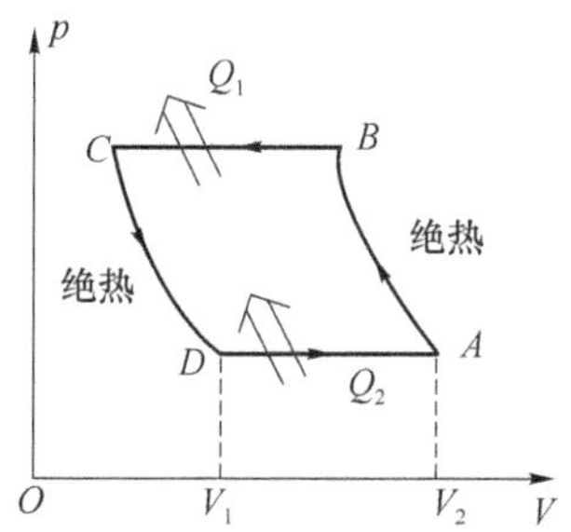

图 11-19　电冰箱的循环过程 $p-V$ 图

压缩机将处于低温低压的气态制冷剂压缩(绝热压缩过程)至 10 atm 的压强，使其温度升高到高于室温；气态制冷剂进入散热器(室内)，向高温热源放出热量，温度降低，并逐渐液化(等温压缩过程)；液态的制冷剂流入节流阀，并在节流阀处膨胀降温(绝热膨胀过程)之后进入蒸发器(冰箱冷冻室)；在蒸发器处液态制冷剂从低温热源吸收热量，制冷剂汽化(等压膨胀过程)；之后，气态的制冷剂被吸入压缩机进行下一次的循环。

练习题

1. 一卡诺热机，低温热源的温度为 300 K，若一次循环热机从高温热源吸收热量为 9×10^3 J，且对外做功为 3×10^3 J。试求：(1)一次循环热机向低温热源放出的热量；(2)热机的效率；(3)高温热源的温度应为多少。

2. 一卡诺热机，低温热源的温度为 300 K，高温热源的温度为 500 K，若一次循环系统对外作净功为 4×10^4 J。试求：(1)热机的效率；(2)一次循环热机从高温热源吸收的热量；(3)一次循环热机向低温热源放出的热量。

3. 一功率为 2 000 W 的空调按卡诺逆循环规律工作，设室内温度为 27℃，室外温度冬季为－13℃、夏季为 37℃。试求：(1)冬季制冷系数；(2)冬季每分钟向室内放出的热量；(3)夏季每分钟从室内吸收的热量。